手写 Vue.js2.0 源码

王佳琪　编著

北京航空航天大学出版社

内容简介

我猜您看到这本书的第一反应或许是：Vue3 都出了这么久了，我还用看 Vue2 的源码分析？直接学 Vue3 不好吗？对于这个问题，我的答案就是：如果您现在正在使用 Vue2 及其生态作为项目开发的技术栈，并且已经用了很长一段时间，未来短期内也不一定会有可以使用 Vue3 的新项目，那么我建议您一定要好好学学 Vue2。这本书无论是对您现在工作中的帮助，还是对可能会学习 Vue3 的帮助，都是立竿见影的。

但是，如果您现在已经在项目中应用了 Vue3，那么其实这本书也有很好的启示作用。

简单来说，就是您正在用什么就去学什么，这句话或许能给在技术海洋里感到迷茫的您一点点方向和光明。

图书在版编目(CIP)数据

手写 Vue.js2.0 源码 / 王佳琪编著. -- 北京 : 北京航空航天大学出版社，2023.7

ISBN 978-7-5124-4117-0

Ⅰ. ①手… Ⅱ. ①王… Ⅲ. ①JAVA 语言－程序设计 Ⅳ. ①TP312.8

中国国家版本馆 CIP 数据核字(2023)第 120573 号

手写 Vue.js2.0 源码

王佳琪　编著

策划编辑　杨晓方　　责任编辑　杨晓方

*

北京航空航天大学出版社出版发行

北京市海淀区学院路 37 号(邮编 100191)　http://www.buaapress.com.cn

发行部电话：(010)82317024　传真：(010)82328026

读者信箱：copyrights@buaacm.com.cn　邮购电话：(010)82316936

涿州市新华印刷有限公司印装　各地书店经销

*

开本：787×1 092　1/16　印张：34.25　字数：877 千字

2023 年 9 月第 1 版　2023 年 9 月第 1 次印刷

ISBN 978-7-5124-4117-0　定价：138.00 元

前　言

新手也能写得懂的源码分析教程

当您翻开此书时，就决定要跟着我一起手写源码。

市面上的很多 Vue 相关的技术书，要么想看看不懂，要么看得懂其实没必要看。我希望这本书，可以让想看的人能看懂，能学会，能自己写。看得懂的人，可以提问题，体会一下“破案”的乐趣，那就完美了。

这本书适合初级、中级前端开发者学习 Vue2 源码，书里会逐行、逐句、逐词、逐字地带您手写 Vue2 源码，简化复杂的源码体系，抽出核心流程用来手写实现。在教会您手写核心源码的同时，也会带领您梳理源码，双管齐下，让读懂源码不再是翻不过的山。

如果您是前端新人，想要学 Vue2 源码但又不知从何入手，我相信这本书是您跨过门槛的垫脚石。

如果您是初级、中级前端开发者，用了一段时间 Vue2，但是想要学又不知道怎么学源码，我相信这本书是您的不二之选。

如果您是前端大神，想要找找 BUG，体会“破案”的乐趣，那么这里绝对是您火眼金睛的试炼场。

希望您是那位有毅力跟着书中的文字去窥视 Vue 世界的人。

这本书，献给那些普通又不甘于平庸的前端 coder。

按照惯例这是一个序

想了好久，不知道怎么开这个头，连第一句话要怎么说都没想好。刚好，就用我现在的忐忑和扭捏的心情作为这本书最开始的“序言”吧。说真的，从来都没想过自己也会有出书的一天，虽然说出书并不难，但是想要写好一本书却并不容易，尤其是技术类书籍；也着实怕写了出来，误人子弟，这就是忐忑的缘由了。

作为搞技术并且想要搞好技术的人，在前端领域摸爬滚打了多年，虽无顶尖的视角，但是也有了些许的经验，总是想要把自己的理解和认识分享给正在路上攀登的奋斗者，希望大家可以少走一点弯路，那么假如这本书能给大家哪怕一丝的感悟和进步，我就十分欣喜了。

我工作的这些年，一直有写博客的习惯，再加上前段时间一直在学珠峰的前端架构课程，所以，就想把自己在学习 Vue2 源码过程中的感悟和理解，以及一些思路分享给大家，一起学习、进步。

说说这本书吧，本书是关于 Vue2 源码分析的书，好吧，这等于没说。但是我觉得这本书全篇所讲的东西与 Vue 无关，讲的都是 JavaScript 本身，以及算法、模式。那么我相信您肯定会问，Vue3 都出了这么久了，市面上 Vue2 分析的书也那么多，这本书有什么优点？我的答案是：这本书不仅讲源码，更是在写源码。

很多人一听到源码，就会感觉十分高端和遥远，可能会问：“我才工作一年，能看得懂源码吗?"在回答这个问题之前,我们先简单分析下,源码是什么?源码说到底不过就是"人写的代码"。既然是人写的代码,那有什么看不懂的呢?其中无非就是:点(某些 API 的使用)、线(某些逻辑线的梳理)以及由点和线拼成的面所形成的结果。那么本书中遇到复杂的点,比如 ES6 的有些高阶 API,比如原型链等,Vue 的核心逻辑线:响应式原理、生命周期、依赖收集等,编者都会带大家深入地去书写、学习和理解。所以,读完本书,您不仅可了解 Vue 知识,还可掌撑真正构建 Vue 的底层核心内容。学到的也不仅仅是 Vue 的用法和原理,还有对 JavaScript,甚至是对于编程语言的深入解析。

您可能会问,学完了这本书,能达到什么水平?我觉得你学完这本书,算是入门了。没错,就是入门,这本书能让您领略源码的风采,不再需要依赖于什么博客文章、什么大神指导,仅此而已。

另外,其实对于像 Vue、React 等这样的大型前端框架,源码可以分为两部分:构建和应用。这两个词简单理解,就是一部分代码是用来打包、压缩我们运行时的代码的,另外一部分就是应用代码本身。本书仅会关注应用部分的源码,而不会详细分析 Vue 的打包构建。一方面是因为本人能力有限;另外一方面是因为打包构建这个话题有点大,我实在没想好要怎么说。

好了,跟着我手摸手一起走进 Vue2 的世界吧!

编　者

目　　录

第1章　基本响应式原理

本章先带大家创建基本的项目，书写 Vue2 源码中基本的响应式原理部分，并且在最开始的小节还会讲解一些基础的 JavaScript 的高阶知识技巧，因为在接下来书写代码的过程中这些方法几乎随处可见。如果对这部分已经十分熟悉，是完全可以跳过的。

Vue2 的部分，首先会带大家写一下 initData，然后会写 defineReactive 的响应式绑定以及数组的响应式原理，最后会带大家梳理一下学过的知识，并且把写过的代码扁平化后再根据流程图来深刻地理解这一部分的核心源码流程。

最后带领大家一起看下如何阅读源码，这种方式不仅适用于 Vue2 源码的阅读，还适用于其他阅读源码的方式。

好了，不多说，我们进入正题。

1.1　基本开发环境搭建

我们首先创建一个名为 zaking - Vue2（名字大家可以随便起）的文件夹，下面要做什么？其实就是从零开始初始化项目的基本操作，在命令行中初始化包管理器：npm init，然后“一路”回车就可以了。当然，一般项目还会有. gitignore，里面写上需要 git 忽略的文件或文件夹，当然，如果有兴趣，也可以加一个 readme. md，用来描述项目的情况。好了，到目前为止，我们的项目中只有以下三个文件：

（1）:gitignore；

（2）package. json；

（3）README. md。

接着，我们通过 npm 安装以下几个依赖包：

```
    Bash
npm i babel @babel/core @babel/preset-env rollup rollup - plugin babel-D
```

然后，再来配置 npm 的 scripts，定义一个 rollup 打包脚本：

```
JSON
    "scripts"：{
        "dev"："rollup - cw"
    }，
```

现在已经配置好了依赖包和打包脚本，还需要增加一点 rollup 和 babel 的配置。

新增. babelrc 文件，其中代码如下：

```
Plain Text
```

```
{
    "presets":[
        "@babel/preset-env"
    ]
}
```

新增 rollup.config.js 文件，其中代码如下：

```JavaScript
import babel from "rollup-plugin-babel";           // 引入 rollup 的 babel 插件
export default {
        input:"./src/index.js",                    // 入口
        output:{
        file:"./dist/vue.js",                      // 出口
        name:"Vue",                                // 这个对外的类名叫什么
        format:"umd",                              // 打包格式
        sourcemap:true,                            // 是否启用 sourcemap
    },
    plugins:[                                      // 使用的插件
        babel({                                    // 使用 babel 插件
            exclude:"node_modules/**",             // 排除 node_modules
        }),
    ],
};
```

简单解释一下，这里 babel 配置文件代码的意思：就是使用@babel/preset－env 这个插件，而@babel/preset－env 插件中预装了很多 babel 在开发环境使用的依赖包，使我们可以在当前的开发环境中使用一些最新的、浏览器还不一定兼容的语法。要注意，babel 负责转换语法，但是并不会转换 API。所以这时候就需要 polyfill 来处理那些浏览器暂时还不支持的 API 了。这里多说两句，让大家可以对语法和 API 的不同之处有简单的了解。

首先，babel 转换语法的原理，是把具体的 JavaScript 代码转换成 AST（抽象语法树），然后再把这个 AST 转换成浏览器可以兼容语法的 AST，再根据这个转换后的 AST 生成可兼容的 JavaScript 代码。但是转换 API 实际上就比较简单了，比如某个 API，就 Object.create 吧，浏览器不支持，别管哪个版本的浏览器，它反正就是不支持，那如果想用，并且希望它能在不支持的浏览器里运行，怎么办？我们自己写一个：

```JavaScript
Object.prototype.create = function(){/*这里你就写呗*/}
```

那还可能有些浏览器支持，有些浏览器不支持，这时就需要根据 browserlist 以及 caniuse 来判断哪些可以使用以及怎么使用。

至此，项目有了，打包配置有了，还缺源码。我们创建一个 src 文件夹（通常，绝大多数的项目，核心源码都是放在 src 下面的），然后再在该文件夹下创建一个 index.js 文件，里面的代码如下：

JavaScript

```
function Vue(options) {
    console.log(options);
}
export default Vue;
```

使用Ctrl+S保存一下，在命令行工具中运行下 yarn dev 或者 npm run dev。可以看到，在项目的根目录下生成了一个 dist 文件夹，里面有一个 vue.js 文件。那么，由于这里没有使用自动生成 html 文件的插件，所以直接在 dist 目录下创建一个 index.html 文件，引入这个 vue.js，并且使用这个 Vue 类。

```
HTML
<!DOCTYPE html>
<html lang="en">
    <head>
        <meta charset="UTF-8" />
        <meta http-equiv="X-UA-Compatible" content="IE=edge" />
        <meta name="viewport" content="width=device-width, initial-scale=1.0" />
        <title>Document</title>
    </head>
    <body>
        <script src="./vue.js"></script>
        <script>
            const vm = new Vue({ a: 1 });
        </script>
    </body>
</html>
```

最后，在 chrome 浏览器中打开这个 index.html，可以看到控制台打印出了我们传入的选项。

雏形已经具备了，剩下的就是跟上脚步，继续。

1.2 JavaScript 高阶技法

我们先不学 Vue 怎么实现的，先学一下实现 Vue 可能涉及的 JavaScript 高阶知识。

在 Vue 的实现中，不可避免地用到了很多 js 高阶技法，或者说能力。所以这节暂时不谈 Vue，我们来谈谈那些在 Vue 中可能使用了、可能会造成疑问的 JavaScript 知识点。当然，后续的章节也可能会有新的知识点。那么不多说，我们开始吧。

1.2.1 call、bind、apply 太难了

熟悉不熟悉？面试的时候经常会遇到这个问题，而我们在开发业务类型的项目时其实很少使用这些方法。所以我想学，学了又没地方用，用了又不太懂，这成死循环了。没关系，慢慢来，在后面的代码中一定让您尽兴。

不多说，我们先来看个代码：

```
JavaScript
function print(a, b) {
    console.log(a, b);
    console.log(this);
    console.log(this.a, this.b);
}
let obj = { a: 1, b: 2 };
print(obj.a, obj.b);
print.call(obj, obj.a, obj.b);
```

首先，我们声明了一个 print 方法，里面打印了一些内容。然后用正常的调用和 call 调用，可以通过控制台看到，第一个 print 方法打印出来的是下面这些：

```
Plain Text
1 2
Window
undefined undefined
```

但是 print.call 打印的却是这样的：

```
Plain Text
1 2
{a: 1, b: 2}
1 2
```

看到区别了吗？通过 call 调用时，方法内部的 this 指向了传入的第一个参数，并且立即执行了。所以，call、bind 还是 apply，本质上的作用就是改变 this 的指向。那改变 this 的指向有什么用呢？通常，用于方法的复用，或者为了让别人(obj)来使用(print)。还是上面的代码，我们换个写法：

```
JavaScript
let tools = {
    a: "tools-a",
    b: "tools-b",
    print: function (a, b) {
        console.log(a, b);
        console.log(this);
        console.log(this.a, this.b);
    },
};
let obj = { a: 1, b: 2 };
tools.print(obj.a, obj.b);
tools.print.call(obj, obj.a, obj.b);
```

tools.print 调用打印：

```
Plain Text
```

```
1 2
{a: 'tools - a', b: 'tools - b', print: f}
tools - a tools - b
```

此时，this 的指向是 tools 这个对象。tools.print.call 调用：

```
Plain Text
1 2
{a: 1, b: 2}
1 2
```

这跟之前调用 print.call 时一样，本来就是一样的。最后，我们回归之前的代码，做简单修改：

```
JavaScript
var a = "window - a";
var b = "window - b";
function print(a, b) {
    console.log(a, b);
    console.log(this);
    console.log(this.a, this.b);
}
let obj = { a: 1, b: 2 };
print(obj.a, obj.b);
print.call(obj, obj.a, obj.b);
```

想必大家能知道结果是什么了，其实简单说就是全局作用域下执行函数，实际上是挂在 Windows 名下的。把 var 换成 let 还有惊喜，这是因为块级作用域的原理，这里就不展开了。

是不是漏了什么？怎么没说 bind 和 apply 呢？首先，bind 和 apply 本质上跟 call 没区别，无非是传递参数的形式和是否立即调用。

(1) call 和 apply 的区别：第一个参数后的其他参数不同，call 接受单独的参数，而 apply 接受一个参数集合的数组。

(2) call 和 bind 的区别是否立即执行。

最后，留个作业：手写 call 的实现。

1.2.2 defineProperty

不管大家看没看过源码，如果问 Vue 的核心原理是什么，肯定都会说是 defineProperty。但是 defineProperty 到底怎么用，做了什么，在 Vue 中到底扮演了什么角色，大家真的清楚吗？

引用 MDN 上的一句话："该方法会直接在一个对象上定义一个新属性，或者修改一个对象的现有属性，并返回此对象"。换句话说，defineProperty 可以定义属性，还可以修改属性。我们看代码：

```
JavaScript
```

```
let obj = {};
Object.defineProperty(obj, "name", {
    value: "zaking",
    writable: false,
});
console.log(obj.name);
obj.name = "wong";
console.log(obj.name);
```

大家猜猜第二个 console 打印出来了什么，没错，就是补丁！就是“zaking”。因为我们在 defineProperty 中设置了描述符 writable，导致 obj 对象的 name 属性无法被重新设值。描述符是什么？简单说，就是限制您所设置的这个对象是否可以进行一些操作的选项。描述符分为数据描述符和存取描述符，二者的一部分关键字不能同时设置。描述符介绍如表 1-1 所列。

表 1-1 描述符

类别	内容					
	configurable	enumerable	value	writable	get	set
数据描述符	可以	可以	可以	可以	不可以	不可以
存取描述符	可以	可以	不可以	不可以	可以	可以
含义	是否可配置	是否可枚举	该属性的值	是否可修改	取值时触发	设值时触发
解释	对象的属性是否可以被删除，以及除 value 和 writable 特性外的其他特性是否可以被修改	是否可以被 for……in 或 Object.keys 枚举		是否能被重新赋值		

如表 1-1 所列，以上的可以、不可以，是指是否可以同时出现，所有的描述符就这 6 个，但是 value、writable 和 get、set 是不能同时出现的。

```
JavaScript
let obj = {};
Object.defineProperty(obj, "name", {
    value: "zaking",
    writable: false,
    get(value) {
    console.log(value);
    return value;
    },
    set(nv) {
    value = nv;
    },
});
```

这里直接就报错了：

```
Plain Text
```

```
Uncaught TypeError: Invalid property descriptor. Cannot both specify accessors and a value or writable attribute
```

简单来说，就是 get、set 和 value、writable 的使用场景重叠了。我们假设这样一种情况：我们设置了 writable 为 false，也就是不能修改该属性的值，但是 set 方法又设置了 value = nv。所以才会有不可以同时使用的描述符。

在 Vue2 中，defineProperty 的核心作用就是作为事件触发器来使用，也就是说，对象值的变动，通过 defineProperty 的绑定后，取值或设值时，就会触发 defineProperty 的 get 或 set 方法，从而使我们可以做一些我们想要做的事情。

1.2.3 Object.create 了什么

在创建对象的时候，如果我们希望一个对象继承某些方法，通常会使用这样的方式：

```
JavaScript
let obj = {};
function Ob() {}
Ob.prototype.fn = function () {
    console.log("aha");
};
obj.__proto__ = Ob.prototype;
obj.fn();
```

但是，在 ES6 时代，尽可能不要操作__proto__给对象设置原型，因为：

(1) __proto__，并不是规范中定义的，只是浏览器实现的(虽然后来被迫纳入了规范)。

(2) 操作__proto__是十分消耗性能的。

更推荐大家使用 Object.create 来创建对象与类的关联，避免显式的操作__proto__。那么，Object.create 的内部到底做了什么事情呢？我们先来看下，如果用 Object.create，上面的代码如何实现：

```
JavaScript
function Ob() {}
Ob.prototype.fn = function () {
    console.log("aha");
};
let obj = Object.create(Ob.prototype);
obj.fn();
```

那么，现在，我们来自己实现一个 Object.create：

```
JavaScript
function myCreate(target) {
    var o = new Object();
    o.__proto__ = target;
    return o;
}
```

```
function Ob() {}
Ob.prototype.fn = function () {
    console.log("aha");
};

let obj = myCreate(Ob.prototype);
obj.fn();
```

这些 myCreate 内部代码不是同第一个例子一样吗？没错！其实内部就是这样封装了一层，但是，内部又肯定不仅仅是这样的。什么意思？具体的 Object.create 的实现是这样的：

The create function creates a new object with a specified prototype. When the create function is called, the following steps are taken:

(1) If Type(O) is neither Object nor Null, throw a TypeError exception.

(2) Let obj be ObjectCreate(O).

(3) If the argument Properties is present and not undefined, then

a Return ObjectDefineProperties(obj, Properties).

(4) Return obj.

什么意思呢？就是用 ObjectCreate 内部方法创建一个对象，并返回这个对象。对吗？这么多行就翻译这两句？好吧，剩下的其实就是如果有第二个参数，就用 ObjectDefineProperties 处理一下，并返回。所以，核心就是 ObjectCreate 方法，规范上是这样说的。

The abstract operation ObjectCreate with argument proto (an object or null) is used to specify the runtime creation of new ordinary objects. The optional argument internalSlotsList is a List of the names of additional internal slots that must be defined as part of the object. If the list is not provided, an empty Listis used.

This abstract operation performs the following steps:

(1) If internalSlotsList was not provided, let internalSlotsList be an empty List.

(2) Let obj be a newly created object with an internal slot for each name in internalSlotsList.

(3) Set obj's essential internal methods to the default ordinary object definitions specified in 9.1.

(4) Set the [[Prototype]]internal slot of obj to proto.

(5) Set the [[Extensible]]internal slot of obj to true.

(6) Return obj.

这些内容有点多，看不太懂怎么办？其实就是将我们创建的 obj 的原型对象设置为内置原型，设置该对象是否可扩展为 true，返回这个对象。什么？这不是同我们的那个 myCreate 方法差不多吗？是的……所以您看，我们绕了一圈，又回来了，但是我们不绕这一圈，可能就越走越偏了。

1.2.4 new 了个什么

这个我们似乎经常使用，但似乎我们从未纠结过为什么要用，怎么用，它 new 的外衣下究竟包裹着怎样的核心。面试的时候也可能会经常被问到，new 到底做了什么？那么今天我们就来好好扒一扒 new 的外衣。

new 操作符会创建一个用户定义的对象类型的实例或具有构造函数的内置对象的实例。

什么个意思呢？简单来说，就是 new 操作符会创建一个构造函数的实例对象。

```
JavaScript
function Vue(options) {
    this.fn = function () {
        console.log("aha");
    };
}

const vm = new Vue();
vm.fn();
```

打印的结果如下：

```
Plain Text
aha
```

为什么会这样呢？我们得来分析下 new 操作符的内部实现是怎么样的：

(1) 创建一个空的纯 JavaScript 对象(可以理解为{})，注意纯 Javascript 对象，意味着没有原型，很纯粹，就是个对象。

(2) 为步骤 1 新创建的对象添加__proto__属性，将该属性链接至构造函数的原型对象。

(3) 将步骤 1 新创建的对象作为 this 的上下文。

(4) 如果该函数没有返回对象，则返回 this。

所以，我们就可以按照上面的步骤来实现我们自己的 new：

```
JavaScript
function Vue(options) {
    this.fn = function () {
        console.log("aha");
    };
}

function myNew(constructor, ...args) {
    var obj = {};
    obj.__proto__ = constructor.prototype;
    constructor.call(obj, ...args);
    return obj;
}
const my_vm = myNew(Vue);
my_vm.fn();
```

按照我们上面的内容，首先，我们创建了一个空对象，然后让这个对象的原型指向了构造函数的原型对象。注意，重点来了，在做好以上事情后，我们的构造函数调用了 call 方法，并把我们刚才创建好的 obj 作为构造函数的 this，最后再把这个对象返回就行了。注意这里每一个步骤都十分重要，在后续手写 Vue 源码的时候，我们还会再强调。

1.2.5 this 到底是谁

这个话题实在是有点老生常谈,但是在 Vue2 源码中几乎处处都是 this,或者说只要用 JavaScript 语言来开发,就不可能避免 this 的问题,所以,我想在这里再着重罗列下它的使用场景:

1. 全局执行

指向全局,可不仅仅意味着指向 Window。在不同的环境和约束下,"全局"会有不同的表现。

在大多数人都熟悉的场景下,也就是浏览器全局环境下(无论是否是严格模式),也就是 <script>内,this 指向 Window:

```
JavaScript
console.log(this);                                      // Window
JavaScript
"use strict";
console.log(this);                                      // Window
```

在 Node 的环境下,this 指向 Global 对象,为什么说是 Global 对象呢。测试方法如下:首先您电脑里得安装了 Node,然后,直接在命令行输入 node 命令,进入这样的界面,如图 1-1 所示。

```
wangjiaqi@bogon zaking-vue2 % node
Welcome to Node.js v14.17.5.
Type ".help" for more information.
>
```

图 1-1　输入 node 命令界面

然后,再键入跟上面一模一样的代码就可以了。注意分号,这里要注意,为什么一定要用这样的方法去测试?因为如果直接通过 node 文件地址打印出来的是一个对象,这个对象就是 Global 对象,这是没问题的,但是问题是打印出来的是一个空对象,我们无法确定 Global 里到底有什么。

2. 函数调用

```
JavaScript

function func() {
    console.log(this);
}
func();                                                 // Window
```

再比如:

```
JavaScript
(function func() {
    console.log(this);
})();
```

或者:

```
JavaScript
let obj = {
    func: function () {
```

```
        console.log(this);
    },
};
let fn = obj.func;
obj.func();
fn();
```

在全局函数调用的场景下，this 也是指向 Window。这里稍有疑惑，且大家通常都会遇到的情况就是第三个例子，其实我们可以这样理解，this 指向是在编译阶段确定的，存储在全局上下文中，类似于一个变量，一旦确定，其就不会随着运行时而改变。所以，fn 在调用的时候，实际上它存储的是 func 方法的引用，所以，this 指向的是 Window。额外要提一下的是，在严格模式下，全局作用域下的函数调用，函数内部的 this 是 undefined。

上面的例子都是直接在全局作用域下执行函数。这样的场景下，本质上执行的是 Window.fn()，fn 是作为 Window 的属性或方法存在的。那么结论也就呼之欲出了：在非严格模式下，谁调用该方法，该方法内部的 this 就指向谁。

最后，我们可以得出这样的结论：

(1) 全局作用域下(无论是否是严格模式)的 this 就是全局对象(Window 或 Global，视宿主环境而定)。

(2) 非严格模式下的 this，谁调用就指向谁。

(3) 严格模式下在全局作用域调用的函数，函数内的 this 是 undefined。

上面的内容再简单点说，就是谁调用指向谁，严格模式的全局函数调用内的 this 指向 undefined。

完了吗？this 就解释完了？对吗？那 call、bind、apply 呢？new 呢？其实 this 的指向就是这么简单。其他的本质上来说都不算是 this 指向的问题，只是因为这些 API 内部改变了或者重新定义了 this，它们并不是 this 指向问题(如果非要归类为 this 的指向问题，也勉强可以，但是从理解上来说，就复杂多了)。

那还有箭头函数呢？箭头函数我个人的理解(论点有待确认)，本质上的箭头函数并不能算是一个真正的函数，因为它没有自己的作用域，它是使用了父级的作用域，而箭头函数真正存储的地方也不像是普通函数或者变量那样(函数的声明本质上也是一个变量)，把它们存储在内存中，箭头函数是存储在了作用域的词法环境中，所以，箭头函数更像是一个表达式。

现在我相信大家应该理解了 this 的指向问题。其实个人觉得 this 的指向问题并不复杂，复杂的是该如何分类。对某一个概念不清楚，很大程度上是因为涉及该概念的知识点分类不清晰，最后导致概念模糊，定义混乱。我不过是帮助大家简单分了下类。

最后，到这里，基础概念的讲解就基本上结束了，后续在实现 Vue 源码的过程中也不会再去花这么大的篇幅去讲解基础概念，实在是因为这些概念几乎穿插全篇，不花费篇幅讲一下，到后面会越看越乱。

1.3 initData：Vue 初始化

终于，我们要走近 Vue 广袤的世界了，那么，开始我们的探索吧。

我们知道,Vue2 是 Options API,其实就是通过我们传入的 options 参数,来使 Vue 知道我们想要做什么。

还记不记得我们在第一节中已经写好的,使用 Vue 类的那段 so easy 的代码:

```html
HTML
<!DOCTYPE html>
<html lang="en">
    <head>
        <meta charset="UTF-8" />
        <meta http-equiv="X-UA-Compatible" content="IE=edge" />
        <meta name="viewport" content="width=device-width, initial-scale=1.0" />
        <title>Document</title>
    </head>
    <body>
        <script src="./vue.js"></script>
        <script>
        const vm = new Vue({ a: 1 });
    </script>
    </body>
</html>
```

代码很简单,那么改成真正使用时候传入的 options 场景:

```html
HTML
<!-- dist/index.html -->
<!DOCTYPE html>
<html lang="en">
    <head>
        <meta charset="UTF-8" />
        <meta http-equiv="X-UA-Compatible" content="IE=edge" />
        <meta name="viewport" content="width=device-width, initial-scale=1.0" />
        <title>Document</title>
    </head>
    <body>
    <script src="./vue.js"></script>
    <script>
        const vm = new Vue({
            data() {
                return {
                    a: 1,
                };
            },
        });
    </script>
    </body>
```

```
</html>
```

这就是我们本章要实现的核心内容。一切的起源都是因为我们 new 了一个 Vue，既然如此，就先来实现这个 Vue 类，我们在 src 下的 index.js 文件中声明一个 Vue 类：

```
JavaScript
// src/index.js
function Vue(options) {
    this._init(options);
}
export default Vue;
```

这是什么？这个_init 方法是从哪里来的？Vue 通过 initMixin 方法，给 Vue 的原型上绑定了个_init 方法，我们继续在 src 目录下创建一个 init.js 文件，代码如下：

```
JavaScript
// src/init.js
export function initMixin(Vue) {
    Vue.prototype._init = function (options) {
        console.log(options);
    };
}
```

然后，我们可以在 src/index.js 中引入 initMixin：

```
JavaScript
// src/index.js
import { initMixin } from "./init";
function Vue(options) {
    this._init(options);
}
initMixin(Vue);
export default Vue;
```

我们现在来分析下这几行代码，很重要！首先，我们来分析下这段代码是怎么执行的。我们先执行的 src/index.js 这个入口文件，这是毫无疑问的，对吧？那么 JS 引擎会在执行上下文中生成一个叫作 Vue 的变量，这个变量存储的是 Vue 这个函数内容的内存地址，它真正的执行代码是存储在内存中的。

所以，我们 src/index.js 中实际上就执行了导入的 initMixin，而 initMixin 方法的作用就是在 Vue 的原型对象上增加了_init 方法。

我们在 new Vue 的时候，new 内部所做的事情，使得 Vue 构造函数内部的 this 指向了 Vue 的实例，该实例可以通过原型链，获取 Vue 原型对象上的方法。注意：在 Vue 的源码里，到处都是通过这样的方法在 Vue 构造函数内部使得信息互通（或者说本身就是在构造函数内部执行，只不过按照模块化分了）。还记不记得我们上一小节学过的，new 内部还做了一件事，就是调用了 call 方法，即执行了构造函数内的代码，此时才真正执行了 this._init()方法。

我们简单回顾下，目前的代码，实际上有两条线：

一条是给 Vue 的原型上绑定_init 方法，这件事是在 JS 引擎执行 src/index.js 文件的时候就做好了的（这也是为什么 Vue 的官方文档说，mixin 方法必须写在生成 vue 实例之前的原因），因为我们执行了 initMixin 方法。

另一条，就是我们在 new 的时候，执行了 this._init()。

那么，我们继续往下。_init 方法目前并不复杂，就是缓存了一下 this，然后调用了一下 initState 方法：

```
JavaScript
// src/init.js
import { initState } from "./state";
export function initMixin(Vue) {
    Vue.prototype._init = function (options) {
        const vm = this;
        // 在 vm 上绑定传入的 options。
        vm.$options = options;
        // 然后再去初始化状态
        initState(vm);
    };
}
```

提问！为什么要在 vm 上绑定一个 $options 属性呢？因为这个 $options 会有很多内容，我们在 Vue 类的内部的各个地方都需要通过 this 来获取 $options。OK，那到了这里，我们得继续看一下 initState 做了什么。这一层又一层，是不是很麻烦，写在一起不行吗？嗯，目前的代码是可以的，但是越往后你就会越清楚，这样不行！

那么我们继续在 src 目录下创建个 state.js 文件，到了真正决战的时刻：

```
JavaScript
// src/state.js
export function initState(vm) {
    const opts = vm.$options;
    if (opts.data) {
        // 我们再看初始化 Data。后续这里还会有一堆初始化
        initData(vm);
    }
}
```

未来，这个 initState 方法里会有很多初始化，比如 initProps、initMethods、initComputed、initWatch 等，都是写在这里的。随着后续推进，会越来越多，当然，目前只有 initData。

我们继续看 initData 做了什么，我们通过在_init 方法中给 initState 方法传入了 vm，那么此时我们就可以在 initState 中，通过在_init 方法中绑定到 vm 上的 $options 得到 options。然后判断下 options 上是否有 data，如有，我们就继续初始化 Data。

```
JavaScript
// src/state.js
export function initState(vm) {
    // ...省略了
```

```
}
function initData(vm) {
    let data = vm.$options.data;
    data = typeof data === "function" ? data.call(vm, vm) : data;
    vm._data = data;
}
```

我们来看 typeof 那段代码，我们传给 Vue 的 data 参数可以是对象，也可以是个函数，对吧？所以，这里要判断一下，如果是函数那么就调用 data.call，否则就直接用 data。但是这里有个有趣的事情，就是 data 如果是函数，data 方法调用 call 时，call 方法不仅仅是让 data 函数内部的 this 指向当前的 vm，还把 vm 作为参数传了进去。也就是说，我们可以这样操作：

```
JavaScript
const vm = new Vue({
    data(vm) {
        console.log(vm, "data-vm");
        return {
            a: "1",
        };
    },
});
```

打印的结果就是 vm 这个实例。随着我们研究的深入，在后面的章节中这个问题我们还会再捡起来。但是目前，您只要知道 Vue 的 options 中的 data，如果是函数，那么是有一个 vm 作为 call 的参数给 data 方法绑定了 this 就可以了，(这个地方就很有趣，考虑了一些很有趣的场景，比如你绑定的 data 是一个函数返回的对象，函数内部可能需要用到这个 this，不多说了)。但是现在还有一个问题，我们可以通过 vm._data 来访问 data 对象，但是我们在实际开发中，无论是单页应用，还是传统的 script 标签引入使用，我们都这样用过：

```
JavaScript
console.log(this.a);                    // 1
```

这里的 this 就是我们的 Vue 的实例，也就是 vm 了，所以怎么把 data 中的属性，绑定到 vm 上呢？这就需要用到我们的 defineProperty 了：

我们在 initData 方法中，再加两行代码，把每一个 data 中的 key 都绑定到 vm 上：

```
JavaScript
// src/state.js
export function initState(vm) {
    // ...省略了
}

function initData(vm) {
    // 也略了
    for (let key in data) {
        proxy(vm, "_data", key);
    }
```

```
}
```

循环 data 中的每一个 key，然后通过 proxy 方法把每一个 key 代理到 vm 上，直接在 src/state.js 中添加一个 proxy 方法即可：

```JavaScript
// src/state.js
// 省略了很多
function proxy(vm, target, key) {
    Object.defineProperty(vm, key, {
        get() {
            return vm[target][key];
        },
        set(nv) {
            vm[target][key] = nv;
        },
    });
}
```

这段代码其实没做太多的事情，就是通过 defineProperty，在 vm 上直接绑定了_data 中所有的 key，get 返回的就是取的 vm._data[key]的值，set 设置的也是给 vm._data[key]值。这里面有一个核心的点就是：一旦取值或者设值，就会触发 get 和 set 方法。所以，每当修改 this.a 的时候，实际上通过 proxy 的 defineProperty 代理修改的就是 vm._data.a，同理，每当给 this.a 设值时，实际上就是在给 vm._data.a 设值。不信，我们来看一下：

```JavaScript
const vm = new Vue({
    data(vm) {
        console.log(vm, "data-vm");
        return {
            a: "1",
        };
    },
});
vm.a
vm.a = 2;
vm.a
console.log(vm._data.a);
```

给实例增加一点代码，打印一下。然后，在 proxy 的 defineProperty 中增加 console：

```JavaScript
// src/state.js
function proxy(vm, target, key) {
    Object.defineProperty(vm, key, {
        get() {
            console.log(vm[target][key], "vm._data.a--get");
```

```
            return vm[target][key];
        },
        set(nv) {
            vm[target][key] = nv;
            console.log(vm[target][key], "vm._data.a -- set");
        },
    });
}
```

结果是这样的：

```
Plain Text
1 vm._data.a -- get
2 vm._data.a -- set
2 vm._data.a -- get
2
```

大家看到了吗？每次读取和修改都会触发 defineProperty，从而修改了 vm._data 上的该属性，但是直接读取 vm._data 上的属性时，却并没有触发 defineProperty。至此，第一步的代理我们已经了解了，下面我们继续深入学习响应式原理的核心部分。

1.4 Observer——响应式原理的核心

前面，我们顺着 Vue 源码的执行逻辑一路从 new Vue()走到了 initData，然后 initData 中又通过 proxy 方法的 defineProperty 把 data 中的属性代理到了 vm 上。但是还有一个核心的问题没有解决，就是希望可以在 vm.a 变动的时候触发一些事情，比如想要渲染 DOM、触发 watcher 回调等。

但是目前只是代理了 data 中的数据到 vm 上，我们改变 vm 上的 data 中的属性，实际上读/写的都是 vm._data 中的属性。所以，proxy 的作用只是代理，不是监测，我们还要用一个方法来监测所有的 data 中的属性。

那么，我们在 src 下新创建一个 observe 文件夹，然后创建一个 index.js 文件。我们写一个 observe 方法：

```
JavaScript
// src/observer/index.js
export function observe(data) {
    if (typeof data !== "object" || data === null) {
        return;
    }

    return new Observer(data);
}
```

这个方法十分简单，其实核心就一句话，返回 new Observer()的实例。所以，重点就落到了 Observer 这个类上了。我们先来处理一下其他关联的细节，稍后再安安静静看下这个 Observer 类做了什么。

需要在 src/state.js 的 initData 方法中引入并调用这个 observe，到目前为止 initData 完整的代码如下：

```
JavaScript
// src/state.js
import { observe } from "./observer/index";
function initData(vm) {
    let data = vm.$options.data;
    data = typeof data === "function" ? data.call(vm, vm) : data;
    vm._data = data;
    for (let key in data) {
        proxy(vm, "_data", key);
    }
    observe(data);
}
```

好了，我们来看下 Observer 类的实现：

```
JavaScript
// src/observer/index.js
class Observer {
    constructor(data) {
        // 运行 walk
        this.walk(data);
    }
    walk(data) {
        // walk 就是循环 data 中的 key，然后去绑定 defineProperty
        Object.keys(data).forEach((key) =>defineReactive(data, key, data[key]));
    }
}
```

其实什么也没做，就是循环了 data 的 key，然后又执行 defineReactive 这个方法。

```
JavaScript
// src/observer/index.js
export function defineReactive(target, key, value) {
    Object.defineProperty(target, key, {
        get() {
            return value;
        },
        set(nv) {
            if (nv === value) {
                return;
            }
            value = nv;
```

```
        },
    });
}
```

这段代码已经十分熟悉了，直接读取和设置了 data 上的 value，但是和 proxy 还是不一样的。

简单捋一下，之前我们说过，截止到目前的代码，我们一共有两条线。一条是 js 引擎执行 Vue 源码时，给 Vue 类上的原型对象绑定的_init 方法，称之为编译时。另外一条是当我们 new Vue 时，此时才真正执行_init 方法，这个时候，我们给传入的 options 中的 data 绑定了 defineProperty，可以叫运行时。最后，还额外增加了一条线，可以叫响应时。也就是说，当我们修改 vm. a 这个属性的时候，会触发 defineReactive，从而使得 Vue 可以去做一些其他的事情，比如渲染个 DOM、计算一个 Computed，这条线就称为响应时。

那么，我们来着重的看一下，这个响应时这条线到底是什么情况，如图 1-2 所示。

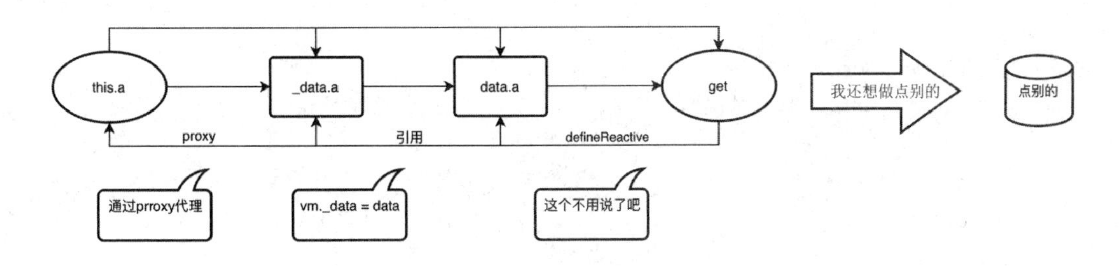

图 1-2　响应时逻辑线图字

如上面所示，首先我们给 vm 实例上绑定了一个_data 属性，这个属性存储的就是 data 的引用地址，没问题吧？引用类型的变量赋值问题。所以，当我们通过代理修改了 this. a（也就是 vm. a）的时候，实际上是修改了 data. a，于是，由于 data. a 又绑定了 defineProperty，最终触发了 get 方法。那么此时 get 方法就可以做点别的事了。

到现在还没完，我们处理了单纯的 data 的情况，也就是 data 中的属性都是值类型。我们看下面代码：

```
HTML
<! DOCTYPE html >
<html lang = "en">
    <head >
        <meta charset = "UTF - 8" />
        <meta http - equiv = "X - UA - Compatible" content = "IE = edge" />
        <meta name = "viewport" content = "width = device - width, initial - scale = 1.0" />
        <title >Document </title >
    </head >
    <body >
        <script src = "vue. js"></script >
        <script >
            const vm  =  new Vue({
```

```
            data(vm) {
                return {
                    a: "1",
                    address: {
                        a: 1,
                        b: 2,
                    },
                };
            },
        });

        vm.name = {
            fname: "zaking",
            lname: "wong",
        };
        // 或者
        vm.address = {
            info: "什么情况",
        };
    </script>
  </body>
</html>
```

我们之前的代码无法实现观测上面的场景，所以，这时就需要额外添加一点东西，大家想一想，要怎么办？我们 data 中声明的数据可能对象中有对象，对象中还有对象，这种情况怎么处理？没错，递归。那，我们设置值的时候还可能是个对象，那怎么办？设置的时候再 observe 一下。

我们有两种场景可能需要再去递归观测，一是我们声明的时候就是对象套对象，二是给某个现有的属性修改成对象。那么，我们只需要在 defineReactive 中再加两行代码：

```
JavaScript
// src/observer/index.js
export function defineReactive(target, key, value) {
    observe(value);
    Object.defineProperty(target, key, {
        get() {
            return value;
        },
        set(nv) {
            if (nv === value) {
                return;
            }
            observe(nv);
            value = nv;
        },
```

```
    });
}
```

这样就解决了。我们终于完成了 Vue 中核心的响应式原理的对象的部分，也带大家捋了三条线。接下来，我们要额外处理一下 data 中的属性存在数组的场景。

1.5 数组的响应——AOP 的实际应用

为什么要对数组做特殊处理呢？我们用之前的观测对象的代码不也一样可以观测到数组吗？没错，假设我们抛弃了这一节的内容，直接对数组使用观测对象的方式观测，那么会有什么结果？

如图 1-3 所示，它把数组当成了对象，每一个数组的下标就是 key，对应的值就成了 value，那没问题，这不是很完美，但是通常数组都会有大量的数据，如果给每一个下标都走一遍 defineProperty，会消耗多少性能？所以，我们要针对这样的情况，进行性能优化。

```
▾arr: Array(5)
   0: 1
   1: 2
   2: 3
   3: 4
   4: 5
   length: 5
  ▸get 0: f ()
  ▸set 0: f (nv)
  ▸get 1: f ()
  ▸set 1: f (nv)
  ▸get 2: f ()
  ▸set 2: f (nv)
  ▸get 3: f ()
  ▸set 3: f (nv)
  ▸get 4: f ()
  ▸set 4: f (nv)
```

图 1-3 把数组当成对象观测

那么，我们要怎么对数组进行响应式绑定时的优化呢？答案就在 Vue2 的文档里：

Vue 将被侦听的数组的变更方法进行了包裹，所以它们也将会触发视图更新。

变更方法，顾名思义，是变更调用了这些方法的原始数组。

简单说，就是我们可以对这些修改了原数组的数组方法进行一层包裹，从而可以使其触发响应。而在 Vue2 源码的实现里，进行一层包裹的操作就是 AOP。AOP 是指切片编程，意思是通过预编译方式和运行期间动态代理实现程序功能的统一维护的一种技术。这样说太官方了，我们来看个简单的例子：

```
JavaScript
var methods = {};
methods.prototype = {
    fn1: function () {
        console.log("fn1");
    },
    fn2: function () {
        console.log("fn2");
    },
    fn3: function () {
        console.log("fn3");
    },
};
```

```
let new_methods = Object.create(methods.prototype);
// new_methods.__proto__ = methods.prototype
new_methods.fn1 = function () {
    console.log("new_fn1");
};
new_methods.fn1();
new_methods.fn2();
new_methods.fn3();
```

你猜打印结果是什么？

```
JavaScript
new_fn1
fn2
fn3
```

没错，这就是切片编程了，上面的代码做了什么呢？首先我们创建一个 methods 空对象，然后直接给这个对象的原型设置为拥有三个方法的对象。再之后，我们通过 Object.create 传入 methods.prototype，最后，给 new_methods 对象上增加一个 fn1 方法。调用结果我们发现，fn1 方法使用的是 new_methods 对象自己的方法，而 fn2 和 fn3，都是 new_methods 原型对象上的方法。我们通过这样的形式，利用原型链的查询规则来实现在对象与原型中插入额外的同名方法来拦截原型方法，这就是切片编程在 JavaScript 中的一种应用形式了。

那么回归正题，之前我们说过要对那些可以修改原数组的方法进行一层包裹，具体是如何包裹的，我们先在 src/observe 文件夹下创建一个 array.js 文件专门来存放我们对数组的某些特定方法包裹的代码，那么我们看一下代码实现：

```
JavaScript
// src/observer/array.js

// 重写数组中的部分方法
// 暂存真正数组原型对象
let oldArrayProto = Array.prototype;

// 依据真实的数组原型对象，创建一个对象
let newArrayProto = Object.create(oldArrayProto);

// 这些方法会修改原数组
let methods = ["push", "pop", "shift", "unshift", "reverse", "sort", "splice"];

methods.forEach((method) =>{
    // 然后，我们在这个对象上的 methods 内的方法，
    newArrayProto[method] = function (...args) {
        // 这个 this 是调用方法的那个数组
        // 执行我们自己的逻辑，并返回真正的方法调用的结果
        const result = oldArrayProto[method].call(this, ...args);
```

```
            return result;
        };
});

export default newArrayProto;
```

代码跟我们之前的例子十分类似，首先我们创建了一个继承 oldArrayProto，也就是 Array 上原型对象的 newArrayProto 对象。然后我们再创建一个需要包裹的那些方法的数组，并循环这个数组，在循环的内部，通过给 newArrayProto 赋值对应的方法即可。而这些方法实际上只做了一件事，就是调用 Array. prototype 上对应的方法。

那么，我们还需要修改一下下 Observer 类：

```
JavaScript
// src/observer/index.js
class Observer {
    constructor(data) {
        // data.__ob__ = this;
        // 如果是数组，要做特殊处理
        if (Array.isArray(data)) {
            // 重写数组的 7 个变异方法，这些方法可以修改数组本身
            // 除了数组，数组内的引用类型也要劫持
            data.__proto__ = newArrayProto;
            // 需要保留数组原有的特性，并且可以重写部分方法
            // 这个 observeArray 并不是数组真正观测的地方，真正触发观测是使用 newArrayProto
               的方法时进行的观测。
            // 它只是为了继续观测数组的元素是否还是数组的情况
            this.observeArray(data);
        } else {
            // 运行 walk
            this.walk(data);
        }
    }
    walk(data) {
        // walk 就是循环 data 中的 key，然后绑定 defineProperty
        Object.keys(data).forEach((key) => defineReactive(data, key, data[key]));
    }
    observeArray(data) {
        data.forEach((item) => {
            observe(item);
        });
    }
}
```

我们来看，其实我们就是加了一个判断，如果是 Array，那么就让这个 array 的原型对象指向刚刚创建好的那个对象，这样我们在调用那些变更方法的时候，就可以被 Observer 到。然

后，它还调用了 observeArray 方法，但是这个方法，实际本质的作用是触发后续的递归操作，看看是否子元素还是数组，子元素是否是对象等，而真正触发观测的节点是在您做变更操作的时候才会触发的。

那在做变更操作的时候，我们要干什么呢？首先，变更操作无非两种情况：一种是在原数组上删除数据，一种是在原数组上增加数据。数据都删了还管什么？所以，我们只需要对新增元素，再运行一遍 observeArray 方法即可。

其实这里，对于这个 observeArray 方法，要额外说一下，我们并没有真正观测“数组”。我们真正观测的只是数组这个对象的 key。首先，数组是一个对象，所以在我们第一次 observe 的时候，就给这个 key 绑定了 defineProperty，只有当增删整个数组（也就是 vm.arr = [1,2,3]完全重新赋值了一个新地址）的时候，才会触发 defineProperty。这是第一种情况，那么剩下的就是通过方法操作、通过下标操作，还有 length 操作了。首先，Vue 官方明确说了不支持下标操作、length 操作。所以就只剩下变更方法对原数组的操作了。

刚才我们稍微回退了两步，现在我们继续往前。之前说到，只有增加数据的时候，才需要观测，删掉的数据无需处理。所以，我们只需要用 observeArray 方法去处理那些新增的数据即可，因为这些新增的数据里，可能会有对象或数组。

```
JavaScript
// src/observer/array.js

// 重写数组中的部分方法
// 暂存真正数组原型对象
let oldArrayProto = Array.prototype;

// 依据真实的数组原型对象，创建一个对象
let newArrayProto = Object.create(oldArrayProto);

// 这些方法会修改原数组
let methods = ["push", "pop", "shift", "unshift", "reverse", "sort", "splice"];

methods.forEach((method) => {
    // 然后，我们在这个对象上的 methods 内的方法为，
    newArrayProto[method] = function (...args) {
        // 这个 this 是调用方法的那个数组
        // 执行我们自己的逻辑，并返回真正的方法调用结果
        const result = oldArrayProto[method].call(this, ...args);
        let inserted;
        console.log(this);
        switch (method) {
            case "push":
            case "unshift":
                inserted = args;
                break;
            case "splice":
```

```
                inserted = args.slice(2);       // 为什么这么写？大家考虑一下
            default:
                break;
        }
        // 我们只需要给 inserted,即新增的元素,绑定 observe
        if (inserted) {
            observeArray(inserted);
        }
        return result;
    };
});

export default newArrayProto;
```

这里我们新增了部分代码，声明了一个 inserted，这个 inserted 就是我们插入原数组的那些新元素。最后，如果有新增的是确切的值(不是 null 或者 undefined，所以其实这里的判断不太严谨，就这样吧。)。那么我们就调用 observeArray 方法处理这些 inserted。

observeArray 从哪来的？对，没错，现在的代码跑不起来，那我们要怎么在这里获得 observeArray 方法呢？先卖个关子，问大家一个问题，上面的代码，打印的 this 是谁？嗯，如果您还记得前面的内容，那么，相信这里您可以顺口而出，是调用这个方法的 array。没错！那么，可不可以在这上面做点文章呢？因为，唯一和这个方法有交集的地方就是这个 array 了。

我们在 Observer 类的 constructor 里加一段代码：

```
JavaScript
// src/observer/index.js

class Observer {
    constructor(data) {
        // data.__ob__ = this;
        Object.defineProperty(data, "__ob__", {
            value: this,
            enumerable: false,
        });
        // 省略了～
    }
    walk(data) {}
    observeArray(data) {}
}
```

在每一个我们观测的 data 的属性上，都绑定一个__ob__对象，这个__ob__就是 Observer 的实例本身。

然后，就可以这样调用了：

```
JavaScript
if (inserted) {
    this.__ob__.observeArray(inserted);
```

```
}
```

完美！最后，稍微做一下优化，现在，我们每一个 data 上都有了__ob__对象，那么换句话说，对象上存在__ob__就意味着已经被 observe 过了，不再需要每次都 observe 了：

```
JavaScript
// src/observer/index.js
export function observe(data) {
    if (typeof data !== "object" || data === null) {
        return;
    }
    if (data.__ob__ instanceof Observer) {
        return data.__ob__;
    }
    return new Observer(data);
}
```

这就是目前完整的 observe 方法的代码了。到目前为止，我们完成了第一阶段：数据的响应式绑定。

我们来简单回顾下前面都学了什么：

(1) 搭建了基本的开发环境，让我们可以打包写好的 Vue 代码。

(2) 学习了一些 JS 的高阶 API，使得我们学习源码更通畅。

(3) 编写了 Vue 的初始化流程，并学习了编译时和运行时这样的概念，注意，这个概念是我们自己编的，有它特殊的定义和场景，可能与之前我们所熟知的词并不相同，但是类似。如果雷同，纯属抄袭。

(4) 然后，我们学习了对象的响应式，也就是我们如何观测对象的变化。

(5) 最后，我们学习了数组的响应式在 Vue 中的解决方案，也就是通过原型链的查找规则来拦截原型上的方法。

1.6 初始化代码浅析

在前面几个小节，我们首先搭建了基本的开发环境，然后在 1.2 节讲解了一些 JavaScript 的高级知识。然后用了三节的篇幅，手写了 Vue2 初始化 data、绑定响应式的内容。这是整个 Vue2 的核心中枢，所以花费一些篇幅来让大家对这部分有一个深刻的理解是必要的。但是由于模块化的拆分，导致代码并不是那么容易看到全貌，所以在这一小节，我们来把之前拆分出去的代码拉平，让大家更容易看到在这一个阶段 Vue2 到底做了些什么事。当然，在体积庞大的前提下，拆分逻辑，使关注点分离是十分必要的。

那么下面我们就来看看之前手写的代码，拉平后是什么样的。

1.6.1 扁平化后的代码

这一节真的不是为了凑字数，相反很有必要！之前我们写的代码，都是分模块的，是按照源码的方式来分割的，对于新手来说，这么多模块，引来引去，调来调去，那，我们把它揉成一团怎么样？

```
JavaScript
// 这个就是我们通过声明一个新的对象，然后在这个新对象上重新定义了一些数组变更方法的逻辑，我们把它放在下面函数里。
function newArrayProto() {
    let oldArrayProto = [];

    let newArrayProto = Object.create(oldArrayProto);
    console.log(newArrayProto, "newArrayProto");
    let methods = [
    "push",
    "pop",
    "shift",
    "unshift",
    "reverse",
    "sort",
    "splice",
    ];
    methods.forEach((method) =>{
        newArrayProto[method] = function (...args) {
            const result = oldArrayProto[method].call(this, ...args);

            let inserted;
            let ob = this.__ob__;
            switch (method) {
                case "push":
                case "unshift":
                    inserted = args;

                    break;
                case "splice":
                    inserted = args.slice(2);
                default:
                break;
            }
            if (inserted) {
                ob.observeArray(inserted);
            }
            return result;
        };
    });
    return newArrayProto;
}
```

```
// 然后，这就是我们重要的 Observer 类了
class Observer {
    constructor(data) {
        console.log(this, "this");
        Object.defineProperty(data, "__ob__", {
            value: this,
            enumerable: false,
        });
        // data.__ob__ = this;
        if (Array.isArray(data)) {
            data.__proto__ = newArrayProto();
            console.log(data.__proto__);
            this.observeArray(data);
        } else {
            this.walk(data);
        }
    }
    walk(data) {
        Object.keys(data).forEach((key) =>defineReactive(data, key, data[key]));
    }
    observeArray(data) {
        data.forEach((item) =>observe(item));
    }
}

function defineReactive(target, key, value) {
    observe(value);

    Object.defineProperty(target, key, {
        get() {
            return value;
        },
        set(nv) {
            if (nv === value) {
                return;
            }
            observe(nv);
            value = nv;
        },
    });
}

function observe(data) {
    if (typeof data ! == "object" || data === null) {
        return;
```

```
    }
    if (data.__ob__ instanceof Observer) {
        return data.__ob__;
    }
    return new Observer(data);
}

function proxy(vm, target, key) {
    Object.defineProperty(vm, key, {
        get() {
            return vm[target][key];
        },
        set(nv) {
            vm[target][key] = nv;
        },
    });
}

function Vue(options) {
    const vm = this;
    vm.$options = options;
    const opts = vm.$options;
    if (opts.data) {
        let data = vm.$options.data;
        data = typeof data === "function" ? data.call(vm, vm) : data;
        vm._data = data;
        observe(data);
        for (let key in data) {
            proxy(vm, "_data", key);
        }
    }
}
```

这些代码一共有两个类，Vue、Observer，四个函数：observe、proxy、defineReactive 和 newArrayProto。从上面的铺平的代码来看，我们 new Vue 的时候就运行了 proxy 和 observe，observe 又 new 了一个 Observer，new Observer 的时候又定义了 newArrayProto 和 defineReactive。完结。

要注意的是，在现在的阶段，我们是可以这样写的，因为代码就这么多，您想怎么写就怎么写，都可以。但是随着后续逻辑的增加，再把所有的代码写到一起，完全无法阅读，甚至可以说是一场灾难，这也是为什么 Vue2 要把它们分割开的原因，说得高大上一点，就是关注点分离。

除了这一章，我们之后的章节都不会再这样讲了。

对于具体的细节，大家可以在学会之前的逻辑后再来看这块的代码，您会有一个更深刻的认识和理解，所以就不多说什么了。

1.6.2 按"图"索"骥"——流程梳理

前一小节，我们把代码铺平，这样更容易看清楚全貌。那么这一节看图说话，梳理下完整的初始化响应流程。我们先来看一张图，这张图实际上在网上也可很容易找到：

图 1-4 涉及了 Vue2 完整的运行时链条，从初始化，到 $mount，然后编译模板，优化模板，标记静态节点，再到生成 render，生成虚拟 DOM，绑定 Watcher，再到 patch 挂载，变化更新等流程。我们再看这一章写的内容，如图 1-5 所示：

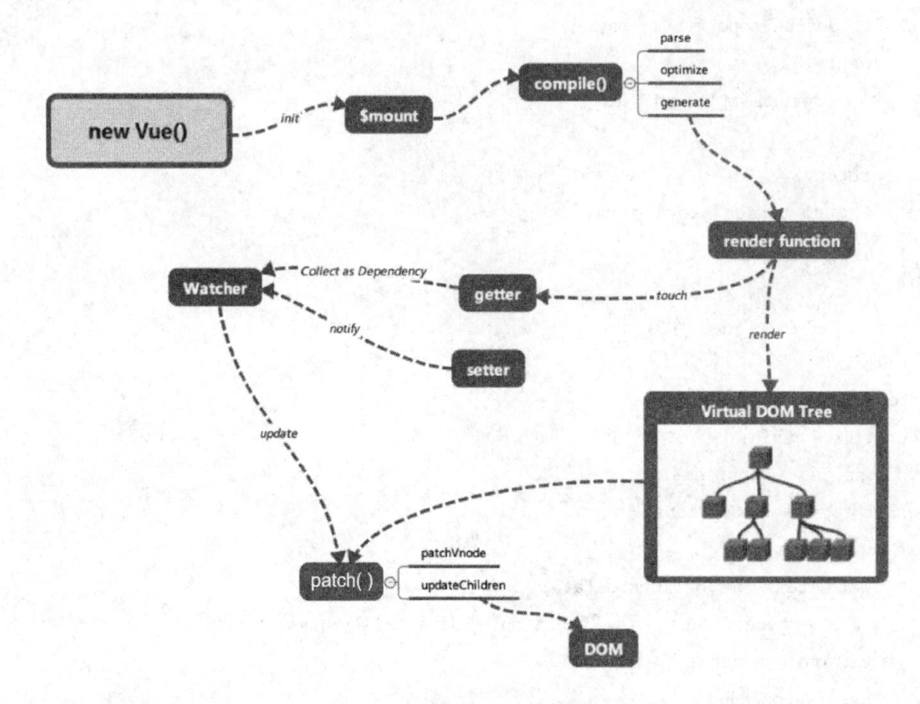

图 1-4 Vue2 运行时流程(1)

从前面所写的代码来看，我们完成了这一部分，也就是初始化的时候绑定了 Watcher，但是实际上，只完成了很小的一部分，现在仅仅触发了数组和对象的 defineProperty，对，还写了一点 data，除了这些没做别的。当然，后续的代码会越来越多，会完整手写这个链条，但是相比于真正的源码，我们所有手写的内容也只是其中的部分了。

刚刚，放眼了一下未来，现在回过头来脚踏实地一下。我们来通过实际的流程图，梳理一下我们初始化的时候的逻辑是怎么样的，让大家看得更全面一点。

之前我们普及一个概念，就是 Vue2 的编译时，运行时和响应时，可能这三个词其中两个大家十分熟悉，前面也说了，这是我们自己编的，和它原本的含义可能相似，但是并不完全相同。

接下来，我们就根据这三个定义，来梳理下我们之前都学了什么。

1. 编译时

编译时是指在浏览器接收到 Vue2 的 JavaScript 代码时都做了些什么，我们一再强调，此时还没有执行 new Vue，只是浏览器在解析 Vue2 代码的时候都做了一些准备工作。那么我们先看看编译时的流程图，如图 1-6 所示。

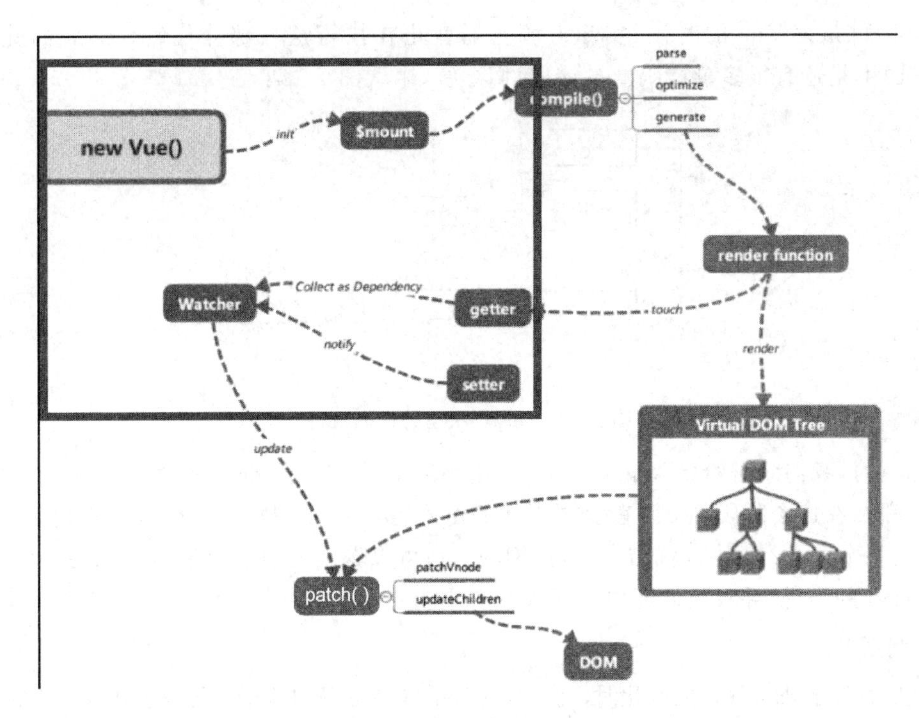

图 1-5　Vue 运行时流程(2)

就这些吗？没错，就这些！目前的代码，在编译的时候，仅执行了 initMixin 方法，给 Vue 这个函数的原型上绑定了一个 _init 方法，至于 initData，再执行 proxy 代理，那都是在我们 new Vue 时，也就是执行时才会做的事。接下来，我们就来看看执行时做了什么。

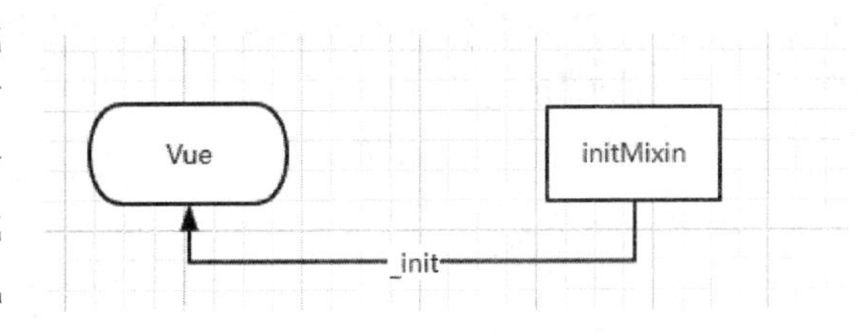

图 1-6　编译时流程

2. 执行时

我们直接看图 1-7 执行时：

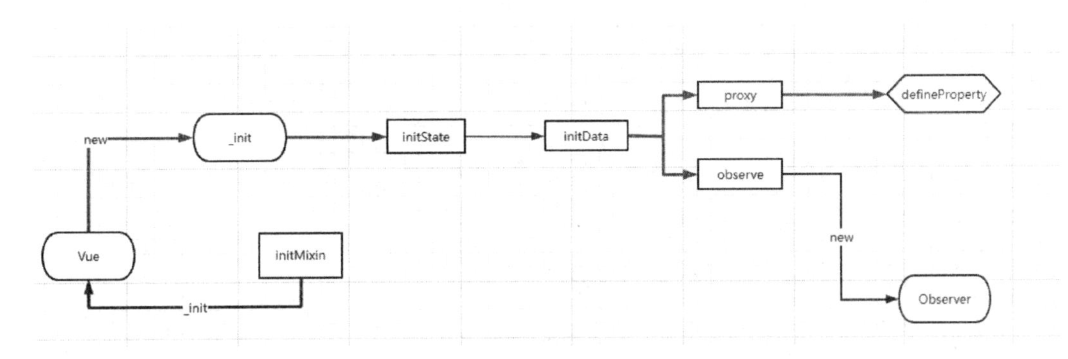

图 1-7　执行时流程

我们根据之前的代码，增加了执行时的内容，就是_init 的那条线，看整条线的走向，实际上就做了两件事，一件是通过 defineProperty 把 data 中的属性代理到 vm 上，一件就是绑定响应式。当我们 new Vue 的时候，实际上浏览器就是在执行这一部分代码。那后面呢？Observer 里面不是还有很多事情吗？没错，我们继续，来看图 1-8：

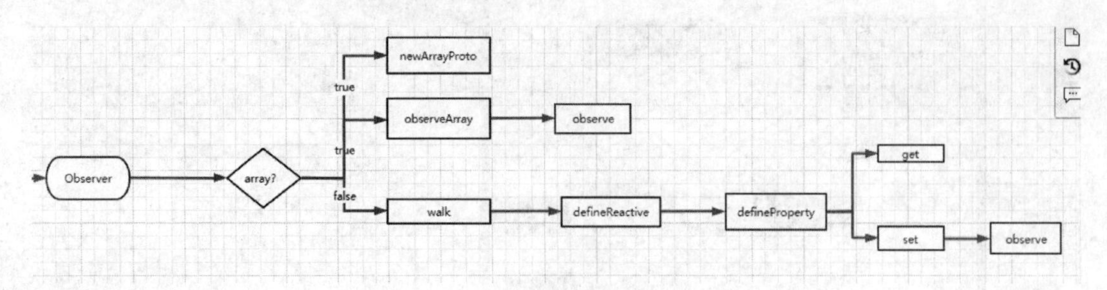

图 1-8　Observer 里的代码执行

在运行时，我们同时给传入 new Vue 中的 options 中存在的 data 属性做了图 1-7 中的逻辑操作。那么在这个阶段，Vue2 就会根据我们传入的 options，执行一堆代码，理论上来讲，到这里，其实整个 Vue2 的执行就结束了，没别的事情可以做了。但是由于新的 API，也就是 defineProperty 的出现，导致我们还要学更多东西才能完成操作。

3. 响应时

当我们触发了 data 属性的变化时，就会通过 defineProperty 绑定的修饰符去触发后续的逻辑：

图 1-9 所示，就是响应时代码，首先，我们在 $ mount 的时候做了一些绑定的操作，当我们修改了在 new Vue 时传入的 data 的属性时，就会触发 set。这样我们的 get 和 set 修饰符就形成了一个完整的闭环。

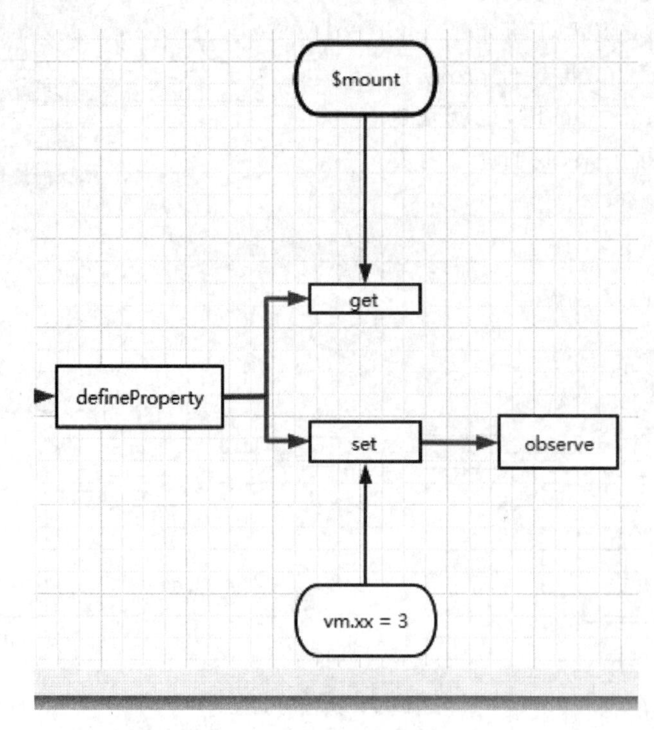

图 1-9　响应时代码逻辑

数组的绑定呢？数组没绑定 defineProperty 吗？是的，数组本身并没有绑定 defineProperty。这里要多说一下，对象的响应式是正常的响应式绑定，而数组的响应式绑定，其实只是拦截了数组方法，对变更操作进行了特殊的自定义的切片处理，在面对新增元素的情况下，可以对新增元素进行响应式的后续处理。

这里额外要提的是，在对数组的变更方法做 AOP 时，变更方法内部是如何得到 Observer 的实例，从而在调用变更方法时，可以调用 observeArray 来对数组的新增元素进行观测的，答案请在前文中寻找。

好，简单带大家跟着图示过了一遍，以强化理解。

1.7 源码的阅读方法——任何源码都可以这样看

之前，我们花了很大的篇幅，整整一章，其实就讲了一个 init，但是，这么多，我怎么知道它是不是真的源码。Vue 源码到底是怎么实现的？那么，我们接下来就带您走进源码，看看真正的源码到底是什么样子。

首先，我们来到 Vue2 的 Github 网址，然后点一下右上角的 fork，拷贝一份完整的代码到我们自己的账号下，因为官方做了限制，您的账号是没有权限切换分支的，然后我们来到自己账号下的 vue 仓库下，下载代码到本地，然后从 v2.6.14 的 tag 版本切出来一个分支。名字大家随便起。

```
Bash
git checkout -b branch_v2.6.14 v2.6.14
```

branch_v2.6.14 是您要新创建的分支名，是自己随便起的，v2.6.14 是 tag 名。这样就可以从对应的 tag 中切出来一个分支了。

然后，我们需要做什么？先 npm install 一下，安装依赖包（如果可以，直接 yarn 或许会好一点）。

```
Bash
yarn
```

用上面这一个命令就可以安装依赖了。等一会儿，依赖安装好了，接下来要怎么办？那么我们直接看：

```
Bash
yarn dev
```

对吗？竟然运行起来了，那么说明安装的依赖没问题，我们先暂停一下，先来讲个故事。

不知道大家在工作中是否遇到过这样的情况：

场景一：新到了一个公司，接手了一个新的项目，这个项目写的一言难尽，之前写这个项目的人离职了，文档也没有，您只能硬着头皮一边看代码，一边心里咒骂写代码的那个人。

场景二：您正在写一个复杂的业务需求，突然，领导告诉您这个需求暂时停一下，这有个更重要的活儿给您，您想都没想，就立刻答应了，于是您又进入了紧张的工作了，过了两周，这个新增的需求也完美上线了，于是领导说："把您原来做的那个需求捡起来，过两天也上线了吧！"。您只能再切换回原来的分支，开始看原来的代码……，您越看越觉得陌生，心里想："这时是哪个人写的代码，比我刚写完的那个需求还要差！"。于是您查看了提交记录，竟然是自己写的。您只能默默一边回忆之前自己的思路，一边继续加班写 bug。

其实，上面两种场景本质上都是看源码，没错，源码本身并不算什么太高大上的东西，无非就是人写的代码罢了。所以，不要惧怕所谓的源码，都是纸老虎！

那么根据前面的两个场景，在工作中不可避免会去接受一个新项目，那问题来了，看一个新项目，我们到底在看什么、要怎么看、从哪看？首先，有一个最大的前提，就是，我们目前的几乎绝大多数的项目都使用了包管理工具，最常见的包管理工具就是 Npm 和 Yarn，所以首先要看的就是一个项目的包管理工具的 package.json。通常，一个依赖包管理的项目都会使用 scripts 来启动项目或者执行某些复杂脚本。所以，之前执行的 dev 命令，实际上就执行了这样的一段代码：

```
Bash
rollup-w-c scripts/config.js -- environment TARGET:web-full-dev
```

这段代码的意思就是通过 rollup 来执行 scripts/config.js 这个脚本，传递了 TARGET 为"web-full-dev"的参数。当然，还有其他的脚本比如 dev:cjs，dev:esm 等，还有 build，test 等。其中 cjs 和 esm 就是两种模块化的规范，cjs 就是 commonJs，esm 就是 ESModule，也就是 ES6 的模块化规范。其他的还囊括了：

dev:ssr，是指启动开发环境的服务器端渲染。

dev:weex，是指启动开发环境的 weex。

build，就是打包 Vue。

build:ssr，服务器端渲染的打包。

test:unit，启动单元测试。

这里就不一一介绍了，大家了解下就好。然后，再简单说两句，devDependencies 中的依赖也就是 Vue2 源码项目的依赖。其中大概可以分为几大类：Babel、Rollup、Karma 等。其中 Rollup 作为整个项目的模块化工具，然后 Karma 作为测试工具，Babel 就是一个语言转换的编译器。

我们回到上面的那行 run dev 所执行的真正的地方，可以看到是 scripts.config.js。那么就去找这个文件。找到了，看下图 1 - 10。

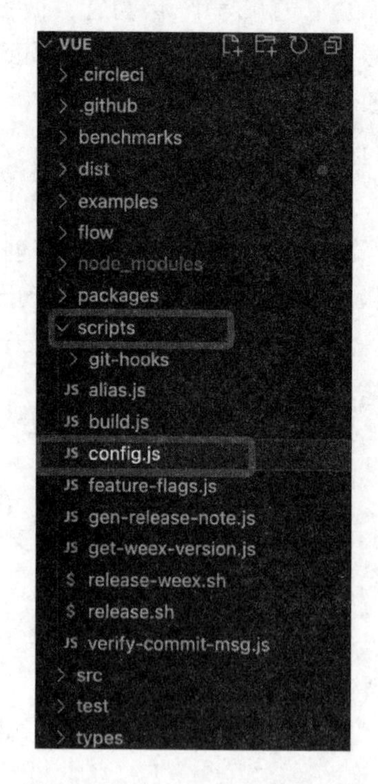

图 1 - 10　Scripts.config.js 文件

那我们看其里面的代码是什么样的：

```
JavaScript
// scripts/config.js
const builds = {
        // Runtime + compiler development build (Browser)
        'web-full-dev': {
        entry: resolve('web/entry - runtime - with - compiler.js'),
```

```
        dest: resolve('dist/vue.js'),
        format: 'umd',
        env: 'development',
        alias: { he: './entity-decoder' },
        banner
    },
    // Runtime+compiler production build  (Browser)
    'web-full-prod': {
        entry: resolve('web/entry-runtime-with-compiler.js'),
        dest: resolve('dist/vue.min.js'),
        format: 'umd',
        env: 'production',
        alias: { he: './entity-decoder' },
        banner
    },
}

function genConfig (name) {
    const opts = builds[name]
    const config = {
        input: opts.entry,
        external: opts.external,
        plugins: [
            flow(),
            alias(Object.assign({}, aliases, opts.alias))
        ].concat(opts.plugins || []),
        output: {
            file: opts.dest,
            format: opts.format,
            banner: opts.banner,
            name: opts.moduleName || 'Vue'
        },
        onwarn: (msg, warn) => {
            if (! /Circular/.test(msg)) {
                warn(msg)
            }
        }
    }

    return config
}

if (process.env.TARGET) {
    module.exports = genConfig(process.env.TARGET)
} else {
```

```
    exports.getBuild = genConfig
    exports.getAllBuilds = () =>Object.keys(builds).map(genConfig)
}
```

以上只是部分代码，实在不想把所有代码都复制下来，也没必要。

那么，希望从现在开始，包括以后的部分，如果涉及源码分析，我们会尽可能讲清楚思路，在这个前提下，大家一定要去看源码，不然我们在这里讲这么多有什么作用？所以一定要去看。

我们来看上面的代码，简单来说就是，genConfig 方法读取 builds 对象的基础配置，然后通过判断是否有 TARGET 参数，最后导出 genConfig 方法，所以在 npm run dev 的时候，实际上执行的就是这个 genConfig 方法。genConfig 的主要作用是通过传入的 TARGET 来区分我们要在 builds 对象里读取哪个配置。

再来看下 builds 对象里面的配置，我们只留下了两个，web-full-dev 和 web-full-prod。从配置的代码中可以看到 entry 的参数地址是：web/entry－runtime－with－compiler.js。至此，又追踪来到了 web/entry－runtime－with－compiler.js 这个文件。

什么情况？web 这个根目录？去哪儿找？抱歉，我们忘了一段代码：

```
JavaScript
// scripts/config.js
const aliases = require("./alias");
const resolve = (p) =>{
    // 通过/分割，获取第一个
    const base = p.split("/")[0];
    // 从 aliases 中选取对应的内容
    if (aliases[base]) {
        return path.resolve(aliases[base], p.slice(base.length + 1));
    } else {
        return path.resolve(__dirname, "../", p);
    }
};
```

首先，我们引入了一个 aliases 对象，通过这个 alias 的配置，可以追踪到具体的地址，alias.js 的代码如下：

```
JavaScript
// scripts/alias.js
const path = require('path')

const resolve = p =>path.resolve(__dirname, '../', p)

module.exports = {
    vue: resolve('src/platforms/web/entry-runtime-with-compiler'),
    compiler: resolve('src/compiler'),
    core: resolve('src/core'),
    shared: resolve('src/shared'),
    web: resolve('src/platforms/web'),
```

```
    weex: resolve('src/platforms/weex'),
    server: resolve('src/server'),
    sfc: resolve('src/sfc')
}
```

上面的代码返回了一个对象，每一个对象的属性后面其实就是其对应的文件地址。那么在最开始的 scripts\config.js 中的 builds 对象为：

```
JavaScript
    "web-full-dev": {
        entry: resolve("web/entry-runtime-with-compiler.js"),
        dest: resolve("dist/vue.js"),
        format: "umd",
        env: "development",
        alias: { he: "./entity-decoder" },
        banner,
    },
```

所以，我们自定义的 resolve 方法传入的参数就是这样的："web/entry-runtime-with-compiler.js"，然后去分割了这个字符串，获得了 web 这个字符串作为 base 变量，如果 base 存在，就调用 node 的 path 模块的 resolve 方法获取其文件地址。回过头看下，在 alias 里，web 所对应的是"src/platforms/web"。什么情况？破案了。找到了！所以最终的地址就是 src/platforms/web/entry-runtime-with-compiler.js。

那么，就去找一下这个文件，如图 1-11 所示：

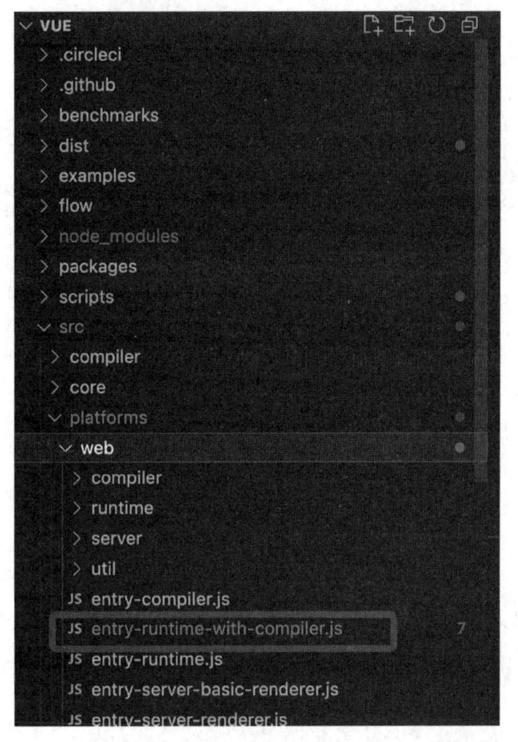

图 1-11 alias 里的文件

对吗？进入文件后，一眼就会看到这些，如图 1－12 所示。

```
import config from 'core/config'
import { warn, cached } from 'core/util/index'
import { mark, measure } from 'core/util/perf'

import Vue from './runtime/index'
import { query } from './util/index'
import { compileToFunctions } from './compiler/index'
import { shouldDecodeNewlines, shouldDecodeNewlinesForHref } from './util/compat'
```

图 1－12　源码入口文件位置图 Vue

那这里不用说，肯定就是真正定义 Vue 的地方了。我们就这样满怀欣喜地进入“src/platforms/web/runtime/index.js”里。就看第一行代码，如图 1－13 所示：

好吧，我们再去找这个 core/index，如图 1－14 所示。

```
import Vue from 'core/index'
```

图 1－13　核心源码引入位置图

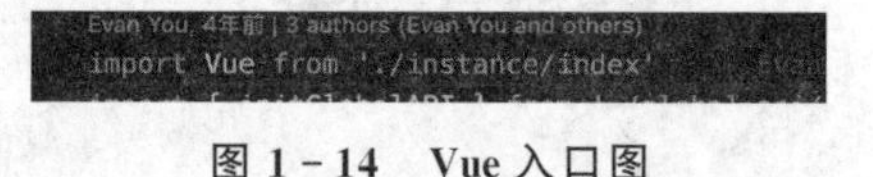

图 1－14　Vue 入口图

我们继续。

```JavaScript
// src/core/instance/index.js
import { initMixin } from './init'
import { stateMixin } from './state'
import { renderMixin } from './render'
import { eventsMixin } from './events'
import { lifecycleMixin } from './lifecycle'
import { warn } from '../util/index'

function Vue (options) {
    if (process.env.NODE_ENV !== 'production' &&
        !(this instanceof Vue)
    ) {
        warn('Vue is a constructor and should be called with the 'new' keyword')
    }
    this._init(options)
}

initMixin(Vue)
stateMixin(Vue)
eventsMixin(Vue)
lifecycleMixin(Vue)
renderMixin(Vue)

export default Vue
```

终于到头了，终于找到这真正的 Vue 了。大家看是不是跟我们写的一模一样，只不过这里有些代码目前还没实现。其他的先不管,"乱花渐欲迷人眼",代码看多了眼睛也会花的。我们现在就只关注 initMixin。那我们就去看一看 initMixin 方法:

```JavaScript
// src/core/instance/init.js
export function initMixin (Vue: Class<Component>) {
  Vue.prototype._init = function (options?: Object) {
    const vm: Component = this
    // a uid
    vm._uid = uid++

    let startTag, endTag
    /* istanbul ignore if */
    if (process.env.NODE_ENV !== 'production' && config.performance && mark) {
      startTag = `vue-perf-start:${vm._uid}`
      endTag = `vue-perf-end:${vm._uid}`
      mark(startTag)
    }

    // a flag to avoid this being observed
    vm._isVue = true
    // merge options
    if (options && options._isComponent) {
      // optimize internal component instantiation
      // since dynamic options merging is pretty slow, and none of the
      // internal component options needs special treatment.
      initInternalComponent(vm, options)
    } else {
      vm.$options = mergeOptions(
        resolveConstructorOptions(vm.constructor),
        options || {},
        vm
      )
    }
    /* istanbul ignore else */
    if (process.env.NODE_ENV !== 'production') {
      initProxy(vm)
    } else {
      vm._renderProxy = vm
    }
    // expose real self
    vm._self = vm
    initLifecycle(vm)
    initEvents(vm)
    initRender(vm)
```

```
    callHook(vm, 'beforeCreate')
    initInjections(vm)          // resolve injections before data/props
    initState(vm)
    initProvide(vm)             // resolve provide after data/props
    callHook(vm, 'created')

    /* istanbul ignore if */
    if (process.env.NODE_ENV !== 'production' && config.performance && mark) {
      vm._name = formatComponentName(vm, false)
      mark(endTag)
      measure(`vue ${vm._name} init`, startTag, endTag)
    }

    if (vm.$options.el) {
      vm.$mount(vm.$options.el)
    }
  }
}
```

前面的我们都不看,我们找到了 initState(vm)方法,其他的就是初始化生命周期,初始化 Render,初始化 Injections 的。现在没学到,所以咱们都不管。

再然后,我们应该去做什么?去 state. js 中找 initState 这个方法,文件夹命名都跟咱们的一模一样,这不是抄袭我们的吗!

```JavaScript
// src/core/instance/state.js
export function initState (vm: Component) {
  vm._watchers = []
  const opts = vm.$options
  if (opts.props) initProps(vm, opts.props)
  if (opts.methods) initMethods(vm, opts.methods)
  if (opts.data) {
    initData(vm)
  } else {
    observe(vm._data = {}, true /* asRootData */)
  }
  if (opts.computed) initComputed(vm, opts.computed)
  if (opts.watch && opts.watch !== nativeWatch) {
    initWatch(vm, opts.watch)
  }
}
```

您看,这个方法很简单,判断有没有传那个 options,如有就走初始化方法。然后我们去看 initData:

```JavaScript
// src/core/instance/state.js
```

```
function initData (vm: Component) {
    let data = vm.$options.data
    data = vm._data = typeof data === 'function'
        ? getData(data, vm)
        : data || {}
    if (!isPlainObject(data)) {
        data = {}
        process.env.NODE_ENV !== 'production' && warn(
            'data functions should return an object:\n' +
            'https://vuejs.org/v2/guide/components.html#data-Must-Be-a-Function',
            vm
        )
    }
    // proxy data on instance
    const keys = Object.keys(data)
    const props = vm.$options.props
    const methods = vm.$options.methods
    let i = keys.length
    while (i--) {
        const key = keys[i]
        if (process.env.NODE_ENV !== 'production') {
            if (methods && hasOwn(methods, key)) {
                warn(
                    'Method "${key}" has already been defined as a data property.',
                    vm
                )
            }
        }
        if (props && hasOwn(props, key)) {
            process.env.NODE_ENV !== 'production' && warn(
                'The data property "${key}" is already declared as a prop. ' +
                'Use prop default value instead.',
                vm
            )
        } else if (!isReserved(key)) {
            proxy(vm, '_data', key)
        }
    }
    // observe data
    observe(data, true /* asRootData */)
}
```

这些前面跟我们写的都一样，但是稍微有点不同的是，它运行了一个 getData 方法：

```
JavaScript
export function getData (data: Function, vm: Component): any {
```

```
    pushTarget()
    try {
        return data.call(vm, vm)
    } catch (e) {
        handleError(e, vm, 'data()')
        return {}
    } finally {
        popTarget()
    }
}
```

先不用管 pushTarget 和 popTarget 是做什么的，后面会讲到的，所以去掉了这两个方法那也不剩什么了，跟我们写的一样，data.call 了一下，然后同时把 vm 作为 call 方法的两个参数。没区别，毕竟是抄的，那么继续回到 initData 方法，首先映入眼帘的是一段熟悉的报错信息：

```
JavaScript
// src/core/instance/state.js
function initData (vm: Component) {
    let data = vm.$options.data
    data = vm._data = typeof data === 'function'
        ? getData(data, vm)
        : data || {}
    if (!isPlainObject(data)) {
        data = {}
        process.env.NODE_ENV !== 'production' && warn(
            'data functions should return an object:\n' +
            'https://vuejs.org/v2/guide/components.html#data-Must-Be-a-Function',
            vm
        )
    }
    // 暂略。
}
```

这段报错熟悉吗？您要是在 data 方法里返回的不是一个纯对象，就会报这个错误。好，继续。

```
JavaScript
// src/core/instance/state.js
function initData (vm: Component) {
    // 省略。
    // proxy data on instance
    const keys = Object.keys(data)
    const props = vm.$options.props
    const methods = vm.$options.methods
    let i = keys.length
    while (i--) {
```

```
        const key = keys[i]
        if (process.env.NODE_ENV !== 'production') {
            if (methods && hasOwn(methods, key)) {
                warn(
                    'Method "${key}" has already been defined as a data property.',
                    vm
                )
            }
        }
        if (props && hasOwn(props, key)) {
            process.env.NODE_ENV !== 'production' && warn(
                'The data property "${key}" is already declared as a prop. ' +
                'Use prop default value instead.',
                vm
            )
        } else if (!isReserved(key)) {
            proxy(vm, '_data', key)
        }
    }
    // observe data
    observe(data, true /* asRootData */)
}
```

这一段代码就一句话：代理每一个 data 中的 key 到 vm 上，处理错误情况。最后调用 observe 就可以了。

那么，我们就去看看 observe 是什么样的，想必大家心里都有了差不多的答案了。同样的，相信这里大家能找到 observe 在哪儿，这里就不多说了：

```
JavaScript
// src/core/observer/index.js
export function observe (value: any, asRootData: ? boolean): Observer | void {
// 判断是不是对象，如果不是对象或者是 VNode 生成的虚拟节点，那么就 return
    if (!isObject(value) || value instanceof VNode) {
        return
    }
    let ob: Observer | void
    // 判断对象上是否有__ob__这个对象，如果有，那么 ob 就设置传入的那个对象上的 ob,
    // 不再重新走一遍 new 了
    if (hasOwn(value, '__ob__') && value.__ob__ instanceof Observer) {
        ob = value.__ob__
    } else if (
    // 否则，一运行一堆判断，然后我们就熟悉了，new 一下 Observer
        shouldObserve &&
        !isServerRendering() &&
        (Array.isArray(value) || isPlainObject(value)) &&
        Object.isExtensible(value) &&
```

```
        ! value._isVue
    ) {
        ob = new Observer(value)
    }
    // 计数一下
    if (asRootData && ob) {
        ob.vmCount ++
    }
    return ob
}
```

上面这些代码看起来好复杂，但实际上就是判断是否符合条件、判断是否存在__ob__，如果都符合，那么就 new Observer 一下，继续看 Observer 这个类：

```
JavaScript
    // src/core/observer/index.js
    export class Observer {
        value: any;
        dep: Dep;
        vmCount: number;   // number of vms that have this object as root $data

        constructor (value: any) {
            this.value = value
            this.dep = new Dep()
            this.vmCount = 0
            def(value, '__ob__', this)
            if (Array.isArray(value)) {
                if (hasProto) {
                    protoAugment(value, arrayMethods)
                } else {
                    copyAugment(value, arrayMethods, arrayKeys)
                }
                this.observeArray(value)
            } else {
                this.walk(value)
        }
    }

   /**
    * Walk through all properties and convert them into
    * getter/setters. This method should only be called when
    * value type is Object.
    */
    walk (obj: Object) {
        const keys = Object.keys(obj)
        for (let i = 0; i <keys.length; i++) {
```

```
            defineReactive(obj, keys[i])
        }
    }

  /**
   * Observe a list of Array items.
   */
   observeArray (items: Array<any>) {
        for (let i = 0, l = items.length; i<l; i++) {
            observe(items[i])
        }
    }
}
```

大家看，一模一样，解释下，不管 new Dep，我们后面会学到的。然后就是运行了一个 def 方法，这个 def 方法实际上就是 defineProperty 的封装：

```JavaScript
export function def (obj: Object, key: string, val: any, enumerable?: boolean) {
    Object.defineProperty(obj, key, {
        value: val,
        enumerable: !!enumerable,
        writable: true,
        configurable: true
    })
}
```

没错，跟我们写的一样，只不过官方写的更全面，好了。继续，接着，就是判断是否是数组了，是数组就运行 observeArray，否则就运行 walk。walk 就是去运行 defineReactive。源码的 defineReactive 处理得更为细致，不多说，担心大家不想看下去了。最后，我们来看看处理数组的这个 protoAugment 方法，其实，就跟我们写的一样，只不过他们封装了一下：

```JavaScript
/*
 * not type checking this file because flow doesn't play well with
 * dynamically accessing methods on Array prototype
 */

import { def } from '../util/index'

const arrayProto = Array.prototype
export const arrayMethods = Object.create(arrayProto)

const methodsToPatch = [
    'push',
    'pop',
```

```
    'shift',
    'unshift',
    'splice',
    'sort',
    'reverse'
]

/**
 * Intercept mutating methods and emit events
 */
methodsToPatch.forEach(function (method) {
    // cache original method
    const original = arrayProto[method]
    def(arrayMethods, method, function mutator (...args) {
    // 这里要注意一下，rest 参数，下面的这个 args 是个真正的数组。
        const result = original.apply(this, args)
        const ob = this.__ob__
        let inserted
        switch (method) {
            case 'push':
            case 'unshift':
                inserted = args
                break
            case 'splice':
                inserted = args.slice(2)
                break
        }
        if (inserted) ob.observeArray(inserted)
        // notify change
        ob.dep.notify()
        return result
    })
})
```

看看，是不是同我们的一模一样，那么，目前为止我们就简单梳理、验证了 Vue2 的初始化逻辑，也让我们真切地感受到了源码是什么样的。

第 2 章　模板渲染原理

我们已完成了基本响应式原理的实现。这里要强调下，千万不要把响应式原理和双向绑定搞混了！完全不是一回事！相信大家学完本书之后，就知道为什么不是一回事了。我们继续。

第 1 章有一个最最核心的概念：三条线！一条是给 Vue 类绑定原型方法，这件事在 JS 引擎读取文件的时候就做好了。另外一条是当我们 new Vue 的时候，Vue 的内部处理了我们传入的 options 参数，从而形成整个体系。另外，其实算是二者的结合，我们在 new Vue 时执行的代码，传入的 options 中的 data 通过调用原型链上的_init 方法绑定 defineProperty，形成初步的响应式雏形，利用 defineProperty 的特性，通过值的读写来触发"事件"。

现在，我们已经有了基本的响应式数据，那么有了数据，下一步当然就是如何把数据渲染到 DOM 上。好了，我们继续。

2.1　$ mount——挂载节点

熟悉 $ mount 吗？

如果 Vue 实例在实例化时没有收到 el 选项，则它处于"未挂载"状态，没有关联的 DOM 元素。可以使用 vm. $ mount() 手动地挂载一个未挂载的实例。

要想实现模板的渲染，那就首先要实现 $ mount 方法，先来看下，一般情况下，我们是如何使用 $ mount 的：

上面的官方文档其实表明了我们可以有两种方式来挂载 DOM，一种是在实例化的时候：

```
JavaScript
const vm = new Vue({
    el: "#app",
});
```

一种是如果在实例化的时候没有传入 el 选项，那么我们需要手动挂载：

```
JavaScript
const vm = new Vue({
    data() {
        return {};
    },
});
vm.$mount("#app");
```

所以，假设要实现一个方法，这个方法可以在实例上调用，那要怎么办？没错，我们需要在

Vue.prototype 上挂载一个 $ mount 方法，那么我们来看下具体的实现。

首先，我们来到之前已经创建好的 src/init.js 中，给 Vue.prototype 额外增加一个 $ mount 方法：

```
JavaScript
Vue.prototype.$mount = function (el) {
    const vm = this;
    // 找 el 节点，也就是我们需要挂载的根节点
    el = document.querySelector(el);
    // 判断没有 render 函数，有，这里没写
    // 没有
    // 这就是各种判断，有没有传 template 参数，传了就优先使用 template
    // 没传，就使用传入的挂载的根节点的内容作为 template
    let ops = vm.$options;
    if (!ops.render) {
        let template;
        if (!ops.template && el) {
            template = el.outerHTML;
        } else {
            template = ops.template;
        }
        if (template) {
            //然后传入 template，通过 complierToFcuntion 方法，拿到 render 函数，注意这里的 ren-
              der 是真正的方法
            const render = complierToFcuntion(template);
            // 放到 vm.$options 上
            ops.render = render;
        }
    }
    // 然后，开始挂载
    mountComponent(vm, el);
};
```

我们来看下，这些代码做了什么，首先，我们缓存了一下 this，然后直接调用 DOM API 去获取传入的 el 的真实 DOM 节点。之后通过之前我们在 init 的时候，绑定到 vm 上的 $ options 来缓存 options 为 ops。还记不记得我们之前说过，在 Vue 的代码中，参数 options 的传递都是通过 vm 来搞定的。

然后，这里我们先来梳理一下，就是我们的模板可以有几种渲染的方式，或者我们可以通过哪些方式来编写 DOM，就是两种，一个 render 函数，一个 template 模板，没问题。但是模板还分两种情况，一种是通过 options 参数传递进来的字符串模板：

```
JavaScript
const vm = new Vue({
    data() {
        return {};
```

```
    },
    template: "<div></div>",
    el: "#app",
});
```

另外一种就是读取我们 div#app 下的 outHTML 了：

```
HTMLBars
<div id = "app" key = "123" style = "color: red; background - color: pink">
    <div style = "color: red">{{name}}</div>
    {{name}}dadasdsa{{name}} hello
    <span>{{age}}</span>
</div>
```

就是这样的。没错，这个模板就是我们要渲染的模板了。那么我们就要设定一个优先级，首先，如果存在 render 函数，那么必然，我们优先使用 render 函数，否则就是用 options 参数中的字符串模板，最后，如果前两项都没有，我们才去获取传入的 el 的 outHTML。

捋清了优先级，我们再来继续看下代码，判断如果有 render，那么进入逻辑，声明 template 变量，待用，然后我们判断如果不是 options 中的 template，就使用 outHTML，否则就使用 options 的 template。逻辑判断到这里就完成了，实际上就是确定优先级，提取对应模板。

接下来，如果存在 template，我们需要调用 complierToFcuntion 方法，把模板字符串转换成 render。最后，把这个 render 放置在 ops 上，注意这里，对象的引用地址，改了这个 ops，实际上是改了 vm. $options。然后，我们调用挂载方法 mountComponent 就可以了。

对了，还忘了最重要的一点，$mount 方法我们写完了。在哪调用的呢？没错，就是在_init 方法中：

```
JavaScript
Vue.prototype._init = function (options) {
const vm = this;
    // 在 vm 上绑定传入的 options。
    vm.$options = options;
    // 然后再去初始化状态
    initState(vm);
    // 真正的挂载调用是 $mount，记不记得我们使用 Vue 开发项目的时候，通常都会手动调用一下
$mount?
    // 其实不手动调用，传个 el 也行的。
    if (options.el) {
        vm.$mount(options.el);
    }
};
```

您传了 el，我们就帮您 $mount 一下，否则您就自己 $mount。

我们再稍微回头看，发现在调用 $mount 这个方法的时候，最后调用了一下 mountComponent。mountComponent 从哪来的？又做了什么呢？我们稍后解读。

2.2 parseHTML——解析模板

在上一小节中，实际上我们遗留了两个问题，一个是最后，如果存在 template，我们调用了 complierToFcuntion 方法，最后就是调用渲染方法渲染组件。那么，这一小节，我们就来实现一下基本的模板解析方法。

首先，我们先在 src 下创建一个专门用于模板解析相关代码的文件夹 complier，然后，我们再创建个 index.js 文件。

```
JavaScript
import { parseHTML } from "./parse";
export function complierToFcuntion(template) {
    // 将 template 转换成 ast
    let ast = parseHTML(template);
}
```

我们要做的第一步就是把字符串模板解析成 AST(抽象语法树)，那什么是抽象语法树呢？抽象语法树就是源代码语法结构的一种抽象表示。什么意思呢，就是，在当前的场景下，我们可以把 HTML 语法，注意！HTML 是一门语言！我们转换成抽象对象的形式来描述我们书写的 HTML。有了 AST，理论上讲，我们可以把它转换成任何有语言对照关系的另一种语言。什么意思呢？比如我们有一门语言叫作 zakingML，然后我希望这个 zakingML 可以使用 Vue 的运行时代码，换句话说，我们希望我们的 zakingML 可以代替 Vue 的 template，那怎么办呢？我们首先得把 zakingML 语法转换成 AST，然后再通过 AST 编译成 Vue 可以识别的代码，当然通过 AST 编译这个步骤，就需要编译器了，编译器简单来说，就是翻译，英语的语法，要翻译成汉语的语法怎么处理？不通过翻译肯定不行的。

我们初步了解了 AST 是什么，那么我们接下来看看 AST 是什么样的，比如，我们要把一个 div 标签翻译成 AST：

```
HTML
<div></div>
```

那么，对应的 AST 是这样的，如图 2-1 所示：

我们来看，这个 div 用 AST 来表示就是这样子的，有 type、children、name、attribs 等。分别用来表示类型、子元素、当前元素名称、元素属性等。换句话说，就是用对象来表示某一语言的语法，以方便作为转换的依据。

我们理解了 AST，那我们就来看看 Vue 是怎么把字符串模板解析成 AST 的。首先，我们创建一个 src/complier/parse.js 文件，里面写的都是我们解析模板的代码：

```
JavaScript
export function parseHTML(html) {}
```

在实现这个 parseHTML 之前，我们得来分析我们这个代码该怎么写。我们目的是把字符串模板转换成 AST，基于这样的目的，我们首先想到，匹配字符串我们要用到什么？没错，

```
- root {
    type: "root"
    startIndex: null
    endIndex: null
  - children: [
    - tag(div) {
        type: "tag"
        startIndex: 0
        endIndex: 10
        children: [ ]
        name: "div"
        attribs: { }
      }
    ]
  }
```

图 2-1 将 div 翻译为 AST

就是正则表达式。那么在匹配出来我们需要的字段后，还需要一个可以创建 AST 的方法，其实这个方法就是返回一个对象，这个对象完整描述了我们匹配出来的标签包含哪些内容。

除了当前的标签，还需要维护标签的上下文，也就是标签的 parent 和 children，这两个属性也是 AST 对象中的内容，基于此，我们需要维护一个栈，当匹配到开始标签的时候，就入栈，记录当前的节点，匹配到结束标签的时候就出栈。这样就形成了一个对应关系，当栈空了，也就是结束了模板解析的时候。这个栈的目的，就是为了维系节点的上下级对称关系。

既然我们已经了解了整个模板解析的思路，那么我们开始写代码：

```
JavaScript
const attribute =
    /^\s*([^\s"'<>\/=]+)(?:\s*(=)\s*(?:"([^"]*)"+|'([^']*)'+|([^\s"'=<>']+)))?/;
const ncname = '[a-zA-Z_][\\-\\.0-9_a-zA-Z]*';
const qnameCapture = '((?:${ncname}\\:)?${ncname})';
const startTagOpen = new RegExp(`^<${qnameCapture}`);
const startTagClose = /^\s*(\/?)>/;
const endTag = new RegExp(`^<\\/${qnameCapture}[^>]*>`);
```

大概解释一下这些正则都是什么意思，在后续的代码中，我们再详细地解释，对，这些正则是从 Vue2 源码复制下来的。

首先，attribute 就是匹配属性的，那么它去除了一些特殊字符，不允许出现在属性中。

ncname 其实很简单，就是匹配标签名称，包含大小写 A 到 Z 字母，横杠-，下划线_，还有点.，以及数字 0 到 9。就匹配这些的。

qnameCapture 是做什么的呢？实际上就是带命名空间的标签，比如这样：<div:namexx></div>，这种，当然我们很少用到，或者说很多同学都是刚知道。

startTagOpen 不用说了，就是匹配我们开始标签的开始标记的，比如这样<div:name，或者<div，这个样子。

startTagClose 就是开始标签的结束标记，就是>，大家能理解吗？

最后，endTag，就是尾标签，就是</div>，</span>。

还没开始正式写代码呢：

```JavaScript
export function parseHTML(html) {
    const ELEMENT_TYPE = 1;
    const TEXT_TYPE = 3;
    const stack = [];
    let currentParent;
    let root;

    while (html) {
        let textEnd = html.indexOf("<");
    }
    return root;
}
```

首先，我们在 parseHTML 这个方法中声明几个变量。我们传入的参数就是 HTML 字符串。接着，我们声明两个常量用来标示节点的类型，这个常量的值，实际上跟 HTML 原生的 nodeType 一样。之后，我们声明的 stack 变量，作用在之前已经说过了，这是为了确定当前节点的所属及关联关系。然后 root 就是我们的根节点，这个根节点意味着我们要返回的全量的 AST 对象。currentParent 就是用来存储当前的父级节点。

我们通过一个 while 循环，直到“html”为空，那么说明我们解析完成了，最后返回 root 即可。当然，现在的代码是肯定会死循环的。最后，我们要来分析下：

```JavaScript
let textEnd = html.indexOf("<");
```

这段代码是什么意思。字面意思很简单，就是匹配字符串<，但是问题是，我为什么要匹配这个东西，匹配上了之后，我们要做什么逻辑处理？我们先来看一段模板：

```HTML
<div>
    123<span>123</span>
</div>
```

注意以上 HTML 代码，我们匹配的<结果为 0，那么就是头标签或尾标签的开始标记。如果结果大于 0，那么说明是文本的结尾。这里，注意有个核心的细节，就是，每次我们匹配成功，进行逻辑操作之后，就要删除已匹配长度的字符串。所以，随着我们逻辑的 while 循环，字符串会逐步迭代，首先是：

```HTML
<div>
    123<span>123</span>
</div>
```

然后：

```
HTML
123 <span>123 </span>
</div>
```

再然后：

```
HTML
    <span>123 </span>
</div>
```

这样大家能理解了吗？这就是为什么我们要把<作为截取的依据。所以，在 while 循环中，我们主要处理的无非就是 textEnd = 0，textEnd >0 的情况。

我们先来给 while 循环加点代码，我们最先要匹配的就是开始标签，因为最开始的一定是一个<div：

```
JavaScript
while (html) {
    let textEnd = html.indexOf("<");
    // 如果 textEnd 是 0，说明是一个开始标签或是一个结束标签
    if (textEnd === 0) {
        // 这个就是通过正则，来匹配目标字符串了
        const startTagMatch = parseStartTag();
        // 如果存在，那么跳过此次循环，获取到对应的标签名和属性
        if (startTagMatch) {
            start(startTagMatch.tagName, startTagMatch.attrs);
            continue;
        }
    }
}
```

之前说过，如果最开始第一次匹配，textEnd 一定为 0，那么我们通过一个 parseStartTag 方法，来返回匹配到的数据。最后如果存在 startTagMatch，那么我们再通过 start 方法，把标签名和标签属性存储起来，跳过此次循环。我们来看下这两个方法都做了什么。

```
JavaScript
function parseStartTag() {
    // 匹配标签的开始
    const start = html.match(startTagOpen);
    // 如果存在，就放到这样的一个对象里
    if (start) {
        const match = {
            tagName: start[1],
            attrs: [],
        };
        // 需要删除掉匹配到的部分，匹配一部分就删除一部分
        advance(start[0].length);
        // 如果不是开始标签的结束，就一直匹配下去
```

```
        let attr, end;
        // 匹配属性
        while (
          ! (end = html.match(startTagClose)) &&
          (attr = html.match(attribute))
        ) {
          advance(attr[0].length);
          match.attrs.push({
            name: attr[1],
            value: attr[3] || attr[4] || attr[5] || true,
          });
          // 去下空格,感觉这样不太好,但是功能达到了
          match.attrs.forEach((item) => {
            item.name = item.name.replace(/\s+/g, "");
            item.value = item.value.replace(/\s+/g, "");
          });
        }
        if (end) {
          advance(end[0].length);
        }
        return match;
      }

    return false;
  }
```

这个方法稍微有点长,但是逻辑并不复杂,我们解读下。首先,我们通过 match 方法让传入的字符串模板匹配 startTagOpen 这个正则,通过 match 方法得到的结果是这样的,如图 2-2 所示:

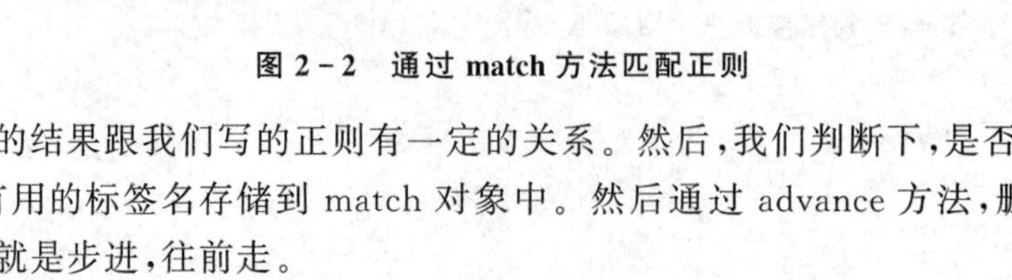

```
(2) ['<div', 'div', index: 0, input: '<div id="app" key="123" style="color: red; backgro…\n        <br>\n        <span>{{age}}</span>\n      </div>', groups: undefined]
  0: "<div"
  1: "div"
  groups: undefined
  index: 0
  input: "<div id=\"app\" key=\"123\" style=\"color: red; backgr
  length: 2
  ▸ [[Prototype]]: Array(0)
```

图 2-2 通过 match 方法匹配正则

当然,返回的结果跟我们写的正则有一定的关系。然后,我们判断下,是否匹配到了内容,那么就把其中有用的标签名存储到 match 对象中。然后通过 advance 方法,删除当前匹配字符串的长度,也就是步进,往前走。

下面,我们声明了两个变量,一个用来存储开始标签的结束部分,一个用来存储属性。

```JavaScript
while (
```

```
    ! (end = html.match(startTagClose)) &&
    (attr = html.match(attribute))
){/*……*/}
```

这种操作其实很常见，就是在判断的时候赋值了，如果不是 end，并且有 attr，说明我们匹配到属性了。而且属性可能会有很多个，所以直到 end 存在的条件成立，这个 while 循环也就结束了。所以一旦命中条件，我们就把属性放到刚才声明的那个 match 里：

```
JavaScript
advance(attr[0].length);
match.attrs.push({
    name: attr[1],
    value: attr[3] || attr[4] || attr[5] || true,
});
// 去下空格，感觉这样不太好，但是功能达到了
match.attrs.forEach((item) => {
    item.name = item.name.replace(/\s+/g, "");
    item.value = item.value.replace(/\s+/g, "");
});
```

当然，最后还需要判断下 end，如果匹配 end，说明我们开始标签的名称和属性都已经取到了，那么直接删除这个 end 的长度，并且把 match 返回就可以了：

```
JavaScript
if (end) {
    advance(end[0].length);
}
return match;
```

如果从最开的 if(start)都不存在，自然，返回 false 就行。那么，到此为止，我们就匹配到了开始标签，并且返回了一个存储该标签信息的对象。既然匹配了，就需要继续做后续的处理，也就是 start 方法：

```
JavaScript
function start(tag, attrs) {
    // 开始要创建一个 AST 对象
    let node = {
        tag,
        type: ELEMENT_TYPE,
        children: [],
        attrs,
        parent: null,
    };
    if (! root) {
        // 是否是空树
        root = node;                // 如果是 root，那么当前的节点就是根节点
    }
```

```
        if (currentParent) {
            node.parent = currentParent;
            currentParent.children.push(node);
        }

        stack.push(node);
        currentParent = node;
    }
```

这个 start 方法,什么情况？这个 node 对象怎么这么熟悉呢？之前是不是说过很多？首先我们声明一个 node 对象,这个对象实际上就是对标签或者称为节点的描述,如果 root 是空,说明我们是最开始的一次,那么 root 就是最开始的第一次的 node。那么接下来就是判断 currentParent,如果有,那么当前 node 的 parent 自然就是 currentParent,我们还需要给 currentParent 节点的 children 加入当前的节点,因为当前父节点可能有很多子节点。最后往栈里推进当前的 node 节点,最后让 currentParent 变量存储下当前的 node 节点。注意这个 stack,整个 parseHTML 流程过完了后,我会再重新强调一遍这个 stack。

至此,开始标签我们搞完了,看结束标签里面,因为如果 textEnd 为 0,既有可能是开始标签的开始标记,也有可能是结束标签的开始标记,所以还要在 if(textEnd===0) 的这个逻辑里,对可能的结束标签做一下处理:

```JavaScript
// 匹配尾部标签
let endTagMatch = html.match(endTag);
// 同样的
if (endTagMatch) {
    advance(endTagMatch[0].length);
    end(endTagMatch[1]);
    continue;
}
```

经过之前的解释,相信大家这段代码都能看懂了。我们唯一要关注的就是这个 end 方法:

```JavaScript
function end() {
    stack.pop();
    currentParent = stack[stack.length - 1];
}
```

end 方法十分简单,通过数组的 pop 方法,删除 stack 数组的最后一项,也就是最新进来的一项,然后把 currentParent 的指针往前移一项。

OK,头和尾我们都处理完了,最后我们还需要处理文本:

```JavaScript
if (textEnd >0) {
    let text = html.substring(0, textEnd);
    if (text) {
```

```
        chars(text);
        advance(text.length);
    }
}
```

这个方法就简单很多了，直接截取字符串就好了。然后我们运行一个 chars 方法：

```
JavaScript
function chars(text) {
    text = text.replace(/\s/g, "");
    text &&
        currentParent.children.push({
            type: TEXT_TYPE,
            text,
            parent: currentParent,
        });
}
```

这个 chars 方法实在是太容易了，去空格，如存在，就往当前的父节点的子元素中插入一个 AST 描述对象，就可以了。

完整代码如下：

```
JavaScript
const attribute =
    /^\s*([^\s"'<>\/=]+)(?:\s*(=)\s*(?:"([^"]*)"+|'([^']*)'+|([^\s"'=<>']
+)))?/;
const ncname = '[a-zA-Z_][\\-\\.0-9_a-zA-Z]*';
const qnameCapture = '((?:${ncname}\\:)?${ncname})';
const startTagOpen = new RegExp('^<${qnameCapture}');
const startTagClose = /^\s*(\/?)>/;
const endTag = new RegExp('^<\\/${qnameCapture}[^>]*>');

export function parseHTML(html) {
    const ELEMENT_TYPE = 1;
    const TEXT_TYPE = 3;
    const stack = [];
    let currentParent;
    let root;
    function start(tag, attrs) {
        // 开始要创建一个 AST 对象
        let node = {
            tag,
            type: ELEMENT_TYPE,
            children: [],
            attrs,
            parent: null,
        };
```

```
    if (! root) {
        // 是否是空树
        root = node;          // 如果是 root,那么当前的节点就是根节点
    }
    if (currentParent) {
        node.parent = currentParent;
        currentParent.children.push(node);
    }

    stack.push(node);
    currentParent = node;
}
function chars(text) {
    text = text.replace(/\s/g, "");
    text &&
        currentParent.children.push({
            type: TEXT_TYPE,
            text,
            parent: currentParent,
        });
    }
// 如果匹配尾标签,说明需要清楚栈中存储的对象,这样我们就完成了一个标签的匹配
function end() {
    stack.pop();
    currentParent = stack[stack.length - 1];
}
function advance(n) {
    html = html.substring(n);
}
function parseStartTag() {
    // 匹配标签的开始
    const start = html.match(startTagOpen);
    console.log(start, "start");
    // 如果存在,就放到这样的一个对象里
    if (start) {
        const match = {
        tagName: start[1],
        attrs: [],
    };
    // 需要删除掉匹配到的部分,匹配一部分就删除一部分
    advance(start[0].length);
    // 如果不是开始标签的结束,就一直匹配下去
    let attr, end;
    // 匹配属性
    while (
```

```
        !(end = html.match(startTagClose)) &&
        (attr = html.match(attribute))
    ) {
        advance(attr[0].length);
        match.attrs.push({
            name: attr[1],
            value: attr[3] || attr[4] || attr[5] || true,
        });
        // 去下空格,感觉这样不太好,但是功能达到了
        match.attrs.forEach((item) => {
            item.name = item.name.replace(/\s+/g, "");
            item.value = item.value.replace(/\s+/g, "");
        });
    }
    if (end) {
        advance(end[0].length);
    }
    return match;
}

return false;
}
while (html) {
    let textEnd = html.indexOf("<");
    // 如果 textEnd 是 0,说明是一个开始标签或是一个结束标签
    if (textEnd === 0) {
        // 这个就是通过正则,来匹配目标字符串了
        const startTagMatch = parseStartTag();
        // 如果存在,那么跳过此次循环,获取到对应的标签名和属性
        if (startTagMatch) {
            start(startTagMatch.tagName, startTagMatch.attrs);
            continue;
        }
        // 匹配尾部标签
        let endTagMatch = html.match(endTag);
        // 同样的
        if (endTagMatch) {
            advance(endTagMatch[0].length);
            end(endTagMatch[1]);
            continue;
        }
    }
    // 如果 textEnd 大于 0,说明就是文本的结束位置
    // 匹配文本
    if (textEnd > 0) {
```

```
                let text = html.substring(0, textEnd);
                if (text) {
                    chars(text);
                    advance(text.length);
                }
            }
        }
        return root;
    }
```

最后，我们来回顾一下，之前说了，要关注下 stack 这个变量，因为它是统筹全局的关键。

我们来完整捋一下上面代码的行进过程，假设我们的 DOM 结构是这样的：

```
HTMLBars
<div id="app" key="123" style="color: red; background-color: pink">
    <div style="color: red">{{name}}</div>
    {{name}}dadasdsa{{name}} hello
    <span>{{age}}</span>
</div>
```

首先，我们开始运行 parseStartTag 方法匹配到了 div#app 的开始标签，并且处理了该标签的属性，然后我们就会去运行 start 方法，去处理 parseStartTag 返回的对象，start 方法处理当前的 div#app 节点，生成的对象如下：

```
JavaScript
{
    "div",
    type: 1,
    children: [],
    attrs:[/*...id,key,style...*/],
    parent: null,
}
```

注意，这时候我们还没往后运行呢，只解析了最开始的 div#app 节点，此时（start 方法结束时），一些变量的值如下：

- currentParent → div#app
- root → div#app
- stack → [div#app]

然后，我们就会运行 continue 语句，跳出当前的循环。继续下一次循环。那么下一次循环，又遇到了一个 div 标签，那么就重复同样的事，此时会稍有区别。

在运行了 parseStartTag 方法，获取了当前节点的 AST 描述对象后，还要运行 start 方法，但是此时的 start 执行就会有些区别了，因为现在已经有父节点了，所以此时第二次运行 start，就会运行进如下的逻辑里：

```
JavaScript
if (currentParent) {
```

```
        node.parent = currentParent;
        currentParent.children.push(node);
    }
```

那么当前节点的父节点，就是 currentParent 了，那当前的节点就是 currentParent 的子节点。最后再把当前的 node 设置为 currentParent。所以：

- currentParent → div
- root → div#app
- stack → [div#app,div]

再继续，我们就要匹配了{{name}}。这整个{{name}}部分，在当前的阶段，都只是字符串。那么现在，就跟刚刚我们匹配到节点的逻辑是一样的。我们给 currentParent 节点的子元素插入当前的文本节点就好了。

再往后，我们第一次匹配到了尾标签，这个尾标签是属于 div 标签的。那么执行 end 后的变量内容是这样的：

- currentParent → div#app
- root → div#app
- stack → [div#app]

大家看，我们往前退了一步，一旦当前的节点匹配了尾标签，那么就让 stack 删除最新加入的节点。这是利用了栈这个数据结构的特性。继续，又匹配到了文本节点，那就往 div#app 的 children 里加。之后遇到了 span 标签，那就再重复 div 的那个步骤，最后遇到的 div#app 的尾标签，于是 currentParent 空了，stack 也空了。只剩下 root 了。

2.3 codegen——生成 render

那么我们来简单回顾下。我们在第二节的时候说过，编译字符串模板，需要把 HTML 语法转换成 AST，简单来说，其实就是把字符串通过正则匹配，转换成可以统筹描述该语言语法的对象。转换成 AST 后，我们就需要把 AST 转换成最终的 render 函数，Vue 所有关于模板的内容，最终的结果实际上都是 render。那么下面就来看看 render 是如何生成的。

完整的 complierToFcuntion 方法是这样的：

```
JavaScript
export function complierToFcuntion(template) {
    // 将 template 转换成 ast
    let ast = parseHTML(template);
    console.log(ast, "ast-- --");
    // 把 AST 转换成 render
    let code = codegen(ast);
    console.log(code, "code-- --");
    // 这里，通过 with，让其内部的字符串适用 this
    code = 'with(this){return ${code}}';
    // 生成真正的函数
```

```
    let render = new Function(code);
    return render;
}
```

我们已经知道了 template 如何通过 parseHTML 方法转换成了 AST。下一步就是通过 codegen 方法把 AST 转换成一个 render 函数,这个 codegen 方法的结果会返回这样的一个函数(以之前的模板为例):

```
JavaScript
_c(
    "div",
    {
        id: "app",
        key: "123",
        style: { color: "red", "background-color": "pink" },
    },
    _c("div", { style: { color: "red" } }, _v(_s(name))),
    _v(_s(name) + "dadasdsa" + _s(name) + "hello"),
    _c("br", null, _c("span", null, _v(_s(age))))
);
```

这里面的_c,_v,_s 都是方法,我们先看_c 方法,跟我们用的 createElement 方法是不是几乎一模一样,其实这个就是真正的 createElement 方法。_v 是用来处理文本节点的,_s 是用来处理小胡子语法的。

那么,暂时不多说,继续看这个 codegen 方法,在这之前,我们得看下这个 codegen 的入参是什么样的,如图 2-3 所示:

```
▸attrs: (3) [{…}, {…}, {…}]
▸children: (3) [{…}, {…}, {…}]
 parent: null
 tag: "div"
 type: 1
```

图 2-3 Codegen 入参

这个我们之前费了一番笔墨去分析的 parseHTML 方法,最终就是抛出了这样一个 AST 对象作为 codegen 的入参:

```
JavaScript
function codegen(ast) {
    let children = genChildren(ast.children);
    let code = `_c('${ast.tag}', ${
        ast.attrs.length ? genProps(ast.attrs) : "null"
    }${ast.children.length ? `,${children}` : ""})`;
    return code;
}
```

我们来分析下这个代码,首先,对于 AST 中的子元素,利用一个 genChildren 方法去处理，然后我们去拼接一个字符串，最后返回这个字符串。这个_c 方法其实就是 Vue 文档中的 craeteElement 方法。目前，我们实现的是简易版，还没有组件选项这些，只是一个标签名，然后第二个参数就是属性，第三个就是子元素。

这个很容易理解，继续看 genChildren 方法：

```
JavaScript
function gen(node) {
    if (node.type === 1) {
        return codegen(node);
    } else {
        let text = node.text;
        if (! defaultTagRE.test(text)) {
            return `_v(${JSON.stringify(text)})`;
        } else {
            let tokens = [];
            let match;
            defaultTagRE.lastIndex = 0;
            let lastIndex = 0;
            while ((match = defaultTagRE.exec(text))) {
                let index = match.index;
                if (index > lastIndex) {
                    tokens.push(JSON.stringify(text.slice(lastIndex, index)));
                }
                tokens.push(`_s(${match[1].trim()})`);
                lastIndex = index + match[0].length;
            }
            if (lastIndex < text.length) {
                tokens.push(JSON.stringify(text.slice(lastIndex)));
            }
            return `_v(${tokens.join("+")})`;
        }
    }
}

function genChildren(children) {
    if (children) {
        return children.map((child) => gen(child)).join(",");
    }
}
```

genChildren 循环了一下，通过一个 gen 方法来处理每一项子元素。这个 gen 方法，要处理的事情就稍微复杂了一些。

以目前的模板来说，子元素有两种，一种是标签节点，一种是文本节点。在 gen 方法中，当我们发现节点的类型如果是 1，那么代表是标签，直接递归再走 codegen 方法就行了。到了文本节点这里就会复杂些了，因为对于字符串来说，是无法理解{{}}的，那怎么办？我们就得分割字符串，读取小胡子中的变量，去 Vue 的 data 中取值，所以接下来我们就需要通过正则表达式，匹配出{{}}中的内容。

正则是这样的：

```
JavaScript
const defaultTagRE = /\{\{((?:.|\r?\n)+?)\}\}/g;
```

这个正则很简单，就是匹配小胡子语法中的任何字符。我们继续看 gen 方法是如何去解析文本节点的。我们先用 defaultTagRE 匹配该文本节点，如果没有匹配到，说明就是普通的文本节点，我们直接用_v 方法包裹一下返回即可。如果匹配了，说明我们要去解析一下其中小胡子语法所包含的变量。我们看这段代码：

```
JavaScript
let tokens = [];
let match;
defaultTagRE.lastIndex = 0;
let lastIndex = 0;
while ((match = defaultTagRE.exec(text))) {
    let index = match.index;
    if (index > lastIndex) {
        tokens.push(JSON.stringify(text.slice(lastIndex, index)));
    }
    tokens.push(`_s(${match[1].trim()})`);
    lastIndex = index + match[0].length;
}
if (lastIndex < text.length) {
    tokens.push(JSON.stringify(text.slice(lastIndex)));
}
return `_v(${tokens.join("+")})`;
```

首先，我们得知道 defaultTagRE. exec(text)这句话，返回了什么样的结果，如图 2-4 所示：

```
▼(2) ['{{name}}', 'name', index: 0, input: '{{name}}', groups: u
 ndefined] i
   0: "{{name}}"
   1: "name"
   groups: undefined
   index: 0
   input: "{{name}}"
   length: 2
  ▶[[Prototype]]: Array(0)
```

图 2-4　default TagRE. exec(text)返回结果

就是这样的，跟之前使用 match 解析模板时候的结果差不多，具体的 API 细节这里就不多说了。那么就可以根据第 0 项和第 1 项，去做一些处理操作。

我们继续，先来分析下，对于这种包含小胡子语法的字符串，可能会有几种情况：

```
1. xxx{{name}}xxx{{name}}
2. {{name}}
3. xxx
```

之前，我们说过要如何处理文本，所以，针对第一种复杂的混合场景，我们就需要上面的代码来处理逻辑了，首先，我们一次又一次地匹配整个文本。如果匹配到了，第一次匹配的下标一定是 0，我们通过声明 index 变量记录下当前的位置，然后就把匹配到的结果，放到 tokens 里面就好了，然后再通过 lastIndex 记录下当前循环的结束位置是什么。那么在下一次匹配命中的时候，我们的 index 是大于 lastIndex 的，这说明小胡子语法中间有纯文本。

也就是说，一旦 index 大于 lastIndex，说明小胡子语法中间是有纯文本的。我们就需要截取这段代码：

```JavaScript
if (index > lastIndex) {
    tokens.push(JSON.stringify(text.slice(lastIndex, index)));
}
```

所以，按照上面的流程，第一次就直接命中了条件，获取了最开始 aaa 文本节点。最后我们循环完成了之后，还用 lastIndex < text.length 做了一个条件判断，这是用来匹配什么场景的呢？text.length 是整个文本的长度，当我们匹配结束后，lastIndex 就是最后匹配的长度这个时候的 lastIndex 和 text.length 应该是一样的，如果命中了 lastIndex < text.length 条件，说明最后一个小胡子语法后面还有纯字符串，我们把它也取出来，放到 tokens 里就好了。最终，tokens 是这样子的：

```Lua
['aaa','_s(name)', 'aaa', '_s(name)', 'aaa']
```

然后，我们就可以循环这个 tokens 数组，把它拼接成字符串后返回即可。对，别忘了用_v 包装一下。最后我们来写下 genProps 方法，同样，来看下传入 genProps 方法的 attrs 是什么样的，如图 2 - 5 所示：

```
▾attrs: Array(3)
  ▸0: {name: 'id', value: 'app'}
  ▸1: {name: 'key', value: '123'}
  ▸2: {name: 'style', value: {…}}
```

图 2 - 5 传入 genProps 方法的 attrs

就是这样拥有名称和对应的值的对象所组成的数组，最终实际上，需要把这个 attrs 的数组扁平化成一个拥有对应键值对的对象。那么我们来看下代码：

```JavaScript
function genProps(attrs) {
    let str = "";
    for (let i = 0; i < attrs.length; i++) {
        let attr = attrs[i];
```

```
        if (attr.name === "style") {
            let obj = {};
            attr.value.split(";").forEach((item) =>{
                let [key, value] = item.split(":");
                obj[key] = value;
            });
            attr.value = obj;
        }
        str += `${attr.name}:${JSON.stringify(attr.value)},`;
    }
    return `{${str.slice(0, -1)}}`;
}
```

这个代码并不复杂，就是循环拼接字符串，对 style 属性做了额外的逻辑处理，当有多个 style 属性值的时候，通过"."来分割，最终形成一个 key 对应多个逗号分隔的值的结果，最后就是返回拼接好的字符串，但是注意，这里用 slice 做了一下处理，是什么意思呢？不知道您注意到没有，str += 代码后面拼接的字符串，多了一个逗号，所以需要把最后的这个逗号删除掉，于是就有了 `{${str.slice(0, -1)}}` 这样的代码，这个 -1，其实可以理解成 str.length -1，从字符串的第一项到倒数第二项，结果是一模一样的。

到了这里，我们就完成了 AST 转换成 render 的过程，但是别急，还没结束，还得看看最后这两行代码：

```
JavaScript
    // 这里，通过 with，让其内部的字符串适用 this
    code = `with(this){return ${code}}`;
    // 生成真正的函数
    let render = new Function(code);
```

我们通过 codegen 生成的字符串，通过 with 包装了一下，这个 with 还传了个参数 this。那这个 with 是做什么的呢，我们看个小 demo 就明白了：

```
JavaScript
var obj = {
    a: 1,
    b: 2,
};
with (obj) {
    console.log(a);
    console.log(b)
}
```

结果不用多说，自然就是 1、2。但是为什么会这样呢？with 语句会把传入的对象放到代码块的作用域的顶部，这样就可以在代码块内获取到传入对象上的属性了。当然，这样写固然有其便利性，但是会导致代码不可阅读，作用域混乱，在 JS 引擎查找的时候也会存在性能问题。所以在 ES5 的严格模式下已经禁用了。

最后，我们通过 new Function 把这段 code 作为参数传入，生成真正的 render 函数。然后返回这个 render。到目前为止，我们完成了这个 complierToFcuntion 方法。还记不记得，在 $mount 方法中，我们最终把 complierToFcuntion 方法的结果，绑定到了 vm. $options. render 上。

```
JavaScript
if (template && el) {
    // 然后传入 template，通过 complierToFcuntion 方法拿到 render 函数，注意这里的 render 是个真
      正的方法了
    const render = complierToFcuntion(template);
    // 放到 vm. $options 上
    ops.render = render;
}
```

2.4 initLifecycle——Mount? Mount!

我们需要的工具都准备好了，现在需要把这些工具使用起来。那就需要用到这个 initLifecycle 了。它不仅提供了挂载的入口，还提供了解析的方法。

首先，在 src 根目录下创建一个 lifecycle. js 文件。还记不记得本章第 1 节代码里，我们在 $mount 里调用了一个 mountComponent 方法，我们只说了做了什么了，没说从哪里来的。没错，就是从这里来的：

```
JavaScript
export function mountComponent(vm,el){
    vm. $el = el;
    vm._update(vm._render());
}
```

这代码太简单了。但是这_update 和_render 是从哪里来的？vm 上的那就是从 Vue. prototype 上来的。没错。

```
JavaScript
export function initLifeCycle(Vue) {
    // 这个方法用来创建真正的 DOM
    Vue.prototype._update = function (vnode) {};
    Vue.prototype._render = function () {};
}
```

这里还没结束，本章上一节用了三个_方法，也就是私有方法生成了真正的 render 函数。那三个方法同样也是绑定在 Vue. prototype 上的。

```
JavaScript
export function initLifeCycle(Vue) {
    // 这个方法用来创建真正的 DOM
    Vue.prototype._update = function (vnode) {};
    Vue.prototype._render = function () {};
```

```
    // 创建标签节点 VNode
    Vue.prototype._c = function () {
    return createElementVNode(this, ...arguments);
    };
    // 创建文本节点 VNode
    Vue.prototype._v = function () {
    return createTextVNode(this, ...arguments);
    };
    // 创建纯文本
    Vue.prototype._s = function (value) {
        if (typeof value !== "object") return value;
        return JSON.stringify(value);
    };
}
```

我们首先来看这个三个方法都做了什么。最简单的是_s 方法,它的处理逻辑本质就是返回对应传入的 stringify 后的值。没什么好说的。然后_v 和_c 就返回了它们对应的元素 VNode 和文本 VNode。所以,我们还需要看下 createTextVNode 和 createElementVNode 方法。

首先,在 src 下创建一个 vdom 文件夹,然后在该文件夹下创建一个 index.js 文件:

```JavaScript
export function createElementVNode(vm, tag, data = {}, ...children) {
    if (data === null) {
        data = {};
    }
    let key = data.key;
    if (key) {
        delete data.key;
    }
    return vnode(vm, tag, key, data, children);
}

export function createTextVNode(vm, text) {
    return vnode(vm, undefined, undefined, undefined, undefined, text);
}

function vnode(vm, tag, key, data, children, text) {
    return {
        vm,
        tag,
        key,
        data,
        children,
        text,
    };
}
```

我们看上面的代码，有个核心的 vnode 方法，其实就是返回传入参数的对象，你之前不是说过有个 AST 对象，这个 VNode 和那个 AST 怎么这么像。对！这就涉及一个大家常见的面试题：虚拟 DOM 和 AST 有啥区别？其实就是虚拟 DOM 是用来描述 DOM 的，而 AST 是用来描述语法的。再换个角度理解，虚拟 DOM 只针对 DOM，而任何语言在理论上讲都可以转换成 AST。再换个角度，虚拟 DOM 是个对象，对象中的属性都是用来描述 DOM 的，而 AST 这个对象用来描述的可不是 DOM，而是语法。

回到 lifecycle.js 这个文件里，可以看到_c，_v 最终返回的就是 VNode。

然后：

```
JavaScript
    Vue.prototype._render = function () {
        const vm = this;
        return vm.$options.render.call(vm);
    };
```

这个_render 方法，会执行我们之前写好的 render 方法，返回 VNode。那么到现在，我们要捋一下这条线是怎么让 render 返回 VNode 的。

我们来看下，首先我们在 $mount 的时候，通过 complier To Function 生成 render 函数，然后把这个生成的 render 函数绑定到了 vm.$options 上，再调用 mountComponent 的时候，_render 方法通过 call 方法执行了 vm.$options.render 并且传入了 vm 作为 this，所以 new Function 里的字符串就可以通过 with 传入的 vm 拿到 Vue.prototype 上的私有方法。最终，_render 方法返回了我们创建的 VNode，并且作为参数传递给了_update 私有方法。然后在 mountComponent 的时候，调用的就是_update。这个_update 的核心作用就是更新 DOM。所以，我们来看下这个_update 做了什么。坚持坚持，最后一点了，就剩下这个 update 了。

```
JavaScript
Vue.prototype._update = function (vnode) {
    const vm = this;
    const el = vm.$el;
    // patch才是真正执行渲染挂载DOM的地方
    vm.$el = patch(el, vnode);
};
```

这个套路我们很熟悉了。注意 vm 上绑定了一个 $el。这个 $el 并不是我们传入的那个单纯的 div 节点，而是执行了 patch 方法后，已经渲染完成的完整的根节点，是真正的 HTML 节点，不是 VNode。

那么我们继续，看看 patch 做了什么。

```
JavaScript
function patch(oldVNode, vnode) {
    // 第一次渲染的时候，oldVNode是真实的DOM元素，也就是我们传入的el
    // 真实的DOM元素会有nodeType属性，而我们自己定义的VNode对象是没有的
    // 所以我们可以据此判断是否是首次挂载
    const isRealElement = oldVNode.nodeType;
    if (isRealElement) {
```

```
        // 这个就是我们的 div#app
        const elm = oldVNode;
        // 这个就是 body 了
        const parentElm = elm.parentNode;
        // 我们使用 createElm 方法,把我们已经构建好的 vnode 对象,生成真正的 DOM,
        let newElm = createElm(vnode)
        // 并且把它插入到跟 div#app 同级,其实就是 body 里
        parentElm.insertBefore(newElm, elm.nextSibling);
        // 然后移除那个 div#app 就好了
        parentElm.removeChild(elm);
        return newElm;
    } else {
        // diff
        // 那不是第一次挂载,就要运行我们的 diff 算法了,这个我们后面再讲
    }
}
```

我们看下 patch 方法,patch 方法接受两个参数,一个是 oldVNode,一个是 vnode。这里需要着重强调下,此时传入的这个 el 是我们传入到 options 参数中的那个空的 div 挂载节点,里面什么也没有,但是是真正的 DOM,而这个 vnode 就是初次要渲染的虚拟节点。所以我们可以根据 nodeType 来判断是不是初次渲染,因为 vnode 上用来表示节点类型的那个属性是 type,不管是什么,肯定不是 nodeType。

那么,如果是初次渲染,我们就会执行初次渲染的逻辑。整个代码的逻辑其实就是通过 createElm 方法,利用传入的 vnode,生成真正的新的 DOM 节点,然后获取到 body 节点,把新生成的 DOM 节点插入到 body 下面,最后,删除之前旧的空的 DOM 节点。

然后,如果 nodeType 不存在,说明传入的两个参数都是 VNode,那么就需要运行 DIFF 算法了,这个 DIFF 算法后面再说。现在还用不到。

刚才提到了,我们要把通过 createElm 方法把 VNode 转换成真实 DOM,替换原来的空 Div。所以,这个 createElm 是怎么回事?做了什么?

就是根据 VNode 来创建 DOM:

```
JavaScript
function createElm(vnode) {
    let { tag, data, children, text } = vnode;
    // 判断 tag 是不是字符串,因为如果是文本,是没有 tag 属性的
    if (typeof tag === "string") {
        // 创建 DOM
        vnode.el = document.createElement(tag);
        // 挂载 DOM 上的属性
        patchProps(vnode.el, data);
        // 循环子节点
        children.forEach((child) => {
            // 插入递归生成的子节点
            vnode.el.appendChild(createElm(child));
```

```
        });
    } else {
        // 如果是文本节点,直接创建赋值就可以了
        vnode.el = document.createTextNode(text);
    }
    return vnode.el;
}
```

我们来看下这段代码,先从 vnode 对象中获取到我们需要的属性。然后判断一下 tag,如果 tag 存在,并且是个字符串类型,那么说明该 VNode 是个 DOM 元素类型,因为如果是文本节点,是没有 tag 类型的值的。接下来,如果是 DOM 元素,就通过原生的 DOM 的 API 生成该 tag 的 DOM 元素,然后,把该 DOM 元素上的属性通过 patchProps 把属性挂载到刚生成的 DOM 上。最后,我们递归子节点,通过原生的 appendChild 方法插入到该元素下面。注意,这里在 vnode 上还挂载了一个 el 属性,这个 el 就是生成的该 vnode 的真实 DOM 节点。

那么下一个逻辑线,如果是文本节点,直接创建了真实的文本 DOM,最后,返回这个 vnode.el 就结束了。那么来看下 patchProps 方法是怎么个逻辑:

```
JavaScript
function patchProps(el, props) {
    // 就是循环属性绑定,都是原生的方法
    for (let key in props) {
        // 特殊处理下 style
        if (key === "style") {
            for (let styleName in props[key]) {
                el.style[styleName] = props.style[styleName];
            }
        } else {
            el.setAttribute(key, props[key]);
        }
    }
}
```

方法十分简单,就是循环所有的 props 的 key,然后特殊处理下 style 属性,其他的就直接通过原生的 setAttribute 方法设置即可。

最后还差一点点,需要把 initLifeCycle 方法在 src/index.js 中引入并执行:

```
JavaScript
import { initMixin } from "./init";
import { initLifeCycle } from "./lifecycle";
function Vue(options) {
    this._init(options);
}
initMixin(Vue);
initLifeCycle(Vue);
export default Vue;
```

然后，我们在 dist 下再重新创建一个 html 文件：

```
HTMLBars
<! DOCTYPE html >
<html lang = "en">
    <head >
        <meta charset = "UTF - 8" />
        <meta http - equiv = "X - UA - Compatible" content = "IE = edge" />
        <meta name = "viewport" content = "width = device - width, initial - scale = 1.0" />
        <title >Document </title >
    </head >
    <body >
        <div id = "app" key = "123" style = "color: red; background - color: pink">
          <div style = "color: red">{{name}}</div >
          {{name}}dadasdsa{{name}} hello
          <span >{{age}}</span >
    </div >
    <script src = "vue.js"></script >
    <script >
        const vm = new Vue({
            data() {
                return {
                    name: "zaking",
                    age: 20,
                    address: {
                            a: 1,
                            b: 2,
                        },
                        hobby: ["eat", "drink", { a: 3 }],
                    };
                },
                el: "#app",
            });
            setTimeout(() =>{
                vm.name = "zakingwong";
                vm.age = 30;
                vm._update(vm._render());
            }, 2000);
        </script >
    </body >
</html >
```

注意，这里我们手动执行了 vm._update(vm._render())，发现两秒后 DOM 就更新了，因为我们还没写 Diff 算法，所以暂时手动调一下就好。

2.5 源码解读——你的实现,我的实现,其实都一样

大家还记不记得之前的那张图,在第一章的第七小节有一个 Vue 核心的渲染流程图,在第一章我们只完成了_init 的部分,那么本章差不多完成了这些,如图 2-6 所示:

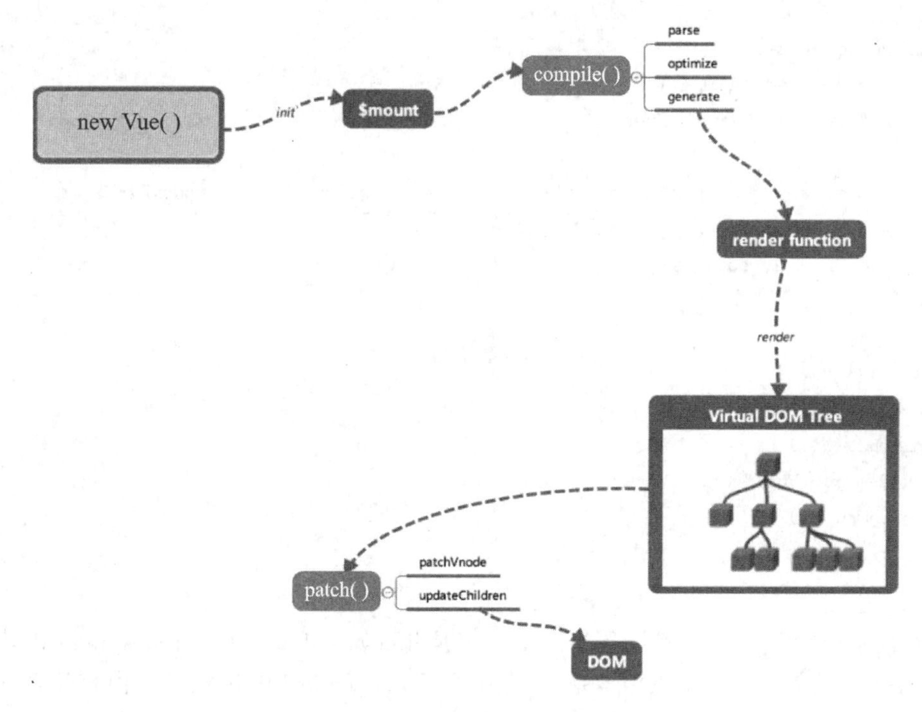

图 2-6 Vue 核心渲染流程图

我们完成了从初始化,到模板解析,生成 render,再到 patch,直到最后渲染 DOM。之前我们都是从写代码的角度去了解目前为止的整个 Vue 的流程,那么现在再从源码的实现的角度来回顾梳理一下。友情提示:以下是 Vue 源码的 v2.6.14 版本。

2.5.1 绑定静态方法

我们先从 Vue.prototype 上的方法开始找起,看看 Vue 的源码是如何提供这些我们所需要的实例方法的。还记不记之前讲过的,Vue 的整个世界有三条线(目前是这样的),一条编译线,也就是往 Vue.prototype 上挂载静态方法,这个是 js 引擎在编译阶段就执行运行好了的。另外一条就是运行时,也就是在 new 的时候,Vue 整个的应用构建执行流程。最后一条就是响应线,触发 defineProperty 的回调事件触发了一系列的更新流程。

在模板解析阶段,我们先从编译线开始捋,看看 Vue 是如何在其原型对象上绑定的这些方法的,入口都在哪里。还是得从 src/core/instance/index.js 看起,这是 runtime Vue 的源入口,注意,我这里说的是运行时 Vue,而不是 Vue。在现在这个阶段,得把 Vue 分成 runtime 和 complier 了,虽然这个概念在第 1 章的第 7 节可以窥见一斑,但是现在我们来学的是 complier,所以要尤其着重说明一下!

```
JavaScript
import { initMixin } from './init'
import { stateMixin } from './state'
import { renderMixin } from './render'
import { eventsMixin } from './events'
import { lifecycleMixin } from './lifecycle'
import { warn } from '../util/index'

function Vue (options) {
    if (process.env.NODE_ENV !== 'production' &&
        !(this instanceof Vue)
    ) {
        warn('Vue is a constructor and should be called with the 'new' keyword')
    }
        this._init(options)
}

initMixin(Vue)
stateMixin(Vue)
eventsMixin(Vue)
lifecycleMixin(Vue)
renderMixin(Vue)

export default Vue
```

在上面的代码里，需要注意两个 Mixin，一个是 lifecycleMixin，另一个是 renderMixin。就目前为止，lifecycleMixin 的重点内容是_update 方法，而 renderMixin 的核心内容就是_render 方法并附带了一个 installRenderHelpers 方法。

1. lifecycleMixin 这条线

在这里，找到了我们需要的 lifecycleMixin 方法：

```
JavaScript
// src/core/instance/lifecycle.js
export function lifecycleMixin (Vue: Class<Component>) {
Vue.prototype._update = function (vnode: VNode, hydrating?: boolean) {
    const vm: Component = this
        const prevEl = vm.$el
        const prevVnode = vm._vnode
        const restoreActiveInstance = setActiveInstance(vm)
        vm._vnode = vnode
        // Vue.prototype.__patch__ is injected in entry points
        // based on the rendering backend used.
        if (!prevVnode) {
            // initial render
```

```
            vm.$el = vm.__patch__(vm.$el, vnode, hydrating, false /* removeOnly */)
        } else {
            // updates
            vm.$el = vm.__patch__(prevVnode, vnode)
        }
        restoreActiveInstance()
        // update __vue__ reference
        if (prevEl) {
            prevEl.__vue__ = null
        }
        if (vm.$el) {
            vm.$el.__vue__ = vm
        }
        // if parent is an HOC, update its $el as well
        if (vm.$vnode && vm.$parent && vm.$vnode === vm.$parent._vnode) {
            vm.$parent.$el = vm.$el
        }
        // updated hook is called by the scheduler to ensure that children are
        // updated in a parent's updated hook.
    }

    Vue.prototype.$forceUpdate = function () {}

    Vue.prototype.$destroy = function () {}
}
```

lifecycleMixin 给 Vue 类的原型上绑定了三个方法_update，$forceUpdate，$destory。其余的两个暂时不管，我们来看_update 方法：

```
PHP
if (! prevVnode) {
    // initial render
    vm.$el = vm.__patch__(vm.$el, vnode, hydrating, false /* removeOnly */)
} else {
    // updates
    vm.$el = vm.__patch__(prevVnode, vnode)
}
```

这是核心的代码，这里的__patch__其实就是我们写的 patch 方法。只不过这里做了一个判断，它把之前的节点存了起来：

```
JavaScript
const prevVnode = vm._vnode
vm._vnode = vnode
```

如果不存在，说明是初始化渲染，如果存在，那么说明是更新渲染，然后它们都走了一个__patch__的方法，所以现在得去找一下，这个 patch 方法到底做了什么。

到这里得跑下题，因为__patch__的入口与我们写的不一样，有点特殊，我们是直接在当前的文件上写的，但是在源码里，因为要编译各种版本，为了抽离 complier 所以做了拆模块的细节处理，我们之前说过，Vue 根据不同的运行平台或场景提供了很多不同的包，比如 weex，ssr，complier，runtime－only，runtime-with-complier 等。我们最常用的就是 runtime-with-complier（也就是 full-web），带模板编译的运行时 Vue。所以，只有 runtime-with-complier 版本的 Vue 才有我们本章所写的这些模板编译方法。

所以，我们想要找到这个__patch__方法，得从头看起。那么先来确定一些事情，先还是来简单回顾下，我们打包时候读取的 scripts/config.js 配置文件中 web-full 是这样配置的：

```
JavaScript
    // Runtime + compiler development build (Browser)
    'web-full-dev': {
        entry: resolve('web/entry-runtime-with-compiler.js'),
        dest: resolve('dist/vue.js'),
        format: 'umd',
        env: 'development',
        alias: { he: './entity-decoder' },
        banner
    },
```

所以我们 web-full 版本的 Vue 的根入口就是 web/entry-runtime-with-compiler.js 这个文件：

```
JavaScript
import { compileToFunctions } from "./compiler/index";
import Vue from "./runtime/index";
import { query } from "./util/index";

const mount = Vue.prototype.$mount;
Vue.prototype.$mount = function (
    el?: string | Element,
    hydrating?: boolean
): Component {
    el = el && query(el);
    const options = this.$options;
    if (!options.render) {
        let template = options.template;
        if (template) {
            if (typeof template === "string") {
            } else if (template.nodeType) {
                template = template.innerHTML;
            }
        } else if (el) {
```

```
            template = getOuterHTML(el);
        }
        if (template) {
            const { render, staticRenderFns } = compileToFunctions();
            options.render = render;
            options.staticRenderFns = staticRenderFns;
        }
    }
    return mount.call(this, el, hydrating);
};

Vue.compile = compileToFunctions;

export default Vue;
```

上面的代码本书删去了很多，所以上面的代码只是作为讲解的示例，删除的内容大概可以分为两部分，一部分是 warning，一部分是分支逻辑，都不是很重要，而且还影响阅读，所以就删掉了。我们来看下这些代码。我们发现，这里还是没有__patch__，这个文件主要是重写了 $mount，给 $mount 加上了一些额外的判断逻辑。那么就得继续往上找，我们看 src/platforms/web/runtime/index.js：

```
TypeScript
Vue.prototype.__patch__ = inBrowser ? patch : noop

// public mount method
Vue.prototype.$mount = function (
    el?: string | Element,
    hydrating?: boolean
): Component {
    el = el && inBrowser ? query(el) : undefined
    return mountComponent(this, el, hydrating)
}
```

我们看这段代码，终于我们找到了__patch__，而这个__patch__的逻辑也十分简单，浏览器环境下就是 patch 方法，否则就是空。而 patch 方法又在这里：src/platforms/web/runtime/patch.js：

```
JavaScript
/* @flow */

import * as nodeOps from 'web/runtime/node-ops'
import { createPatchFunction } from 'core/vdom/patch'
import baseModules from 'core/vdom/modules/index'
import platformModules from 'web/runtime/modules/index'

// the directive module should be applied last, after all
```

```
// built-in modules have been applied.
const modules = platformModules.concat(baseModules)

export const patch: Function = createPatchFunction({ nodeOps, modules })
```

对吗？patch 就是 createPatchFunction。最终，我们找__patch__找到了这里：src/core/vdom/patch.js。这代码 800 多行，我们先找 createPatchFunction 这个方法，竟然整页都是这个方法，那没办法了，我们看这个方法做了什么。最后发现它返回了一个方法：

```JavaScript
return function patch (oldVnode, vnode, hydrating, removeOnly) {}
```

它传入了 oldVnode 和 vnode，这不是跟我们自己写的 patch 方法有点类似了，只不过它多传了些额外的参数。

```JavaScript
return function patch(oldVnode, vnode, hydrating, removeOnly) {
    if (isUndef(vnode)) {
        if (isDef(oldVnode)) invokeDestroyHook(oldVnode);
        return;
    }
    let isInitialPatch = false;
    const insertedVnodeQueue = [];
    if (isUndef(oldVnode)) {
        isInitialPatch = true;
        createElm(vnode, insertedVnodeQueue);
    } else {
    const isRealElement = isDef(oldVnode.nodeType);
    if (! isRealElement && sameVnode(oldVnode, vnode)) {
        patchVnode(oldVnode, vnode, insertedVnodeQueue, null, null, removeOnly);
        } else {
            if (isRealElement) {}
            const oldElm = oldVnode.elm;
            const parentElm = nodeOps.parentNode(oldElm);
            createElm(
                vnode,
                insertedVnodeQueue,
                oldElm._leaveCb ? null : parentElm,
                nodeOps.nextSibling(oldElm)
            );
            if (isDef(vnode.parent)) { }
            if (isDef(parentElm)) {
                removeVnodes([oldVnode], 0, 0);
            } else if (isDef(oldVnode.tag)) {
                invokeDestroyHook(oldVnode);
            }
        }
```

```
    }
    invokeInsertHook(vnode, insertedVnodeQueue, isInitialPatch);
    return vnode.elm;
};
```

这里删了很多代码,但是不影响我们理解。我们来捋一下这段代码:

首先,我们判断了一下,如果 vnode 为空,但是 oldVnode 不为空,那么我们运行一个 invokeDestroyHook 方法,这个方法会递归调用子节点的 destroy 方法,销毁旧的节点。

再往下,如果 oldVnode 是空,那么就通过 createElm 传入 vnode 和 insertedVnodeQueue 的初次渲染 DOM。

如果不是空的,我们再判断一下如果 oldVnode 不是真实的 DOM 节点,并且是相同的虚拟 vnode 节点,那么就走 patchVnode 方法。

否则就进入到我们熟悉的逻辑里了,如果 isRealElment 为 true,说明是真实节点,首先判断是不是 SSR,如果是我们做一些 SSR 的处理。再往后,我们就运行了 createElm。剩下的就是对节点的细节判断和处理,其实就是判断存在与否,然后做处理。最后,我们生成好新的节点并插入后,还删除了旧的节点:

```JavaScript
if (isDef(parentElm)) {
    removeVnodes([oldVnode], 0, 0);
} else if (isDef(oldVnode.tag)) {
    invokeDestroyHook(oldVnode);
}
```

所以,其实简单说,就是判断 oldVnode 和 vnode 节点是否符合特定条件,符合条件的就去 createElm,当然,不同条件所传给 createElm 的参数也有所区别。再简单点,就是根据条件生成真实元素,然后删除旧的元素。

捋了半天,终于要去看看 createElm 方法了,这个方法就在这个 patch.js 里:

```JavaScript
function createElm (
    vnode,
    insertedVnodeQueue,
    parentElm,
    refElm,
    nested,
    ownerArray,
    index
) {
    if (isDef(vnode.elm) && isDef(ownerArray)) {
        vnode = ownerArray[index] = cloneVNode(vnode)
    }
    vnode.isRootInsert =! nested // for transition enter check
    if (createComponent(vnode, insertedVnodeQueue, parentElm, refElm)) {
        return
```

```
    }
    const data = vnode.data
    const children = vnode.children
    const tag = vnode.tag
    if (isDef(tag)) {
        if (process.env.NODE_ENV !== 'production') {
            if (data && data.pre) {
                creatingElmInVPre++
            }
            if (isUnknownElement(vnode, creatingElmInVPre)) {
                warn(
                    'Unknown custom element: <' + tag + '> - did you ' +
                    'register the component correctly? For recursive components, ' +
                    'make sure to provide the "name" option.',
                    vnode.context
                )
            }
        }
        vnode.elm = vnode.ns
            ? nodeOps.createElementNS(vnode.ns, tag)
            : nodeOps.createElement(tag, vnode)
        setScope(vnode)
        /* istanbul ignore if */
        if (__WEEX__) {} else {
            createChildren(vnode, children, insertedVnodeQueue)
            if (isDef(data)) {
                invokeCreateHooks(vnode, insertedVnodeQueue)
            }
                insert(parentElm, vnode.elm, refElm)
            }
            if (process.env.NODE_ENV !== 'production' && data && data.pre) {
            creatingElmInVPre--
        }
    } else if (isTrue(vnode.isComment)) {
        vnode.elm = nodeOps.createComment(vnode.text)
        insert(parentElm, vnode.elm, refElm)
    } else {
        vnode.elm = nodeOps.createTextNode(vnode.text)
        insert(parentElm, vnode.elm, refElm)
    }
}
```

对吗？这都什么呢，看不懂，没事，看不懂就删掉！

```JavaScript
    const data = vnode.data
```

```
    const children = vnode.children
    const tag = vnode.tag
    if (isDef(tag)) {
        createChildren(vnode, children, insertedVnodeQueue)
        insert(parentElm, vnode.elm, refElm)
    } else if (isTrue(vnode.isComment)) {
        vnode.elm = nodeOps.createComment(vnode.text)
        insert(parentElm, vnode.elm, refElm)
    } else {
        vnode.elm = nodeOps.createTextNode(vnode.text)
        insert(parentElm, vnode.elm, refElm)
    }
```

把一些逻辑删掉了,那么来看看是什么意思,如果是标签元素,那么就生成子节点,插入 DOM,如果是注释节点,处理注释节点插入 DOM,否则就是文本节点,一样的逻辑。同我们写的一样。OK,我们的 patch 终于找完了。现在,从 lifecycleMixin 给 Vue 加入_update 方法,然后_update 方法调用了__patch__,这个__patch__是从入口文件在 Vue 类的原型上加上的,最后,我们看了下__patch__的具体实现,当然,这里省略了很多细节。

2. renderMixin 做了什么

renderMixin 的路径在 src\core\instance\render.js 这里。

```
JavaScript
export function renderMixin (Vue: Class<Component>) {
    // install runtime convenience helpers
    installRenderHelpers(Vue.prototype)
    Vue.prototype.$nextTick = function (fn: Function) {
        return nextTick(fn, this)
    }
    Vue.prototype._render = function (): VNode { }
}
```

整个 renderMixin 做了三件事,一个是加载渲染的帮助方法,另一个是绑定 $nextTick,再一个就是绑定_render 方法。而 installRenderHelpers 方法接受一个 Vue 的原型对象作为参数:

```
JavaScript
// src/core/instance/render-helpers/index.js,
export function installRenderHelpers (target: any) {
    target._o = markOnce
    target._n = toNumber
    target._s = toString
    target._l = renderList
    target._t = renderSlot
    target._q = looseEqual
```

```
    target._i = looseIndexOf
    target._m = renderStatic
    target._f = resolveFilter
    target._k = checkKeyCodes
    target._b = bindObjectProps
    target._v = createTextVNode
    target._e = createEmptyVNode
    target._u = resolveScopedSlots
    target._g = bindObjectListeners
    target._d = bindDynamicKeys
    target._p = prependModifier
}
```

换句话说，就是 Vue. prototype. _c，跟我们写的一样啦，只不过在当前的阶段，我们写的时候，都放在了 lifecycleMixin 中。而_render 方法，则是返回了一个 vnode。这样，就可以作为_update 的参数去渲染 DOM 了。

那么到这里，我们就捋完了在当前阶段（complier）所需要的静态方法的源头并解释了部分符合当前阶段的逻辑。那么接下来我们看看另外一条线。

2. 5. 2 $ mount 的执行线

之前我们在找__patch__的时候，回溯源头，也看到了 $ mount 方法。在_init 时判断如果有 el 选项或者可以手动调用 $ mount 挂载 DOM 的时候，就会用到这个 $ mount 方法，我们来看下这个 $ mount，就在 src/platforms/web/entry-runtime-with-compiler. js：

```JavaScript
import Vue from './runtime/index'
import { compileToFunctions } from './compiler/index'
```

其他的引入我们先不管，看这两个引入一个是我们从./runtime/index 引入了 Vue，一个是我们从. /compiler/index 引入了 compileToFunctions，这个方法熟悉吗？我们先不管它，但是现在知道了 compileToFunctions 是在这里引入的。

继续：

```JavaScript
const mount = Vue.prototype.$mount
Vue.prototype.$mount = function(){}
```

这里，我们对引入的 $ mount 缓存并且重新写了一下这个 $ mount。重写的这个 $ mount 的逻辑，其实跟我们写的几乎一模一样。之后做完了逻辑判断：

```JavaScript
const { render, staticRenderFns } = compileToFunctions(template, {
    outputSourceRange: process.env.NODE_ENV !== 'production',
    shouldDecodeNewlines,
    shouldDecodeNewlinesForHref,
```

```
    delimiters: options.delimiters,
    comments: options.comments
}, this)
options.render = render
options.staticRenderFns = staticRenderFns
```

这段代码就跟我们写的一样：

```
JavaScript
const render = complierToFcuntion(template);
// 放到 vm.$options 上
ops.render = render;
```

其实是一个意思，只不过它传入了更多的参数，返回的也不仅仅是个 render。最后：

```
JavaScript
return mount.call(this, el, hydrating)
```

它调用了一下之前我们缓存下来的 mount 方法。到这 $ mount 方法就完成了。文件的最后，还把 complierToFunctions 方法挂载到了 Vue 类上：

```
JavaScript
Vue.compile = compileToFunctions
```

到了这里，这个文件看完了，我们得去上一层，也就是，src/platforms/web/runtime/index.js，看下面：

```
JavaScript
// public mount method
Vue.prototype.$mount = function (
    el?: string | Element,
    hydrating?: boolean
): Component {
    el = el && inBrowser ? query(el) : undefined
    return mountComponent(this, el, hydrating)
}
```

这不是我要找的 $ mount 吗？也这么简单，他这两个文件的 $ mount 合起来之后不就是我们自己写的那个 $ mount?！是的！就是这样子了。那么 $ mount 这个方法实际上我们就捋完了。

在 $ mount 方法内部，先是执行了 compileToFunctions 获取到了 render，然后再去执行 mount 方法，而此时的 mount 方法，实际上就是执行了 mountComponent，而 mountComponent 才真正执行了 vm._update(vm._render())。

所以，我们最后，要看看这个 compileToFunctions 做了什么。原来它在这里：

```
JavaScript
// src/platforms/web/compiler/index.js
import { baseOptions } from './options'
import { createCompiler } from 'compiler/index'
```

```
const { compile, compileToFunctions } = createCompiler(baseOptions)
export { compile, compileToFunctions }
```

再去找这个 createComplier。在这里，src/compiler/index.js：

```JavaScript
/* @flow */

import { parse } from './parser/index'
import { optimize } from './optimizer'
import { generate } from './codegen/index'
import { createCompilerCreator } from './create-compiler'

// 'createCompilerCreator' allows creating compilers that use alternative
// parser/optimizer/codegen, e.g the SSR optimizing compiler.
// Here we just export a default compiler using the default parts.
export const createCompiler = createCompilerCreator(function baseCompile (
    template: string,
    options: CompilerOptions
): CompiledResult {
    const ast = parse(template.trim(), options)
    if (options.optimize !== false) {
        optimize(ast, options)
    }
    const code = generate(ast, options)
    return {
        ast,
        render: code.render,
        staticRenderFns: code.staticRenderFns
    }
})
```

我们看这个方法，形参就是 template 模板，还有在调用的时候传入的一些配置参数。然后内部其实就是我们做的那些事了，把模板转换成 ast，然后它还额外处理了一下优化，如果您传了需要优化的参数，最后就是生成 render，然后把这些东西都返回。但是这里还有一个很重要的点，就是 baseComplier 实际上返回的是一个这样的对象：

```JavaScript
{
    ast,
    render: code.render,
    staticRenderFns: code.staticRenderFns
}
```

它里面包含了 ast，还有生成的 render，注意这个 render 是个字符串，我们写过。那不对，记不记得我们之前写的时候，render 应该是一个真正的函数。所以，就得去看一下 createCompilerCreator 这个方法做了什么：

```JavaScript
// src/compiler/create-compiler.js
import { extend } from 'shared/util'
import { detectErrors } from './error-detector'
import { createCompileToFunctionFn } from './to-function'

export function createCompilerCreator (baseCompile: Function): Function {
    return function createCompiler (baseOptions: CompilerOptions) {
        function compile ( )

        return {
            compile,
            compileToFunctions: createCompileToFunctionFn(compile)
        }
    }
}
```

大家看，compileToFunctions，就是用 createCompileToFunctionFn 包裹了一下的 compiler，这个方法最核心的一句话在源码的第 93 行：

```JavaScript
// src/compiler/to-function.js
res.render = createFunction(compiled.render, fnGenErrors)
```

而 createFunction 就是这样的：

```JavaScript
function createFunction (code, errors) {
    try {
        return new Function(code)
    } catch (err) {
        errors.push({ err, code })
        return noop
    }
}
```

换句话说，我们调来调去，最后就是 new Function(code)。

好，我们捋完了外层的 render 函数生成，那么我们继续去看看 parse，optimize 和 generate 都做了什么。

1. parse

parse 方法的入口文件在 src/compiler/parser/index.js。整个 parse 文件有差不多一千行，我们目前不可能关注这么多细节（处理了比如插槽、指令、组件，等等，处理空格报错等），要是逐行读下来，很累，所以挑一点我们熟悉的内容来看。

整个 parse 方法的核心，其实就是 parseHTML，源码在执行 parseHTML 的时候，不仅像我们的简易版一样只传入了 template，还传入了很多的配置代码，甚至用来匹配命中条件后生成 AST 的代码，也是在 parse 方法里声明后传入 parseHTML 的，比如 start，end，chars 等。

```
JavaScript
parseHTML(template, {
    warn,
    expectHTML: options.expectHTML,
    isUnaryTag: options.isUnaryTag,
    canBeLeftOpenTag: options.canBeLeftOpenTag,
    shouldDecodeNewlines: options.shouldDecodeNewlines,
    shouldDecodeNewlinesForHref: options.shouldDecodeNewlinesForHref,
    shouldKeepComment: options.comments,
    outputSourceRange: options.outputSourceRange,
    start (tag, attrs, unary, start, end) { },
    end (tag, start, end) { },
    chars (text: string, start: number, end: number) {},
    comment (text: string, start, end) { }
})
```

parseHTML 这个方法就在 src/compiler/parser/html-parser.js 这里。这个文件里首先映入眼帘的就是一堆正则：

```
JavaScript
// Regular Expressions for parsing tags and attributes
const attribute = /^\s*([^\s"'<>\/=]+)(?:\s*(=)\s*(?:"([^"]*)"+|'([^']*)'+|([^\s"'
=<>`]+)))?/
const dynamicArgAttribute = /^\s*((?:v-[\w-]+:|@|:|#)\[[^=]+?\][^\s"'<>\/=]*)(?:\s
*(=)\s*(?:"([^"]*)"+|'([^']*)'+|([^\s"'=<>`]+)))?/
const ncname = `[a-zA-Z_][\\-\\.0-9_a-zA-Z${unicodeRegExp.source}]*`
const qnameCapture = `((?:${ncname}\\:)?${ncname})`
const startTagOpen = new RegExp(`^<${qnameCapture}`)
const startTagClose = /^\s*(\/?)>/
const endTag = new RegExp(`^<\\/${qnameCapture}[^>]*>`)
const doctype = /^<!DOCTYPE [^>]+>/i
// #7298: escape - to avoid being passed as HTML comment when inlined in page
const comment = /^<!\--/
const conditionalComment = /^<!\[/
```

终于看到熟悉的东西了，当然熟悉了，我们复制过的，当然，这里还额外处理了注释，doctype 等内容。我们继续，再往下就是真正的 parseHTML 方法了。

```
JavaScript
export function parseHTML (html, options) {
    const stack = []
    const expectHTML = options.expectHTML
    const isUnaryTag = options.isUnaryTag || no
    const canBeLeftOpenTag = options.canBeLeftOpenTag || no
    let index = 0
    let last, lastTag
```

```
    while (html) {}
    // Clean up any remaining tags
    parseEndTag()
    function advance (n) {}
    function parseStartTag () {}
    function handleStartTag (match) {}
    function parseEndTag (tagName, start, end) {}
}
```

我们看，整个 parseHTML 方法跟我们写的核心逻辑是一样的。那么再继续深入，看看 while 循环做了哪些事：

```
JavaScript
let textEnd = html.indexOf("<");
if (textEnd === 0) {
    // Comment:
    if (comment.test(html)) {}
    // http:                    //en.wikipedia.org/wiki/Conditional_comment # Downlevel-re-
vealed_conditional_comment
    if (conditionalComment.test(html)) {}
    // Doctype:
    const doctypeMatch = html.match(doctype);
    if (doctypeMatch) {}
    // End tag:
    const endTagMatch = html.match(endTag);
    if (endTagMatch) {}
    // Start tag:
    const startTagMatch = parseStartTag();
    if (startTagMatch) {}
}
let text, rest, next;
if (textEnd >= 0) { }
if (textEnd < 0) {
    text = html;
}
if (text) {
    advance(text.length);
}
if (options.chars && text) {
    options.chars(text, index-text.length, index);
}
```

这是我从 while 循环中抽取的一部分代码，通过判断 textEnd 的位置来进行逻辑处理和判断，比如判断 doctype，判断注释，是否是开始标签，结束标签等。

那么我们来捋一下 parse 这块的逻辑，在 parse 里定义好了在正则匹配命中条件后的处理方法，然后把这些方法作为处理参数传给 parseHTML 交给 parseHTML 处理。

然后，注意 chars 这个方法，基于之前写过的简易版代码，我们知道 chars 是用来解析文本的，目前，我们所了解的文本包含小胡子语法和真实文本，在源码里，它是通过 parseText 来处理的。parseText 方法也是在 parse 文件夹下的一个独立文件：src/compiler/parser/text-parser.js，跟我们所写的逻辑几乎一致，这里也就不再多说了。

2. optimize

我们再来看看 optimize 这是个可选项：

```
JavaScript
export function optimize (root: ? ASTElement, options: CompilerOptions) {
    if (! root) return
    isStaticKey = genStaticKeysCached(options.staticKeys || '')
    isPlatformReservedTag = options.isReservedTag || no
    // first pass: mark all non-static nodes.
    markStatic(root)
    // second pass: mark static roots.
    markStaticRoots(root, false)
}
```

文件在这里 src/compiler/optimizer.js，这代码比较容易理解，首先获取到缓存的静态 Key，再获取保留标签，然后标记整个 AST，再去标记静态节点。静态节点是什么意思呢，就是不会经过 Diff 的一些节点，在 Diff 算法的时候就不会去对比这些静态节点，从而提升性能。那么我们看下 markStatic 这个方法：

```
JavaScript
function markStatic (node: ASTNode) {
    node.static = isStatic(node)
    if (node.type === 1) {
    // do not make component slot content static. this avoids
        // 1. components not able to mutate slot nodes
        // 2. static slot content fails for hot-reloading
        if (
            ! isPlatformReservedTag(node.tag) &&
            node.tag ! == 'slot' &&
            node.attrsMap['inline-template'] == null
        ) {
            return
        }
        for (let i = 0, l = node.children.length; i <l; i ++ ) {
            const child = node.children[i]
            markStatic(child)
            if (! child.static) {
                node.static = false
            }
        }
        if (node.ifConditions) {
```

```
            for (let i = 1, l = node.ifConditions.length; i < l; i++) {
                const block = node.ifConditions[i].block
                markStatic(block)
                if (!block.static) {
                    node.static = false
                }
            }
        }
    }
}
```

首先,我们给 node 上添加一个标记,就是 static 属性,这个 static 属性的值是 isStatic 方法对 node 处理后返回的结果:

```
JavaScript
function isStatic (node: ASTNode): boolean {
    if (node.type === 2) {                        // expression
        return false
    }
    if (node.type === 3) {                        // text
        return true
    }
    return !! (node.pre || (
        ! node.hasBindings &&                     // no dynamic bindings
        ! node.if && ! node.for &&                // not v-if or v-for or v-else
        ! isBuiltInTag(node.tag) &&               // not a built-in
        isPlatformReservedTag(node.tag) &&        // not a component
        ! isDirectChildOfTemplateFor(node) &&
        Object.keys(node).every(isStaticKey)
    ))
}
```

到这里,已经很清晰了对吧,表达式是 false,文本就是 true,然后还对 node 做了一系列的逻辑判断来确定该节点是否是静态的。markStatic 给当前节点标记了之后,我们继续判断,如果是:

```
JavaScript
    ! isPlatformReservedTag(node.tag) &&
    node.tag !== 'slot' &&
    node.attrsMap['inline-template'] == null
```

这三者之一即不能是保留标签,不能是插槽,不能是 inline-template,那么直接 return。否则继续后面的逻辑,后面的逻辑也很简单了,就是递归整个子节点,给子节点绑定静态属性。

注意,最开始的 optimize 方法,第一次我们是给所有的节点绑定静态属性,而第二次 markStaticRoots 方法,则是给静态的根节点绑定静态属性,进一步压缩优化的空间。

```
JavaScript
```

```
function markStaticRoots (node: ASTNode, isInFor: boolean) {
        if (node.type === 1) {
        if (node.static || node.once) {
            node.staticInFor = isInFor
        }
        // For a node to qualify as a static root, it should have children that
        // are not just static text. Otherwise the cost of hoisting out will
        // outweigh the benefits and it's better off to just always render it fresh.
        if (node.static && node.children.length && !(
            node.children.length === 1 &&
            node.children[0].type === 3
        )) {
            node.staticRoot = true
            return
        } else {
            node.staticRoot = false
        }
        if (node.children) {
            for (let i = 0, l = node.children.length; i <l; i++) {
            markStaticRoots(node.children[i], isInFor || !! node.for)
            }
        }
        if (node.ifConditions) {
            for (let i = 1, l = node.ifConditions.length; i <l; i++) {
            markStaticRoots(node.ifConditions[i].block, isInFor)
            }
        }
    }
}
```

先判断节点的类型是不是标签，不是标签就不管了，最核心的就是这句代码：

```JavaScript
if (node.static && node.children.length && !(
    node.children.length === 1 &&
    node.children[0].type === 3
)) {
    node.staticRoot = true
    return
} else {
    node.staticRoot = false
}
```

后面就是递归了去判断子节点的类型和长度，从而确定当前拥有符合条件的子节点的父节点是否是静态根节点。

3. generate

OK，看完了 optimize，最后再来看看 codegen，在这里 src\compiler\codegen\index.js。还

记得前面的部分，在找 compileToFunctions 的时候，找到的是 createComplier，然后 createComplier 又是 createCompilerCreator 执行 parse，optimize 和 generate 后返回的。所以，这里要看 codegen，首先要看的就是 generate 方法：

```
JavaScript
export function generate (
    ast: ASTElement | void,
    options: CompilerOptions
): CodegenResult {
    const state = new CodegenState(options)
    // fix #11483, Root level <script> tags should not be rendered.
    const code = ast ? (ast.tag === 'script' ? 'null' : genElement(ast, state)) : '_c("div")'
    return {
        render: 'with(this){return ${code}}',
        staticRenderFns: state.staticRenderFns
    }
}
```

看，这里跟我们写的就很像，只不过我们写的代码没有 staticRenderFns 这个方法，首先，它判断是否有 ast，如有再判断这个 ast 的标签类型是否是 script，若不是，才会去走 genElement，如果是 ast 不存在，那么直接就返回了一个空 div 标签，就是两个嵌套的三元运算。然后返回一个 render 和 staticRenderFns。这个 render 跟我们写的一样，那么来看下 genElement 这个方法：

```
JavaScript
export function genElement (el: ASTElement, state: CodegenState): string {
    if (el.parent) {
        el.pre = el.pre || el.parent.pre
    }

    if (el.staticRoot && ! el.staticProcessed) {
        return genStatic(el, state)
    } else if (el.once && ! el.onceProcessed) {
        return genOnce(el, state)
    } else if (el.for && ! el.forProcessed) {
        return genFor(el, state)
    } else if (el.if && ! el.ifProcessed) {
        return genIf(el, state)
    } else if (el.tag === 'template' && ! el.slotTarget && ! state.pre) {
        return genChildren(el, state) || 'void 0'
    } else if (el.tag === 'slot') {
        return genSlot(el, state)
    } else {
        // component or element
        let code
        if (el.component) {
```

```
            code = genComponent(el.component, el, state)
        } else {
            let data
            if (! el.plain || (el.pre && state.maybeComponent(el))) {
                data = genData(el, state)
            }
            const children = el.inlineTemplate ? null : genChildren(el, state, true)
            code = `_c('${el.tag}'${
                data ? `,${data}` : ''                  // data
            }${
            children ? `,${children}` : ''              // children
            })`
        }
        // module transforms
        for (let i = 0; i < state.transforms.length; i++) {
            code = state.transforms[i](el, code)
        }
        return code
    }
}
```

首先,它做了一些判断,判断是否是静态节点,或是否是一次性,是不是 for 循环,是不是 if 条件,是不是插槽等,甚至还有是不是 component,data 等。在做了这些判断之后,有这样一段代码:

```JavaScript
const children = el.inlineTemplate ? null : genChildren(el, state, true)
code = `_c('${el.tag}'${
    data ? `,${data}` : ''                              // data
}${
    children ? `,${children}` : ''                      // children
})`
```

跟我们写的基本上是一致的了对吧。再往后就是去 genChildren,递归去处理,然后就是 genNode,也就是我们写的 gen。genNode 内部其实就是判断 tag 的类型,去做不同的递归处理:

```JavaScript
function genNode (node: ASTNode, state: CodegenState): string {
    if (node.type === 1) {
        return genElement(node, state)
    } else if (node.type === 3 && node.isComment) {
        return genComment(node)
    } else {
        return genText(node)
    }
}
```

到目前为止，我们捋完了 parse，optimize，codegen 等方法。

2.5.3 回　顾

我们最后再来回顾一下整个 complier 的过程。

首先，在 Vue 的原型对象上，通过执行 lifecycleMixin 绑定了_update 方法。

(1) _update 的核心方法是_patch_。这个_patch_是在 src\platforms\web\runtime\index.js 中声明的，而_patch_其实就是 patch 方法。

(2) patch 方法的核心是 createPatchFunction。

(3) createPatchFunction 返回了一个 patch 方法，该方法的核心两个分支，一个是 patchVnode，另一个是 createElm。

(4) 最后，就是插入节点，并删除旧节点了。

其次，同样在 Vue 的原型对象上，通过执行 renderMixin 绑定了_render 方法，并在其内部执行了 installRenderHelpers 方法。

(1) installRenderHelpers 给 Vue 的原型上绑定了_c，_v 等生成 Vnode 的方法。

(2) _render 则是返回了一个 vnode。

接着，最最核心的就是 $mount 方法了，首先 $mount 的初始定义是在 src/platforms/web/runtime/index.js，而不同的版本则会对 $mount 有不同的处理方法，比如 runtime 版本的可能就没有这个 $mount，而 full-web 版本，则会对 $mount 重写一下。

(1) 重写的 $mount 通过 compileToFunctions 生成了 render，并绑定到了 vm.$options.render 上。注意，我们这里的 vm.$options.render 是先于 renderMixin 执行的，所以在 renderMixin 中才可以获取 vm.$options 上的 render。

(2) compileToFunctions 又来自 createCompiler。

(3) createCompiler 又是 createCompilerCreator 生成的。

(4) createCompilerCreator 中包裹了一个方法作为参数。

最后 createCompilerCreator 方法返回了一个闭包 createCompiler，这个闭包返回了一个对象，对象中包含了：

(1) compile。

(2) compileToFunctions 通过 createFunction 方法包裹了一下 compile，返回一个方法。

(3) 作为参数的 baseCompile 中分步执行了 parse、可能的 optimize，和最后的 generate。而 generate 最后返回的对象就包括了 with 函数的 render。

(4) $mount 又通过 mountComponent 方法调用了 vm._update(vm._render( ))。

大家一定要好好捋一捋。

第3章　依赖收集原理

其实依赖收集，听起来似乎高大上，实际上本质无非就是观察者模式在 Vue2 源码中的实现罢了。学习依赖收集，我们首先就要弄清楚观察者模式到底是个什么。而 nextTick 的实现、Mixin 的实现，实际上都是一些核心的 JavaScript 常见场景的解决方案。我们先学会这些场景的解决方案，再学习 Vue2 的源码就很简单了。

3.1　另一个 JavaScript 高阶知识

在本章的开始之前，我们又遇到了一节需要提前学习的一些 JavaScript 知识点，而这些知识点，在我们工作中也都是极为常见和重要的。比如观察者模式，比如同步异步，比如对象的合并等。我们这一小节，为了给接下来的 Vue2 源码打下基础(其实接下来的实现无非就是这些知识点)，一起来学习一下这些常见的重要知识点。

3.1.1　观察者模式与发布订阅模式

既然我们要学设计模式，那什么是设计模式？设计模式，就是一套被反复使用、多数人知晓的、经过分类编目的、代码设计经验的总结。使用设计模式是为了可重用代码、让代码更容易被他人理解、保证代码可靠性、程序的重用性。简单来说，设计模式就是在软件工程中，被前人反复验证过的一种代码结构。这些结构可以应用于不同的场景，并且有其合理性、健壮性。所以我们才要学习这些模式，学习这些模式的使用场景、用法等。

相信大家一定在工作或者学习中听过这两个词，而观察者模式对于前端领域来说，又是极其重要的一种设计模式。可能是因为这样一种模式，极其契合 JavaScript 的事件机制，又恰好这个模式十分符合事件触发的场景。我们先来看下，观察者模式的定义是怎样的。

观察者模式(有时又被称为模型(Model)—视图(View)模式、源—收听者(Listener)模式或从属者模式)是软件设计模式的一种。在此种模式中，一个目标物件管理所有相依于它的观察者物件，并且在它本身的状态改变时主动发出通知。这通常通过呼叫各观察者所提供的方法来实现。此种模式通常被用来实现事件处理系统。

大家发现没有，无论是观察者还是发布订阅，本质上都是发消息、收消息、执行消息。而观察者与发布订阅唯一的区别，就是发布订阅多了一个第三者，也就是作为中间消息传递的媒介。所以，从本质上来说，观察者和发布订阅并无区别。但是从角色或使用场景上来说，发布订阅比观察者多了一个中间者。

我们来看具体代码实现是怎样的：

```
JavaScript
function Person(name) {
```

```
    this.name = name;
}
Person.prototype.beCalled = function () {
    console.log('我是${this.name},我要去×××');
};

function Community( ) {
    this.subs = [];
}
Community.prototype.addPerson = function (person) {
    this.subs.push(person);
};
Community.prototype.notify = function () {
    this.subs.forEach((item) =>{
        item.beCalled();
    });
};
const xiaowang = new Person("小王");
const xiaowang6 = new Person("小王6");
const xiaowang8 = new Person("小王8");

const community = new Community();
community.addPerson(xiaowang);
community.addPerson(xiaowang6);
community.addPerson(xiaowang8);
community.notify();
```

不用说,上面的代码是观察者模式的代码,我们一鼓作气,再来实现下发布订阅模式的代码:

```
JavaScript
// 这是人,观察者
function Person(name, topic) {
    this.name = name;
    this.topic = topic;
}
Person.prototype.beCalled = function () {
    console.log('我是${this.name},我要去做${this.topic}了');
};

// 这是社区,调度中心,观察者和发布者(被观察者)是互相不知道的
function Community() {
    this.subs = {};
}
// 社区要根据不同的需求添加人
// 有些人想吃饭,有些人想×××
```

```
Community.prototype.addPerson = function (topic, person) {
    if (! this.subs[topic]) {
        this.subs[topic] = [];
    }
    this.subs[topic].push(() =>{
        person.beCalled();
    });
};
// 通知人去做对应的事
Community.prototype.notify = function (topic) {
    if (Array.isArray(this.subs[topic])) {
        this.subs[topic].forEach((event) =>{
            event();
        });
    }
};
//
const xiaowang = new Person("小王", "×××");
const xiaowang6 = new Person("小王 6", "吃饭");
const xiaowang8 = new Person("小王 8", "×××");

const community = new Community();
community.addPerson("×××", xiaowang);
community.addPerson("吃饭", xiaowang6);
community.addPerson("×××", xiaowang8);

// 发布者,卫健委
function HealthCommission() {}
HealthCommission.prototype.publish = function (c, topic) {
    c.notify(topic);
};
// 创建卫健委
const h = new HealthCommission();
// 通知哪个社区,社区可能有很多个。
// h.publish(community, "×××");
h.publish(community, "吃饭");
```

特别解释！由于以上的代码是我编的,不一定保证代码的准确性,但它能运行,并且也可能符合理论,欢迎大家提问题。

想必到了这里,大家对观察者模式和发布订阅模式有了一定的概念性理解,其实二者的区别大抵不过如此:发布订阅多了个调度中心作为中转,观察者和被观察者并无关联,互相也不知道彼此的存在。而观察者模式,则是互相间有一定的关联的。

3.1.2 没事走两步——什么是异步

这又是个基础问题,但是就是这个基础的问题很多同学都没有彻底搞清楚。这一小节,我们从基础的回调函数，到同步异步，再到宏任务微任务，最后再聊事件循环机制，我们把整个异步相关的内容完完整整学会。这一篇会有点长，请大家有点耐心。

我们在日常的工作中会经常学到或者用到回调函数，可以说回调函数与我们的工作息息相关，不可或缺。那到底什么是回调函数？又该怎么定义回调函数？首先，回调函数也是函数，回调函数区别于普通函数的关键在于它的调用方式。只有当某个函数被作为参数，传递给另外一个函数，或者传递给宿主环境，然后该函数在函数内部或者在宿主环境中被调用，我们才称为回调函数。

重点来了，具体来说，回调函数又分为，同步回调和异步回调。通常，需要将回调函数传给另外一个函数来执行，那么同步回调和异步回调最大的区别就在于同步回调函数是在执行函数内部执行的，而异步回调函数是在执行函数外部执行的。

我们来看两个简单的例子：

```
JavaScript
function cb() {
    console.log("我是同步回调函数!");
}
function fn(f) {
    f();
}
fn(cb);
```

我们看上面的代码，就是一个简单的同步回调的例子。在 fn 函数中传入 cb 函数，并在 fn 内部执行 cb。和同步回调函数不同的是，异步回调函数并不是在函数内部执行的，而是在其他的位置和其他的时间点执行的。

```
JavaScript
function cb() {
    console.log("异步回调函数!");
}
setTimeout(cb, 2000);
```

上面的代码执行，跟我们想象的就会有差距了。setTimeout 的第一个参数就是一个回调函数，JS 引擎在执行 setTimeout 的时候，会立即返回，等待 2 000 ms 后，cb 函数才会被 JS 引擎调用，由于 cb 函数并不是在 setTimeout 内部执行的，所以 cb 是一个异步回调函数。说到了这里，大家会不会有一个疑问？那 setTimeout 中的 cb 作为异步回调函数，到底是在什么时候执行的？这说来话长。

1. 线程与进程

这两个单词很容易让人混淆，也导致了底层基础不牢固。而这两个概念又是我们学习异步，理解异步的基础。但是在理解这两个概念之前，得先学习下什么是并行和串行。

先来看一段代码：

```
JavaScript
var a = 1;
var b = 1;
```

```
var c = a + b;
console.log(c);
```

这段代码很简单。1+1=2,没错,但是并行和串行处理这段程序的执行却是有些区别的。如果是串行处理,那么就是依次执行代码:定义 a 为 1,定义 b 为 1,计算 a+b 的值并把结果定义为 c,打印 c,一步一步顺序执行,这就是串行处理。而并行呢?则是使用三个线程,同时执行前三步,最后再打印 c。

串行的时候,使用的就是一个线程,也就是单线程。而并行处理的时候,我们使用的是多线程。那么可以发现,单线程处理上面的代码需要四步,多线程只需要两步。所以,并行处理可以大大节省代码的执行时间。说点题外话,其实无非就是时间换空间,并行处理是可以节省时间,但是使用的线程变多了,开启和关闭线程都有代价,也就是内存空间的占用。所以,很多时候的选择,无非就是权衡。

解释完了串行和并行,以及并行下的多线程所带来的优点。那么最后问题来了,到底什么是线程,什么是进程。

线程是不能单独存在的,它是由进程来启动和管理的。那么进程又是什么呢?一个进程就是一个程序运行的实例。详细解释就是,启动一个程序的时候,操作系统会为该程序创建一块内存,用来存放代码、运行中的数据和一个执行任务的主线程,我们把这样的一个运行环境叫进程。至此,可以得出线程是依附于进程的,而进程中使用多线程并行处理程序能提升运算效率。

进程与线程的关系可以总结为以下四点:

(1) 进程中的任意一线程执行出错,都会导致整个进程的崩溃。

(2) 线程之间共享进程中的数据。

(3) 当一个进程关闭之后,操作系统会回收进程所占用的内存。

(4) 进程之间的内容相互隔离。(当然进程间也是可以通过 IPC 来通信,不多说)。

所以,至此,我们对进程和线程有了一定的理解,那么我们继续。

2. 单线程 Javascript

要讲这个就要聊很多浏览器发展的历史,这里尽量简单概括一下。早期的浏览器是单进程的,所有的一切比如网络、插件、Javascript 运行、页面渲染等都运行在一个进程里面,导致随便哪一个模块出现了问题,整个浏览器就会崩溃了。随着科技发展,进入了多进程浏览器的时代,将插件和渲染改进成为独立的进程,而现代浏览器则是在这个基础上,拆分出了主进程、渲染进程、插件进程、网络进程、GPU 进程,更为细化也更加稳定和流畅。

早期的浏览器页面是单独运行在一个独立的 UI 线程中的,如果要在页面中使用 JavaScript,就不得不使 JavaScript 也运行在 UI 线程中,这样才能方便 JavaScript 操作 DOM,所以从一开始,JavaScript 就被设计运行在 UI 线程中。

UI 线程,实际上就是指我们运行窗口的线程,运行在任何系统上的任何软件上的窗口系统,都会处理各种各样的事件,比如修改 DOM 触发的重绘重排,比如我们的鼠标点击事件。但是在大多数的情况下,UI 线程并不能立即响应和处理这些事件。所以我们提供了一个消息队列,会把那些待执行的任务加入到消息队列中,等待 UI 线程空闲就会从消息队列中取出事件并执行。

3. setTimeout 的消息队列

所有的事件都会被放入消息队列中，等待线程空闲就会去依次执行消息队列中的事件。而 setTimeout、XMLHttpRequest 等方法却又有些微的不同，在执行 setTimeout 的时候，往往需要延迟一定的时间再执行事件，那么如果把它放到了消息队列里，怎么知道执行的时机是不是我们传入参数的时间呢。所以此时 UI 线程提供了一个额外的队列，当触发 setTimeout 执行的时候，会把对应的回调函数，以及一些信息（比如触发时间、id 等）传递给这个异步队列，当异步队列发现，到时间了，就会把对应的回调函数提交给消息队列，那么如果 UI 线程此时是空闲的，就会立即执行，否则就会等待消息队列空了再去执行加入的回调函数。

其实，再往后还有好多东西可以介绍，但是这些不是本书的重点，只是为了让大家更容易理解后面的源码才多介绍了一些内容，所以大家有兴趣可以自行深入研究，比如去极客时间看看这系列的教程。我们回归正题。

到现在，我们知道了同步异步的区别，串行并行的区别，以及线程和进程的区别，还有一点点浏览器的实现和历史。那么接下来我们再学习一个理论，其实就是源码中的实现，然后就进入到欢乐的源码实现中了。

3.1.3 mergeConfig——怎么合并两个对象

这个话题，不知道大家在面试的时候有没有遇到过。说简单其实很简单，说复杂又隐藏着不少的问题。一起来看看。

1. 第一种情况

我们先来看一段代码：

```
JavaScript
var obj = {
    a: 1,
    b: 2,
};
var obj2 = {
    a: 1,
};
```

想要把 obj2 与 obj 合并，最终形成一个结果 resultObj。那么您说，这个 resultObj 应该是什么样？

```
JavaScript
var resultObj = {
    a:1,
    b:2
}
```

就是这个样子，因为 obj2 中的 a 属性与 obj 中的 a 属性是一样的，所以合并的时候不用处理。

2. 第二种情况

我们继续看：

```JavaScript
var obj = {
    a: 1,
    b: 2,
};
var obj2 = {
    a: 2,
};
```

结果就应该是这样的：

```JavaScript
var resultObj = {
    a:2,
    b:2
}
```

3. 第三种情况

快完成了：

```JavaScript
var obj = {
    a: 1,
};
var obj2 = {
    a: 2,
    b: 2
};
```

此时，结果就应该是这样的：

```JavaScript
var resultObj = {
    a:2,
    b:2
}
```

目前，我们看了三种情况，总结一下，其实就是：如果二者有相同的属性，后来的覆盖之前的，如果二者之一有的属性，就保留（其实前面的三种情况可以缩减成两种情况，那您知道可以缩减成哪两种情况？）。

除了这些值类型的属性以外，还有函数、数组、undefined、null 等特殊情况要做特殊的处理。对象里面可能还有对象，我们就需要递归来处理对象深层的数据。我们来总结下我们想要合并的方法的规则：

（1）如果二者有相同的属性，后来的覆盖之前的，如果二者之一有属性，就保留。

(2) 引用类型当然也要参与合并。

(3) undefined 和 null 也参与合并。

(4) 深层对象也要参与合并。

(5) 不需要自定义合并规则。

现在，知道了我们要实现的规则，接下来看看我们要合并的对象是什么样的：

```
YAML
const obj = {
    number_1: 1,
    boolean_1: true,
    symbol_1: Symbol("c"),
    string_1: "string",
    undefined_1: undefined,
    null_1: null,
    func_1: function () {
        console.log(this.symbol);
    },
    array_1: [1, 2, 3, 4, 5],
    inner_obj_1: {
        inner_number_1: 1,
        inner_boolean_1: true,
        inner_symbol_1: Symbol("c"),
        inner_string_1: "string",
        array_1: [1, 2, 3, 4, 5],
        inner_func_1: function () {
            console.log(this.symbol);
        },
        inner_undefined_1: undefined,
        inner_null_1: null,
        deep_obj_1: {
            a_1: 1,
            b_1: undefined,
        },
    },
};
```

上面的对象中的属性囊括了 JavaScript 中几乎所有我们能想到的类型。我们就针对这样的一个对象，去书写我们的合并策略。

首先，我们知道在 js 中，typeof null 或者 typeof {}或者 typeof []的结果都是 object。这样无法准确判断谁是真正的单纯的对象，于是我们就需要一个可以判断单纯对象的方法：

```
JavaScript
function isPlainObject(val) {
    return Object.prototype.toString.call(val) === "[object Object]";
}
```

这个方法很常见，用来获取对象的内置类型。这个内置类型可以是原生对象的，也可以是宿主对象的，甚至可以是自定义的。这里就不展开了。

那么接下来还需要实现一个方法，这个方法可以用来遍历对象或者数组：

```
JavaScript
function forEach(obj, fn) {
    if (obj === null || typeof obj === "undefined") {
        return;
    }

    // 如果 obj 不是一个对象，那就强制转换成数组
    if (typeof obj !== "object") {
        obj = [obj];
    }

    // 简单说就是，数组就 for，对象就 forin
    if (Array.isArray(obj)) {
        // 如是数组那就直接 for 循环遍历，回调函数直接调用
        for (var i = 0, l = obj.length; i < l; i++) {
            fn.call(null, obj[i], i, obj);
        }
    } else {
        // 如是对象，也类似，就用 for in
        for (var key in obj) {
            if (Object.prototype.hasOwnProperty.call(obj, key)) {
                fn.call(null, obj[key], key, obj);
            }
        }
    }
}
```

我们来看下这个方法，首先，如果是 null 或者 undefined，那么就直接 return 掉，如果传入的不是一个对象类型的值，比如 Function，或 Number 这些类型的数据，我们就把它放入到一个数组中，转换成数组，用以后面循环。数组的循环就是通过 for 循环，遍历 obj 数组中的所有内容，然后去调用 fn.call，并把对应的元素，下标和整个 obj 作为参数传入。如是对象，就判断下是不是自身的属性，然后同样把对应的 value、key 和完整的 obj 作为参数传入调用的 fn。

最后，我们来看看实现的这个 merge 方法是什么样的：

```
JavaScript
function merge(/* obj1, obj2, obj3, ... */) {
    var result = {};
    function assignValue(val, key) {
        if (isPlainObject(result[key]) && isPlainObject(val)) {
            result[key] = merge(result[key], val);
        } else if (isPlainObject(val)) {
```

```
            result[key] = merge({}, val);
        } else if (Array.isArray(val)) {
            result[key] = val.slice();
        } else {
            result[key] = val;
        }
    }

    for (var i = 0, l = arguments.length; i <l; i++) {
        forEach(arguments[i], assignValue);
    }
    return result;
}
```

这个方法可以合并无数个对象，并不受数量的限制。先定义一个空对象用来保存结果。然后声明一个 assignValue 对象。最后我们循环整个参数的长度，遍历每一个传入的参数执行 assignValue 方法，返回 result 即可。

设想一下，我们传入的第一个参数，obj1 会与 result 合并，然后依次循环和前面的 result 合并。我们来看核心的 assignValue 方法是怎样的逻辑。

首先，判断 result 中的 key 是否是纯对象，这个 result 我们这里叫作 obj1，并且判断传入的 val 是不是纯对象，这个 val 就是传入的后面一个要合并的 key 的值，我们这里可以称之为 obj2。如果我们现有的是个对象，并且加进来的还是个对象，那么这个对应的 key 我们就需要递归去处理。

另一个分支，如果不符合之前的条件，但是 obj2 的值是一个对象，那么说明 obj1 没有对应的 key，我们直接让一个空对象与该值合并就好了。再往后判断是否是一个数组，如果是数组那么就完整深复制一份，因为 slice 方法会返回一个新数组，往往用于数组的深复制。最后，如果前面的条件都不符合，说明要合并的这个值不是一个对象，那么直接赋值就行。

我们来做下测试，新建一个 obj2：

```
YAML
const obj2 = {
    number_2: 1,
    boolean_2: true,
    symbol_2: Symbol("c"),
    string_2: "string",
    undefined_2: undefined,
    null_2: null,
    func_2: function () {
        console.log(this.symbol);
    },
    array_2: [1, 2, 3, 4, 5],
    inner_obj_2: {
        inner_number_2: 1,
        inner_boolean_2: true,
```

```
        inner_symbol_2: Symbol("c"),
        inner_string_2: "string",
        array_2: [1, 2, 3, 4, 5],
        inner_func_2: function () {
            console.log(this.symbol);
        },
        inner_undefined_2: undefined,
        inner_null_2: null,
        deep_obj_2: {
            a_2: 1,
            b_2: undefined,
        },
    },
};
```

和之前的 obj1 是一模一样的，只不过改了一下命名，最后我们执行下面代码：

```
Apache
const result = merge(obj1, obj2);
console.log(result);
```

大家可以自己尝试这段代码，看看打印出来的结果是什么。

目前，我们尝试了合并全类型的对象的合并代码怎么写，但其实我们上面写的代码，跟 vue 中的实现并不一样，甚至可以说没有关联。但是由于这些知识非常必要，是大家理解后面源码的基础，所以，了解和学习这些知识是十分必要的。

3.2 Watcher&Dep——依赖收集

终于又到了我们手写源码的部分了。本节我们来手写依赖收集的实现，在开始写代码之前，我们要先思考几个问题，我们收集的依赖是什么？由谁来收集依赖？又由谁来触发依赖的收集？我们之前说过，依赖收集是观察者模式在 Vue2 中的实现，那么在这个体系中，谁是观察者，谁是被观察者呢？接下来，带着这些疑问，继续探索。

首先，在 src\observe 目录下创建一个 watcher.js 文件：

```
JavaScript
let id = 0;
class Watcher {
    // 不同的组件有不同的 watcher，目前只有一个，即渲染根实例
    constructor(vm, fn, options) {
        this.id = id++;
        this.renderWatcher = options;
        this.getter = fn;                          // 意味着调用这个函数可以发生取值操作
        this.get();
    }
```

```
    get() {
        this.getter();
    }
}
export default Watcher;
```

目前的代码如上面所列，首先，创建了一个 Watcher 类，构造器中目前需要两个参数，一个是当前的 Vue 实例 vm，一个是需要执行的回调函数 fn。另外，我们的构造器中处理了 id，并把回调的 fn 赋给了 this.getter，并通过 get 方法，直接调用了 this.getter，也就是直接调用了一下 fn。

那么目前只看这些代码，我们来猜测一下，到底想要做什么呢？我们先来确定一点，就是这个 Watcher，在依赖收集中扮演的是什么角色？我们来看这个 Watcher 类，目前为止它只做了一件事，就是触发回调，那说明这个 Watcher 是要去做某些事情的。在上面的代码里，Watcher 就是观察者，要去观察被观察者发出的消息。好了，我们确定了基调，继续往下写代码了。有了 Watcher，我们需要稍微改一下之前的 mountComponent 方法，在这里 src\lifecycle.js：

```
JavaScript
export function mountComponent(vm, el) {
    // 调用 render 方法，产生虚拟节点
    // 根据虚拟 DOM 生成真实的 DOM
    // 插入到 el 中
    vm.$el = el;
    const updateComponent = () => {
        vm._update(vm._render());
    };
    // 在这里，我们通过 new Watcher 的方式生成一个 Watcher 实例，去执行构造函数的代码。
    // 这里 new 做了什么？我们回忆一下～
    new Watcher(vm, updateComponent, true);            // 用 true 作为标识的是渲染 watcher
}
```

完整的 mountComponent 方法如上所列，我们把 vm._update 用一个 updateComponent 包裹了一下，然后在 new Watcher 的时候作为第二个参数传入。所以在这里，其实本质上来说，就是执行了_update 方法了。但是却是我们后续学习的基础。

对了，那个 true 是做什么的，这里要说明一点，就是 Watcher 不仅仅用来渲染视图的，可能有很多类型的 Watcher，通过属性的变化触发这些 Watcher 去做些什么事。所以，这个 true 是用来标识其是一个渲染 Watcher，用来更新 DOM 的，后面我们还会学到计算属性 Watcher 等。

这里还是想吐槽下，一个 Boolean 值叫 options，好像不太合适，嗯，后面会改的。

现在，我们有了观察者了，还缺一个被观察者，那就创建一个。我们同样在这里 src\observe 创建一个 dep.js：

```
JavaScript
let id = 0;
```

```
// 属性的 dep 要收集 watcher
class Dep {
    constructor() {
        this.id = id++;
        this.subs = [];                          // 这里存放对应属性的 watcher 有哪些
    }
}

export default Dep;
```

就这么简单，到现在我们创建好了 Watcher 和 Dep，之前说过了，Watcher 就是观察者，而 Dep 毋庸置疑，就是被观察者。到现在，对于观察者模式来说，还有两个关键点没有完成，一个是被观察者要收集观察者才可以通知观察者去做什么事情，做的事情在这里就是调用_update 方法，也就是 updateComponent 方法，这是我们已知的。

另外一个事情，就是我们要在什么时候触发通知，在之前去做核酸的例子里，我们是手动直接调用的，那么在 Vue2 里，什么时候去触发被观察者通知观察者去调用 updateComponent 方法呢？

想一想，需要在什么时候更新 DOM 呢？没错！就是数据变化的时候，那 Vue2 如何观测数据变化？就是 defineProperty，也就是在 defineReactive 方法中。好了，现在要给这个方法新增一点内容，让我们 Dep 收集要通知的 Watcher。

```
JavaScript
export function defineReactive(target, key, value) {
    // 这里递归一下，如果 value 还是对象，oberve 里面做了判断
    observe(value);
    let dep = new Dep();
    // 这就好理解了，target 就是 data,
    // 我们给 data 上的属性做了 defineProperty 的绑定。
    Object.defineProperty(target, key, {
        get() {
            return value;
        },
        set(nv) {
            if (nv === value) {
                return;
            }
            observe(nv);
            value = nv;
        },
    });
}
```

大家看，我们在触发了 defineReactive 方法的时候生成了一个 Dep 实例，换句话说，每一个 data 中的属性，都会有一个 Dep 实例。那么接下来呢？观察者模式需要被观察者收集观察者，才能去通知观察者，而现在 Watcher 和 Dep 是两个互不关联，没有关系的两个类，要怎么

把二者关联起来？在之前去做核酸的时候，是直接手动调用了被观察的方法，在全局下，直接add进去的。那么现在要怎么办？

其实说实话，真的简单，就是给Dep这个类上加个静态属性：

```
JavaScript
let id = 0;
// 属性的dep要收集watcher
class Dep {
    constructor() {
    this.id = id++;
    this.subs = [];                          // 这里存放对应属性的watcher有哪些
    }
}
Dep.target = null;
export default Dep;
```

Dep的target就是Watcher的实例，但是，要怎么给这个Dep.target赋值Watcher的实例呢？修改一下之前Watcher中的get方法：

```
JavaScript
get() {
    Dep.target = this;
    this.getter();
    Dep.target = null;
}
```

这里别忘了引入Dep，不引入哪来的Dep？现在是一个很重要的阶段，整个观察者模式的依赖收集已具雏形了。我们要捋一下整条线，以及Dep是如何触发的，何时触发的，以及Dep.target是在何时与Watcher关联的，又是何时销毁的。

首先，从mountComponent方法开始。我们在mountComponent方法内部封装了一个updateComponent方法，并且把这个方法作为Watcher类的第二参数传给Watcher，而updateComponent的内容其实就是调用了vm._update(vm._render())这句话。请注意，此时并没有执行updateComponent方法，而是在Watcher的get方法中给Dep.target预先绑定了Watcher的实例，然后才调用了updateComponent方法，也就是getter。

然后，我们看updateComponent做了什么，大家还记得我们之前第二章的模板渲染的逻辑是怎样的吗？这里简单回顾下：_render方法生成了一个render函数，这个函数是经历了模板解析生成AST，再通过AST拼接字符串生成了拥有一系列Vue实例上挂载的_c，_v，_s等方法的字符串，再通过with和new Function生成了真正的render函数。

之后，由于我们调用了vm._update方法时，_update方法内部调用了patch方法，这个patch方法会根据render函数返回的Vnode解析成真正的DOM，挂载到el上。这样整个流程就结束了。

重点来了，我们在_update中传入的那个_render()的内部执行了render方法，在执行这个方法的时候内部就执行了_s，这个_s就会去读取data上的属性，此时就会触发对应属性的defineReactive方法。终于找到了触发节点，节点就是在render方法中执行_s时。

那么在执行 updateComponent 之前，我们给 Dep.target 绑定了 Watcher，在 defineReactive 时，一定是可以获取它的。

回归正题，我们继续。接下来，我们要让 dep 收集依赖，关联 watcher，因为在取值的时候，也就是在渲染对应的 component 时，应解析 component 模板，需要取得对应 component 所依赖的 data 的时候。这时，就已经知道了哪些属性关联了 component。但这只是逻辑上的关联，dep 并不知道它关联了哪些 watcher，所以我们要让社区记住人，要让 dep 去记住它所关联的 watcher。

你的 data 中的属性是如何和 dep 绑定的呢？口说无凭，我们来看下。

如图 3-1 所示，defineReactive 形成了一个闭包，这个闭包是对应属性通过 defineProperty 的 get 方法形成的。这样，data 中对应的属性就通过闭包保存了它自己的 dep。

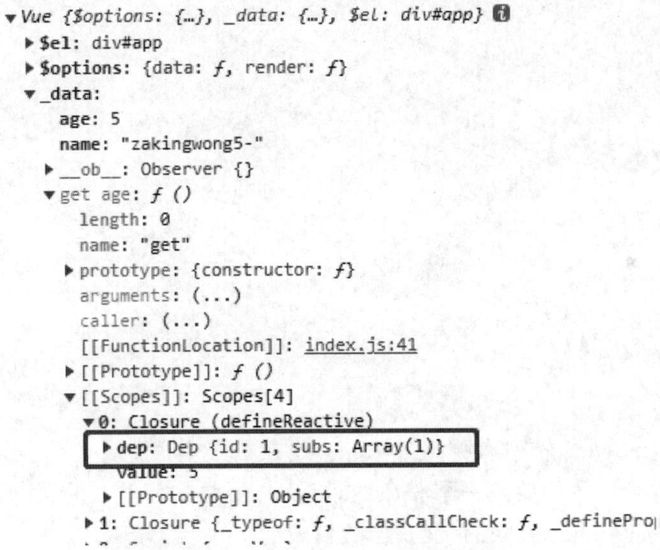

```
▼Vue {$options: {…}, _data: {…}, $el: div#app}
  ▶$el: div#app
  ▶$options: {data: f, render: f}
  ▼_data:
     age: 5
     name: "zakingwong5-"
    ▶__ob__: Observer {}
    ▼get age: f ()
       length: 0
       name: "get"
      ▶prototype: {constructor: f}
       arguments: (...)
       caller: (...)
       [[FunctionLocation]]: index.js:41
      ▶[[Prototype]]: f ()
      ▼[[Scopes]]: Scopes[4]
        ▼0: Closure (defineReactive)
          ▶dep: Dep {id: 1, subs: Array(1)}
           value: 5
          ▶[[Prototype]]: Object
        ▶1: Closure {_typeof: f, _classCallCheck: f, _definePro
```

图 3-1　data 中属性与 dep 绑定

那么继续，下面介绍怎么让 dep 记住 watcher：

```
JavaScript
export function defineReactive(target, key, value) {
    observe(value);
    let dep = new Dep();
    Object.defineProperty(target, key, {
        get() {
            if (Dep.target) {
            dep.depend();                          // 让这个属性的收集器记住这个 watcher
            }
            return value;
        },
        set(nv) {
            if (nv === value) {
                return;
```

```
            }
            observe(nv);
            value = nv;
        },
    });
}
```

我们在 defineProperty 的 get 方法中，添加了 dep. depend 方法，让 dep 收集 watcher，此时是一定会有 Dep. target 的。那么我们写下 Dep 这个类，添加一个 depend 方法：

```
JavaScript
depend() {
    this.subs.push(Dep.target);
}
```

还有问题，这个 Dep. target 是什么？换句话说，dep 收集的依赖是什么？我再强调一遍，目前，记住是目前，因为目前只有初始化渲染的一个模板，所以目前 dep 收集的就是渲染这个模板的 Watcher，而这个 Watcher 本质上就是渲染当前模板的_update(_render())，也就是 updateComponent 方法。所以当我们触发 set 时，调用这个 Watcher 才会触发更新。

好了，到目前为止，我们的依赖收集的部分已经全部搞定了，Vue2 里是通过 Dep. target 来关联观察者和被观察者的。

但是现在还有问题，举个例子，假设我的模板是这样的：

```
HTMLBars
<div id = "app" key = "123" style = "color: red; background-color: pink">
    {{name}} {{age}}{{age}}{{age}}{{age}}
</div>
```

age 这个属性会走几次 dep？没错，会走四次，也就是同一个 dep 会收集四次一模一样的 watcher。那么我们希望同样的属性，不能重复收集 watcher，所以我们需要修改一下代码。

先来修改下 Dep 类的 depend 方法：

```
JavaScript
depend() {
    // Dep.target 是 Watcher，所以 Dep.target 调用的是 watcher 的方法
    Dep.target.addDep(this);
}
```

我们看，Dep. target 是 watcher，大家还记得怎么来的吧。那 addDep 方法做了什么？我们再在 Watcher 类中加上一个 addDep 方法：

```
Kotlin
class Watcher {
    // 不同的组件有不同的 watcher，目前只有一个，渲染和实例
    constructor(vm, fn, options) {
    this.id = id++;
        this.renderWatcher = options;      // 标识是一个渲染 watcher
        this.getter = fn;                  // 意味着调用这个函数可以发生取值操作
```

```
        this.deps = [];                      // 后续实现计算属性和清理工作需要用到
        this.depsId = new Set();             // 用来确定是否重复存储了 dep
        this.get();
    }
    // 一个视图对应多个属性,重复的属性也不用记录
    addDep(dep) {
        let id = dep.id;
        if (! this.depsId.has(id)) {
            this.deps.push(dep);
            this.depsId.add(id);
            dep.addSub(this);            // watcher 已经记住 dep 了,现在需要 dep 也记住 watcher
        }
    }
}
```

在上面的代码中,我们新增了一个 deps,用来存储该 watcher 对应的 dep,另外,还加了个 depsId,这个就是用来去重的。来看下 addDep 这个方法,拿到传入的 dep 的 id,判断是否存在 depsId 中,如不存在就存一下这个 dep 和 dep 的 id。然后,我们再调用这个传入的 dep 的 addSub 方法,让 dep 存储对应的 watcher。

Dep 中的 addSub 方法,就是我们刚才介绍 depend 方法的内容:

```
JavaScript
addSub(watcher) {
    this.subs.push(watcher);
}
```

到这里,新增的代码做了两件事,一是去重让 watcher 记住 dep,一是让 dep 记住 watcher。但是实际上,去重是我们顺手做的,只不过是在 addDep 方法中,判断并存储了下 depId,如果存在就不存了,所以实际上我们只做了两件事。

那么我们来捋一下这个调用链,这很重要。在 defineReactive 中的 defineProperty 的 get 方法中调用了 dep.depend,然后这个 depend 方法并没有像之前那样直接存了 watcher,而是调用了 watcher 的 addDep 方法,先让 watcher 记住它所关联的 dep,在这时做了一下去重处理,不会记录重复的 dep,而在去重的判断逻辑范围内,再回过头来,调用了 dep 的 addSub 方法,让 dep 记住了 watcher,这样绕了一圈。简单说,就是在调用 dep.depend 的时,先让 watcher 记住去重后的 dep,再让 dep 记住 watcher。

然后,问题又来了,为什么要绕这么一圈,让 watcher 也记住 dep 呢?观察者模式里,没有说让观察者记住被观察者。没错,在观察者模式的概念里,完全不需要这么去做,但是为什么 Vue2 这么做了呢?这么做的意义是什么?是为了当我们销毁或者涉及计算属性相关的问题时,我们需要触发 watcher 更新对应的 dep。注意,前面讲过,watcher 可不一定只是更新 DOM。

接下来我们需要做通知的部分了,让被观察者通知观察者更新 DOM。那在什么时候更新 DOM 呢?数据变化的时候,那数据变化的时候我们在哪能看到呢?没错。

```
JavaScript
Object.defineProperty(target, key, {
```

```
    get() {
        if (Dep.target) {
            dep.depend();                    // 让这个属性的收集器记住这个 watcher
        }
        return value;
    },
    set(nv) {
        if (nv === value) {
            return;
        }
        observe(nv);
        value = nv;
        dep.notify();
    },
});
```

在上面的代码中，我们在 set 中加了一行，也就是 Dep 上的 notify 方法。我们看一下 notify 方法是什么样的，大家可猜猜，应能猜到。

```
JavaScript
notify() {
    this.subs.forEach((watcher) =>watcher.update());
    }
```

这里就是循环去让 watcher 更新，没什么好说的。那 watcher 的 update 又做了什么呢？再猜猜：

```
JavaScript
update() {
    console.log("update");
    this.get();                          // 重新渲染
}
```

这里就是执行了一下 get 方法，也就是我们的 Watcher 上的 getter，这个 getter 就是我们传入的 fn，也就是 updateComponent，即_update(_render())；那此时我们写完了代码，我们来验证一下：

```
JavaScript
update() {
    console.log("update");
    this.get();                          // 重新渲染
}
```

首先，我们在 update 中加上 console，然后写下我们需要测试的代码：

```
HTMLBars
<! DOCTYPE html >
<html lang = "en">
    <head >
```

```
        <meta charset = "UTF-8" />
        <meta http-equiv = "X-UA-Compatible" content = "IE = edge" />
        <meta name = "viewport" content = "width = device-width, initial-scale = 1.0" />
        <title>Document</title>
    </head>
    <body>
        <div id = "app" key = "123" style = "color: red; background-color: pink">
            {{name}} {{age}}{{age}}{{age}}{{age}}
        </div>
        <script src = "vue.js"></script>
        <script>
            const vm = new Vue({
                data() {
                    return {
                        name: "wong - ",
                        age: 99,
                    };
                },
            });
        vm.$mount("#app");

        setTimeout(() =>{
            vm.name = "xiaowang8";
            vm.age = 100;
        }, 2000);
        </script>
    </body>
</html>
```

对于上面的代码，是我们两秒后修改的 name 和 age，那大家猜猜，我们“走”了几次 update。两次！没错，为什么走了两次呢？因为 vm.name 变了，我们走了一下 notify，vm.age 变了，我们又走了一下 notify。这不行，因为想要属性有几十，几百个，其实就想更新一次 DOM，结果更新了几十，几百次，这性能怎么可能会好。下一节，就来修改我们的代码，解决这个问题。

本节即将尾声，最后，还有两个问题，其实相信大家在工作中看到过类似的文档或者遇到过类似的情况。先来看下这样的代码：

```
HTMLBars
<body>
    <div id = "app" key = "123" style = "color: red; background-color: pink">
        {{name}} {{age}}{{age}}{{age}}{{age}}
    </div>
    <script src = "vue.js"></script>
    <script>
```

```
        const vm = new Vue({
            data() {
                return {
                    name: "wong-",
                    age: 99,
                    hobby: "girl",
                };
            },
        });
        vm.$mount("#app");

        setTimeout(() =>{
            vm.name = "xiaowang8";
            vm.age = 100;
    }, 2000);
    </script>
</body>
```

提问，上面的代码，依赖收集时，会收集 hobby 这个属性吗？如果不会，为什么？因为在 render()方法返回的渲染函数中压根没有解析 hobby 字段，没解析的原因是因为模板里压根就没有，没有还解析什么。所以答案是——不会收集。

那我们看下一个问题：

```
HTMLBars
<body>
    <div id="app" key="123" style="color: red; background-color: pink">
        {{name}} {{age}}{{age}}{{age}}{{age}}
    </div>
    <script src="vue.js"></script>
    <script>
        const vm = new Vue({
            data() {
                return {
                    name: "wong-",
                    age: 99,
                    hobby:"girl"
                };
            },
        });
        vm.$mount("#app");

        setTimeout(() =>{
            vm.name = "xiaowang8";
            vm.age = 100;
            vm.hobby = "boy";
        }, 2000);
    </script>
</body>
```

我们修改了 hobby，会触发视图的渲染吗？这个交给您自己来解决了，其实是个“烟幕弹”，没区别。看最后的代码：

```
HTMLBars
<body>
    <div id="app" key="123" style="color: red; background-color: pink">
        {{name}} {{age}}{{age}}{{age}}{{age}}{{hobby.type}}
    </div>
    <script src="vue.js"></script>
    <script>
        const vm = new Vue({
            data() {
            return {
                name: "wong-",
                age: 99,
                hobby:{}
            };
        },
    });
    vm.$mount("#app");


        setTimeout(() =>{
            vm.name = "xiaowang8";
            vm.age = 100;
            vm.hobby.type = "boy";
        }, 2000);
    </script>
</body>
```

我们看上面的代码，模板里有，但是 data 中却没有，此时 setTimeout 的回调函数中，修改了 vm.hobby.type。针对目前的代码，有几个问题罗列一下：

(1) hobby.type 是否可以触发 dep 绑定 watcher，从而更新视图。

(2) 如果上面的答案是“否”，那么怎么做才能让 hobby 走依赖收集的逻辑。

大家有答案了吗？首先可以肯定的是，无法更新视图。因为 Vue2 的官方文档都说了，无法观测 data 中未初始化的属性，因为没写在 data 中，我们压根就没给 defineProperty，不用渲染了。那要怎么做才可以呢？在官方文档给出了答案，就是 $set 方法。用手动方法给不存在于 data 中的数据绑定 defineReactive 并触发 DOM 渲染。

最后，真是最后了，我们总结下这三个问题。

(1) 模板中没有，但是 data 中有的属性，不会再依赖收集，因为我们压根不需要更新它。

(2) 模板中有，但是 data 中没有，也不会执行依赖收集，因为虽然在 render 中会去执行取值方法，但是在初始化的时候，根本没有给这个属性绑定 defineReactive，所以也无法触发通知。解决办法就是手动绑定响应式。

3.3 nextTick——异步更新原理

前面我们解决了响应式的后一个流程，依赖收集，但是我们收集了依赖之后，每一个属性变化就更新一次，每一次更新都会触发 DOM 的渲染，这还谈什么性能，属性多了浏览器直接崩了，当然说崩了可能有点夸张，但是一定谈不上性能。

那我们来思考一个问题，有一百个属性更新，但只想要一次触发 DOM 更新，再就是一个在工作中很常见的场景，XMLHttpRequest 请求也是异步的，在工作中，经常会有服务器重启或者接口统一报错的情况，那么要怎么处理批量报错的接口只执行一次提示呢？

对于在上面接口报错统一处理的场景想了很久，能想到的唯一方法可能很传统，就是计数。在请求发起的时候增加计数，比如 10 个请求，那么当接口返回的时候，是否能抓到 10 个 response。但是这就需要统一二次封装好请求逻辑。当兴高采烈地写完了之后，可能发现又有了需求，就是要按照接口返回的自定义的报错类型来区分报错，可能有的时候要把不同类型的报错都显示出来，于是还要按照类型来计数分类。这种做法总觉得搞得复杂了，但是又想不出来别的解决方案。

我们接下来进入正题，看看要怎么修改代码，才能实现异步的统一批量更新 DOM。

既然我们要统一处理，首先要做的就是把触发的 Watcher 中的 update，也就是 get 方法的所触发的那个回调，收集起来：

```
JavaScript
update() {
    queueWatcher(this);
    // this.get();                          // 重新渲染
}
```

之前的就注释掉了，我们新增一个 queueWatcher 方法，把当前 Watcher 的实例传进来。我们看下 queueWatcher 是什么样的。

```
JavaScript
let queue = [];
let has = {};
let pending = false;

function queueWatcher(watcher) {
    const id = watcher.id;
    if (! has[id]) {
        queue.push(watcher);
        has[id] = true;
        if (! pending) {
            setTimeout(flushSchedulerQueue, 0);
            pending = true;
```

```
        }
    }
}
```

看上面的代码，跟之前的 dep 的去重类似，我们首先通过对象的唯一性来做一下去重，如果 has 中不存在 watcher 的 id，那么我们就把 watcher 存到 queue 里面。然后这里我们用了一个 flag，如果 pending 是 false 状态，就去执行异步的更新操作。

为什么？之前不是去了一次重吗？为什么这里还要再去一次重？上一节在 Watcher 中 addDep 的去重，是为了在读取相同的属性的时候，不会重复让 watcher 记住 dep。比如这样的模板：

```
HTMLBars
<div id="app" key="123" style="color: red; background-color: pink">
    {{name}} {{age}}{{name}} {{age}}{{name}} {{age}}
</div>
```

如果没有对 Dep 的去重，那么一个属性的 dep 下就会重复记录相同的 watcher。那现在的这个去重，是我们在修改数据的时候，不同的属性，可能会对应相同的 watcher，不去重，就会重复触发相同的 watcher 去更新 DOM，来看实际情况：

```
JavaScript
function queueWatcher(watcher) {
    console.log(watcher);
    const id = watcher.id;
    if (!has[id]) {
        queue.push(watcher);
        has[id] = true;
        if (!pending) {
            setTimeout(flushSchedulerQueue, 0);
            pending = true;
        }
    }
}
```

我们在 queueWatcher 中打印一下 watcher，html 是这样的：

```
HTMLBars
<!DOCTYPE html>
<html lang="en">
    <head>
        <meta charset="UTF-8" />
        <meta http-equiv="X-UA-Compatible" content="IE=edge" />
        <meta name="viewport" content="width=device-width, initial-scale=1.0" />
        <title>Document</title>
    </head>
    <body>
```

```
        <div id = "app" key = "123" style = "color: red; background-color: pink">
            {{name}} {{age}}{{name}} {{age}}{{name}} {{age}}
        </div>
        <script src = "vue.js"></script>
        <script>
            const vm = new Vue({
                data() {
                    return {
                        name: "wong - ",
                        age: 99,
                    };
                },
            });
            vm.$mount("#app");

            vm.name = "zakingwong1 - ";
            vm.name = "zakingwong2 - ";
            vm.name = "zakingwong3 - ";
            vm.name = "zakingwong4 - ";
            vm.name = "zakingwong5 - ";

            vm.age = 1;
            vm.age = 2;
            vm.age = 3;
            vm.age = 4;
            vm.age = 5;
        </script>
    </body>
</html>
```

我们可以在控制台看到，最终的结果是十个 watcher，如图 3 - 2 所示：

上面这十个 watcher 的 id 都是 0，也就是我们初始化渲染的 watcher，所以，我们要在 watcher 加入更新队列的时候，做去重处理。那么继续。flushSchedulerQueue 这个方法的实现：

```
JavaScript
function flushSchedulerQueue() {
    let flushQueue = queue.slice(0);
    queue = [];
    has = {};
    pending = false;
    flushQueue.forEach((q) => q.run());
}
```

我们来看这个方法做了什么呢？简单说就是执行 watcher 的更新，清空队列及其他状态。为了清空的时候不影响执行的队列，这里还利用了 slice 方法做了一下深拷贝。

```
                                                           watcher.js:54
▶Watcher {id: 0, renderWatcher: true, deps: Array(2), depsId: Set(2), getter:
 f}
                                                           watcher.js:54
▶Watcher {id: 0, renderWatcher: true, deps: Array(2), depsId: Set(2), getter:
 f}
                                                           watcher.js:54
▶Watcher {id: 0, renderWatcher: true, deps: Array(2), depsId: Set(2), getter:
 f}
                                                           watcher.js:54
▶Watcher {id: 0, renderWatcher: true, deps: Array(2), depsId: Set(2), getter:
 f}
                                                           watcher.js:54
▶Watcher {id: 0, renderWatcher: true, deps: Array(2), depsId: Set(2), getter:
 f}
                                                           watcher.js:54
▶Watcher {id: 0, renderWatcher: true, deps: Array(2), depsId: Set(2), getter:
 f}
                                                           watcher.js:54
▶Watcher {id: 0, renderWatcher: true, deps: Array(2), depsId: Set(2), getter:
 f}
                                                           watcher.js:54
▶Watcher {id: 0, renderWatcher: true, deps: Array(2), depsId: Set(2), getter:
 f}
                                                           watcher.js:54
▶Watcher {id: 0, renderWatcher: true, deps: Array(2), depsId: Set(2), getter:
 f}
                                                           watcher.js:54
▶Watcher {id: 0, renderWatcher: true, deps: Array(2), depsId: Set(2), getter:
 f}
```

图 3-2 Data 与 Watcher 关系图

但是，现在还有一个问题没有解决，queue 用来放 watcher，has 用来去重，pending 是干做什么的？我们来设想这样一种场景，后面会实现的。假设现在有几个组件，组件依赖了不同的 data，当触发了不同组件更新的时候，可能 queue 正在执行中，如果此时把其他组件的更新插入到 queue 队列中，就有可能造成 DOM 渲染的混乱，再有如果不去限制，那岂不是又一起更新了，也没有批量啊，无非就是现在更新所有，还是下一刻更新所有，没有本质区别。所以，我们要等待当前的批量更新完成后，清空队列，再去统一在下一个 Tik，执行其他组件的批量更新操作。

对不对？那么之前写的代码了那个 q.run 的 run 方法是从哪里来的？

```JavaScript
update() {
    queueWatcher(this);
    // this.get();                              // 重新渲染
}
run() {
    this.get();
}
```

嗯，其实就是把之前 update 中的 get 拿到 run 里面了。

但是，还有问题，我们来看个例子：

```
HTMLBars
<! DOCTYPE html >
<html lang = "en">
    <head >
        <meta charset = "UTF - 8" />
        <meta http-equiv = "X-UA-Compatible" content = "IE = edge" />
        <meta name = "viewport" content = "width = device-width, initial-scale = 1.0" />
        <title >Document </title >
    </head >
    <body >
        <div id = "app" key = "123" style = "color: red; background-color: pink">
            {{name}} {{age}}
        </div >
        <script src = "vue. js"></script >
        <script >
            const vm  =  new Vue({
                data() {
                    return {
                        name: "wong - ",
                        age: 99,
                    };
                },
            });
            vm. $ mount(" # app");

            vm.name  =  "zakingwong1 - ";
            vm.name  =  "zakingwong2 - ";
            vm.name  =  "zakingwong3 - ";
            vm.name  =  "zakingwong4 - ";
            vm.name  =  "zakingwong5 - ";

            vm.age  =  1;
            vm.age  =  2;
            vm.age  =  3;
            vm.age  =  4;
            vm.age  =  5;

            console. log(document. querySelector(" # app"). innerHTML);
        </script >
    </body >
</html >
```

你猜，console 打印的结果是什么？

打印结果如图 3 - 3 所示。对吗？这不对，我 DOM 都更新过来了，这打印出来的结果怎么还是原来的呢？还记不记得，我们是在下一个 tik 更新的 DOM，所以在上一个 tik 中打印，那肯定没变。换句话说，同步打印的结果，在异步更新之前就执行了，肯定是获取不到的，相信大家在工作中使用 Vue2 的时候，一定遇到过类似的问题。当时大家都是怎么解决的？$ nextTick。

图 3-3 Console 打印结果

首先，我们在 src\observe\watcher.js 中创建 nextTick 方法并导出：

```
JavaScript
export function nextTick(cb) {}
```

然后，我们在 src\index.js 中引入 nextTick，并绑定到 Vue 原型对象上：

```
CoffeeScript
import { nextTick } from "./observe/watcher";
Vue.prototype.$nextTick = nextTick;
```

我们的准备工作都做完了，我们看如何实现 nextTick 方法：

```
JavaScript
let callbacks = [];
let waiting = false;
function flushCallbacks() {
    let cbs = callbacks.slice(0);
    waiting = false;
    callbacks = [];
    cbs.forEach((cb) =>cb());
}
export function nextTick(cb) {
    callbacks.push(cb);
    if (! waiting) {
        setTimeout(() =>{
            flushCallbacks();
        }, 0);
        waiting = true;
    }
}
```

我们看上面的代码，首先我们把 cb 也就是我们要执行的函数，注意，这里这个 cb 就是 flushSchedulerQueue 函数，内部执行了 watcher 的 run 方法，最终调用了传入的_update(_render())。目前为止，我反复强调了好多遍执行链，大家一定要头脑清晰。

继续，我们把 cb 放到了一个数组中，然后跟之前 flushSchedulerQueue 的代码类似，同样设置了一个拦截器，进行统一处理，这样当我们调用多个 $ nextTick 的时候，并不是调用一个执行一次回调，而是统一放入到了队列中，最后再一起执行。最后我们通过 setTimeout 方法，执行了 flushCallbacks 这个方法，而 flushCallbacks 其实就是执行了一下 callbacks 数组中的元素，也就是 flushQueue。

来继续看例子：

```
HTMLBars
<! DOCTYPE html >
<html lang = "en">
    <head >
        <meta charset = "UTF - 8" />
        <meta http-equiv = "X-UA-Compatible" content = "IE = edge" />
        <meta name = "viewport" content = "width = device-width, initial-scale = 1.0" />
        <title >Document </title >
    </head >
    <body >
        <div id = "app" key = "123" style = "color: red; background-color: pink">
            {{name}} {{age}}
        </div >
        <script src = "vue. js"></script >
        <script >
            const vm = new Vue({
                data() {
                    return {
                        name: "wong - ",
                        age: 99,
                    };
                },
            });
            vm. $ mount(" # app");

            vm.name = "zakingwong1 - ";
            vm.name = "zakingwong2 - ";
            vm.name = "zakingwong3 - ";
            vm.name = "zakingwong4 - ";
            vm.name = "zakingwong5 - ";

            vm.age = 1;
            vm.age = 2;
            vm.age = 3;
            vm.age = 4;
            vm.age = 5;

            vm. $ nextTick(() => {
                console. log(1);
            });
            vm. $ nextTick(() => {
                console. log(2);
```

```
            });
            vm.$nextTick(() =>{
                console.log(3);
            });
            vm.$nextTick(() =>{
                console.log(4);
            });
        </script>
    </body>
</html>
```

然后,我们在 nextTick 方法中,打印一下 waiting:

```JavaScript
JavaScript
export function nextTick(cb) {
    console.log(waiting,'waiting')
    callbacks.push(cb);
    if (!waiting) {
        setTimeout(() =>{
            flushCallbacks();
        }, 0);
        waiting = true;
    }
}
```

结果会是什么样的?

如图 3-4 所示,第一次是 false,其他的都是 true,那么我们得来捋一下这个逻辑。首先,我们第一次执行 $nextTick 就把回调放到数组里了,此时执行 setTimeout,但是注意,setTimeout 的回调要在下一次 tik 才执行,所以在执行 setTimeout 的回调时,又执行了三次 $nextTick,所以在执行 setTimeout 这个 tik 的时候,数组里有四个函数,所以 waiting 拦截了后续创建的异步函数,统一用一个异步方法去批处理这些回调的操作。

```
false 'waiting'
true 'waiting'
true 'waiting'
true 'waiting'
```

图 3-4 waiting 打印

目前,看起来好像不错,我们完成这个 nextTick:

```html
HTMLBars
<!DOCTYPE html>
<html lang="en">
    <head>
        <meta charset="UTF-8" />
        <meta http-equiv="X-UA-Compatible" content="IE=edge" />
        <meta name="viewport" content="width=device-width, initial-scale=1.0" />
        <title>Document</title>
    </head>
    <body>
        <div id="app" key="123" style="color: red; background-color: pink">
```

```
            {{name}} {{age}}
        </div>
        <script src="vue.js"></script>
        <script>
            const vm = new Vue({
                data() {
                    return {
                        name: "wong-",
                        age: 99,
                    };
                },
            });
            vm.$mount("#app");

            vm.name = "zakingwong1-";
            vm.name = "zakingwong2-";
            vm.name = "zakingwong3-";
            vm.name = "zakingwong4-";
            vm.name = "zakingwong5-";

            vm.age = 1;
            vm.age = 2;
            vm.age = 3;
            vm.age = 4;
            vm.age = 5;

            vm.$nextTick(() =>{
                console.log(document.querySelector("#app").innerHTML);
            });
        </script>
    </body>
</html>
```

这样，我们的结果就符合我们的要求了，但是完成了吗？这么问那肯定就是没完事。如果有的浏览器不支持 setTimeout 呢？setTimeout 的性能并不好，想要再优化一下呢？那么来优化一下这个 setTimeout：

```
CoffeeScript
let timerFunc;
if (Promise) {
    timerFunc = () =>{
        Promise.resolve().then(flushCallbacks);
    };
} else if (MutationObserver) {
    let observer = new MutationObserver(flushCallbacks);
    let textNode = document.createTextNode(1);
    observer.observe(textNode, {
```

```
        characterData: true,
    });
    timerFunc = () =>{
        textNode.textContent = 2;
    };
} else if (setImmediate) {
    timerFunc = () =>{
        setImmediate(flushCallbacks);
    };
} else {
    timerFunc = () =>{
        setTimeout(flushCallbacks);
    };
}
```

我们声明了一个 timerFunc，那来看看是干什么的，上面的代码，是写在全局下的，就是判断一下，到底可以使用哪个异步方法去做处理，首先考虑的是微任务，支持 Promise 就用 Promise，不然就用 MutationObserver，其次就是 setImmediate，最差的才用 setTimeout。就这么简单，没什么好说的。唯一要说的就是 MutationObserver 的触发方法，这个大家可以自己学习，这里不多说了。

然后，稍微修改一下原来的代码：

```
JavaScript
export function nextTick(cb) {
    callbacks.push(cb);
    if (! waiting) {
        timerFunc();
        // setTimeout(() =>{
        // flushCallbacks();
        // }, 0);
        waiting = true;
    }
}
```

最终完美结束。

稍等！还有问题，我们看下面的代码：

```
HTMLBars
<! DOCTYPE html >
<html lang = "en">
    <head >
        <meta charset = "UTF - 8" />
        <meta http-equiv = "X-UA-Compatible" content = "IE = edge" />
        <meta name = "viewport" content = "width = device-width, initial-scale = 1.0" />
        <title >Document </title >
    </head >
```

```
  <body>
    <div id="app" key="123" style="color: red; background-color: pink">
      {{name}} {{age}}
    </div>
    <script src="vue.js"></script>
    <script>
      const vm = new Vue({
        data() {
          return {
            name: "wong-",
            age: 99,
          };
        },
      });
      vm.$mount("#app");

      vm.name = "zakingwong1-";
      vm.name = "zakingwong2-";
      vm.name = "zakingwong3-";
      vm.name = "zakingwong4-";
      vm.name = "zakingwong5-";

      vm.age = 1;
      vm.age = 3;

      vm.$nextTick(() => {
        console.log(1);
      });
      vm.age = 5;

      vm.$nextTick(() => {
        console.log(2);
      });
      vm.age = 4;

      vm.$nextTick(() => {
        console.log(3);
      });
      vm.age = 2;

      vm.$nextTick(() => {
        console.log(4);
      });
    </script>
  </body>
</html>
```

看上面的代码，是先执行用户写的 $nextTick 还是先执行 Vue2 内部 notify 时的 nextTick。答案是谁先来的谁先执行，所以，我们在写代码的时候，要尤其注意异步更新的时机。

好，这回真的完成了。

3.4 Mixin——这难道不是 mergeConfig

mixin，不知道大家在工作中用的多不多。我们稍微简单地介绍一下使用方法。

混入（mixin）提供了一种非常灵活的方式，来分发 Vue 组件中的可复用功能。一个混入对象可以包含任意组件选项。当组件使用混入对象时，所有混入对象的选项将被"混合"进入该组件本身的选项。

```
HTML
<script>
    Vue.mixin({
        created() {
            console.log("minx1 - created");
        },
    });
    Vue.mixin({
        created() {
            console.log("minx2 - created");
        },
    });
    const vm = new Vue({
        el: "#app",
        created() {
            console.log("created");
        },
    });
</script>
```

上面的代码，就是我们这一小节要实现的功能。其实本质上就是我们在前面 1.3 小节讲的合并对象。而通过 mixin 混合后的那些方法，会被放入到一个队列中，其实就是数组，然后在调用的时候，依次执行这个数组，并且会把合并后的结果挂载到 Vue 的 options 属性上。

那么来实现一下 mixin 吧，首先，我们在 src 下创建一个 globalAPI.js 文件，代码如下：

```
JavaScript
import { mergeOptions } from "./utils";

export function initGlobalAPI(Vue) {
    // 这里，挂载到 Vue 类上的 options，实际上全都是通过 Vue.mixin 混入后的 options
    Vue.options = {};
    Vue.mixin = function (mixin) {
```

```
        // 这里的 this,当然就是指 Vue 实例
        this.options = mergeOptions(this.options, mixin);
        return this;
    };
}
```

然后,我们再在入口处引入这个 initGlobalAPI:

```JavaScript
import { initGlobalAPI } from "./globalAPI";
initGlobalAPI(Vue);
```

这样即可。那么回过头来看一下,目前 initGlobalAPI 中做了两件事,一是给 Vue 绑定一个空的 options 对象,另一是绑定一个静态的 mixin 方法,这个方法就是让 options 和传入的 mixin 函数合并一下。那么我们再来看这个 mergeOptions 是如何实现的。

我们在 src 下创建一个 utils 文件,里面写上一个 mergeOptions 方法:

```JavaScript
export function mergeOptions(parent, child) {}
```

接下来,我们就要看如何实现这个 mergeOptions 了。

```JavaScript
export function mergeOptions(parent, child) {
    const options = {};
    for (let key in parent) {
        mergeField(key);
    }
    for (let key in child) {
        if (! parent.hasOwnProperty(key)) {
            mergeField(key);
        }
    }

    function mergeField(key) {
        options[key] = child[key] || parent[key];
    }
    return options;
}
```

我们来分析下代码,在第一次混合的时候,parent 是一个空的对象,就是我们声明在 Vue 上的那个静态的 options 选项。然后调用了 mergeField 方法,所以此时的 options 对象中的属性取的是 child 中对应的 key 的属性,但是,走完遍历 parent 的循环后 options 对象还是空的,因为 parent 中没有 key,空对象,对吧。然后我们循环 child,如果 parent 中没有对应的 key,那么就合并,合并的时候取的是 child 中后来的属性。那么此时,其实 options 就是 child。

在第一次混合后,又传了一个需要混入的对象进来,此时的 options 已经有了之前的 mixin 对象,现在才是真正的两个对象合并的时候。我们回忆一下,对象合并可能有几种情况:

(1) 旧的中有,新的中也有,那么就用新的。

(2) 旧的中有,新的中没有,就留下老的,原来的不能给动。

(3) 旧的中没有,新的中有,就用新的,没有了,就新加的给存起来。

总结一下,其实很简单,就是如果有新的就用新的,否则就用旧的。我们回顾下上面的代码,是不是这个意思。先去旧的里面取,如果旧的里面有,就尝试去新的里面取,取不到就用旧的,取到了就用新的。然后再去新的里面取,新的里面有,旧的没有,就把新的给旧的。没问题。

但是,这好像不对吧?之前不是说了,created、beforeCreated 这些是放到一个数组里面的,这上面的代码好像是合并对象的吧?对,没错,我上面写的其实是合并对象的,比如像 data,computed,methods 这一类的对象选项。那要合并生命周期怎么办呢?我们写个 if 判断一下:

```
JavaScript
function mergeField(key) {
    if(key === 'created'){
        // 做点什么
    }
    options[key] = child[key] || parent[key];
}
```

嗯,不错不错,问题解决了,那还有 beforeCreated,还有 watch,还有 mounted,还有很多……要写多少个 if?想想办法,怎么解决这个问题呢。这个解决办法大家可能在工作中用到过,只不过不知道它叫什么,甚至不知道它竟然听起来还挺高级,这就是策略模式。

```
JavaScript
const strats = {};
const LIFECYCLE = ["beforeCreate", "created"];
LIFECYCLE.forEach((hook) =>{
    strats[hook] = function (p, c) {
        if (c) {
            if (p) {
                return p.concat(c);
            } else {
                return [c];
            }
        } else {
            return p;
        }
    };
});

export function mergeOptions(parent, child) {
    const options = {};
    for (let key in parent) {
        mergeField(key);
```

```
    }
    for (let key in child) {
        if (! parent.hasOwnProperty(key)) {
            mergeField(key);
        }
    }

    function mergeField(key) {
        if (strats[key]) {
            options[key] = strats[key](parent[key], child[key]);
        } else {
            options[key] = child[key] || parent[key];
        }
        }
    return options;
}
```

上面就是完整的代码，我们看看我们新增了什么，其实就是增加了一个判断，如果传入的这个 key，在 starts 这个对象里，那么我们就利用在 strats 中对应的 key 的方法，并存储返回的对象。而这个 starts 对象就是循环了对应数组里的 key，并给其绑定了对应的方法，那么后续我们想要再加内容，就可以直接在 LIFECYCLE. forEach 中添加对应的方法即可。这就是策略模式。

那么再来看看合并 created 和 beforeCreated 的策略方法是什么逻辑呢？如果没有新的，直接把老的返回，这没问题。如果有新的，判断有没有老的，如果有老的，那老的肯定是一个数组，concat 合并一下就好了，如果没有老的，就把新的包裹成数组返回。这就很容易理解了。

完了吗？别急，还没完。好像漏了点东西，写在传给 Vue 的 options 的那个生命周期去哪了？没错，最后我们还得把传入 Vue 中自身的生命周期合并一下，但是这个的合并，不在这里。在 init. js 里：

```
JavaScript
import { mergeOptions } from "./utils";
// ...
Vue.prototype._init = function (options) {
    const vm = this;
    // 在 vm 上绑定传入的 options。
    // 这里的 this.constructor.options，就是通过 mixin 方法，传入的 options
    // options，就是 new Vue 时传入的那个
    vm.$options = mergeOptions(this.constructor.options, options);
    // 然后再去初始化状态
    initState(vm);
    if (options.el) {
        vm.$mount(options.el);
    }
};
```

我们引入 mergeOptions，然后给 vm. $options 赋值合并后的 options，这里要说的是这个 this.constructor.options，这是什么，还记不记得我们在 initGlobalAPI 方法中，给 Vue 类上绑定了一个静态属性 options，那 this 指的是 Vue 实例，而这个 this.constructor 自然就是指的 Vue 类，于是就可以从 Vue 类上取到我们之前合并好的 options。

那么 mixin 的使用场景有哪些呢？我觉得有两点，一个是共享，一个是分离。也就是说我们可以把 mixin 中的内容作为一个通用的体系，实现了复用，比如我们在业务项目中使用 pagination 分页的时候，就会有一些比如 currentPage，totalPage、currentChange 等，可以把它们抽离成一个 mixin 去使用，就实现了复用，不用每一次都写一模一样的代码，但是这样也有一个问题，就是数据来源不明确，我不知道这个东西从哪来的，很难去寻址。

另外一个场景是分离代码，比如有一个页面的逻辑特别多，那么其中部分类型相同的代码，就可以写在一个 mixin 里，比如一个列表页，有一个弹窗，这个弹窗的逻辑比较独立，一种是抽离成组件，但是组件可能有复杂的值的传递，那么另外一种就可以用 mixin 来分离 script 的部分逻辑。

最后，我们要注意一下，之前写代码的时候，调用 Vue.mixin 的时候，都是在 new Vue 之前，那我的全局的 mixin，写在 new Vue 之后行不行？这个答案，留给大家自己去寻找。

好了，跑题了，我们再绕回来。那现在我们都合并完了，外面加的，家里有的，都合并到一起了，但是我要怎么执行我们合并后的生命周期呢？详见下一节。

3.5 callHook——生命周期是这样执行的

上一节，我们合并完了生命周期，但是还没有执行生命周期，那么我们来看看 Vue2 里的生命周期是如何执行的。

首先，我们去 src/lifecycle.js 中新增并导出一个方法：

```
JavaScript
export function callHook(vm, hook) {
    const handlers = vm.$options[hook];
    if (handlers) {
        handlers.forEach((handler) => handler.call(vm));
    }
}
```

这个方法十分简单，就是拿到实例上对应的生命周期钩子，然后遍历并执行就完事了。然后，我们还需要在 src\init.js 中引入这个 callHook 方法，完整的_init 方法如下：

```
JavaScript
Vue.prototype._init = function (options) {
    const vm = this;
    vm.$options = mergeOptions(this.constructor.options, options);
    callHook(vm, "beforeCreated");
    initState(vm);
    callHook(vm, "created");
```

```
        if (options.el) {
            vm.$mount(options.el);
        }
    };
```

初始化数据之前调用 beforeCreated 钩子,数据初始化之后就调用 created 钩子,完美,都快结束了,我们来看完整的例子:

```
HTML
<!DOCTYPE html>
<html lang="en">
    <head>
        <meta charset="UTF-8" />
        <meta http-equiv="X-UA-Compatible" content="IE=edge" />
        <meta name="viewport" content="width=device-width, initial-scale=1.0" />
        <title>Document</title>
    </head>
    <body>
        <div id="app"></div>
        <script src="vue.js"></script>
        <script>
            Vue.mixin({
                created() {
                    console.log("minx1-created");
                },
            });
            Vue.mixin({
                created() {
                    console.log("minx2-created");
                },
            });
            const vm = new Vue({
                el: "#app",
                created() {
                    console.log("created");
                },
            });
            console.log(vm, "vm");
        </script>
    </body>
</html>
```

请猜猜除了最后一个 vm 打印,上面三个 created 生命周期的打印结果是什么。这里不讲,大家自己来处理。我们来看一下,vm 实例上的 $options 是什么样的:

如图 3-5 所示,三个函数作为元素的数组,一点问题没有。看 shit,不好意思,一不小心截屏截多了。

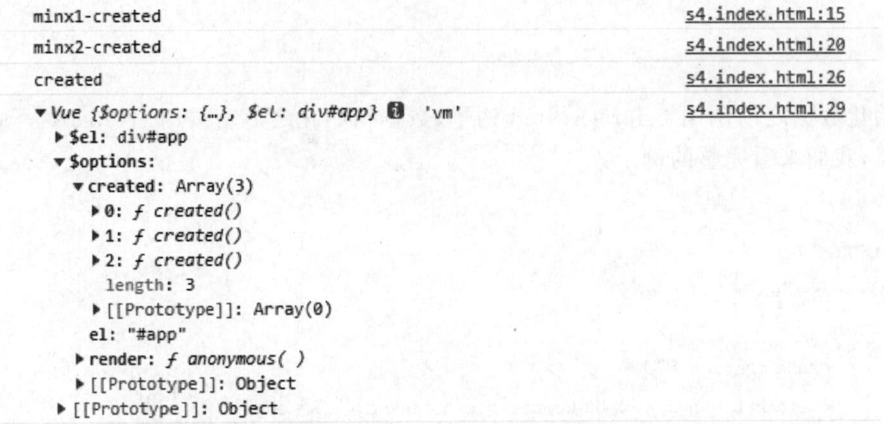

```
minx1-created                                                    s4.index.html:15
minx2-created                                                    s4.index.html:20
created                                                          s4.index.html:26
▼Vue {$options: {…}, $el: div#app} 'vm'                          s4.index.html:29
  ▶$el: div#app
  ▼$options:
    ▼created: Array(3)
      ▶0: ƒ created()
      ▶1: ƒ created()
      ▶2: ƒ created()
       length: 3
      ▶[[Prototype]]: Array(0)
     el: "#app"
    ▶render: ƒ anonymous( )
    ▶[[Prototype]]: Object
  ▶[[Prototype]]: Object
```

图 3－5　vm 实例上的 $ options

3.6　源码分析之我是抄的

我们之前实现了一大堆，首先实现了最核心的依赖收集，然后为了批量更新，我们又实现了 $ nextTick，最后实现了 Mixin 静态方法，又因为 Mixin 合并了生命周期钩子，所以顺手实现了 callHook。下面，看看真正的源码是怎么实现的。

3.6.1　Vue2 中的依赖收集

在看源码的时候，切忌面面俱到，想要都看到，最终的结果就可能是什么都不知道，我们不可能在较短时间内知晓一件事情的全貌，而在最初的学习中，了解一件事情最好的方式，就是看它的核心和主线，接着依靠核心和主线，慢慢了解它的枝叶，就像一棵树一样，先从树的躯干，主干看起，在日常的工作中，遇到了问题，再查看源码的细节。

这一小节我们要来捋一下 Vue2 中依赖收集的源码，那么问题来了，要从哪儿开始入手？我们来回忆一下，之前我们是如何手写依赖收集的。

依赖收集的触发点是由 defineReactive 开始的，当我们对属性取值的时候，就会通过 defineReactive 给每一个属性绑定一个 dep，此时会通过 dep 的 depend 方法，让 watcher 记住 dep，并且让 dep 记住 watcher，都是由 depend 发起。

depend 内部调用 Dep. target 也就是 watcher 的 addDep 方法，然后 addDep 内部再调用 dep 的 addSub，这样就互相加入依赖关系了，没错，就是多对多的这种关系。最后，通过 defineReactive 的 set 回调，每当数据变化的时候，就会触发 update 更新对应的 watcher。当然，这里我们还额外做了异步更新节流的处理。我们下一小节再讲，所以我们要先从 defineReactive 看起，地址是 src/core/observer/index. js：

```
JavaScript
/ * *
```

```
 * Define a reactive property on an Object.
 */
export function defineReactive (
    obj: Object,
    key: string,
    val: any,
    customSetter?: ? Function,
    shallow?: boolean
) {
    const dep = new Dep()

    const property = Object.getOwnPropertyDescriptor(obj, key)
    if (property && property.configurable === false) {
        return
    }

    // cater for pre-defined getter/setters
    const getter = property && property.get
    const setter = property && property.set
    if ((! getter || setter) && arguments.length === 2) {
        val = obj[key]
    }

    let childOb =! shallow && observe(val)
    Object.defineProperty(obj, key, {
        enumerable: true,
        configurable: true,
            get: function reactiveGetter () {
                const value = getter ? getter.call(obj) : val
                if (Dep.target) {
                    dep.depend()
                    if (childOb) {
                        childOb.dep.depend()
                        if (Array.isArray(value)) {
                            dependArray(value)
                        }
                    }
                }
                return value
        },
        set: function reactiveSetter (newVal) {
            const value = getter ? getter.call(obj) : val
            /* eslint-disable no-self-compare */
            if (newVal === value || (newVal ! == newVal && value ! == value)) {
            return
```

```
            }
            /* eslint-enable no-self-compare */
            if (process.env.NODE_ENV !== 'production' && customSetter) {
                customSetter()
            }
            // #7981: for accessor properties without setter
            if (getter && !setter) return
            if (setter) {
                setter.call(obj, newVal)
            } else {
                val = newVal
            }
            childOb =! shallow && observe(newVal)
            dep.notify()
        }
    })
}
```

上面是完整的 defineReactive 方法的代码，我们逐行分析一下。

首先，最开始在 defineReactive 方法内部，就 new 了一个 Dep，跟我们的一模一样，再往后它判断了一下，如果传入的属性是不可以配置的，那么就 return 掉，不运行后面的响应式绑定了。再往后，去尝试获取 property 上的修饰符 get 和 set 赋值给 getter 和 setter，这样做，我们用户自己写的 get 和 set 也可以在 defineReactive 中执行，最大化集成了用户写代码的可能性。

下面的 if 判断，同样是为了让代码拥有强大的扩展性，它假设我们传的参数只有 obj 和 key，没有传 val 等后面的参数，在只传了两个参数的情况下，如果没设置 getter，或者设置了 setter，那么就让 val 的值为 obj[key]，换句话说，这里判断了在无法取得对应值的情况下，我们替您拿到了对应的 val。

再往后，其实是观测子节点，我们暂时先不管，后面会写到的。然后就进入到了 defineProperty 得 get 和 set 方法中，在 get 方法中，首先就判断了下是否有自定义的 getter，如果有，就把自定义的 getter 的执行结果作为 value，否则就是 val，这个 val 可能是传入的 val，也可能是判断后替你拿的，无所谓，反正拿到 value 了。再往后看，就是判断是否有 Dep.target 然后去 depend，当然后面还有些代码，这些代码后面我们会实现，先不说。

最后就是 set 方法了，它内部做了一堆判断，首先是跟 get 一样，先拿 value，然后判断如果 newValue 和新 value 是一致，那我就不用触发更新了，直接返回，再往后，非生产模式，并且传入了自定义的 setter，就执行自定义的 setter。注意，生产模式不可用！再往后，就是有 getter 没 setter，不会触发更新。因为前面逻辑的拦截，到了这里：

```
JavaScript
if (setter) {
    setter.call(obj, newVal)
} else {
    val = newVal
```

```
}
```

只有有 getter 并且有 setter 才会走到 true 的逻辑里，如果有 getter 但是没 setter，就直接赋值。然后就是 dep.notify()了。

我们找到了 defineReactive 作为源头的核心内容，但是不知道大家是否捋清了这条响应式链条。

当我们 new Vue 的时候，做的第一件事就是去绑定响应式，注意，此时的 defineReactive 只是绑定，并不是执行。因为还没有触发 get 和 set 的手段。然后代码继续执行，执行到了 $mount 方法时，我们使用了 complierToFunction 方法获取 render 函数，但是仍旧要注意，此时的 render 函数并没有执行，只是生成了。然后继续，调用了重要的 mountComponent 方法，mountComponent 方法做了两件事，一是生成了一个 updateComponent 方法，另一是 new 了一个 Watcher。而此时 new Watcher 的时候，才是开始的时候。

一旦我们开始了 new Watcher，Watcher 的内部就默认执行了 getter，而这个 getter 给 Dep.target 上绑定了此 Watcher 实例，然后才去 updateComponet，updateComponent 就会触发 defineReactive 的 get，再触发了 Dep 的 depend，这样才让 watcher 和 dep 存储了双方。等到绑定的值变化后，就会触发 notify，通知对应的 watcher 触发 updateComponent。

我们走了一遍完整的流程，并且最开始介绍了 defineReactive 的 Vue2 源码实现，那么问题来了，现在应该去哪里看？换句话说，_init 的依赖收集部分我们已经看完了，接下来，我们是不是应该去看看 $mount 的部分，$mount 的依赖收集部分，是不是就是 mountComponent 时 new 的那个 Watcher？

好，我们去看看 mountComponent 的内部是怎么实现的，地址在这里：src\core\instance\lifecycle.js：

```
JavaScript
export function mountComponent(
    vm: Component,
    el: ? Element,
    hydrating?: boolean
): Component {
    vm.$el = el;
    if (!vm.$options.render) {
        vm.$options.render = createEmptyVNode;
    }
    callHook(vm, "beforeMount");

    let updateComponent;
    /* istanbul ignore if */
    if (process.env.NODE_ENV !== "production" && config.performance && mark) {
        updateComponent = () =>{
            // ...
        };
    } else {
        updateComponent = () =>{
```

```
            vm._update(vm._render(), hydrating);
        };
    }

    // we set this to vm._watcher inside the watcher's constructor
    // since the watcher's initial patch may call $forceUpdate (e.g. inside child
    // component's mounted hook), which relies on vm._watcher being already defined
    new Watcher(
        vm,
        updateComponent,
        noop,
        {
            before() {
                if (vm._isMounted && !vm._isDestroyed) {
                    callHook(vm, "beforeUpdate");
                }
            },
        },
        true /* isRenderWatcher */
    );
    hydrating = false;

    // manually mounted instance, call mounted on self
    // mounted is called for render-created child components in its inserted hook
    if (vm.$vnode == null) {
        vm._isMounted = true;
        callHook(vm, "mounted");
    }
    return vm;
}
```

这里删了一部分不重要扰乱心神的代码，首先判断，如果 vm.$options 上没有 render 的话，就给 vm.$options.render 赋值一个空的 VNode，然后，我们前面也学了生命周期是如何调用的，在这之后，我们调用 beforeMount 的生命周期钩子，然后呢，就是给 updateComponent 变量赋值，在非生产环境下配置了 performance 且存在 mark，这个 mark 是什么玩意呢？是浏览器暴露给 js 用来获取性能相关指标的接口，在非生产环境，可以使用 performance 接口来做一些指标的获取和监控，其实这块的代码本质都是一样的 updateComponent，没区别。后面就是去 new Watcher 了。

至于 mountComponent 内部的实现，在第二章已经说过了，这里不再赘述，现在我们要去 Dep 里看一下代码，因为当 mountComponent 的时候，new Watcher 之后，首先就是给 Dep.target 绑定 watcher，其次就是执行了 updateComponent 触发了 defineReactive 的 get，get 内部调用了 Dep.depend，看一下 Dep 的实现：

```
JavaScript
// src/core/observerdep.js
```

```
let uid = 0

/**
 * A dep is an observable that can have multiple
 * directives subscribing to it.
 */
export default class Dep {
    static target: ? Watcher;
    id: number;
    subs: Array<Watcher>;

    constructor () {
        this.id = uid++
        this.subs = []
    }

    addSub (sub: Watcher) {
        this.subs.push(sub)
    }

    removeSub (sub: Watcher) {
        remove(this.subs, sub)
    }

    depend () {
        if (Dep.target) {
            Dep.target.addDep(this)
        }
    }

    notify () {
        // stabilize the subscriber list first
        const subs = this.subs.slice()
        if (process.env.NODE_ENV !== 'production' && !config.async) {
            // subs aren't sorted in scheduler if not running async
            // we need to sort them now to make sure they fire in correct
            // order
            subs.sort((a, b) => a.id - b.id)
        }
        for (let i = 0, l = subs.length; i < l; i++) {
            subs[i].update()
        }
    }
}
```

看上面的代码，整个 Dep 跟我们实现的几乎是一模一样的，这里唯一要说的就是 notify，跟我们写的稍有区别，notify 在非生产环境，并且不是异步，就会给存进来的 watcher 排个序。那这个 config 是什么？那我们看下官方文档吧，不知道就问，是好习惯。

如图 3-6 所示，看，竟然移除了。Dep，我们看完了，那么接下来我们就得去看看 Watcher 了，这个 Watcher 有点大，忍一下，我们只取其中重要的部分，我们先看 addDep：

Vue.config.async 移除

异步操作现在需要渲染性能的支持。

升级方式

运行 迁移工具找到使用 Vue.config.async 的实例。

图 3-6　Vue.config 文档示例移除

```
JavaScript
// src/core/observer/watcher.js
addDep (dep: Dep) {
    const id = dep.id
    if (! this.newDepIds.has(id)) {
        this.newDepIds.add(id)
        this.newDeps.push(dep)
        if (! this.depIds.has(id)) {
            dep.addSub(this)
        }
    }
}
```

唯一不同的是，它多了 newDeps 和 newDepsId。这是什么的呢？首先，我们假设这样一种场景，我们有个 Tab 切换组件，这个 Tab 可以切换卡片，第一个卡片下有 A、B、C 三个组件，第二个卡片有 A、B、D 三个组件，我们假定两个卡片中的 A 和 B 是完全相同的组件，有相同的 data。C、D 自然是不同的组件有不同的 data 了。当第一次渲染 A、B、C 组件的时候，newDepIds 肯定是空的，所以 newDepIds 和 newDeps 会存储当前的属性，并且此时 depsId 也是空的，所以调用 dep 的 addSub，让 dep 也记住该 watcher，处理 B、C 同理。

当渲染完毕后，在之前的代码里，get 方法清空了 Dep.target 绑定的 watcher。但是在实际的源码中，还额外多做了一个 cleanupDeps 操作：

```
JavaScript
cleanupDeps () {
    let i = this.deps.length
    while (i-- ) {
        const dep = this.deps[i]
        if (! this.newDepIds.has(dep.id)) {
            dep.removeSub(this)
        }
```

```
        }
        let tmp = this.depIds
        this.depIds = this.newDepIds
        this.newDepIds = tmp
        this.newDepIds.clear()
        tmp = this.deps
        this.deps = this.newDeps
        this.newDeps = tmp
        this.newDeps.length = 0
    }
```

它遍历了整个的deps，并且清空newDepIds中没有的dep，那么它是什么意思呢？依旧是之前ABCD的例子，第一次渲染了ABC，第二次切换到第二个选项卡渲染了ABD。在第二次渲染的时候由于后面的替换，deps就变成了ABC，newDeps就是ABD。由于C不存在newDeps里，所以删除C就剩下AB了。所以，deps保存的是上一次的，这一次我们只留下newDeps中有的。然后，后面做的事就是把newDepIds和newDeps赋值给deps和depIds，清空newDeps和newDepIds。总结来说，就是如果之前的一次和现在的一次渲染，有相同的依赖，那么就做了一层缓存。

那么，依赖收集做完了，接下来就是看notify了。notify触发了watcher的update，继续去看update：

```
Kotlin
update () {
    /* istanbul ignore else */
    if (this.lazy) {
        this.dirty = true
    } else if (this.sync) {
        this.run()
    } else {
        queueWatcher(this)
    }
}
```

这里多了个lazy，这个在下一章我们就会学到，其实就是可能会有不同类型的Watcher，比如computed也是个watcher，不需要像渲染Watcher那样立即执行，所以做个标记。继续，再或者如果传入了同步参数，就直接用run方法，否则就用queueWatcher。我们来看一下queueWatcher：

```
JavaScript
// src/core/observer/scheduler.js
export function queueWatcher (watcher: Watcher) {
    const id = watcher.id
    if (has[id] == null) {
    has[id] = true
    if (! flushing) {
```

```
            queue.push(watcher)
        } else {
            let i = queue.length - 1
            while (i > index && queue[i].id > watcher.id) {
                i--
            }
            queue.splice(i + 1, 0, watcher)
        }
        if (! waiting) {
            waiting = true

            if (process.env.NODE_ENV ! == 'production' && ! config.async) {
                flushSchedulerQueue()
                return
            }
            nextTick(flushSchedulerQueue)
        }
    }
}
```

看它跟我们的一样，就是多了些细节。它最先判断没有的才会运行下面的逻辑，就是去了下重。flushing 的作用是拦截，如果已经正在执行这些 watcher，再往里面加，就会到 else，能加进来，但是会在下一个 tik 执行。再往后，跟我们的一样了，非生产并且非异步，那么就直接执行，否则就通过 nextTick 执行整个队列。

我们继续看 flushSchedulerQueue 这个方法：

```JavaScript
function flushSchedulerQueue () {
    currentFlushTimestamp = getNow()
    flushing = true
    let watcher, id

    queue.sort((a, b) => a.id-b.id)

    for (index = 0; index < queue.length; index ++ ) {
        watcher = queue[index]
        if (watcher.before) {
            watcher.before()
        }
        id = watcher.id
        has[id] = null
        watcher.run()
        // in dev build, check and stop circular updates.
        if (process.env.NODE_ENV ! == 'production' && has[id] ! = null) {
            circular[id] = (circular[id] || 0) + 1
```

```
                if (circular[id] > MAX_UPDATE_COUNT) {
                    warn(
                        'You may have an infinite update loop ' + (
                        watcher.user
                            ? 'in watcher with expression "${watcher.expression}"'
                            : 'in a component render function.'
                        ),
                        watcher.vm
                    )
                    break
                }
            }
        }

        // keep copies of post queues before resetting state
        const activatedQueue = activatedChildren.slice()
        const updatedQueue = queue.slice()

        resetSchedulerState()

        // call component updated and activated hooks
        callActivatedHooks(activatedQueue)
        callUpdatedHooks(updatedQueue)

        // devtool hook
        /* istanbul ignore if */
        if (devtools && config.devtools) {
            devtools.emit('flush')
        }
    }
```

首先，先给 queue 排一下序，按照顺序来更新，这是因为父子、用户和内部、销毁等根据排序的顺序，是有其上下关系的，比如父组件要比子组件先创建，用户的比内部的要先触发 watcher 等。再往后，就是遍历这个 queue，并执行每一个 watcher，记得我们之前说过？如果在执行中还往里加，是不会在本次 Tik 执行的。在开发环境下，如果循环调用超过 100 次，那么就会报错。后面就是重置和调用生命周期钩子。

3.6.2 异步更新源码

上一小节我们刚好看到了执行 queue 的时候，而在生产环境下，执行 watcher 队列是异步更新的，那么我们现在就来看看 Vue2 真正实现 nextTick 的源码吧，首先映入眼帘的代码是这样的：

```
JavaScript
// src/core/util/next-tick.js
const callbacks = []
```

```
let pending = false

function flushCallbacks () {
    pending = false
    const copies = callbacks.slice(0)
    callbacks.length = 0
    for (let i = 0; i <copies.length; i++) {
        copies[i]()
    }
}
```

这跟我们写的是一模一样的，这个不多说了，就是遍历执行回调，再强调一遍，因为是异步的，所以要设置一个标识，不能在本次执行中再去执行。

我们继续往下看：

```JavaScript
if (typeof Promise !== 'undefined' && isNative(Promise)) {
    const p = Promise.resolve()
    timerFunc = () =>{
        p.then(flushCallbacks)
        if (isIOS) setTimeout(noop)
    }
    isUsingMicroTask = true
}
```

第一个 if，要判断宿主环境是否支持 Promise，宿主环境可以有很多，比如浏览器、IOS WebView、Android WebView、Node 等。如果支持 Promise，那么通过 Promise 的异步执行回调队列，如果宿主环境是 IOS 的话，本身会存在一些 bug，在执行下一个宏任务之前，虽然事件已经加入到微任务队列了，但是却不会执行，所以如果是 IOS 环境，那么会执行一个空的 setTimeout。

继续下一个判断：

```JavaScript
else if (!isIE && typeof MutationObserver !== 'undefined' && (
    isNative(MutationObserver) ||
    // PhantomJS and iOS 7.x
    MutationObserver.toString() === '[object MutationObserverConstructor]'
)) {
    let counter = 1
    const observer = new MutationObserver(flushCallbacks)
    const textNode = document.createTextNode(String(counter))
    observer.observe(textNode, {
        characterData: true
    })
    timerFunc = () =>{
        counter = (counter + 1) % 2
```

```
        textNode.data = String(counter)
    }
    isUsingMicroTask = true
}
```

在一些不支持 Promise 的宿主环境，一般是低版本的设备系统，那么就降级使用 MutationObserver 去处理回调队列。MutationObserver 可以观测 DOM 节点的变化，从而去执行一些回调任务，所以这里创建了一个文本节点，并且执行 timerFunc 触发节点变化，借此去执行 flushCallbacks。

```
JavaScript
else if (typeof setImmediate !== 'undefined' && isNative(setImmediate)) {
        timerFunc = () =>{
        setImmediate(flushCallbacks)
    }
} else {
    timerFunc = () =>{
        setTimeout(flushCallbacks, 0)
    }
}
```

这个就比较简单，顺序选取，最差的选择就是 setTimeout。再往后，就是 nextTick 本体了：

```
JavaScript
export function nextTick (cb?: Function, ctx?: Object) {
    let _resolve
    callbacks.push(() =>{
    if (cb) {
        try {
            cb.call(ctx)
        } catch (e) {
            handleError(e, ctx, 'nextTick')
        }
        } else if (_resolve) {
            _resolve(ctx)
        }
    })
    if (!pending) {
        pending = true
        timerFunc()
    }
    // $flow-disable-line
    if (!cb && typeof Promise !== 'undefined') {
        return new Promise(resolve =>{
            _resolve = resolve
```

```
        })
    }
}
```

大家看这段代码挺多的，但其实就是我们写的这三行代码：

```
JavaScript
callbacks.push(cb);
if (! waiting) {
    timerFunc();
    waiting = true;
}
```

写了那么多，都是什么意思呢？首先，跟我们的一样，就是往 callbacks 里 push 传入的 cb，只不过它做了更细节的逻辑和错误处理，处理了什么呢？假设，我们执行了这样的代码，会怎么样？

```
JavaScript
const vm = new Vue();
vm.$nextTick().then(() =>{
    console.log(1);
});
```

那这样呢？

```
JavaScript
const vm = new Vue();
vm.$nextTick(() =>{
    console.log(2);
}).then(() =>{
    console.log(1);
});
```

第一段代码可以打印出来 1，但是第二段代码会报错。因为如果没传回调函数，nextTick 内部的最后：

```
CoffeeScript
if (! cb && typeof Promise ! == "undefined") {
    return new Promise((resolve) =>{
        _resolve = resolve;
    });
}
```

返回了一个 promise，并且把 resolve 存了起来，当你调用 vm.$nextTick.then()的时候，就执行了_resolve()。简单说，其实就是处理了未传回调函数的情况，默认给了一个中间状态的 Promise，等着我们去调用，当然，您爱用不用。其实那段代码，就是类似这样的一个逻辑：

```
CoffeeScript
let _resolve;
```

```
new Promise((resolve) =>{
    _resolve = resolve;
}).then(() =>{
    console.log(2);
});
_resolve();
```

当我们调了存储的_resolve 时，then 的回调函数才会执行，而在 nextTick 里面，作为异步的回调事件去执行，就是 Promise 嵌套了 Promise。我们要注意一下，在判断没有回调函数之后才会给_resolve 赋值，没错，但是，我们只是把_resolve 存起来了，而不是用了。所以，在用下一个 Tik 得时候，_resolve 已经有值了。大家注意到没有：

```
JavaScript
    callbacks.push(() =>{
        if (cb) {
            try {
                cb.call(ctx)
            } catch (e) {
                handleError(e, ctx, 'nextTick')
            }
        } else if (_resolve) {
            _resolve(ctx)
        }
    })
```

这里是存了整个函数，这个时候并没有立即同步判断呢。最后，还有个点，就是 nextTick 方法，传了两个参数，大家一定注意到了，一个是 cb，一个是 ctx，也就是上下文，也叫作 this。那为什么我用 $nextTick 时，好像没有第二个参数：

```
JavaScript
export function renderMixin (Vue: Class<Component>) {
    // install runtime convenience helpers
    installRenderHelpers(Vue.prototype)

    Vue.prototype.$nextTick = function (fn: Function) {
        return nextTick(fn, this)
    }
    // 一堆其他的代码
}
```

这段代码好像看到过，是的，在前面时候我们就分析过。所以我们看 $nextTick 方法，已经内部把 vm 实例作为参数传进去了。所以才能在 $nextTick 里用 this。对，不只是这个，还得依赖 call：

```
JavaScript
```

```
cb.call(ctx)
```

大家别忘了上面这一句话。

3.6.3 原来你是这样的 Mixin

异步完事了，我们来看看 Mixin：

```
JavaScript
// src/core/global-api/mixin.js
import { mergeOptions } from '../util/index'

export function initMixin (Vue: GlobalAPI) {
    Vue.mixin = function (mixin: Object) {
        this.options = mergeOptions(this.options, mixin)
        return this
    }
}
```

这些代码，一模一样？那我们再看 mergeOptions：

```
JavaScript
export function mergeOptions (
    parent: Object,
    child: Object,
    vm?: Component
): Object {
    if (process.env.NODE_ENV !== 'production') {
        checkComponents(child)
    }

    if (typeof child === 'function') {
        child = child.options
    }

    normalizeProps(child, vm)
    normalizeInject(child, vm)
    normalizeDirectives(child)

    if (!child._base) {
    if (child.extends) {
        parent = mergeOptions(parent, child.extends, vm)
    }
        if (child.mixins) {
            for (let i = 0, l = child.mixins.length; i < l; i++) {
                parent = mergeOptions(parent, child.mixins[i], vm)
            }
        }
```

```
    }

    const options = {}
    let key
    for (key in parent) {
        mergeField(key)
    }
    for (key in child) {
        if (! hasOwn(parent, key)) {
            mergeField(key)
        }
    }
    function mergeField (key) {
        const strat = strats[key] || defaultStrat
        options[key] = strat(parent[key], child[key], vm, key)
    }
    return options
}
```

前面的大部分内容，都是处理 child 的，首先，非生产环境，判断下 options 的 components 对象下的内容是否符合组件命名的规范，不符合会报错。

再往后，如果 child 是 function，那么就取 child 的 options 属性作为 child。再往后，就是格式化传入的 Props，Inject 还有 Directives。继续，如果 child 上有_base 属性就走内部的逻辑，这个_base 其实就是 Vue 构造函数，如果没有_base，说明并不是通过 new Vue 传进来的，而是通过静态方法调用的，所以后面对 mixins 和 extends 做了合并处理，并把 vm 传了进去。

再往后，就是我们熟悉的逻辑了——合并父子 options。这里一样的，也运行了策略模式：

```
JavaScript
LIFECYCLE_HOOKS.forEach(hook => {
    strats[hook] = mergeHook
})
```

而 mergeHook 是这样的：

```
JavaScript
function mergeHook (
    parentVal: ? Array<Function>,
    childVal: ? Function | ? Array<Function>
): ? Array<Function> {
    const res = childVal
        ? parentVal
            ? parentVal.concat(childVal)
            : Array.isArray(childVal)
                ? childVal
                : [childVal]
        : parentVal
```

```
    return res
        ? dedupeHooks(res)
        : res
}
```

跟我们的逻辑一样，它这里用的三元，我们用的 if…else，一样的。这三元看着很累。

3.6.4 生命周期钩子是不是这样调用的

终于还剩下最后一点生命周期钩子的实现了，那我们来看下吧。不难。

```
JavaScript
// src/core/instance/lifecycle.js
export function callHook (vm: Component, hook: string) {
    pushTarget()
    const handlers = vm.$options[hook]
    const info = `${hook} hook`
    if (handlers) {
        for (let i = 0, j = handlers.length; i < j; i++) {
            invokeWithErrorHandling(handlers[i], vm, null, vm, info)
        }
    }
    if (vm._hasHookEvent) {
        vm.$emit('hook:' + hook)
    }
    popTarget()
}
```

首先，pushTarget 和 popTarget 我们后面会介绍，这里略过，然后就是获取实例上 $options 下对应的钩子，这里面它去执行了 invokeWithErrorHandling，其实就是拥有错误处理能力的事件执行方法：

```
JavaScript
// src/core/util/error.js
export function invokeWithErrorHandling (
    handler: Function,
    context: any,
    args: null | any[],
    vm: any,
    info: string
) {
    let res
    try {
        res = args ? handler.apply(context, args) : handler.call(context)
        if (res && !res._isVue && isPromise(res) && !res._handled) {
            res.catch(e => handleError(e, vm, info + ' (Promise/async)'))
            res._handled = true
```

```
        }
    } catch (e) {
        handleError(e, vm, info)
    }
    return res
}
```

一堆错误判断,错误处理,其实就一行代码:

```JavaScript
res = args ? handler.apply(context, args) : handler.call(context)
```

就是执行。那我们看下在哪儿调的 callHook。

```JavaScript
Vue.prototype._init = function (options?: Object) {
    const vm: Component = this
    // a uid
    vm._uid = uid++

    let startTag, endTag
    /* istanbul ignore if */
    if (process.env.NODE_ENV !== 'production' && config.performance && mark) {
        startTag = `vue-perf-start:${vm._uid}`
        endTag = `vue-perf-end:${vm._uid}`
        mark(startTag)
    }

    // a flag to avoid this being observed
    vm._isVue = true
    // merge options
    if (options && options._isComponent) {
        // optimize internal component instantiation
        // since dynamic options merging is pretty slow, and none of the
        // internal component options needs special treatment.
        initInternalComponent(vm, options)
    } else {
        vm.$options = mergeOptions(
            resolveConstructorOptions(vm.constructor),
            options || {},
            vm
        )
    }
    /* istanbul ignore else */
    if (process.env.NODE_ENV !== 'production') {
        initProxy(vm)
    } else {
```

```
    vm._renderProxy = vm
  }
  // expose real self
  vm._self = vm
  initLifecycle(vm)
  initEvents(vm)
  initRender(vm)
  callHook(vm, 'beforeCreate')
  initInjections(vm)                    // resolve injections before data/props
  initState(vm)
  initProvide(vm)                       // resolve provide after data/props
  callHook(vm, 'created')

  /* istanbul ignore if */
  if (process.env.NODE_ENV !== 'production' && config.performance && mark) {
    vm._name = formatComponentName(vm, false)
    mark(endTag)
    measure(`vue ${vm._name} init`, startTag, endTag)
  }

  if (vm.$options.el) {
    vm.$mount(vm.$options.el)
  }
}
```

这个方法大家熟悉，我们看到，在初始化生命周期、事件、渲染之后，才调用了 beforeCreated，然后再去初始化 Injections、State、Provide 后，才调用了 created。

这一章到这里就结束了，我们下期……下一章再见。

第4章 Watcher 的其他场景

在第3章，我们学会了 Vue2 最最核心的依赖收集部分，学会了 Dep 和 Watcher 是如何互相关联的，也学会了关联后，触发 Watcher 时异步队列的更新逻辑等。但是，我们上一章所学习的 Watcher 只是一小部分。庐山真面目，自在此山中，这一章，就来深入完善整个 Watcher 的其他部分，还记不记得上一章当我们 new Watcher 的时候传了一个参数 true，我们当时介绍，这个参数是用来标识是否是渲染 Watcher 的，那既然要标识，就说明还有其他类型的 Watcher，没错，这一章的核心，就是来学习一下 Computed 选项，以及它背后的 Watcher 实现。

4.1 手写 computed 实现

计算属性，相信大家用的很多，并且都知道 Computed 选项和 Methods 选项有一个最重要的区别，就是计算属性在依赖的值没有变化的前提下，会缓存之前的计算结果，在调用的时候直接返回。但是计算属性为什么可以缓存，为什么分明是一个方法却可以像属性那样使用，计算属性的内部究竟是怎么实现的？接下来我们为您揭开 Computed 背后神秘的面纱。

首先，在我们手写代码之前，先来简单复习下 computed 的使用方法：

```
HTMLBars
<!DOCTYPE html>
<html lang="en">
    <head>
        <meta charset="UTF-8" />
        <meta http-equiv="X-UA-Compatible" content="IE=edge" />
        <meta name="viewport" content="width=device-width, initial-scale=1.0" />
        <title>计算属性</title>
    </head>
    <body>
        <div id="app">{{fullname}}</div>
        <script src="https://cdn.bootcdn.net/ajax/libs/vue/2.6.14/vue.js"></script>
        <script>
            const vm = new Vue({
                el: "#app",
                data() {
                    return {
                        firstName: "zaking",
                        lastName: "wong",
                    };
```

```
            },
                computed: {
                    fullname() {
                        return this.firstName + this.lastName;
                    },
                },
            });
        </script>
    </body>
</html>
```

大家最经常使用 computed 的方式就是写上这样的方法。而在实现中，当在模板中获取对应计算属性值的时候，计算属性中的方法会作为 defineProperty 的 get 修饰符，所以，这才是我们可以在模板中使用计算属性的方法名作为属性使用的原因。之前我们很早就学习过 defineProperty 的修饰符，那么既然有 get，肯定就有 set，我们来看 computed 的另外一种写法：

```
HTMLBars
<div id="app">{{fullname}}</div>
<script src="https://cdn.bootcdn.net/ajax/libs/vue/2.6.14/vue.js"></script>
<script>
    const vm = new Vue({
        el: "#app",
        data() {
            return {
                firstName: "zaking",
                lastName: "wong",
            };
        },
        computed: {
            fullname: {
                get() {
                    return this.firstName + this.lastName;
                },
                set(nv) {
                    console.log(nv);
                },
            },
        },
    });
    setTimeout(() => {
        vm.fullname = "xiaowangba";
    }, 2000);
</script>
```

当然，set 的情况其实我们很少使用，上面的代码，当我们异步修改计算属性 fullname 的时候，就会触发 set。但是要注意，我们来玩个小游戏：

```
JavaScript
set(nv) {
    console.log(nv);
    this.fullname = "xiaowang";
},
```

假设像上面这样写，会导致什么结果？那这样写：

```
JavaScript
set(nv) {
    console.log(nv);
    this.firstName = "xiaowang";
},
```

第一种情况会形成死循环，第二种情况就会如大家所料的那样，响应式地修改 fullname 的值。为什么会有这样的结果？是什么原因导致的？后面我们实现源码的时候，就知道答案了。

除了使用方法，计算属性本身还有很多特性。当计算属性依赖的值发生变化时，会触发用户的方法，如果是重复调用但是值没变，就不会再去执行计算属性的内部逻辑而是直接返回结果，这是因为其内部有一种脏值检测的机制，并不难。并且计算属性并不会像渲染 Watcher 那样立即执行，而是在取值的时候才会执行。

计算属性实现的核心原理，实际上就是一个 Watcher，大家还记不记得，之前我们给属性和渲染 Watcher 之间绑定关系的时候，是使用的 Dep. target，并且直接强硬地把 Dep 与 Watcher 做了关联，那么现在就出现了问题，因为我们不只有一种类型的 Watcher。computed 也是一个 Watcher，并且 computed Watcher 和渲染 Watcher 是有互相调用顺序关系的，我们要先调用 computed Watcher，再去调用渲染 Watcher。

那么核心的问题来了，绑定渲染 Watcher 的时间节点，是在调用 $mount 的时候，mountComponent 会 new 一个 Watcher，而此时的 Watcher 会在我们 new 的时候就执行一个 get，这个 get 就会立即把渲染 Watcher 绑定到 Dep. target 上，并在执行完回调后立即销毁绑定，此时我们的真实 DOM 已经初次渲染，而执行的这个 get 其实就是 updateComponent。所以，应先绑定 Dep. target，再执行模板解析，那么此时在模板解析触发 defineProperty 的 get 修饰符时，就会开始互相绑定属性和渲染 Watcher。按照计划那么接下来我们需要绑定计算属性 Watcher，计算属性 Watcher 和渲染 Watcher 是有依赖关系的，在渲染 Watcher 调用 updateComponent 的时候，模板读取的是计算属性，换句话说，要先执行计算属性 Watcher，这样才能获取属性与计算属性的响应式依赖。

解释到了这里，我们发现，当要实现 computed 选项时，单一的 Dep. target 已经无法满足，所以，实现 computed 选项的前提之一就是扩展依赖关系，维护一个全局的栈结构，遇到一个 Watcher 就放进去一个，顺序执行，执行完一个就删除掉一个（也就是出栈的过程）。

那么我们现在修改一下之前的代码，我们先到 src/observe/watcher. js 这里：

```
JavaScript
get() {
```

```
    Dep.target = this;
    this.getter();
    Dep.target = null;
}
```

这段代码，一个 Dep 上只有一个 target 静态属性，记住了一个对应的 Watcher。而我们现在有多个 Watcher，所以我们要维护一个栈，我们到 src/observe/dep.js 中看看：

```
JavaScript
// dep 记住的 watcher，需要来维护一个栈结构
// 一个 dep，可能会跟多个不同的 watcher 关联
let stack = [];

export function pushTarget(watcher) {
    stack.push(watcher);
    Dep.target = watcher;
}

export function popTarget() {
    stack.pop();
    Dep.target = stack[stack.length - 1];
}
```

我们看下，首先我们维护了一个栈，后进先出，先加进来的是渲染 Watcher，再就是同样关联该渲染 Watcher 的这个属性依赖的 computed Watcher。后加入的 computed Watcher 先去执行，再去执行渲染 Watcher，这个我们后面也会再特别强调。

我们再回过头来，修改一下 Watcher 中的 get 方法：

```
JavaScript
import { popTarget, pushTarget } from "./dep";
// 一堆其他的代码
get() {
    pushTarget(this);
    this.getter();
    popTarget();
}
```

这样改动之后，对之前的代码实际上是无感的。因为 stack 里面就一个，用完了渲染 Watcher 就没了。

由于我们现在多加了一个 computed 选项，那么我们要去 src/state.js 中的 initState 方法中，给 initState 增加初始化 computed 的方法：

```
JavaScript
export function initState(vm) {
    const opts = vm.$options;
    if (opts.data) {
        initData(vm);
```

```
    }
    if (opts.computed) {
        // 在这里开始，初始化 Computed 的工作
        initComputed(vm);
    }
}
```

就这样。继续看看 initComputed 方法是如何工作的：

```
JavaScript
function initComputed(vm) {
    const computed = vm.$options.computed;
    for (let key in computed) {
        // userDef 就是 computed 中的每一个计算属性
        let userDef = computed[key];
        defineComputed(vm,key,userDef);
    }
}
```

首先，我们获取到我们传入的 computed 选项，遍历它，那么获取的 userDef 就是用户定义的某个 computed，但是最开始的例子我们写过，这个 userDef 可能是对象，还可能是方法，所以我们接着处理下：

```
JavaScript
function defineComputed(target, key, userDef){
    let getter = typeof userDef === "function" ? userDef : userDef.get;
    let setter = userDef.set || (() =>{});
    Object.defineProperty(target,key,{
        get: getter,
        set: setter,
    })
}
```

这样，我们就取到了我们传过来的方法，分解成了 getter 和 setter，上面的代码很简单，就是判断 userDef 是不是一个函数，如果不是，那么就取该 userDef 的 get 方法，因为此处我们默认只有之前说过的两种方法。代码写完了，来试下效果，体验一下：

```
HTMLBars
<!DOCTYPE html>
<html lang="en">
    <head>
        <meta charset="UTF-8" />
        <meta http-equiv="X-UA-Compatible" content="IE=edge" />
        <meta name="viewport" content="width=device-width, initial-scale=1.0" />
        <title>计算属性</title>
    </head>
    <body>
```

```
<div id="app">
    <ul>
        <li>{{fullname}} {{fullname}} {{fullname}} {{fullname}}</li>
    </ul>
</div>
<script src="vue.js"></script>
<script>
    const vm = new Vue({
        el: "#app",
        data() {
            return {
                firstName: "zaking",
                lastName: "wong",
            };
        },
        computed: {
            fullname() {
                console.log("run");
                return this.firstName + this.lastName;
                },
            },
        });
    </script>
  </body>
</html>
```

大家猜，我们打印了几次 run？没错，是 4 次，之前说过，计算属性在没有修改依赖的属性时，是不会重复运行取值逻辑的。所以需要优化一下代码，无论取多少次，只要依赖的值没有变化都不需要执行内部的逻辑直接返回结果，直接去取缓存的值即可。所以，继续把缓存加进来：

```
JavaScript
import Watcher from "./observe/watcher";
// 一堆代码
function initComputed(vm) {
    const computed = vm.$options.computed;
    // 这个 vm._computedWatchers 我们先写上，后面告诉你为什么
    const watchers = (vm._computedWatchers = {});
    // 遍历 computed 中的计算属性
    for (let key in computed) {
        // userDef 就是 computed 中的每一个计算属性
        let userDef = computed[key];
        // 我们判断一下是函数还是对象，如果是函数，那么就直接用函数，如果是对象，就用对象的
get 方法
        let fn = typeof userDef === "function" ? userDef : userDef.get;
        // 之前我们使用 Watcher 的时候，一旦 new 了，就会立即执行回调，现在我们肯定不希望 com-
```

```
puted 的 watcher 立即执行 get。因为可能会直接读缓存的值，不需要立刻执行。
        // 所以，要额外传入一个参数，lazy，表示不需要 new 的时候就立即执行
        watchers[key] = new Watcher(vm, fn, { lazy: true });
        defineComputed(vm, key, userDef);
    }
}
```

上面是修改后的代码，首先，我们新 new 了一个 Watcher 并把 fn 作为参数传递了进去，这里的 fn 方法就是我们之前 defineComputed 里的那个 getter，也就是我们具体的 computed 选项的 get 方法。随后，我们还传了参数 lazy，这个参数的意义是标识非立即执行 Watcher。还记不记得我们之前的渲染 Watcher 是会在 new 的时候立即触发的，但是 computed 却不是，你没用到或者值没变化，就不会去运行 get 重新执行逻辑后取值，所以这里用 lazy 参数作为区分是否是立即执行 Watcher 的条件。我们还声明了一个 watchers，用来存储对应的某个 computed 的 watcher，然后，还在 vm 上绑定了一个相同的_computedWatchers 属性，我们后面会用到，大家可以回忆一下我们之前说过，Vue2 中通信很大程度上依赖 vm 实例，所以其实这里在 vm 上绑定的_computedWatchers 是为了在某个地方可以拿到对应的 watcher。

接下来，要去修改一下 Watcher 的代码：

```
JavaScript
class Watcher {
    constructor(vm,fn,options){
        // ...
        this.lazy = options.lazy;
        this.dirty = this.lazy;
        this.lazy ? undefined : this.get();
    }
}
```

我们获取了传入的 lazy 属性，并且还声明了一个 dirty，这个 dirty 是用来表示是否是脏值，脏值也就意味着需要重新计算。此时如果清空模板里使用的计算属性，就不会再去立即执行 computed 的 Watcher 了：

```
HTML
<!DOCTYPE html>
<html lang = "en">
    <head>
        <meta charset = "UTF - 8" />
        <meta http-equiv = "X-UA-Compatible" content = "IE = edge" />
        <meta name = "viewport" content = "width = device-width, initial-scale = 1.0" />
        <title>计算属性</title>
    </head>
    <body>
        <div id = "app"></div>
        <script src = "vue.js"></script>
        <script>
```

```
            const vm = new Vue({
                el: "#app",
                data() {
                    return {
                        firstName: "zaking",
                        lastName: "wong",
                    };
                },
                computed: {
                    fullname() {
                        console.log("run");
                        return this.firstName + this.lastName;
                    },
                },
            });
        </script>
    </body>
</html>
```

我们再看一下,对比一下,假设我们传的 lazy 是 false,会是什么效果,自己可以去试一下。

OK,目前我们到了一个阶段,稍微暂停一下,来捋一下思路。首先,我们修改了 Dep 与 Watcher 一对一的关系,新增了一个栈来维护多个 Watcher 的执行顺序,希望用这个栈来维护与 Dep 有关的所有 Watcher。但是要清楚,现在还有一个核心问题,就是渲染 Watcher 是跟 data 属性有关系的,而计算属性 Watcher 是绑定的计算属性的那个我们传入的选项的名字,跟 data 目前还没有关联上。

我们分析下,目前,在模板中去取计算属性值的时候,实际上我们并没有走 computed 的 Watcher,因为我们现在只是 new 了,但是由于传了 lazy,所以并没有在 new 的时候立即执行,并且,现在并不需要它执行,需要在我们想让它执行的时候再执行,那什么时候想让它执行呢?就是 dirty 为 true 的时候。

"坑"都挖的差不多了,我们继续修改代码:

```JavaScript
function defineComputed(target, key, userDef) {
    const setter = userDef.set || (() =>{});
    Object.defineProperty(target, key, {
        get: createComputedGetter(key),
        set: setter,
    });
}
```

之前在 defineComputed 里声明的 getter 变量移动到了上一层,这里用不到。然后我们用了一个 createComputedGetter 方法作为 get 的参数,我们要去处理下 get 的方法以确定可以在什么时候执行 computedWatcher,看看 createComputedGetter 做了什么事情:

JavaScript

```
function createComputedGetter(key) {
    return function () {
        const watcher = this._computedWatchers[key];
    };
}
```

首先，这里返回了一个函数，这不用解释了吧，因为 set 修饰符需要一个函数。然后，我们取了 this._computedWatchers 上传入的 key 作为当前对应的 watcher，还记得我们之前给 vm 绑定了这个变量吗？就是通过 watchers 变量存储对应 key 的 watcher 的时候：

```
JavaScript
const watchers = (vm._computedWatchers = {});
```

那么问题来了，这个 this 是谁？往回退一步看，createComputedGetter 这个方法是作为 defineProperty 的 get 修饰符的，也就是说调用这个方法的就是我们传给 defineComputed 方法的 target 参数，而这个 target 就是 vm。

注意，这里的 watchers 和 vm._computedWatchers 都指向同一个引用地址，所以在后面我们遍历 computed 选项内部的 key 的时候仅仅只给了 watchers 赋值上了对应 key 的 watcher 后，vm._computedWatchers 也同样能取到一模一样地址的内容。那么我们继续完善 createComputedGetter 方法：

```
JavaScript
function createComputedGetter(key) {
    return function () {
        const watcher = this._computedWatchers[key];
        if (watcher.dirty) {
            // 5.5 第一次取值后，dirty 就会变为 false，下一次就不会再走 evaluate 了
            watcher.evaluate();
        }

        // 这个时候执行完 watcher.evaluate，watcher 上已经有了 value，返回即可
        return watcher.value;
    };
}
```

上面的代码，我们先判断一下 watcher 的 dirty 属性，如果是 true，那么才会去执行取值操作，否则我们就不运行 watcher，直接返回结果了。那么这个 evaluate 是什么呢？我们去修改下 Watcher 的代码：

```
Kotlin
// 计算属性触发执行回调
evaluate() {
    this.value = this.get();
    this.dirty = false;
}
get() {
    pushTarget(this);
```

```
        let value = this.getter.call(this.vm);
        popTarget();
        // 把值返回,就获得到了用户定义的 computed 的值
        return value;
    }
```

我们先看修改的 get 方法,通过声明一个变量,存储了执行 getter 后返回的结果,这个 getter,就是我们传入的 computed 选项对应的那个计算属性的 get 方法,之后 evaluate 方法实际上就是存储了一下返回的结果 value,再把 dirty 变为了 false,下一次执行 createComputedGetter 的时候,watcher.dirty 就是 false,不会再执行内部的逻辑,直接取 watcher 的结果了。而 this.getter.call 的目的是为了让这个计算属性的方法内部的 this 指向 vm。

我们看一下效果:

```
HTMLBars
<!DOCTYPE html>
<html lang="en">
    <head>
        <meta charset="UTF-8" />
        <meta http-equiv="X-UA-Compatible" content="IE=edge" />
        <meta name="viewport" content="width=device-width, initial-scale=1.0" />
        <title>计算属性</title>
    </head>
    <body>
        <div id="app">{{fullname}}{{fullname}}{{fullname}}</div>
        <script src="vue.js"></script>
        <script>
                const vm = new Vue({
                    el: "#app",
                    data() {
                        return {
                            firstName: "zaking",
                            lastName: "wong",
                        };
                    },
                    computed: {
                    fullname() {
                        console.log("run");
                        return this.firstName + this.lastName;
                    },
                },
            });
        </script>
    </body>
</html>
```

对不对呢，这打印出来的都是 NaN 了。

好吧，我们漏了什么，大家还记得这段代码吗：

```
JavaScript
get() {
    pushTarget(this);
    let value = this.getter.call(this.vm);
    popTarget();
    // 把值返回，就获得到了用户定义的 computed 的值
    return value;
}
```

这个 call 方法里面的 this.vm 是哪里来的？我们加上。

```
Kotlin
class Watcher {
    constructor(vm, fn, options) {
        // ...
        this.dirty = this.lazy;
        this.vm = vm;
        this.lazy ? undefined : this.get();
    }
    // ...
}
```

此时就可以正确渲染结果了，并且打印出来的 run 字符串，就只有一个了。但是我们现在还有个核心的问题，就是我修改了某个计算属性依赖的属性，那么会怎么样呢？

```
HTMLBars
<!DOCTYPE html>
<html lang="en">
    <head>
        <meta charset="UTF-8" />
        <meta http-equiv="X-UA-Compatible" content="IE=edge" />
        <meta name="viewport" content="width=device-width, initial-scale=1.0" />
        <title>计算属性</title>
    </head>
    <body>
        <div id="app">{{fullname}}{{fullname}}{{fullname}}</div>
        <script src="vue.js"></script>
        <script>
            const vm = new Vue({
                el: "#app",
                data() {
                    return {
                        firstName: "zaking",
                        lastName: "wong",
```

```
            };
        },
        computed: {
            fullname() {
                console.log("run");
                return this.firstName + this.lastName;
            },
        },
    });
    setTimeout(() =>{
        vm.firstName = "xiao2";
    }, 2000);
  </script>
 </body>
</html>
```

从结果中看到虽然在两秒后又打印了一次 run,但是页面的渲染结果却没变,这是为什么呢?因为我们计算属性 Watcher 虽然在第一次获取的时候执行了,但是并没有触发渲染 Watcher,这就到了核心点了,需要让计算属性里面依赖的属性再去绑定渲染 Watcher。

我们继续再增加一点代码,最后一点:

```
JavaScript
import Dep from "./observe/dep";
// ...
function createComputedGetter(key) {
    return function () {
        const watcher = this._computedWatchers[key];
        if (watcher.dirty) {
            // 5.5 第一次取值后,dirty 就会变为 false,下一次就不会再走运行 evaluate 了
            watcher.evaluate();
        }
        // 5.6 计算属性出栈后,还要让计算属性 watcher 里面的属性,绑定上一层的 watcher
        if (Dep.target) {
            watcher.depend();
        }
        // 这个时候执行完 watcher.evaluate,watcher 上已经有了 value,返回即可
        return watcher.value;
    };
}
```

然后,还需要修改下 Watcher 里面的代码:

```
JavaScript
depend() {
    let i = this.deps.length;
    while (i--) {
        this.deps[i].depend();
```

```
        }
    }
    update() {
        // 如果是计算属性的值变化了，就标识它脏了，下一次获取，要重新计算，不运行缓存的 value 了
        if (this.lazy) {
            this.dirty = true;
        } else {
            queueWatcher(this);
        }
    }
```

我们来看上面这段代码，这段代码是最核心的部分了。我们先回到 stack 上来，捋一下 stack 内的 Watcher 是怎么执行的。围绕着 stack 从头到尾捋一遍执行流程(以最近的那个模板为例)。

1. 我们先去执行 initState

(1) initState 内部判断有 data 和 computed 两个选项，所以我们要依次执行 initData 和 initComputed。

① initData 内部此时会执行 defineReactive。

② initComputed 也会去绑定它自己的 defineProperty。

当我们执行了 initComputed 的时候，它的内部会生成一个计算属性 watcher。但是由于我们传了{lazy:true}，所以它并不会立即执行，只是赋值给了 watchers 和 vm._computedWatchers。

2. 然后，initState 结束了

我们继续执行代码，同步调用了 $mount。$mount 此时会调用 mountComponent。然后 mountComponent 内部 new 了一个渲染 Watcher 并把 updateComponent 传给了该渲染 Watcher。

(1) 渲染 Watcher 会立即执行 get 方法，此时它做了三件事：

pushTarget，现在 stack 栈里有一个 Watcher 了。

执行 updateComponent，该方法的内部又会调用_update 解析_render 生成的 VNode，渲染真实 DOM。而_render 就需要去读取该计算属性 fullname。而我们在初始化的时候给 fullname 绑定了 defineProperty。所以，它此时响应式运行的并不是 defineReactive，而是我们的 defineComputed 的 createComputedGetter 方法。

createComputedGetter 方法就去取了绑定在 vm 上的 fullname 的 watcher。然后走了 watcher 的 evaluate，因为第一次一定是脏的。

(2) evaluate 内部

a. 又去执行了 get 并绑定了 this.value，此时又：

ⅰ. pushTarget，这个就是计算属性 Watcher，现在 stack 栈里有两个 Watcher 了。

ⅱ. 执行 get，这个 get 就是我们自己定义的 computed 选项。然后，这个选项的内部又获取 firstName 和 lastName。于是触发了属性里的 defineReactive 里的 get 修饰符。注意!! 现在 stack 里是这样的:[渲染 Watcher，计算属性 Watcher]。所以，现在的 Dep.target 是计算属性 Watcher。此时的 Dep 让这两个属性绑定了计算属性 Watcher，并且计算属性 Watcher 也

记住了这两个属性。注意,此时只是绑定完了。并且 get 修饰符最后返回了 value,所以我们的 fullname 已经拿到了具体的值了。

ⅲ. popTarget,此时 stack 只剩一个渲染 Watcher。

ⅳ. Return value

b. 修改 dirty 为 false

3. 如果有 Dep.target,执行 watcher.depend

这个 Dep.target 就是渲染 Watcher 了,但是 watcher 却是计算属性 Watcher,其执行了 watcher 的 depend 方法:

a. 我们让这个计算属性 watcher 依赖的属性,去循环绑定渲染 Watcher,因为此时的 Dep.target 是渲染 Watcher。

popTarget

b. 解析 VNode,渲染 DOM。

以上,是我们第一次初渲染时候完整的代码执行逻辑线,大家可以跟着这个线好好捋一下。还没结束!我们在后面,设置了一个定时器,两秒后修改 firstName 的值。那么,首先修改 firstName,会触发 defineReactive 的 set 修饰符,然后 set 修饰符内部逻辑就会通知该属性已绑定的 Watcher 队列,异步统一执行,这在之前讲依赖收集时说过了,不重复强调了。

那么我们终于搞定了计算属性的实现。计算属性不会收集依赖,只会让自己依赖的属性去收集依赖。其实大家回过头来看,其实计算属性本身的实现并不算复杂,但是它额外定义了另外一种类型的 Watcher,并且扩展了整个 Watcher 类,以及它会使用自己的 defineComputed 给计算属性绑定响应式触发的事件点,会给学习的人一定的迷惑性。更别说那些穿插"看来看去"的观察者模式,所以大家一定细心调试。要相信自己。

4.2 watch 的核心是 watcher

目前为止,其实计算属性部分可以说是跟依赖收集有同等难度的实现原理,或者可以说,无论计算属性 Watcher 还是渲染 Watcher,都是依赖收集的一部分,再把这个面扩大一点,那还可以说 watch 也是其中的一部分,因为 watch 的实现,其实就是一个 watcher。

watch 在工作中也经常使用,那么我们按照惯例,先来复习下 watch 的使用方法有哪些,后面我们再根据使用方法手写一下具体的实现。

第一种写法,就是把 data 选项中的属性作为方法名即可:

```
JavaScript
const vm = new Vue({
    el: "#app",
    data() {
        return {
            name: "zaking",
        };
    },
    watch: {
```

```
        name(nv, ov) {
            console.log(nv, ov, "watch");
        },
    },
});
setTimeout(() => {
    vm.name = "zakingwong";
}, 2000);
```

第二种写法，数组写法，可以在数组中传递多个函数，当触发响应时，会依次执行数组内所有的方法，其实这种方法大家用的就并不是那么多了：

```
JavaScript
const vm = new Vue({
    el: "#app",
    data() {
        return {
            name: "zaking",
        };
    },
    watch: {
        name:[
            (nv, ov) => {
                console.log(nv, ov, "watch-array-1");
            },
            (nv, ov) => {
                console.log(nv, ov, "watch-array-2");
            },
        ],
    },
});
setTimeout(() => {
    vm.name = "zakingwong";
}, 2000);
```

第三种写法，我们还可以直接给 watch 的属性传递一个 methods，理论上讲，这种写法可以让代码更清晰，但实际上用的并不多：

```
JavaScript
const vm = new Vue({
    el: "#app",
    data() {
        return {
            name: "zaking",
        };
    },
    methods:{
```

```
        fn(nv,ov){
            console.log(nv, ov, "watch-methods");
        }
        },
    watch: {
            name: 'fn',
    },
});
setTimeout(() =>{
    vm.name = "zakingwong";
}, 2000);
```

第四种写法,对象的方式,这种方式其实我们用的比较多,因为很多时候,我们可能需要额外的参数给该 watch 方法提供一些额外的能力:

```
JavaScript
const vm = new Vue({
    el: "#app",
    data() {
        return {
            name: "zaking",
        };
    },
    watch: {
        name:{
            handler:function (nv, ov) {
                console.log(nv, ov, "watch-object");
            },
            deep: true,
        },
    },
});
setTimeout(() =>{
    vm.name = "zakingwong";
}, 2000);
```

第五种写法,直接调用实例上的 $watch 方法,这种方法是要重点说明的,因为以上的四种写法最终都会转换成 $watch 方法,也就是说,所有的 watch 写法的形式,其实都是 $watch:

```
CoffeeScript
const vm = new Vue({
    el: "#app",
    data() {
    return {
        name: "zaking",
            };
```

```
        },
});
vm.$watch("name", (nv, ov) =>{
    console.log(nv, ov, "$watch");
});
setTimeout(() =>{
    vm.name = "zakingwong";
}, 2000);
```

第六种，$ watch 的第一个参数不仅可以是一个字符串，还可以是个函数：

```
CoffeeScript
const vm = new Vue({
    el: "#app",
    data() {
        return {
            name: "zaking",
        };
    },
});
vm.$watch(
    () =>vm.name,
    (nv, ov) =>{
        console.log(nv, ov, "$watch-func");
    }
);
setTimeout(() =>{
    vm.name = "zakingwong";
}, 2000);
```

以上，就是 watch 侦测器的所有书写形式。那么根据这些写法，我们来看看，如何实现 $ watch。

既然，所有 watch 的本质都是 vm 上的 $ watch 方法，那么首先给 vm 上绑定一个 $ watch，直接在 src\index.js 加上就可以了：

```
JavaScript
Vue.prototype.$watch = function (exprOrFn, cb, options = {}) {
    // exprOrFn:
    // name 或者是 () =>name，我们去 Watcher 里处理，user 代表是用户创建的
    new Watcher(this, exprOrFn, { user: true }, cb);
};
```

然后，我们用 initState 这个方法处理下可能传入的 watch 选项：

```
JavaScript
export function initState(vm) {
    const opts = vm.$options;
    // 一堆代码
```

```
    if (opts.watch) {
        initWatch(vm);
    }
}
```

继续，我们来看看 initWatch 方法都做了什么：

```JavaScript
function initWatch(vm) {
    let watch = vm.$options.watch;
    for (const key in watch) {
        const handler = watch[key];        // 可能是字符串，数组，函数
        // 如果是数组的话，循环一下就好了
        if (Array.isArray(handler)) {
            for (let i = 0; i <handler.length; i++) {
                createWatcher(vm, key, handler[i]);
            }
        } else {
            createWatcher(vm, key, handler);
        }
    }
}
// 给每个实例上增加的属性和对应的处理函数
function createWatcher(vm, key, handler) {
    if (typeof handler === "string") {
        handler = vm[handler];
    }
    return vm.$watch(key, handler);
}
```

首先，我们拿到选项上的 watch，然后获取对应 key 的 watch，因为可能有数组的情况，所以如果是数组，我们就遍历下，取其中的每一项内容去调用 createWatcher 方法，不是数组那就是函数或者字符串，还有可能是对象，那么就运行 createWatcher 就好了。

然后，我们的 createWatcher 方法，如果是字符串，那么就取实例对应的方法，因为 methods 选项中的方法也会绑定到 vm 实例上，当然，对于这里我们没有实现字符串和对象的情况，大家有兴趣可以自己探索一下。最后，我们就直接返回调用了实例上的 $watch 方法即可。

目前，所有的东西，都指向了 Watcher 这个类，那么继续去修改下 Watcher：

```JavaScript
class Watcher {
    constructor(vm, exprOrFn, options, cb) {}
}
```

我们要给 Watcher 的参数做些修改，之前的 fn，现在并不一定只是函数，还有可能是一个字符串，而且，我们还往后面添加了一个回调函数 cb 参数。

大家还记得这个 exprOrFn(之前的 fn)是作为触发 DOM 更新或者 computed 选项执行的

函数，但是现在的阶段，如果它传入的是字符串，代码就跑不转了，所以我们需要改下 getter 的赋值逻辑：

```
JavaScript
if (typeof exprOrFn === "string") {
    this.getter = function () {
        return vm[exprOrFn];
    };
} else {
    this.getter = exprOrFn; // 意味着调用这个函数可以发生取值操作
}
```

继续，我们在 vm. prototype. $ watch 方法上，传给 Watcher 的参数，还有一个 options 和一个 cb，所以还需要再加上一点内容：

```
JavaScript
this.user = options.user;
this.cb = cb;
```

到这里那准备阶段我们基本上完成了，想一想，这个用户的 Watcher 和依赖收集、计算属性的 Watcher 有什么不同？嗯……它们最大的不同是，触发的内容不同。之前触发 Watcher 会调用 getter，但是如果是用户创建的 Watcher，我们需要它运行 cb：

```
Kotlin
run() {
    if (this.user) {
        this.cb();
    }
    this.get();
}
```

看起来好像没什么问题，但是 $ watch 方法中是可以传递两个参数的，一个新值，一个老值。

```
JavaScript
class Watcher {
    constructor(vm, exprOrFn, options, cb) {
        this.id = id++;
        this.renderWatcher = options;      // 标识是一个渲染 watcher
        // 如果是字符串则代表是函数名，直接取就好了
        if (typeof exprOrFn === "string") {
            this.getter = function () {
                return vm[exprOrFn];
            };
        } else {
            this.getter = exprOrFn;        // 意味着调用这个函数可以发生取值操作
    }
        this.deps = [];                    // 后续实现计算属性和清理工作需要用到
        this.depsId = new Set();           // 用来确定是否重复存储了 dep
```

```
            this.lazy = options.lazy;
            this.dirty = this.lazy;
            this.vm = vm;
            this.user = options.user;           // 标识是否是用户自己的 watch
            this.cb = cb;
            // 把老值存起来
            this.value = this.lazy ? undefined : this.get();
        }
        // 其他略
    }
```

我们把 get 执行的结果赋值给了 this.value，存储了"旧"值。那现在有一个问题，this.get 方法执行的是什么？或者说执行了 $watch 触发的 this.get 的返回值是什么？其实就是取值操作绑定的回调，而在 $watch 的场景下，这个回调就是取 data 中的值，因为如果是字符串，就取 vm 上的该 key 的值，如果是函数，函数本身返回的写法就必须是() ⇒ vm.name，本质上都是一回事。所以当首次在触发 $watch 方法执行 new Watcher 的时候，传入到 Watcher 类中的 exprOrFn 就已经做了第一次的"取值—赋值"操作。懂了？不懂再回头看看，我们继续：

```
JavaScript
run() {
    let ov = this.value;                        // 通过 this.value 就能拿到旧值了
    let nv = this.get();                        // 再更新，我们就拿到了新值
    if (this.user) {
        this.cb.call(this.vm, nv, ov);
    }
    this.get();
}
```

注意这里，为什么 run 里面再调一次 get 方法可以拿到新值？如果大家跟我有一样的疑问，那可能您面的概念还没有学透彻，因为是异步更新！当在 run 里面再去取 get 的返回结果的时候，上一个的 tik 已经更新完了，再去取值，自然就是新的值了。

到此，我们就实现了简单的 $watch 方法，没去实现对象形式和获取 methods 选项上方法的形式，大家可以自行解决噢。$watch 的实现其实很专一，并不复杂，涉及的点和线都是之前的，所以比较容易理解，但是理解 $watch 就必须理解我们前面所学的内容，加油。

4.3 响应式原理补充——数组的更新

数组的更新，其实本身并不复杂，但是它理解起来比较难，学会了，学懂了这个，你就对引用类型的储存方式有了很深刻的理解了。那么我们不多说，继续。

我们先来看一个最基本的之前强调过的例子：

```
HTMLBars
<!DOCTYPE html>
```

```
<html lang = "en">
    <head>
        <meta charset = "UTF - 8" />
        <meta http-equiv = "X-UA-Compatible" content = "IE = edge" />
        <meta name = "viewport" content = "width = device-width, initial-scale = 1.0" />
        <title>数组更新</title>
    </head>
    <body>
        <div id = "app">
            <ul>
                <li>{{arr}}</li>
            </ul>
        </div>
        <script src = "https: //cdn.bootcdn.net/ajax/libs/vue/2.6.14/vue.js"></script>
        <script>
            const vm = new Vue({
                el: "#app",
                    data() {
                        return {
                            arr: [1, 2, 3],
                        };
                    },
                });
            vm.arr[0] = 99;
            vm.arr.length = 100;
        </script>
    </body>
</html>
```

我们用真正的 Vue 代码来做演示，上面的两种修改数组的方法都不会生效，在官方文档中有详细的说明。但是这样做的原因是什么呢？第一个问题，在 Vue2 源码里，针对数组，并没有观测每一项数组内元素的值，因为那样意味着特别消耗性能，所以我们只是做了一层拦截，修改了数组原型上的方法。而修改 length 也无法观测，因为我们并没有观测 length 属性来看个有趣的事情：

```
HTMLBars
<!DOCTYPE html>
<html lang = "en">
    <head>
        <meta charset = "UTF - 8" />
        <meta http-equiv = "X-UA-Compatible" content = "IE = edge" />
        <meta name = "viewport" content = "width = device-width, initial-scale = 1.0" />
        <title>数组更新</title>
    </head>
    <body>
        <div id = "app">
```

```
            <ul>
                <li>{{arr}}</li>
            </ul>
        </div>
        <script src="https://cdn.bootcdn.net/ajax/libs/vue/2.6.14/vue.js"></script>
        <script>
            const vm = new Vue({
            el: "#app",
            data() {
                    return {
                        arr: [1, 2, 3],
                    };
                },
            });
            vm.arr[0] = 99;
            vm.arr.length = 100;

            vm.arr.push(4);
        </script>
    </body>
</html>
```

大家猜，上面的代码会是什么结果？如图 4－1 所示。

- [99, 2, 3, null, 4]

图 4－1　代码结果示例图

嗯，我就不卖关子了，这是因为你通过 push 方法，更新了之前修改的内容。我们看例子：

```
HTMLBars
<!DOCTYPE html>
<html lang="en">
    <head>
        <meta charset="UTF-8" />
        <meta http-equiv="X-UA-Compatible" content="IE=edge" />
        <meta name="viewport" content="width=device-width, initial-scale=1.0" />
```

```
        <title>数组更新</title>
    </head>
    <body>
        <div id="app">
            <ul>
                <li>{{arr}}</li>
            </ul>
        </div>
        <script src="vue.js"></script>
        <script>
            const vm = new Vue({
                el: "#app",
                data() {
                    return {
                        arr: [1, 2, 3],
                    };
                },
            });
            vm.arr.push(4);
        </script>
    </body>
</html>
```

注意，上面我们用的是我们自己的 Vue2 代码了。我们希望调用 push 方法的时候，可以让页面更新，但目前我们还不可以，本小节就是来实现这些的。那在实现之前，为什么我们现在修改数组的内容，不会触发更新？那我们还得再写例子：

```
HTMLBars
<!DOCTYPE html>
<html lang="en">
    <head>
        <meta charset="UTF-8" />
        <meta http-equiv="X-UA-Compatible" content="IE=edge" />
        <meta name="viewport" content="width=device-width, initial-scale=1.0" />
        <title>数组更新</title>
    </head>
    <body>
        <div id="app">
            <ul>
            <li>{{arr}}</li>
            </ul>
        </div>
        <script src="vue.js"></script>
        <script>
            const vm = new Vue({
                el: "#app",
```

```
                data() {
                    return {
                        arr: [1, 2, 3],
                    };
                },
            });

            vm.arr = [1, 2, 3, 4];
        </script>
    </body>
</html>
```

上面的代码会更新吗？一定会！我们来分析下这是为什么？因为我们只观测了这个 arr 属性，并没有观测 arr 数组对象里的内容，arr 这个属性所存储的是 arr 对象的实际内容的引用地址，真正的内容也就是[1,2,3]是存在内存中的，我们修改了其内容但是引用地址没变，所以就意味着 arr 属性的引用地址没变，自然也就无法更新。而后面，当我们重新赋值，相当于修改了其引用地址，那自然就更新了。那么继续看例子：

```
HTMLBars
<!DOCTYPE html>
<html lang="en">
    <head>
        <meta charset="UTF-8" />
        <meta http-equiv="X-UA-Compatible" content="IE=edge" />
        <meta name="viewport" content="width=device-width, initial-scale=1.0" />
        <title>数组更新</title>
    </head>
    <body>
        <div id="app">
            <ul>
                <li>{{arr}}</li>
            </ul>
            </div>
            <script src="vue.js"></script>
            <script>
                const vm = new Vue({
                    el: "#app",
                    data() {
                        return {
                            arr: [1, 2, 3, { a: 1 }],
                        };
                    },
                });

            vm.arr[3].a = 4;
        </script>
```

```
    </body>
</html>
```

上面的代码，数组里有个对象，然后修改该对象的属性，也是可以渲染的，这是因为我们在渲染模板取值的时候，就运行了 defineReactive 内 defineProperty 的 get 方法，执行了依赖收集逻辑。我们稍微复习一下：

```
JavaScript
observeArray(data) {
    data.forEach((item) => {
        observe(item);
    });
}
```

如果 data 中有数组，会运行上面的方法，而 observe：

```
JavaScript
export function observe(data) {
    if (typeof data !== "object" || data === null) {
        return;
    }
    if (data.__ob__ instanceof Observer) {
        return data.__ob__;
    }
    return new Observer(data);
}
```

我们做下判断，所以数组内值类型的元素根本没有被观测。接下来，就看如何修改原来的代码，让数组也可以进行依赖收集。

首先，先来到这里 src\observe\index.js：

```
Kotlin
class Observer {
    constructor(data) {
        this.dep = new Dep();
        // data.__ob__ = this;
        Object.defineProperty(data, "__ob__", {
            value: this,
            enumerable: false,
        });
        // 其他代码
    }
}
```

我们给每一个 data 中的数组和对象，都增加一个 dep 属性，要注意，之前是没有这样写的，之前只是在 defineReactive 中触发了 get 修饰符的时候，给每一个 data 中的 key 绑定了 dep，但是这里，我们还要给 key 上的__ob__属性绑定一个 dep，注意看我们上面的代码，this.dep 中的 this，是__ob__。不要记错了。

所以，我们还需要去修改下 defineReactive 方法：

```
JavaScript
export function defineReactive(target, key, value) {
    // 对所有的对象都进行属性劫持，childOb.dep 用来收集依赖
    let childOb = observe(value);
    let dep = new Dep();
    Object.defineProperty(target, key, {
        get() {
            if (Dep.target) {
                dep.depend();                // 让这个属性的收集器记住这个 watcher
                if (childOb) {
                    childOb.dep.depend(); // 让数组和对象本身也实现依赖收集
                    // 让数组内的数组，再做一层依赖收集
                    if (Array.isArray(value)) {
                        dependArray(value);
                    }
                }
            }
            return value;
        },
        set(nv) {
            if (nv === value) {
                return;
            }
            observe(nv);
            value = nv;
            dep.notify();
        },
    });
}
```

对于上面的代码，我们拿到子元素，并且在取值的时候判断，如果存在子元素，那么就去调用我们刚刚绑定到该元素上的 dep 的 depend 的方法，其实就是去触发一下依赖收集，如果是数组的话，就去运行 dependArray 方法：

```
JavaScript
// 递归多了性能肯定会很差
function dependArray(value) {
    for (let i = 0; i < value.length; i++) {
        let current = value[i];
        current.__ob__ && current.__ob__.dep.depend();
        if (Array.isArray(current)) {
            dependArray(current);
        }
    }
}
```

dependArray 呢？就是遍历元素的每一项，如果元素上存在__ob__对象，那么说明我们给它绑定了 Observer 实例，我们去调用该实例上 dep 的 depend 的方法即可。这样做是为了我们可以响应式地绑定数组内新增或修改的对象。那么继续，我们还要修改一下 src/observe/array.js：

```
JavaScript
methods.forEach((method) => {
    newArrayProto[method] = function (...args) {
        const result = oldArrayProto[method].call(this, ...args);

        let inserted;
        let ob = this.__ob__;
        // ...
        if (inserted) {
            ob.observeArray(inserted);
        }
        // 数组变化了，通知对应的 watch 实现更新
        ob.dep.notify();
        return result;
    };
});
```

上面的代码，我只增加了一句话，就是触发 Watcher 的更新，调用 ob 上的 dep 实例的 notify 方法，那么，这个 ob 是什么？

到此，其实我们关于数组的响应式相关的补充内容就讲完了。大家一定要自己写一遍，不然怕是到了后面我说的是什么都不知道了，例子就不举了，希望大家能理解了。不过还是举一下吧：

```
HTMLBars
<!DOCTYPE html>
<html lang="en">
    <head>
        <meta charset="UTF-8" />
        <meta http-equiv="X-UA-Compatible" content="IE=edge" />
        <meta name="viewport" content="width=device-width, initial-scale=1.0" />
        <title>数组更新</title>
    </head>
    <body>
        <div id="app">
            <ul>
                <li>{{arr}}</li>
                <li>{{a}}</li>
            </ul>
        </div>
        <script src="vue.js"></script>
        <script>
```

```
        // 5.3 数组的监控更新
        const vm = new Vue({
          el: "#app",
          data() {
            return {
              arr: [1, 2, 3, { a: 1 }, ["a", "b", "c"]], // 给数组本身增加dep,如果后续增加了某一项,可以触发 dep
              a: { a: 1 },      // 给对象也增加 dep,如果后续增加了属性,可以触发 dep
            };
          },
        });
        // 这样不会触发数组更新,只重写了数组方法
        // vm.arr[0] = 1;
        // 这样也不行,因为没有监控长度变化
        // vm.arr.length = 100;         // 应该是没有监控 length,所以会报错,暂未处理
        // 这样,就可以触发了,包括上面的修改
        setTimeout(() => {
          vm.arr.push("zaking");
        }, 2000);
        // 我们改的是数组本身,没有改 arr 这个属性,也就是说,更改 arr 对应的引用,会导致更新,但是只是更改数组内容,引用没变,
        // 所以不会更新,我们还要让 arr 对应的引用地址的内容,要被监控
        // 比如:
        // vm.arr = [];
        // 再比如:
        // vm.arr[3].a = 100;
        console.log(vm._data);

        setTimeout(() => {
          vm.a.b = 100;
          vm.a.__ob__.dep.notify(); // $set 原理
        }, 3000);

        setTimeout(() => {
          vm.arr[4].push("d");
        }, 4000);
        console.log("--");
      </script>
    </body>
</html>
```

这是一个完整的复杂的例子,其他不多说,但其中要说一下的是:

```JavaScript
vm.a._ob_.dep.notify(); // $set 原理
```

这句话，Vue2 官方表示只能观测 data 选项中的属性，不在其中的肯定是无法观测的，怎么去观测一开始没有的东西呢？对吧。但是很多时候，我们都会在后续的开发逻辑中需要观测新的对象，那怎么办呢？官方给出的答案就是 $ set 方法，而 $ set 的实现，其实就是调用属性上的__ob__方法绑定的 dep 的 notify 触发更新的。而官方也表明了，只能在 data 选项内的属性上绑定 $ set，那这个问题留给大家思考，为什么呢？

4.4 源码分析之不知道怎么编了

这一章我想来想去，确实不知道该怎么起名了，首先学习是一件严肃的事情，但是学习的过程，并不一定要那么严肃。言归正传，其实本章和前一章主要就做了两件事：各种依赖收集、细节补充。我们简单回顾下我们在这一章都学习了哪些内容。

首先，我们学了 computed 的实现，computed 实现稍微有些复杂，核心的线有两条，一条是我们去初始化 computed 选项的 initComputed，另外一条就是我们上一章的 Watcher，只不过为了适配 computed 的 Watcher，我们在原有的 Watcher 的基础上做了一些修改。其次我们还学习了 $ watch 方法的实现，其实就是个 Watcher。最后我们补充了数组的响应式，让每一个属性绑定了 Dep，从而在变动的时候可以从 Dep 上触发响应。

这一章的总结稍微有点不同，之前都是按照目录结构顺序来复习的。我们来复习一下整个响应式原理和依赖收集，顺便复习下第一章和第三章学的内容。我们发现，唯独第二章有些许的区别，第二章我们讲了模板编译原理，而第一、第二、第四章，笼统说，都算是响应式原理的部分。但是这里我们把响应式原理拆分成两部分：响应式部分和依赖收集部分。OK，讲了这么多，终于说清楚了本章到底要分析什么源码，那么我们就来完整捋一遍响应式和依赖收集这两个 Vue2 的核心部分。

4.4.1 原来是这样的响应式

在看源码之前我们得先搞清楚一点基础知识，这个基础知识说起来其实并不复杂，但总是容易让人疑惑，不知道大家在工作中使用 Vue 的时候，是不是时常遇到响应不了的情况，反正我是经常遇到，并且十分疑惑，这不是响应式吗？为什么响应不了呢？学完这章，就会茅塞顿开了。

1. JavaScript 的基本类型及其表现

这里不说 JavaScript 的基本类型有哪些了，这个太基础了，总之 JavaScript 的基本类型可以分为两类，一类是值类型，一类是引用类型。而值类型的表现比较容易理解：

```
JavaScript
var a = 1;
var b = a;
a = 2;
console.log(b, "b");                    // 1 b
console.log(a, "a");                    // 2 a
```

上面的代码,结果是什么?嗯,不好意思我们已经写出来了。我们继续看另外一个例子:

```
JavaScript
var a = { val: 1 };
var b = a;
a.val = 2;
console.log(b, "b.val");                    // {val: 2} b
console.log(a, "a.val");                    // {val: 2} a
```

是不是跟预想的不太一样?那我们再继续看例子:

```
JavaScript
var a = [1, 2, 3];
var b = a;
b = [3, 2, 1];
console.log(b, "b");
console.log(a, "a");
```

上面的代码结果是什么?我先不回答你,再继续看一个对比:

```
JavaScript
var a = [1, 2, 3];
var b = a;
b[2] = null;
console.log(b, "b");
console.log(a, "a");
```

上面的这种呢?其实答案很简单,谜底就在谜面上,第一个数组的例子,由于我们重新给 b 赋值了一个新的数组,这个已经不再是之前的 a 数组的引用了,而是一块新的内存空间,自然 a、b 就不一样了。而第二个数组的例子,其实只修改了数组内的元素,但是空间还是那个空间,地址还是那个地址,引用也还是那个引用,自然一个变了另外一个也就跟着变了。那么对象自然也是一样的,只不过上面对象的例子,在修改的时候,相当于 a['val']这样的修改,我们修改的是对象内部的元素并不是对象本身。

好了,那总结一下:值类型按照值来传递,当用=运算符做赋值操作的时候,值类型传递的是一个完整的拥有自己内存空间的值。而引用类型是按照引用来传递的,真正的数据存在了内存中,当用=运算符做赋值操作的时候,传递的是一个内存中的地址。

那为什么要分引用类型和值类型?都用一个不好吗?其实说明白了,就是什么样的场景做什么事。值类型的体积往往比较小,花那时间去存引用,引用地址的字节可能都比值的体积要大。而引用类型往往体积比较大,如果每次赋值都重新开辟内存空间,再赋值,性能损耗太大,所以才存个引用。

最后,我们要搞清楚的是,完整的赋值操作其实是开辟了一块新的空间。而修改引用类型内元素的值,引用地址并没有改变。

2. 响应式原理浅析

我们了解了基本的数据类型在存储上的一些差异和场景,接下来,来看下 Vue2 源码中,关于响应式部分的实现。

根据之前的学习，大概可能模糊地记起，响应式原理，Observer，而 Observer 这个类是在初始化的时候调用的，那就是 initMixin 作为原入口，然后我们继续调用了_init 方法，_init 方法里面做了好多事，其中有一件事好像是 initState，然后在 initState 中初始化 data 选项的代码，是这样的：

```
JavaScript
if (opts.data) {
    initData(vm)
} else {
    observe(vm._data = {}, true /* asRootData */)
}
```

也就是说，有 data 选项就运行 initData 方法，没有就直接观察个空对象。那我们假设现在有 data 选项，所以我们得继续运行 initData 方法。这个 initData 代码看起来有点多，其实它内部做的事情很好理解：

```
Haskell
function initData (vm: Component) {
    let data = vm.$options.data
    data = vm._data = typeof data === 'function'
        ? getData(data, vm)
        : data || {}
    if (!isPlainObject(data)) {
        data = {}
        process.env.NODE_ENV !== 'production' && warn(
            'data functions should return an object:\n' +
            'https://vuejs.org/v2/guide/components.html#data-Must-Be-a-Function',
            vm
        )
    }
    // proxy data on instance
    const keys = Object.keys(data)
    const props = vm.$options.props
    const methods = vm.$options.methods
    let i = keys.length
    while (i--) {
        const key = keys[i]
        if (process.env.NODE_ENV !== 'production') {
            if (methods && hasOwn(methods, key)) {
                warn(
                    `Method "${key}" has already been defined as a data property.`,
                    vm
                )
            }
        }
        if (props && hasOwn(props, key)) {
```

```
            process.env.NODE_ENV !== 'production' && warn(
                'The data property "${key}" is already declared as a prop. ' +
                'Use prop default value instead.',
                vm
            )
        } else if (! isReserved(key)) {
            proxy(vm, '_data', key)
        }
        }
    // observe data
    observe(data, true /* asRootData */)
}
```

我们来看上面完整的代码，首先如果是对象就直接拿对象的值，如果是函数就运行 call 方法取得其中返回的值，再往后就是判断了一下，如果取得的对象并不是一个纯对象，那么就在非生产环境下报个错。接着，我们取所有 data 选项中的键，再取 props 选项和 methods 选项。循环遍历 data 中的 keys，props 和 methods 的名称不能和 data 选项中的 keys 一样，并且不能是保留字段，我们就把它代理到 vm 的_data 属性上。最后，我们 observe 一下这个 data。

关键点来，那 observe 做了什么呢：

```
TypeScript
export function observe (value: any, asRootData: ? boolean): Observer | void {
    if (! isObject(value) || value instanceof VNode) {
        return
    }
    let ob: Observer | void
    if (hasOwn(value, '__ob__') && value.__ob__ instanceof Observer) {
        ob = value.__ob__
    } else if (
        shouldObserve &&
        ! isServerRendering() &&
        (Array.isArray(value) || isPlainObject(value)) &&
        Object.isExtensible(value) &&
        ! value._isVue
    ) {
        ob = new Observer(value)
    }
    if (asRootData && ob) {
        ob.vmCount ++
    }
    return ob
}
```

其实，它核心就做了两件事，看看这个值上有没有 ob，没有就新建一个返回。这是一件事，核心来了，我们看看 Observer 这个类的实现：

```
TypeScript
export class Observer {
    value: any;
    dep: Dep;
    vmCount: number; // number of vms that have this object as root $data

    constructor (value: any) {
        this.value = value
        this.dep = new Dep()
        this.vmCount = 0
        def(value, '__ob__', this)
        if (Array.isArray(value)) {
            if (hasProto) {
                protoAugment(value, arrayMethods)
            } else {
                copyAugment(value, arrayMethods, arrayKeys)
            }
            this.observeArray(value)
        } else {
            this.walk(value)
        }
    }

    /**
    * Walk through all properties and convert them into
    * getter/setters. This method should only be called when
    * value type is Object.
    */
    walk (obj: Object) {
        const keys = Object.keys(obj)
        for (let i = 0; i < keys.length; i++) {
            defineReactive(obj, keys[i])
        }
    }

    /**
    * Observe a list of Array items.
    */
        observeArray (items: Array<any>) {
        for (let i = 0, l = items.length; i < l; i++) {
            observe(items[i])
        }
    }
}
```

经过我们之前的学习，完全可以看得懂完整的 Observer 类的实现是什么意思了，我们再简单回顾一遍，之前都说过了的。首先，构造函数中有三个实例属性，value、dep 和 vmCount。value 就是我们传入的要绑定 Observer 实例的那个 data 选项中的属性，vmCount 就是一个计数器，dep 才是最重要的核心，每一个 value 实际上都会绑定一个 dep，以至于我们在更新数据的时候，可以触发对应 dep 上的 watcher。那 dep 是怎么绑定在 value 上的呢？

我们继续往后看，关键的一句话：def(value，'__ob__'，this)，def 方法其实就是 defineProperty 的封装：

```
YAML
export function def (obj: Object, key: string, val: any, enumerable?: boolean) {
    Object.defineProperty(obj, key, {
        value: val,
        enumerable: !! enumerable,
        writable: true,
        configurable: true
    })
}
```

对吗？看我们这里不传第四个参数，就默认是不可枚举的，所以之前说过了，这样绑定一个属性是为了防止死循环。再往后，如果是数组，就运行数组 AOP 的方法，否则就是一个纯对象，我们运行 walk 就可以。

那么到此，我们有了两个分支，Vue2 针对数组和对象的响应式做了两种不同的处理。我们先来看一下数组，它运行了这样的一个逻辑：

```
JavaScript
if (Array.isArray(value)) {
    if (hasProto) {
        protoAugment(value, arrayMethods)
    } else {
        copyAugment(value, arrayMethods, arrayKeys)
    }
    this.observeArray(value)
}
```

对此，大家第一个疑问想必是 hasProto 是做什么的？如用 CTRL＋鼠标左键点击一下这个字段，就知道原因了：

```
JavaScript
// can we use __proto__?
export const hasProto = '__proto__' in {}
```

判断对象上是否存在_proto_私有属性，这个属性不是一定会有的吗？不一定，比如 Node 环境，确定有这个属性吗？好吧，我不懂 Node，我也不确定，但是假设有浏览器不兼容，那么我们是不是要做特殊处理，因为_proto_并不是规范，只是实现。所以，基于这样的假设，我们针对数组做了两种处理。一种是直接通过原型来实现 AOP 的一层拦截：

```
JavaScript
function protoAugment (target, src: Object) {
```

```
    /* eslint-disable no-proto */
    target.__proto__ = src
    /* eslint-enable no-proto */
}
```

直接一个_proto_,太简单了。那么如果不支持_proto_:

```JavaScript
function copyAugment (target: Object, src: Object, keys: Array<string>) {
    for (let i = 0, l = keys.length; i < l; i++) {
        const key = keys[i]
        def(target, key, src[key])
    }
}
```

通过 defineProperty 把重新定义的方法绑定到这个对象上。相当于覆盖了原有的方法,算是退而求其次的选择,这种方式还有个高大上的名字,叫作优雅降级?

OK,那么我们发现,数组的响应式绑定,实际上是通过拦截那些可能会修改原数组的方法来做绑定的。并且还会在后面调用 observeArray 方法:

```TypeScript
observeArray(items: Array<any>) {
    for (let i = 0, l = items.length; i < l; i++) {
        observe(items[i]);
    }
}
```

很简单,遍历,每一项都 observe 一下。那么数组还有一个核心的点,就是每当我们触发了这些会修改原数组方法的时候,其自定义的方法内部,都运行了两个核心的点:一个是观测新增的节点,一个是触发当前修改的数组 ob 上的 dep 的 notify 方法来触发 Watcher 的更新:

```JavaScript
if (inserted) ob.observeArray(inserted)
// notify change
ob.dep.notify()
```

没错,同我们介绍的一模一样。那么接下来看对象方法的响应式:

```JavaScript
walk(obj: Object) {
    const keys = Object.keys(obj);
    for (let i = 0; i < keys.length; i++) {
        defineReactive(obj, keys[i]);
    }
}
```

很简单,就是 defineReactive,defineReactive 之前讲过了,不多啰嗦,如果到这里,你确实很懵,很无奈,回头再看一遍!我们来看看 get 和 set 修饰符都做了什么:

```JavaScript
JavaScript
get: function reactiveGetter() {
    const value = getter ? getter.call(obj) : val;
    if (Dep.target) {
        dep.depend();
        if (childOb) {
            childOb.dep.depend();
            if (Array.isArray(value)) {
                dependArray(value);
            }
        }
    }
    return value;
},
```

跟我们写的一模一样，对于当前的属性，我们通过 dep.depend 开始收集依赖，如果有子元素，再让子元素收集依赖，如果是数组，就运行 dependArray 方法，看下面 dependArray 方法：

```JavaScript
JavaScript
function dependArray(value: Array<any>) {
    for (let e, i = 0, l = value.length; i <l; i++) {
        e = value[i];
        e && e._ob_ && e._ob_.dep.depend();
        if (Array.isArray(e)) {
            dependArray(e);
        }
    }
}
```

其实就是看数组元素中是否有对象，是对象就 depend 收集依赖，再看是不是数组，是数组就递归，那么 set 其实也很简单：

```JavaScript
JavaScript
set: function reactiveSetter(newVal) {
    const value = getter ? getter.call(obj) : val;
    /* eslint-disable no-self-compare */
    if (newVal === value || (newVal !== newVal && value !== value)) {
        return;
    }
    /* eslint-enable no-self-compare */
    if (process.env.NODE_ENV !== "production" && customSetter) {
        customSetter();
    }
    // #7981: for accessor properties without setter
    if (getter && ! setter) return;
    if (setter) {
        setter.call(obj, newVal);
```

```
        } else {
            val = newVal;
        }
        childOb =! shallow && observe(newVal);
        dep.notify();
    },
```

这么一大串,其实就是:

```
PowerShell
observe(nv);
value = nv;
dep.notify();
```

OK,到此,整个响应式部分,我们就介绍完了,其实所有的代码,并不复杂。最后,还是想强调我最开始说过的,源码不过是人写的代码,无须惧怕。

4.4.2 依赖收集不过是彼此铭记

上一小节,我们捋完了整个 Observer 部分,那么其实在 Observer 的一些关键点,是需要触发 Watcher 的。那么我们回忆一下,我们在过去的代码中,在哪些节点做了收集和触发。

首先,想到的第一个就是在 defineReactive 中,我们 get 的时候会触发 dep.depend 去收集依赖,然后在 set 中触发 dep.notify 去渲染 DOM,这是第一个地方。

其次,还有 computed 的时候,也需要去收集依赖(注意,不是 computed 属性会收集依赖,而是会触发收集),而 computed 有些不同,它是在 Watcher 中触发了 watcher 的 depend 方法,让 watcher 中记录的 deps 也就是属性,去调用 dep 的 depend。这种让已存储 deps 的 Watcher 触发 depend 的情况,一定是在触发了 defineReactive 之后。那是在哪触发 notify 的呢?是在调用 evaluate 方法的时候,去执行 Watcher 的 get 方法,并且获取了执行后的值。

最后,还有一种情况,就是用户的 Watcher,也就是 $watch 方法。而 $watch 方法的内部,本质上就是创建了一个 Watcher。只是创建了一个 Watcher? Dep 属性收集呢?注意,我们观测的都是 data 选项中的属性,所以在 defineReactive 的时候已经收集好了,此时我们只要去触发就可以了。

所以我们可以发现,一切的源头实际上是 defineReactive,而无论是 computed 也好,还是 $watch 也好,都是依赖于 defineReactive 的前置依赖收集的。所以,在 initState 方法中做了三件事:

```
JavaScript
export function initState (vm: Component) {
    vm._watchers = []
    const opts = vm.$options
    if (opts.props) initProps(vm, opts.props)
    if (opts.methods) initMethods(vm, opts.methods)
    if (opts.data) {
        initData(vm)
    } else {
```

```
        observe(vm._data = {}, true /* asRootData */)
    }
    if (opts.computed) initComputed(vm, opts.computed)
    if (opts.watch && opts.watch !== nativeWatch) {
        initWatch(vm, opts.watch)
    }
}
```

初始化 data、初始化 computed、最后再初始化 watch。这回大家明白了为什么这里是这样的顺序了。

那大家可能会问，只有这三个地方触发了 Watcher 吗？还有其他的地方也同样使用了依赖收集吗？或者说，还有什么地方使用了 Watcher？嗯，其实还有很多，在第二部分的时候，会带大家去梳理常见的实现方法，到时候我们再详细探讨。

我们已经知道了这些触发点，接下来，我们就要去看看触发了之后 Vue2 源码又做了些什么。学到了这里，换一种方式去分析源码。首先，先来分析 Dep 这个类。

1. 是 Dep 不是 Deep!

我们就直接来看源码：

```
JavaScript
/* @flow */

import type Watcher from './watcher'
import { remove } from '../util/index'
import config from '../config'

let uid = 0

/**
 * A dep is an observable that can have multiple
 * directives subscribing to it.
 */
export default class Dep {
    static target: ?Watcher;
    id: number;
    subs: Array<Watcher>;

    constructor () {
        this.id = uid++
        this.subs = []
    }

    addSub (sub: Watcher) {
        this.subs.push(sub)
    }
```

```
    removeSub (sub: Watcher) {
        remove(this.subs, sub)
    }

    depend () {
        if (Dep.target) {
            Dep.target.addDep(this)
        }
    }

    notify () {
        // stabilize the subscriber list first
        const subs = this.subs.slice()
        if (process.env.NODE_ENV !== 'production' && !config.async) {
            // subs aren't sorted in scheduler if not running async
            // we need to sort them now to make sure they fire in correct
            // order
            subs.sort((a, b) => a.id-b.id)
        }
        for (let i = 0, l = subs.length; i < l; i++) {
            subs[i].update()
        }
    }
}

// The current target watcher being evaluated.
// This is globally unique because only one watcher
// can be evaluated at a time.
Dep.target = null
const targetStack = []

export function pushTarget (target: ?Watcher) {
    targetStack.push(target)
    Dep.target = target
}

export function popTarget () {
    targetStack.pop()
    Dep.target = targetStack[targetStack.length - 1]
}
```

上面的代码是我直接从源码赋值下来，一点都没改。我们来逐行分析。首先引入了三个对象，Watcher 是什么不用说，我们后面会分析它，还会引入了一个 remove 方法：

```
JavaScript
// src\shared\util.js
```

```
export function remove (arr: Array<any>, item: any): Array<any>| void {
    if (arr.length) {
        const index = arr.indexOf(item)
        if (index > -1) {
            return arr.splice(index, 1)
        }
    }
}
```

其实就是个 splice 方法，而 config 呢，在这里 src\core\config.js，其实就是 Vue 的全局配置并不多，但是这里不发出来了，没意义，有兴趣可以自己去看。我们继续往下，整个 Dep 类，其实只有两个属性：

```
JavaScript
constructor () {
    this.id = uid++
    this.subs = []
}
```

这里是一个静态属性 target。很简单吧？subs 就是用来存储 Watcher 的，id 就是当前 dep 的 id。继续往后看，整个 Dep 类就四个方法：addSub、removeSub、depend 和 notify。其中 addSub 就是往 subs 里添加 watcher 的，removeSub 就是调用了 util 中的 remove 方法，从 subs 数组中移除对应的 watcher。depend 方法就是调用了当前 Dep 上的静态属性 target 也就是当前的 Watcher 的 addDep 方法，让 Watcher 也收集该 dep。notify 比我们手写的代码多了点东西，它给 subs 数组按照 id 的顺序排了个序，然后，调用 watcher 的 update 方法，触发更新。跟之前我们写过的 Dep，几乎是一模一样，没有任何的变化和区别，所以这里简单带大家过了一遍。这里还漏了一点点：Dep.target。由于可能会有多个 target，所以用一个栈去维护它。

另外，说一句题外话，有的时候，看得太细，就会看的太窄，把目光放宽点，有些问题就迎刃而解了。

2. 到处都是 Watcher

看完了 Dep，我们要再来看看 Watcher，Watcher 有点大，我们得分开看一下：

```
Kotlin
constructor (
    vm: Component,
    expOrFn: string | Function,
    cb: Function,
    options?: ?Object,
    isRenderWatcher?: boolean
) {
    this.vm = vm
    if (isRenderWatcher) {
        vm._watcher = this
    }
    vm._watchers.push(this)
```

```
    // options
    if (options) {
        this.deep =!! options.deep
        this.user =!! options.user
        this.lazy =!! options.lazy
        this.sync =!! options.sync
        this.before = options.before
    } else {
        this.deep = this.user = this.lazy = this.sync = false
    }
    this.cb = cb
    this.id = ++uid                    // uid for batching
    this.active = true
    this.dirty = this.lazy             // for lazy watchers
    this.deps = []
    this.newDeps = []
    this.depIds = new Set()
    this.newDepIds = new Set()
    this.expression = process.env.NODE_ENV !== 'production'
        ? expOrFn.toString()
        : ''
    // parse expression for getter
    if (typeof expOrFn === 'function') {
        this.getter = expOrFn
    } else {
        this.getter = parsePath(expOrFn)
        if (! this.getter) {
            this.getter = noop
            process.env.NODE_ENV !== 'production' && warn(
                'Failed watching path: "${expOrFn}" ' +
                'Watcher only accepts simple dot-delimited paths. ' +
                'For full control, use a function instead.',
                vm
            )
        }
    }
    this.value = this.lazy
        ? undefined
        : this.get()
}
```

我们先来看整个 constructor 部分，Watcher 一共传入的参数有五个：

(1) vm：Vue 实例。

(2) exprOrFn：就是我们传入的函数或者表达式，当触发 Watcher 的时候，会执行。

(3) cb：回调函数，触发 Watcher 的时候，希望可以执行的回调。仅用在用户触发的

Watcher，其实就是给 $ watch 用的。

(4) options：传入的配置参数，一共有五个，deep、user、lazy、sync 和 before。

(5) isRenderWatcher：很好理解了，就是判别是不是渲染 Watcher 的参数。

再往后，它给 Watcher 的实例上绑定了传入的 vm。然后就是一些初始化操作，如果有 options 就取 options 上的参数给实例上的对应属性赋值，否则就全都初始化为 false。再往后就是初始化一些属性了。当我们做完初始化的事情之后，由于我们传入的 exprOrFn 可能是个表达式，所以我们需要包裹一层，让这个表达式变成函数。最后就是判断是否是 lazy 了，如果不是就执行 get 方法。

我们继续：

```
Kotlin
get () {
    pushTarget(this)
    let value
    const vm = this.vm
    try {
        value = this.getter.call(vm, vm)
    } catch (e) {
        if (this.user) {
            handleError(e, vm, 'getter for watcher " ${this.expression}"')
        } else {
            throw e
        }
    } finally {
        // "touch" every property so they are all tracked as
        // dependencies for deep watching
        if (this.deep) {
            traverse(value)
        }
        popTarget()
        this.cleanupDeps()
    }
    return value
}
```

其实 get 方法并不复杂，它大概做了四件事：

(1) 添加 target 入栈。

(2) 尝试调用传入的 exprOrFn，否则报错。

(3) 如果传了 deep，那么使用 traverse 方法，遍历内部所有深层属性。

(4) target 出栈，并清空 deps。

继续，addDep 方法：

```
Kotlin
addDep (dep: Dep) {
    const id = dep.id
```

```
        if (! this.newDepIds.has(id)) {
            this.newDepIds.add(id)
            this.newDeps.push(dep)
            if (! this.depIds.has(id)) {
                dep.addSub(this)
            }
        }
    }
```

这里跟我们手写的代码有一个很重要的区别，就是 Vue2 源码中，对 deps 数组做了一层缓存，换句话说，有两个 deps 数组，一个是新的 newDeps，一个是旧的 deps。

继续，cleanupDeps：

```Kotlin
cleanupDeps () {
    let i = this.deps.length
    while (i-- ) {
        const dep = this.deps[i]
        if (! this.newDepIds.has(dep.id)) {
            dep.removeSub(this)
        }
    }
    let tmp = this.depIds
    this.depIds = this.newDepIds
    this.newDepIds = tmp
    this.newDepIds.clear()
    tmp = this.deps
    this.deps = this.newDeps
    this.newDeps = tmp
    this.newDeps.length = 0
}
```

这个其实我们之前说过了，这里再简单说下，它的含义其实就是如果新的里面不包含某个旧的 dep，那么就让该 dep 移除与当前 watcher 实例的绑定。再往后，就是值的交换，通过一个遍历缓存 depsId，然后把新的 depIds 赋值给旧的，再让新的 depIds 取之前缓存的旧的 depIds，最后清除新的 depIds，此时，就只剩下旧的 depIds 了。

所以，当我们一轮依赖触发结束后，在清空 Watcher 的依赖的时候，实际上，它存了一份之前的依赖。

再往后，看 update 方法：

```Kotlin
update () {
    /* istanbul ignore else */
    if (this.lazy) {
        this.dirty = true
    } else if (this.sync) {
```

```
        this.run()
    } else {
        queueWatcher(this)
    }
}
```

这个也很好理解，如果存在同步的参数，直接执行，否则把它加入到异步队列中去。再往后，就是 run 方法：

```
Kotlin
run () {
    if (this.active) {
        const value = this.get()
        if (
            value !== this.value ||
            // Deep watchers and watchers on Object/Arrays should fire even
            // when the value is the same, because the value may
            // have mutated.
            isObject(value) ||
            this.deep
        ) {
            // set new value
            const oldValue = this.value
            this.value = value
            if (this.user) {
                const info = 'callback for watcher "${this.expression}"'
                invokeWithErrorHandling(this.cb, this.vm, [value, oldValue], this.vm, info)
            } else {
                this.cb.call(this.vm, value, oldValue)
            }
        }
    }
}
```

上面所有的代码，其本质就是获取新旧 value，执行回调函数。而对于用户的回调，则会包裹一层错误处理。我们再往后看，evaluate 和 depend：

```
JavaScript
evaluate () {
    this.value = this.get()
    this.dirty = false
}

/**
 * Depend on all deps collected by this watcher.
 */
depend () {
```

```
    let i = this.deps.length
    while (i--) {
        this.deps[i].depend()
    }
}
```

上面的代码之前说过了，这里不多说。

```
JavaScript
teardown () {
    if (this.active) {
        // remove self from vm's watcher list
        // this is a somewhat expensive operation so we skip it
        // if the vm is being destroyed.
        if (!this.vm._isBeingDestroyed) {
            remove(this.vm._watchers, this)
        }
        let i = this.deps.length
        while (i--) {
            this.deps[i].removeSub(this)
        }
        this.active = false
    }
}
```

最后 teardown 方法，如果 vm 实例已经不存在，也就是 active 为 false 时，那么就不会执行该逻辑，也就是说，teardown 会移除我们在 new Watcher 时 constructor 中绑定到 vm 实例上的私有 watcher，并且移除 dep 与 watcher 的关联。

3. computed 核心逻辑

至此，我们看过了 Dep 和 Watcher 的代码。那么我们继续捋一下 computed 的执行逻辑在源码中到底是什么样子的。

我们回忆一下我们手写代码的时候，为了实现 computed，首先，我们要做的就是去 initComputed：

```
JavaScript
function initComputed (vm: Component, computed: Object) {
    // $flow-disable-line
    const watchers = vm._computedWatchers = Object.create(null)
    // computed properties are just getters during SSR
    const isSSR = isServerRendering()

    for (const key in computed) {
        const userDef = computed[key]
        const getter = typeof userDef === 'function' ? userDef : userDef.get
        if (process.env.NODE_ENV !== 'production' && getter == null) {
            warn(
```

```
                'Getter is missing for computed property "${key}".',
                vm
            )
        }

        if (!isSSR) {
            // create internal watcher for the computed property.
            watchers[key] = new Watcher(
                vm,
                getter || noop,
                noop,
                computedWatcherOptions
            )
        }

        // component-defined computed properties are already defined on the
        // component prototype. We only need to define computed properties defined
        // at instantiation here.
        if (!(key in vm)) {
            defineComputed(vm, key, userDef)
        } else if (process.env.NODE_ENV !== 'production') {
            if (key in vm.$data) {
                warn('The computed property "${key}" is already defined in data.', vm)
            } else if (vm.$options.props && key in vm.$options.props) {
                warn('The computed property "${key}" is already defined as a prop.', vm)
            } else if (vm.$options.methods && key in vm.$options.methods) {
                warn('The computed property "${key}" is already defined as a method.', vm)
            }
        }
    }
}
```

我们来看整个 initComputed 方法，首先生成了一个空的 watchers 对象，这个对象用来存储对应计算属性 key 所生成的 Watcher 实例，为了我们后面可以获取到对应 key 的 Watcher 实例还在 vm 上也绑定了一份。

再往后就是我们的核心逻辑，遍历计算属性中的 key，取得对应 key 的 getter。之后是错误处理和 SSR 判断，这里省略。

继续，判断如果该计算属性 key 不在 vm 实例上，那么我们就运行 defineComputed 逻辑，否则，会判断是否在 $data、$props 以及 $methods 中，并处理对应报错。

那么我们继续看 defineComputed 方法：

```
JavaScript
export function defineComputed (
    target: any,
    key: string,
```

```
    userDef: Object | Function
) {
    const shouldCache =! isServerRendering()
    if (typeof userDef === 'function') {
        sharedPropertyDefinition.get = shouldCache
            ? createComputedGetter(key)
            : createGetterInvoker(userDef)
        sharedPropertyDefinition.set = noop
    } else {
        sharedPropertyDefinition.get = userDef.get
            ? shouldCache && userDef.cache ! == false
            ? createComputedGetter(key)
            : createGetterInvoker(userDef.get)
          : noop
        sharedPropertyDefinition.set = userDef.set || noop
    }
    if (process.env.NODE_ENV ! == 'production' &&
        sharedPropertyDefinition.set === noop) {
    sharedPropertyDefinition.set = function () {
        warn(
            'Computed property "${key}" was assigned to but it has no setter.',
            this
        )
    }
  }
  Object.defineProperty(target, key, sharedPropertyDefinition)
}
```

刚开始就一大串逻辑，实在是让人有点摸不着头脑，但是实际上这一大串逻辑就一个意思，取 getter。如果不是服务器端渲染，那么我们还要关注一个 createComputedGetter 方法，因为最后 defineProperty 的时候，其中的 get 修饰符的方法就是 createComputedGetter 返回的方法：

```
JavaScript
function createComputedGetter (key) {
    return function computedGetter () {
        const watcher = this._computedWatchers && this._computedWatchers[key]
        if (watcher) {
            if (watcher.dirty) {
                watcher.evaluate()
            }
            if (Dep.target) {
                watcher.depend()
            }
            return watcher.value
```

```
            }
        }
    }
```

这一块的逻辑跟我们写的一模一样，在实例上取到我们传入的 key 的 Watcher 实例，然后去执行 watcher 的 evaluate 方法。执行完 Watcher 后，还要让上一层的 watcher 去收集依赖，最后返回我们取到的结果。

到此，我们看一下，发现 Vue2 源码与我们所写的代码最大的区别就是细节处理和报错处理。其核心逻辑十分类似。想说的是，大家在看源码的时候，最开始的时候，一定不要求全，要关注核心逻辑。

整个 computed 也就是完事了。没带大家去一点一点调试，因为在手写代码的时候这些工作都做过了，再写一遍也是一样，实在是没什么意思。所以我带大家看了看源码，其实源码并不复杂。

4. $ watch 带带我

最后，我们来看看 $ watch 的实现，这个很简单，就简单介绍了。

```
JavaScript
Vue.prototype.$watch = function (
    expOrFn: string | Function,
    cb: any,
    options?: Object
): Function {
    const vm: Component = this
    if (isPlainObject(cb)) {
        return createWatcher(vm, expOrFn, cb, options)
    }
    options = options || {}
    options.user = true
    const watcher = new Watcher(vm, expOrFn, cb, options)
    if (options.immediate) {
        const info = `callback for immediate watcher "${watcher.expression}"`
        pushTarget()
        invokeWithErrorHandling(cb, vm, [watcher.value], vm, info)
        popTarget()
    }
    return function unwatchFn () {
        watcher.teardown()
    }
}
```

它判断如果是一个对象，那么会运行 createWatcher 方法，而这种对象的情况，就是我们之前举例但未实现的情况。那 createWatcher 方法里做了什么呢，其实有点意思：

```
SQL
function createWatcher (
```

```
    vm: Component,
    expOrFn: string | Function,
    handler: any,
    options?: Object
) {
    if (isPlainObject(handler)) {
        options = handler
        handler = handler.handler
    }
    if (typeof handler === 'string') {
        handler = vm[handler]
    }
    return vm.$watch(expOrFn, handler, options)
}
```

首先，如果确定 handler 是一个对象，说明我们写的是对象形式的，也就是类似这样：

```JavaScript
watch:{
    handler: () => {},
    deep:true,
}
```

如果是这么写的，那么我们就取对象中的 handler，这个 handler 可能是个字符串，那么我们直接去 vm 上取对应的值，最后，返回的还是 vm. $watch，换句话说，通过 createWatcher 的整理后，再把整理后的参数传回给 $watch，让 $watch 去做它该做的事。那么我们再看 $watch 方法：

```JavaScript
options = options || {}
options.user = true
const watcher = new Watcher(vm, expOrFn, cb, options)
```

取 options，设置 user 参数，创建 watcher。再往后就是对 immediate 参数的执行逻辑了：

```JavaScript
if (options.immediate) {
    const info = 'callback for immediate watcher "${watcher.expression}"'
    pushTarget()
    invokeWithErrorHandling(cb, vm, [watcher.value], vm, info)
    popTarget()
}
```

其实就是立即执行了一下回调，并且传入了 watcher. value，作为回调的上下文。最后，返回了一个可以让用户手动销毁的 unwatch 方法，供用户决定在何时销毁监听对应的属性。

好，终于结束了。本章最难的就是 computed，建议大家多去执行几遍代码，复习一下前面写的内容，梳理一下它的执行顺序。

下一章，我们来实现一下 Diff 算法。

第 5 章　Diff 算法

Diff 算法，是聊到 Vue 就不得不说的故事，几乎所有的框架都有其比对 DOM 的方法，react 有 react 的，angular 也有 angular 的，虽然，我不知道 react 和 angular 是如何比对 DOM 节点的，但是在这章，咱们一起手写 Diff 算法。

我们之前写的代码，每次 DOM 的渲染都是替换完整的 DOM，显然，作为一个优秀的前端框架，每次修改一个字符都要渲染整个 DOM 实在是有点说不过去。那么自然而然，我们就需要比对 DOM，哦，抱歉，不是比对 DOM，而是比对 VNode，还记得我们的 VNode 什么样子吗：

图 5-1 就是一个用来描述 DOM 节点的对象没错，再简单一点说，其实就是一个对象。大家都有的对象，不知道你有没有。

```
▼{vm: Vue, tag: 'div', key: undefined, data: {…}, children: Array(1), …}  'vnode'
  ▼children: Array(1)
    ▼0:
      ▶children: (2) [{…}, {…}]
      ▶data: {}
      ▶el: ul
       key: undefined
       tag: "ul"
       text: undefined
      ▶vm: Vue {$options: {…}, _data: {…}, $el: div#app}
      ▶[[Prototype]]: Object
     length: 1
    ▶[[Prototype]]: Array(0)
  ▶data: {id: 'app'}
  ▶el: div#app
   key: undefined
   tag: "div"
   text: undefined
  ▶vm: Vue {$options: {…}, _data: {…}, $el: div#app}
```

图 5-1　VNode 示例

那么我们比对的就是上面的对象，确切说，是根元素的子元素，也就是 div＃app 的子元素，这是我们要去比对的 VNode。

根据我们之前写的逻辑，每次修改 Data 选项中的属性（默认我们 DOM 中用到了），都会生成一个新的 VNode，然后根据生成的 VNode 创建真实的 DOM，插入到根元素中，并删除原来旧的 DOM。显然，这样是不太合理的。我们希望第一次生成的 VNode 可以和后来更新时候的 VNode 作一些比较，只去更新那些变化了的 VNode，这样，不就节省了大部分的性能吗？

在开始之前，为了大家可以更清晰地看到比对的效果，我们先来做一点前置的修改工作。

5.1 前置代码整理

首先，为了让我们的代码看起来干净点、整洁点，也是担心后面看代码看乱了，我们把之前写在 src\index.js 文件中的 $nextTick 和 $watch 方法，整合到一个 stateMixin 方法中，至于这个方法学在哪呢，随便找个文件放吧，比如就放在 src\state.js 这里：

```
JavaScript
import Watcher, { nextTick } from "./observe/watcher";
// ...
export function stateMixin(Vue) {
    Vue.prototype.$nextTick = nextTick;
    // watch.1-1,最终的核心就是这个方法
    Vue.prototype.$watch = function (exprOrFn, cb, options = {}) {
        // exprOrFn:
        // name 或者是 () => name,我们去 Watcher 里处理,user 代表是用户创建的
        new Watcher(this, exprOrFn, { user: true }, cb);
    };
}
```

然后别忘了删除之前 index.js 中的这块的代码，继续，我们需要在 index.js 中引入这个 stateMixin：

```
JavaScript
import { stateMixin} from "./state";
// ...
stateMixin(Vue);
```

其实我们没做什么，就是把它换了个地方，我说这些显得多余，不说又担心后面看代码的时候大家会问。

然后，我们之前把 patch 的一些相关方法都写进 lifecycle 里面了，现在我们新创建一个 src\vdom\patch.js，然后把那几个 patch 方法都放在这里，别忘了把这三个方法导出去。最后我们在原来的 lifecycle 文件下引入 patch 方法即可。

由于我希望大家可以更好地观测 Diff 算法的比对内容和比对过程，又由于 Diff 算法其实算是相对独立的部分，它并不涉及太多 Vue2 创建、响应式、编译等的过程，更多重视于比对，所以，我们先暂时抛去之前复杂的过程，先来在 src/index.js 中创建测试代码：

```
JavaScript
import { complierToFcuntion } from "./complier/index";
import { createElm } from "./vdom/patch";

let render1 = complierToFcuntion('<li>{{name}}</li>');
let vm1 = new Vue({ data: { name: "zaking" } });
let prevVNode = render1.call(vm1);
```

```
let el = createElm(prevVNode);
document.body.appendChild(el);
```

我们看上面的代码，很简单，通过 complierToFunction 方法生成了一个 render 函数。然后呢，这个 render 函数下一步是生成 VNode，所以我们需要 vm 上的_c，_v 等方法，于是我们用 call 方法来执行 render 函数得到了我们想要的 VNode，再往后，把 VNode 传给 createElm 方法，生成真正的 DOM 元素。最后，调用原生 API 插入到 body 中。就完成了我们的测试代码。

这样，我们有了 prevVNode，是不是我们还需要一个 nextVNode：

```JavaScript
let render2 = complierToFcuntion('<span>{{name}}</span>');
let vm2 = new Vue({ data: { name: "zaking" } });
let nextVNode = render2.call(vm2);
let newEl = createElm(nextVNode);
setTimeout(() => {
    el.parentNode.replaceChild(newEl, el);
}, 2000);
```

最后，我们创建一个 html 文件：

```HTML
<!DOCTYPE html>
<html lang="en">
    <head>
        <meta charset="UTF-8" />
        <meta http-equiv="X-UA-Compatible" content="IE=edge" />
        <meta name="viewport" content="width=device-width, initial-scale=1.0" />
        <title>Document</title>
    </head>
    <body>
        <script src="vue.js"></script>
    </body>
</html>
```

什么也没有，就是引入了打包后的 vue. js 文件。那么我们可以通过在页面审查元素，观察一下 DOM 的变化，发现替换了整个元素。我们之前就是像上面的这样的写法，直接替换子元素，毫无技巧和性能可言，甚至说无法使用。

那么接下来，我们就看看如何实现 Diff 算法，让代码只去渲染变动的节点。

5.2 简单 Diff 算法

首先，我们要明确一点，就是 Diff 算法只是平级比较，并不会涉及跨级比较。什么意思呢？我们来看图 5-2：

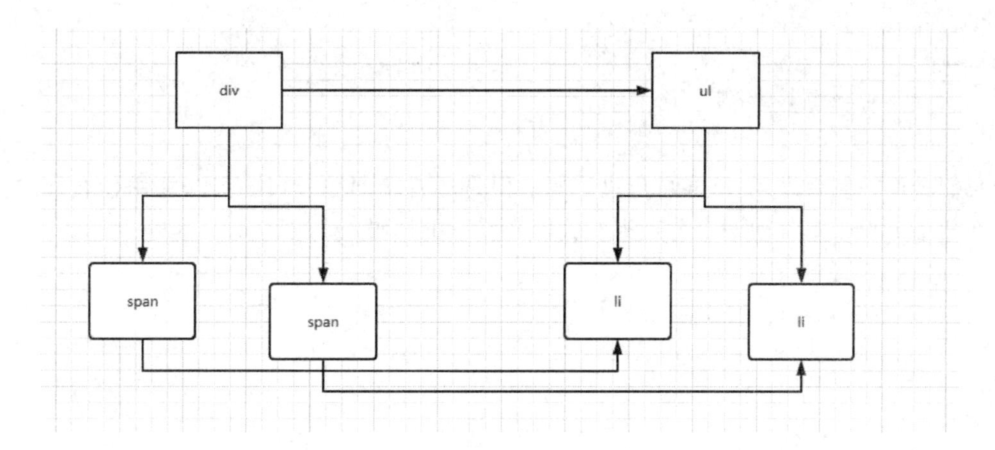

图 5-2　简单 Diff 示例图

图 5.1 展示的 DOM 结构如下：

```
JavaScript
<div>
    <span></span>
    <span></span>
</div>

<ul>
    <li></li>
    <li></li>
</ul>
```

根据上面的代码，div 只会和 ul 比较，而不会和 ul 的子节点 li 比较，这就是同级比较的意思。那 Vue2 为什么不跨级比较呢？跨级比较不是听起来更高端一点？不这么做的原因主要是很少有人会这样操作 DOM。DOM 是树状结构，如果要去跨级比较，要跨多少级？是不是意味着一个节点要比对一整棵树？那也就别谈性能了。所以，我们不需要跨级比较，同级比较就足够了。一旦同级比较发现是非相同节点，就不会再递归子元素，而是直接替换当前节点了。

接下来，我们要开始实现真正的 Diff 算法了，首先，我们先在 index.js 中稍微修改一下代码：

```
JavaScript
import { createElm, patch } from "./vdom/patch";
// ...
setTimeout(() => {
    patch(prevVNode, nextVNode);
}, 2000);
```

我们把 patch 引入，并在 setTimeout 中调用 patch 方法，传入新旧两个 VNode。然后，我们进入到 src/vdom/patch.js 中去，在 path 方法的 else 逻辑中打印两个字：

```
JavaScript
else {
    console.log("我进来啦");
}
```

我们页面控制台发现，确实可以进来了。但是还有个问题，对比对比，那用什么样的依据来判断两个节点是不是同一个节点呢？我们来看一下代码：

```
HTMLBars
let render1 = complierToFcuntion(
    '<li key = "a" style = "color:red;font:13px;">{{name}}</li>'
);

let render2 = complierToFcuntion(
    '<li key = "b" style = "color:red;font:13px;">{{name}}</li>'
);
```

render1 和 render2 算不算是同一个 DOM？不管您知不知道答案，我都要告诉您，render1 和 render2 的模板所包含的信息，就是我们要比较的依据。

上面的模板有三要素：标签、属性以及 key。这三要素只要有一个不同，就意味着是不同的节点，而若是标签相同、key 相同，但是属性不同，我们做的操作还有些不同。

（1）如果标签、key 其一不同，那么则视为完全不同的节点，直接替换。

（2）如果标签、key 都相同，但是属性不同，那么我们要把新节点上有但是旧节点上没有属性加给旧节点，完成比对。

现在大家理解了，其实属性的比对，就是之前我们学过的那个 mergeOptions 的比对方式，如果大家没有印象了，回头再去看看前面所讲的内容。然后，我们节点比较完了，再往后就是去比较子节点，也就是递归了。

OK，到这里，我们梳理了一下场景，先从最简单的代码开始写。

5.2.1 “当前节点不同”的情况

我们之前说过，这种情况我们就直接替换那个不同的节点，不再去递归子节点了。而判断的依据就是标签或者 key 不同。

那么首先，我们来写一个判断两个 VNode 是不是相同节点的方法：

```
JavaScript
// src/vdom/index.js

export function isSameVNode(vnode1, vnode2) {
    return vnode1.tag === vnode2.tag && vnode1.key === vnode2.key;
}
```

代码非常简单，就是判断两个 vnode 的 tag 和 key。我们继续：

```
JavaScript
import { isSameVNode } from "./index";
// ...
```

```
export function patch(oldVNode, vnode) {
    const isRealElement = oldVNode.nodeType;
    if (isRealElement) {
        // ...
    } else {
        if (! isSameVNode(oldVNode, vnode)) {
            let el = createElm(vnode);
            oldVNode.el.parentNode.replaceChild(el, oldVNode.el);
            return el;
        }
    }
}
```

这段代码很简单。用我们刚才写的方法，如果判断出两个节点不一样，那么直接获取 oldVNode 上的 el 的父元素替换新旧两个 DOM。那唯一要关注的是，这个 oldVNode 是什么？要回答这个问题，我们需要去 createElm 方法中找答案：

```
JavaScript
export function createElm(vnode) {
    let { tag, data, children, text } = vnode;
    if (typeof tag === "string") {
        vnode.el = document.createElement(tag);
        patchProps(vnode.el, data);
        children.forEach((child) =>{
            vnode.el.appendChild(createElm(child));
        });
        } else {
            vnode.el = document.createTextNode(text);
        }
    return vnode.el;
}
```

换句话说，当我们创建真实 DOM 的时候，就会把生成的真实的 DOM 挂载到对应的 vnode 的 el 属性上。那么我们修改一下之前写测试代码的地方，看看有没有效果：

```
HTMLBars
let render1 = complierToFcuntion(
    '<li key = "a" style = "color:red;">{{name}}</li>'
);

let render2 = complierToFcuntion(
    '<span key = "a" style = "color:blue;">{{name}}</span>'
);
```

过了两秒，确实变了，没问题，完美。

除了标签节点，还可能会有文本节点，文本节点的 VNode 没有 tag 吗？那我们该怎么办？

怎么判断?

```
JavaScript
let el = vnode.el = oldVNode.el;
if (!oldVNode.tag) {
    if (oldVNode.text !== vnode.text) {
        el.textContent = vnode.text;
    }
}
```

看上面的代码,由于之前我们已经判断了如果两个节点不同的情况,并且在条件语句中把新的 DOM 元素返回了,在这种条件下如果还能运行到下面,就说明是相同的节点。如果是节点相同,我们就把老的 DOM 元素赋值给新的 DOM 元素,并且同时新的 vnode 要绑定 el。这就相当于我们复用了旧的 el。

继续,文本的 tag 是 undefined,所以我们取下反,取反后再判断两个文本是不是不一样,不一样我们就让现在的文本节点变成新的文本节点不就可以了,很简单对不对。一点都不难。

那么至此,我们比对了当前的节点是否是同一个标签的情况,以及是否是文本节点的情况,那么接下来就需要去比对属性了,注意,比对属性的前提是同一个标签。

由于我们后续可能需要递归,所以这里把 Diff 算法的逻辑先抽离成一个方法:

```
JavaScript
function patchVNode(oldVNode, vnode) {
    if (!isSameVNode(oldVNode, vnode)) {
        let el = createElm(vnode);
        oldVNode.el.parentNode.replaceChild(el, oldVNode.el);
        return el;
    }
    let el = (vnode.el = oldVNode.el);
    if (!oldVNode.tag) {
        if (oldVNode.text !== vnode.text) {
            el.textContent = vnode.text;
        }
    }
}
```

上面就是复制过来的,然后在 patch 方法里,返回这个方法就可以了:

```
JavaScript
export function patch(oldVNode, vnode) {
    const isRealElement = oldVNode.nodeType;
    if (isRealElement) {
        // ...
    } else {
        return patchVNode(oldVNode, vnode);
    }
}
```

我们之前在初次渲染 DOM 的时候，用到过一个跟属性有关的方法，就是 patchProps，我们现在仍使用这个方法就可以解决我们对比属性的需求，当然，需要稍微修改一下原来的代码，因为之前只是初次渲染，现在还需要加上比对的内容。我们先修改 createElm 中用到的 patchProps 方法：

```
JavaScript
export function createElm(vnode) {
    let { tag, data, children, text } = vnode;
    if (typeof tag === "string") {
        vnode.el = document.createElement(tag);
        patchProps(vnode.el, {}, data);
        children.forEach((child) =>{
            vnode.el.appendChild(createElm(child));
        });
        } else {
            vnode.el = document.createTextNode(text);
        }
    return vnode.el;
}
```

然后加了一个参数，我们在 patchVNode 方法中去调用它：

```
JavaScript
patchProps(el, oldVNode.data, vnode.data);
```

加在 pathVNode 方法的最后面即可。那么，调用 patcbProps 方法的入参我们改好了，我们还需要修改 patchProps 方法本身。我们先来看个例子，假设我们的 render 是这样的：

```
JavaScript
let render1 = complierToFcuntion(
    '<li key = "a" style = "color:red;">{{name}}</li>'
);

let render2 = complierToFcuntion(
    '<li key = "a" style = "background:blue;">{{name}}</li>'
);
```

如果是这样的两个 render 去渲染，大家猜会是一个什么样的效果？换句话说，就是 style 会有什么表现？是只剩下 background 了，还是 color 和 background 都在？答案是都在，为什么呢？因为我们仅仅只是把新的给加上了，旧的都还没处理，所以，我们需要修改一下代码，让它可以对比。

首先，我们要确定的是如何比对属性，其实就是：旧的节点中有该属性，但是新的节点中没有，那么就删除旧的。就这么简单，那不对呢，还有旧的属性中没有，新的属性中有的情况呢？嗯，那就正常加上不就可以了吗？新的有，旧的没有，把新的加给旧的，我们在 patchProps 方法中不是写过了吗？对。

那么来看这段旧的有，新的没有的代码怎么加：

```
JavaScript
export function patchProps(el, oldProps = {}, props = {}) {
    let oldStyles = oldProps.style || {};
    let newStyles = props.style || {};
    for (let key in oldStyles) {
        if (! newStyles[key]) {
            el.style[key] = "";
        }
    }

    for (let key in oldProps) {
        if (! props[key]) {
            el.removeAttribute(key);
        }
    }
    // 以下是之前的代码
    for (let key in props) {
        if (key === "style") {
            for (let styleName in props[key]) {
                el.style[styleName] = props.style[styleName];
            }
        } else {
            el.setAttribute(key, props[key]);
        }
    }
}
```

注意,这段代码要写在我们原有代码的前面。大家想想,如果"删除新的中没有的旧的属性"这段逻辑放在后面,就看不出来属性是新的还是旧的了,一股脑都赋值过去了。上面的逻辑也很简单,不多说了。最后,我们在 patchVNode 方法中把 el 返回:

```
JavaScript
function patchVNode(oldVNode, vnode) {
    // ...
    return el;
}
```

5.2.2 比对子节点的简单情况

上一小节,我们比对完了当前节点,也可以理解为根节点。后面就需要比对子节点了。子节点有两种情况:

(1) 新旧 VNode 都有子节点。

(2) 只有一方 VNode 有子节点。

那么可想而知,只有一方有子节点的情况最简单,要么删了,要么加进来:

```
JavaScript
```

```
function patchVNode(oldVNode, vnode) {
    // ...

    let oldChildren = oldVNode.children || [];
    let newChildren = vnode.children || [];
    console.log(oldChildren, newChildren);
    return el;
}
```

先停一停，我们来看看有没有 children，如图 5－3 所示：

```
▼[{…}]                                   ▼[{…}]
  ▼0:                                      ▼0:
     children: undefined                      children: undefined
     data: undefined                          data: undefined
    ▶el: text                                ▶el: text
     key: undefined                           key: undefined
     tag: undefined                           tag: undefined
     text: "zaking"                           text: "zaking"
    ▶vm: Vue {$options: {…}, _data: {…}}     ▶vm: Vue {$options: {…}, _data: {…}}
    ▶[[Prototype]]: Object                   ▶[[Prototype]]: Object
    length: 1                                length: 1
  ▶[[Prototype]]: Array(0)                 ▶[[Prototype]]: Array(0)
```

图 5－3　简单 Diff 打印结果

一点问题没有，那么，大家擦亮双眼，我们即将进入 Diff 算法的世界了，说这么多？还没开始呢？好茶总要慢慢喝。

```
JavaScript
function patchVNode(oldVNode, vnode) {
    // 其他代码
    let oldChildren = oldVNode.children || [];
    let newChildren = vnode.children || [];

    if (oldChildren.length > 0 && newChildren.length > 0) {
        // 完整的 diff 算法，需要比较两个
        updateChildren(el, oldChildren, newChildren);
    } else if (newChildren.length > 0) {
        // 新的有，老的没有，要增加
        mountChildren(el, newChildren);
    } else if (oldChildren.length > 0) {
        // 新的没有，老的有，要删除
        unmountChildren(el, oldChildren);
    }
    return el;
}
```

我们先看上面的代码，如果我们判断出新旧 VNode 都有子节点，意味着我们要运行完整的 Diff 算法，但是这章的标题是简单 Diff 算法，所以完整的我们先不处理。如果不是都有子节点的情况，就意味着会走后面的两个 else if 逻辑块，我们分别判断新的有子节点和旧的有子

节点的情况，跟我们 patchProps 的逻辑类似，新的有，旧的没有，我们就要把新的加上，新的没有，旧的有，我们就要把旧的删除。

要注意，我强调一下，我们现在的情况，是在比对子元素，而可以比对子元素的情况，是指父级是同一个节点才会去比对子元素，否则直接就整个替换掉了，运行不到这里。

所以呢，我们只需要更新节点和删除节点即可，对应的两个方法如下：

```
JavaScript
function mountChildren(el, newChildren) {
    for (let i = 0; i <newChildren.length; i++) {
        let child = newChildren[i];
        el.appendChild(createElm(child));
    }
}

function unmountChildren(el, oldChildren) {
    el.innerHTML = "";
}
```

其实这里的 unmountedChildren 是很偷懒的写法，会存在一些问题的，但是！我们的要求很低，能实现就行。

mountChildren 方法呢，也十分简单，循环 newChildren，把子节点的每一个 VNode 在生成真实 DOM 后插入到 el 中就结束了。updateChildren 就是完整的 Diff 算法，我们下节再讲。

再强调一下，这个 el 是什么？el 就是这个：

```
JavaScript
let el = (vnode.el = oldVNode.el);
```

既然代码写完了，结果到底像不像之前说的那样呢。我们来测试一下：

```
VBScript
let render1 = complierToFcuntion('<li key="a" style="color:red;">{{name}}</li>');

let render2 = complierToFcuntion('<li key="a" style="background:blue;"></li>');
```

两秒后的结果是这样的，如图 5-4 所示：

图 5-4　简单 Diff 效果图

剩下的大家自己去试一下！好，简单的部分，我们到现在基本上就都搞定了。其实这些都还不太算是 Diff 算法，它只是处理了新旧节点中的特殊情况。那么我们回忆一下，我们都处理了哪些情况。

首先，我们比对了当前新旧两个节点，如果当前节点不是同一个标签，我们就直接用新的替换旧的，后面就都不管了，替换就可以了。

其次，如果是同一个标签，我们还要比较属性，比较属性和比较节点的思路其实是类似的，就是后来有的就加上，后来没有的就删掉。

再往后，当前节点比较完了，如果当前节点是相同的标签，我们就继续进行子节点的比较。子节点的比较，也类似，要么都有，要么就一方有。一方有的情况参照 props 比较的思路，如两方都有的，就会运行 updateChildren 方法，也就是真正的 Diff 算法了。

5.3 完整的 Diff 算法

OK，我们要进入到稍微烧脑一点的逻辑里了。在开始之前，大家一起摒除杂念，一心向佛。

我们把缺了的一点东西先加上：

```
JavaScript
function updateChildren(el, oldChildren, newChildren) {}
```

嗯，我们先把这个方法声明一下。那么写完了我们来思考一个问题。假设我有两个数组A、B：

```
JavaScript
var A = [1,2,3];
var B = [3,2,1];
```

我要怎么比较两个数组中是否有相同的元素呢？嗯，这多简单，双重循环，分分钟搞定：

```
JavaScript
for(var i = 0; i <A.length;i ++ ){
    for(var j = 0; j <B.length;j ++ ){
        if(A[i] === B[j]){
            console.log('抓到你了！')
        }
    }
}
```

的确没错，但这是我们比对数组中是否有相同元素的最差的方法，循环了最多的次数。Vue2 肯定不会这么 low 的。那要怎么办呢？

5.3.1 优化列表常见操作

首先，我们先要有一个前提，就是我们最常见的数组操作有哪些？嗯，有 push、pop、shift、unshift、sort、reverse 等。最常见、最常用的肯定是 push。所以，我们依这些最常用的操作数组的方法为第一原则优化我们的比对操作。

1. 针对 push、pop 操作的比对方法

而在 Vue2 源码中，Diff 算法的比对操作采用的是双指针的方式。什么叫双指针呢？我们来看一下图 5-5。

图 5-5 中，本质上就是一个 push 操作，大家理解吧。那么要怎么比对呢？我们要移动新

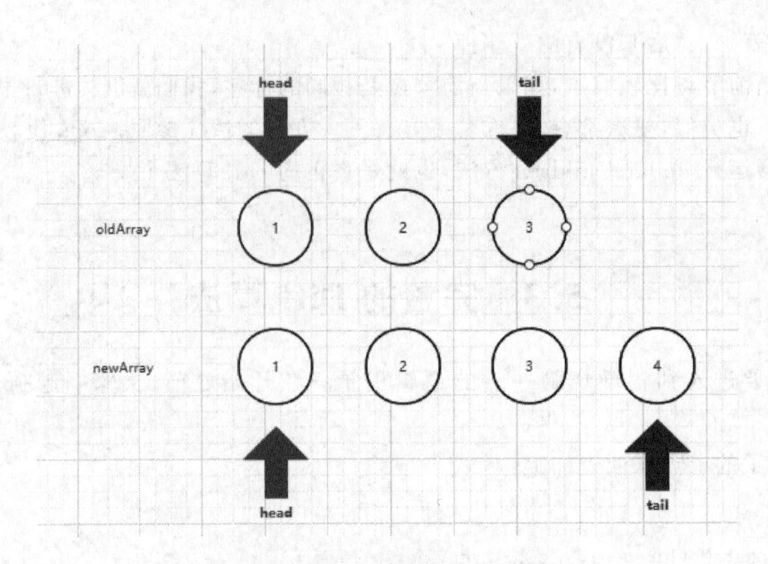

图 5-5 push、pop 操作的 Diff 示例 1

旧数组的头指针，新头和旧头开始比较，如图 5-6 所示：

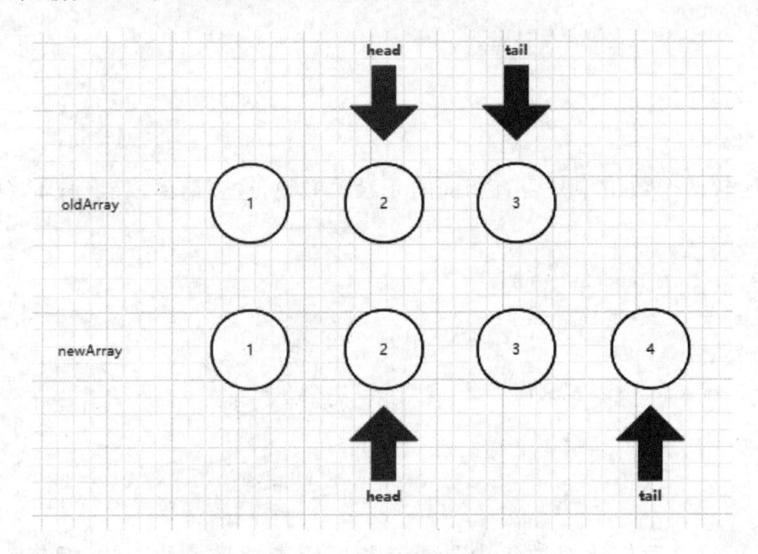

图 5-6 push、pop 操作的 Diff 示例 2

直到最后的图 5-7：

此时，旧数组中的头指针的位置，大于尾指针的位置，那么结束循环，说明我们到底了，此时要把新数组中的从 head 开始往后的部分截取并插入到旧数组中，于是完成了 Diff。

上面的这句话可能不太好理解，我多画一点，如图 5-8 所示。

我们来看图 5-8，看懂了吗？头指针超过了尾指针才会停，巧不巧，这个刚刚超过的位置，正好是我们要开始插入到旧数组中的第一位元素，往后的直到新数组的尾指针，全都要。现在大家理解了吧。

那么还有一种类似的情况，就是 pop 操作，原来 old Array 中是多的，我们移除了最后一项，newArray 中就少了一个，如图 5-9 所示：

那么最后的操作情况就变成了这样。newArray 中的 head 超过了 tail，那么此时就结束循

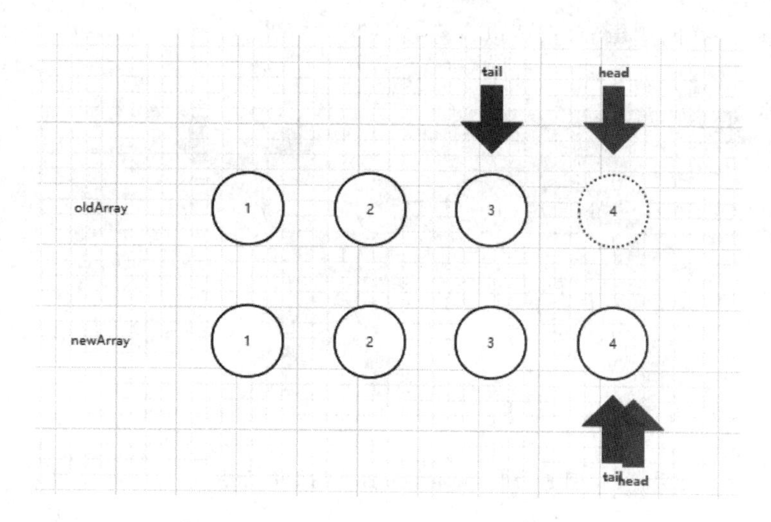

图 5-7　push、pop 操作的 Diff 示例 3

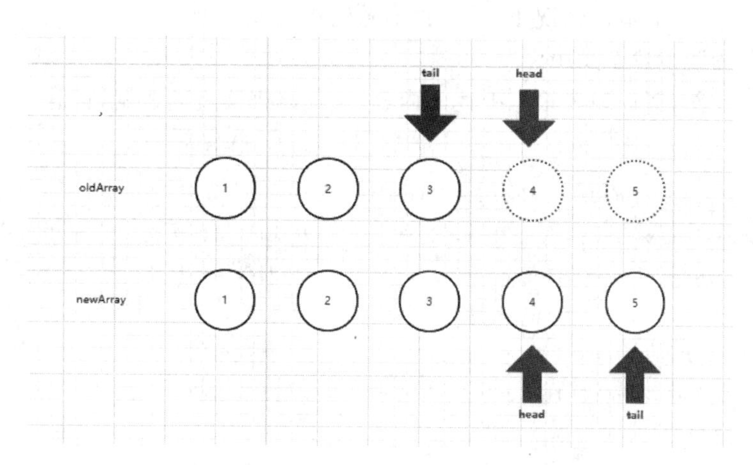

图 5-8　push、pop 操作的 Diff 示例 4

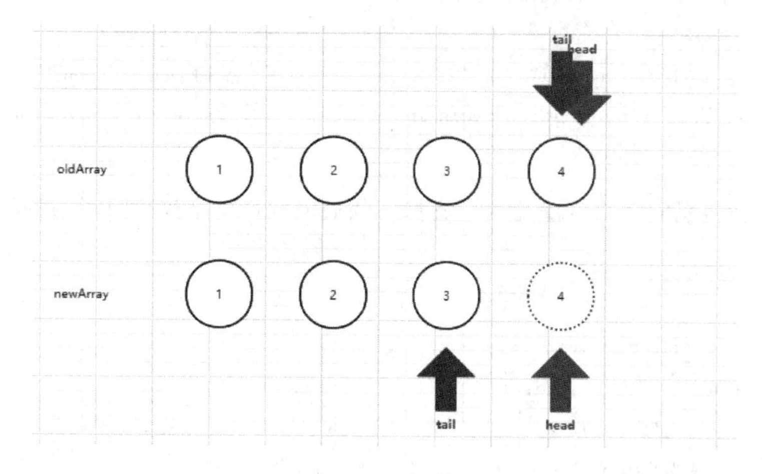

图 5-9　push、pop 操作的 Diff 示例 5

环，我们在 oldArray 中移除从 newArray 的 head 开始到最后的所有元素。当然，这里还有张类似的图 5－10，一样的逻辑，大家可以自己画一下。

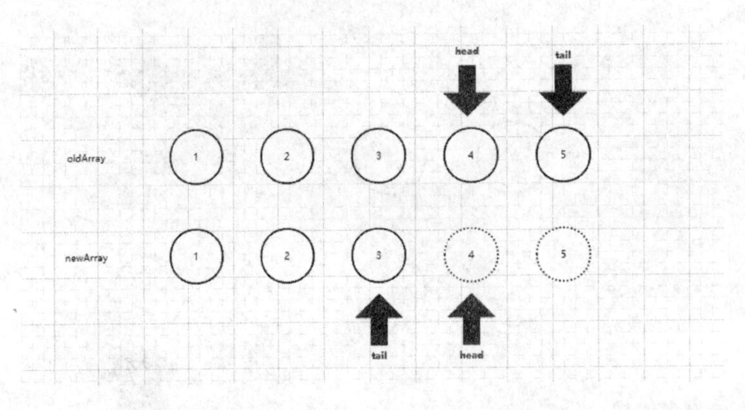

图 5－10 push、pop 操作的 Diff 示例 6

看到了吗？其实是一样的，只不过在 push 的情况下，我们要把 newArray 中所有的元素都插入到旧数组中，在 pop 的情况下，就是把旧数组中的元素删除掉。

大家一定要弄清楚这个逻辑。

回顾以上的操作，假如想要根据上述的内容，用代码来实现其逻辑，该怎么办？

```
JavaScript
function updateChildren(el, oldChildren, newChildren) {
    let oldStartIndex = 0;                              // 旧数组的头指针
    let oldEndIndex = oldChildren.length - 1;           // 旧数组的尾指针

    let newStartIndex = 0;                              // 新数组的头指针
    let newEndIndex = newChildren.length - 1;           // 新数组的尾指针

    let oldStartVnode = oldChildren[0];                 // 旧数组的头指针对应的元素
    let oldEndVnode = oldChildren[oldEndIndex];         // 旧数组的尾指针对应的元素

    let newStartVnode = newChildren[0];                 // 新数组的头指针对应的元素
    let newEndVnode = newChildren[newEndIndex];         // 新数组的尾指针对应的元素
}
```

看上面的代码，我们一共需要这 8 个变量。我们继续修改下模板，以满足我们可以测试的情况：

```
JavaScript
let render1 = complierToFcuntion(
        '<ul style="color:red;">
        <li key="a">A</li>
        <li key="b">B</li>
        <li key="c">C</li>
    </ul>'
```

```
);

let render2 = complierToFcuntion(
        '<ul style="background:blue;">
        <li key="a">A</li>
        <li key="b">B</li>
        <li key="c">C</li>
        <li key="d">D</li>
    </ul>'
);
```

大家可以打印一下 oldChildren 和 newChildren，是不是这个样子，如图 5-11 所示：

```
▼(3) [{…}, {…}, {…}]
  ▶0: {vm: Vue, tag: 'li', key: 'a', data: {…}, children: Array(0), …}
  ▶1: {vm: Vue, tag: 'li', key: 'b', data: {…}, children: Array(0), …}
  ▶2: {vm: Vue, tag: 'li', key: 'c', data: {…}, children: Array(0), …}
   length: 3
  ▶[[Prototype]]: Array(0)
▼(4) [{…}, {…}, {…}, {…}]
  ▶0: {vm: Vue, tag: 'li', key: 'a', data: {…}, children: Array(0), …}
  ▶1: {vm: Vue, tag: 'li', key: 'b', data: {…}, children: Array(0), …}
  ▶2: {vm: Vue, tag: 'li', key: 'c', data: {…}, children: Array(0), …}
  ▶3: {vm: Vue, tag: 'li', key: 'd', data: {…}, children: Array(0), …}
   length: 4
  ▶[[Prototype]]: Array(0)
```

图 5-11 新旧节点比对

当然现在页面没变化啊，我们还没写那个逻辑呢。我们继续把逻辑补全：

```JavaScript
function updateChildren(el, oldChildren, newChildren) {
    // 省略了那一堆变量

    while (oldStartIndex <= oldEndIndex && newStartIndex <= newEndIndex) {
        // ...
    }
}
```

我们看，上面的逻辑是可以进行循环的情况，之前讲过，一旦 newArray 或者 oldArray 的 head 大于 tail 了，就停止循环。那么可以进行循环的情况就是 oldArray 的 head 小于等于 oldArray 的 tail，并且 newArray 的 head 小于等于 newArray 的 tail，满足这样的条件才会继续循环，也就是上面的代码。

```JavaScript
function updateChildren(el, oldChildren, newChildren) {
    // 这里省略了一堆变量
```

```
    while (oldStartIndex <= oldEndIndex && newStartIndex <= newEndIndex) {
        if (isSameVNode(oldStartVnode, newStartVnode)) {
            patchVNode(oldStartVnode, newStartVnode);
            oldStartVnode = oldChildren[++oldStartIndex];
            newStartVnode = newChildren[++newStartIndex];
        }
    }
    if (newStartIndex <= newEndIndex) {
        for (let i = newStartIndex; i <= newEndIndex; i++) {
            let childEl = createElm(newChildren[i]);
            el.appendChild(childEl);
        }
    }
}
```

OK,我们现在 run 起来我们的项目,来试一下,看看结果是不是符合我们的要求,这里您得自己去审查元素了,相信您可以清晰地看到,ul 节点没变,只是在 ul 里最后的位置加了一个 li。

那么回过头来,我们看下上面的代码是什么意思。首先,我们一直循环,这个循环条件已经解释过了,再往后,如果新旧两个数组中的 head 指针所对应的节点是相同的节点,我们就运行 patchVNode 方法,然后指针后移,获取到新旧数组中的下一个节点,直到循环停止,我们获取到的指针就会如前图例所示,旧节点中的 tail 指针大于了 head 指针,于是循环停止。此时我们只移动了 head 指针,所以通过判断新数组中的节点的 head 指针所在的位置小于新 tail 指针,那么就循环把新数组中从 head 到 tail 的元素,插入到 el 中即可。

那我多说一下,patchVNode 是做什么的?如果您不知道,回头再看一遍,patchVNode 就是我们 Diff 算法的逻辑,一旦判断是相同节点,我们可能还要比对属性,还要去比对更深的子元素,所以递归了。

上面所讲的对应的是 push 方法,那么看下 pop 方法的比对代码,逻辑思路都是一样的,很简单:

```
JavaScript
function updateChildren(el, oldChildren, newChildren) {
    let oldStartIndex = 0;                         // 旧数组的头指针
    let oldEndIndex = oldChildren.length - 1;      // 旧数组的尾指针

    let newStartIndex = 0;                         // 新数组的头指针
    let newEndIndex = newChildren.length - 1;      // 新数组的尾指针

    let oldStartVnode = oldChildren[0];            // 旧数组的头指针对应的元素
    let oldEndVnode = oldChildren[oldEndIndex];    // 旧数组的尾指针对应的元素

    let newStartVnode = newChildren[0];            // 新数组的头指针对应的元素
```

```
    let newEndVnode = newChildren[newEndIndex];   // 新数组的尾指针对应的元素

    while (oldStartIndex <= oldEndIndex && newStartIndex <= newEndIndex) {
        // ...
        if (isSameVNode(oldStartVnode, newStartVnode)) {
            patchVNode(oldStartVnode, newStartVnode);
            oldStartVnode = oldChildren[++oldStartIndex];
            newStartVnode = newChildren[++newStartIndex];
        }
    }
    // push
    if (newStartIndex <= newEndIndex) {
        for (let i = newStartIndex; i <= newEndIndex; i++) {
            let childEl = createElm(newChildren[i]);
            el.appendChild(childEl);
        }
    }
    // pop
    if (oldStartIndex <= oldEndIndex) {
        for (let i = oldStartIndex; i <= oldEndIndex; i++) {
            if (oldChildren[i] && oldChildren[i].el) {
            let childEl = oldChildren[i].el;
            el.removeChild(childEl);
        }
    }
  }
}
```

上面，贴上了完整的代码，在 pop 的情况下，只需要判断旧数组中指针的位置，把从 head 到 tail 指针所对应的元素挨个删除即可。很简单。

2. 针对 unshift、shift 操作的比对方法

上一小节，我们完成了对 push、pop 操作的比对逻辑，也就是对数组尾部进行增删操作的逻辑，那么我们这一小节再看看对数组头部进行增删的两个方法的逻辑我们该怎么写。我们继续看图 5-12：

那么我们看图 5-12，图 5-12 表示的是什么操作？是 unshift 操作，也就是给数组的头部增加元素。那么这种情况，就没办法再移动头指针了，因为永远对不上，所以大家看，我们可以换一边，双指针嘛，换一边之后，是不是就同我们上一小节几乎一模一样了，头动不了，我们就往前移动尾指针，效果一样了。那么上图所示的 unshift 方法，在移动尾指针到终止的图 5-13 就是如下这样的：

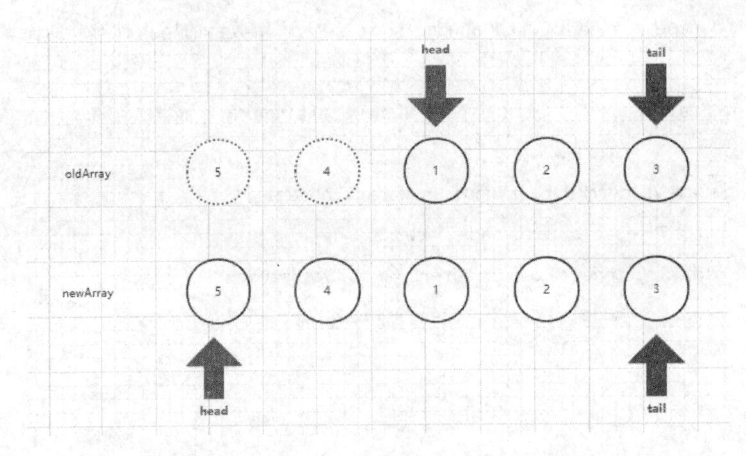

图 5-12　unshift、shift 操作的 Diff 示例 1

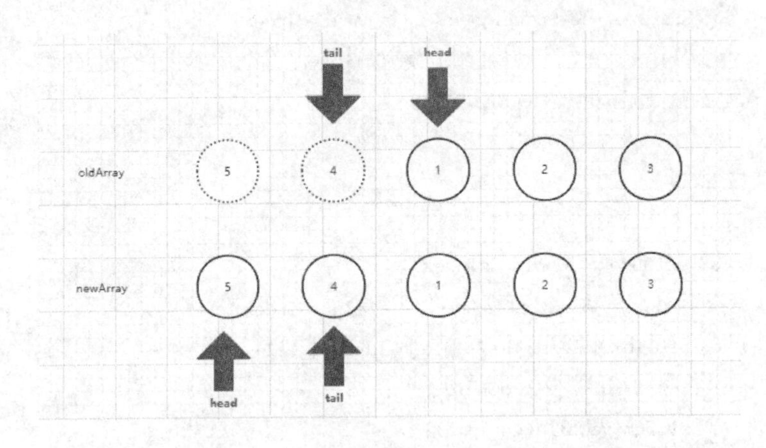

图 5-13　unshift、shift 操作的 Diff 示例 2

那么根据图 5-13，循环到终止后，就把新数组的头指针到尾指针所对应的元素插入到旧数组中就好了，这种操作的逻辑跟前面的 push 是一样的。不同的只是 push 是移动头指针，unshift 是移动尾指针。

那我们再来看看 shift 的示例图 5-14：

这就是 shift 方法的情况，移除数组头部的元素，同样是尾指针移动，我们再看图 5-15：

shift 可以对应 pop，unshift 可以对应 push，只不过是尾部变化就移动头指针，头部变化就移动尾指针。并且，我们对数组插入的元素也都是从头指针到尾指针。只不过，增加的就把新的加入到旧的中，减少的就把新的中少的那部分在旧数组中删除掉。希望大家一定要理解这句话！

那其实这块的逻辑就介绍完了，大家知道代码该怎么写了吗？

```
JavaScript
while (oldStartIndex <= oldEndIndex && newStartIndex <= newEndIndex) {
    // push 、pop
    if (isSameVNode(oldStartVnode, newStartVnode)) {
        patchVNode(oldStartVnode, newStartVnode);
```

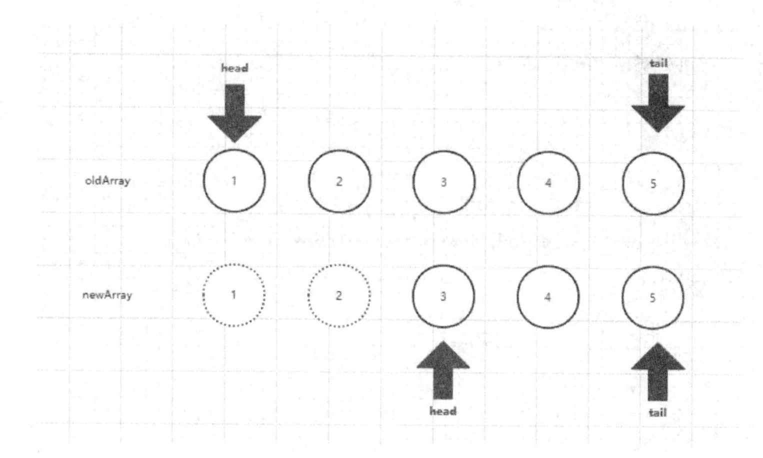

图 5－14　unshift、shift 操作的 Diff 示例 3

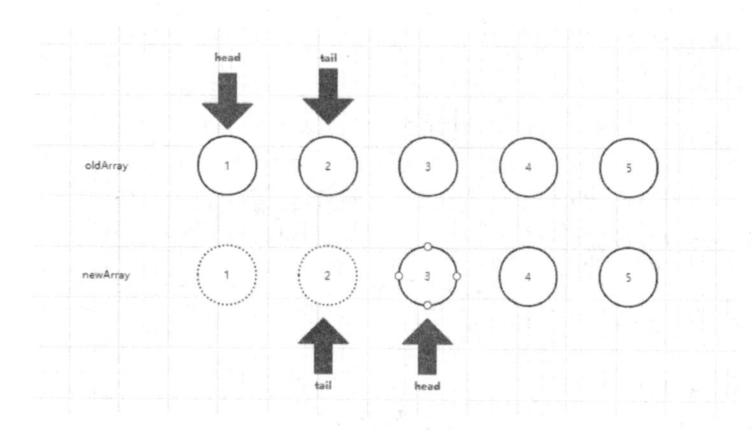

图 5－15　unshift、shift 操作的 Diff 示例 4

```
        oldStartVnode = oldChildren[++oldStartIndex];
        newStartVnode = newChildren[++newStartIndex];
    }
    // unshift、shift
    if (isSameVNode(oldEndVnode, newEndVnode)) {
        patchVNode(oldEndVnode, newEndVnode);
        oldEndVnode = oldChildren[--oldEndIndex];
        newEndVnode = newChildren[--newEndIndex];
    }
}
```

看，这里完全是复制的代码，无非就是比对了尾指针所对应的元素，并且前移了尾指针。后面判断头指针小于尾指针的代码是一样的：

```JavaScript
    // push、unshift
    if (newStartIndex <= newEndIndex) {
        for (let i = newStartIndex; i <= newEndIndex; i++) {
```

```
            let childEl = createElm(newChildren[i]);
            el.appendChild(childEl);
        }
    }
    // pop、shift
    if (oldStartIndex <= oldEndIndex) {
        for (let i = oldStartIndex; i <= oldEndIndex; i++) {
            if (oldChildren[i] && oldChildren[i].el) {
                let childEl = oldChildren[i].el;
                el.removeChild(childEl);
            }
        }
    }
```

我们来测试一下：

```HTML
let render1 = complierToFcuntion(
        '<ul key="a" style="color:red;">
        <li key="a">A</li>
        <li key="b">B</li>
        <li key="c">C</li>
    </ul>'
);

let render2 = complierToFcuntion(
        '<ul key="a" style="background:blue;">
        <li key="d">D</li>
        <li key="a">A</li>
        <li key="b">B</li>
        <li key="c">C</li>
    </ul>'
);
```

结果……,有 BUG,如图 5-16 所示：

图 5-16 unshift、shift 操作的 Diff 示例 5

这不对呢,不是要插入到 A 前面吗？这怎么回事,因为循环结束后,并没有运行往前插入逻辑,还是运行的往后插入的逻辑,回头去看！

那问题来了，怎么知道是往前加还是往后加呢？我们还得来看图，就是之前的图，还得拿出来再分析一下，我们先看往尾部加的情况，如图 5 - 17 所示：

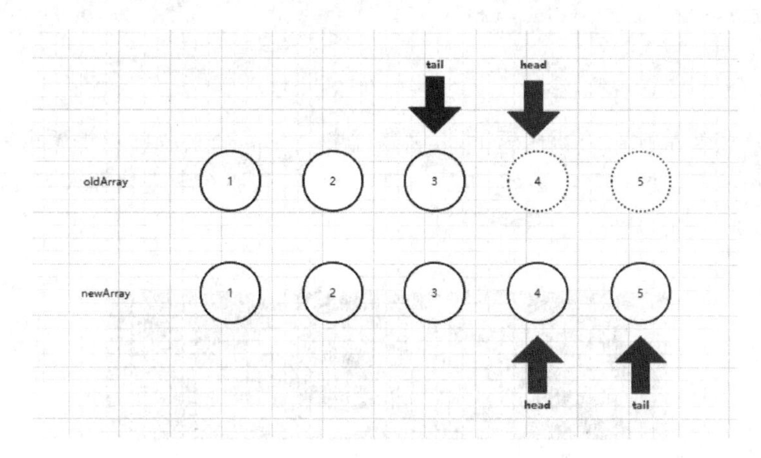

图 5 - 17　unshift、shift 操作的 Diff 示例 6

我们再来看这张图，这是 push 的情况，对吧，那么当移动头指针直到停止的时候，新数组中的尾指针后面是没有元素的。一定是这样，不然不会停止。

我们继续看 shift 的情况，如图 5 - 18 所示。

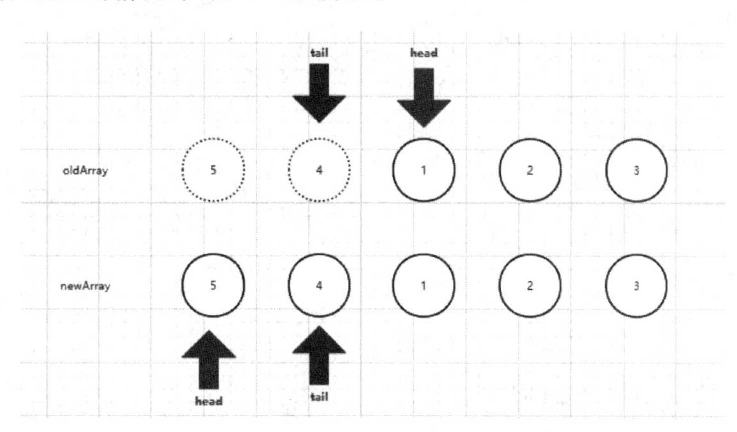

图 5 - 18　unshift、shift 操作的 Diff 示例 7

上图 5 - 18 就是 shift 操作示例，我们可以看到，直到停止的时候，尾指针后面是有元素的，所以我们可以把 shift 增加的那部分插入到尾指针后一个元素前面就对了。对吧？请好好理解这个做法。

所以，判断新数组的尾指针后面是否还有元素，我们需要引入一个参照物的概念，这个参照物就是我们新数组的尾指针后面的元素，我们看下面的代码：

```
JavaScript
// push、unshift
if (newStartIndex <= newEndIndex) {
    for (let i = newStartIndex; i <= newEndIndex; i++) {
        let childEl = createElm(newChildren[i]);
        let anchor = newChildren[newEndIndex + 1]
```

```
            ? newChildren[newEndIndex + 1].el
            : null;
        el.insertBefore(childEl, anchor);
    }
}
```

上面所述这些就是我们的新代码了，其实就是新增了一个获取新数组尾指针后元素，然后通过 insertBefore 原生方法插入元素，如果 anchor 是 null，那么会直接插入到数组的后面。再来看下效果，如图 5-19 所示。

图 5-19　unshift、shift 操作的 Diff 示例 8

这回没问题了，那我们再看看 shift 方法是否好使：

```
HTML
let render1 = complierToFcuntion(
        '<ul key = "a" style = "color:red;">
        <li key = "d">D </li >
        <li key = "a">A </li >
        <li key = "b">B </li >
        <li key = "c">C </li >
    </ul >'
);

let render2 = complierToFcuntion(
        '<ul key = "a" style = "background:blue;">
        <li key = "a">A </li >
        <li key = "b">B </li >
        <li key = "c">C </li >
    </ul >'
);
```

效果没问题，如图 5-20 所示：

这种 shift 的情况不需要修改什么代码吗？对于移除的操作，我们之前的方式是遍历从头到尾的元素，删除，那么哪怕是在头部插入，删除的操作也是一样的，按照下标删除就可以完成。

那么这一阶段就结束了，这里展示出来的执行结果效果不如实际动手操作容易理解，所以大家一定要自己去写一下，体验一下具体操作。

图 5-20 unshift、shift 操作的 Diff 示例 9

3. 针对 reverse 操作的比对方法

reverse 的操作是反转数组，针对这种情况，以上两种方法都不适用了，我们来看这张图 5-21：

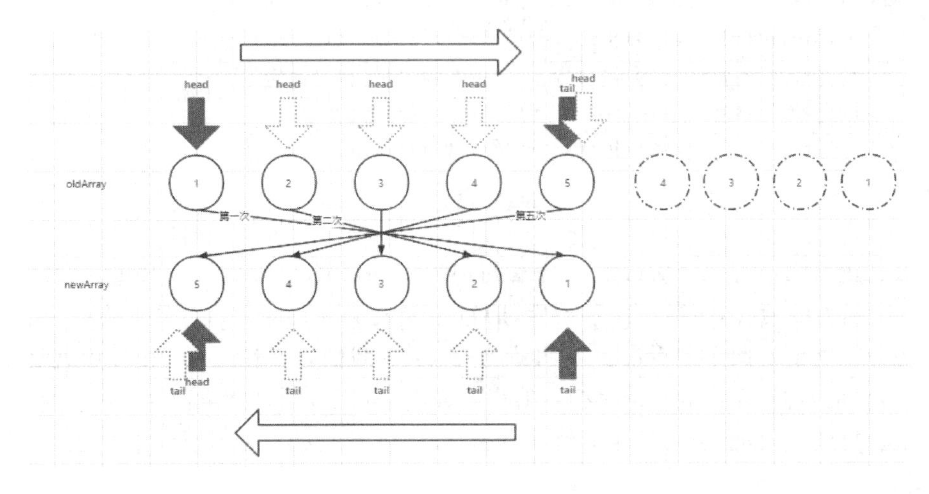

图 5-21 reverse 操作的 Diff 示例 1

反转数组的情况，其实使用的是交叉比对的方式，也就是将旧数组的头指针和新数组的尾指针互相比较，如果发现是同一个元素，就把旧数组当前的头指针所对应的元素放到旧数组的尾指针对应的元素后面，然后分别后移旧数组的头指针和前移新数组的尾指针，再次将新旧数组中对应的元素进行比较，命中后的操作如前。以图 5-21 为例，移动到第 5 次后，发现头尾重合了，并且这两个元素是一样的，那么就不用动了。

我们看下面代码的实现：

```
JavaScript
while (oldStartIndex < = oldEndIndex && newStartIndex < = newEndIndex) {
    // push 、pop
    if (isSameVNode(oldStartVnode, newStartVnode)) {
        patchVNode(oldStartVnode, newStartVnode);
        oldStartVnode = oldChildren[ ++ oldStartIndex];
        newStartVnode = newChildren[ ++ newStartIndex];
    }
    // unshift、shift
    else if (isSameVNode(oldEndVnode, newEndVnode)) {
        patchVNode(oldEndVnode, newEndVnode);
```

```
        oldEndVnode = oldChildren[--oldEndIndex];
        newEndVnode = newChildren[--newEndIndex];
    }
    // reverse,旧尾新头比较
    else if (isSameVNode(oldEndVnode, newStartVnode)) {
        patchVNode(oldEndVnode, newStartVnode);
        el.insertBefore(oldEndVnode.el, oldStartVnode.el);
        oldEndVnode = oldChildren[--oldEndIndex];
        newStartVnode = newChildren[++newStartIndex];
    }
            // reverse,旧头新尾比较
    else if (isSameVNode(oldStartVnode, newEndVnode)) {
        patchVNode(oldStartVnode, newEndVnode);
        el.insertBefore(oldStartVnode.el, oldEndVnode.el.nextSibling);
        oldStartVnode = oldChildren[++oldStartIndex];
        newEndVnode = newChildren[--newEndIndex];
    }
}
```

注意,这里我们给每一个后续的 if 分支都加上了 else if,这样才是合理的,为什么呢?以 reverse 的情况为例,我们在第一次移动后,旧数组变成了[2,3,4,5,1],这里有一个细节要尤其注意,为什么之前的两个逻辑没变,这里却变了,因为我们直接在 while 循环中就做了插入,当下一次循环的时候,新旧数组的尾指针对应的元素一样了,所以就运行到了第二个条件分支中去了。这样并不是我们想要的逻辑处理情况,所以加上了 else if,即保证其每次都运行到正确的逻辑分支中去。

那为什么之前的 push、pop、unshift、shift 的逻辑是写在 while 循环外面的,而 reverse 却写到了循环里面呢?这是操作逻辑所确定的!因为对数组头部和尾部的操作,需要找到一个终止点,对终止点确定的标记位所标记的元素做操作,而反转逻辑,则是每移动一次都要操作一下。简单说,就是由对比逻辑确定的。

一个头和尾比较一下就可以了,为什么要写两种判断呢?之前的那张图,其实是有问题的。我们来看图 5-22 和图 5-23。

图 5-22 就是 reverse 的第一种,需要将旧尾和新头比较的情况。我们再看一张图 5-23。

图 5-23 就是 reverse 的第二种情况,也就是旧头和新尾比较。所以,这两张图,图 5-22 和图 5-23 结合到一起才形成了第一张图,或者说第一张图用这两种方式解决都可以。因为完全反转本身就适用两种情况,那么我们看另外一张图 5-24,我们来补全另一种情况。

这就是第一张图 5-21 的第二种画法,其实这一小节就两张图,但是目前的四张图中,图 5-21 和图 5-24 是全貌,图 5-22 和图 5-23 是部分图。

我们来回顾一下图 5-22 和图 5-23 的逻辑是怎么运行的,首先,无论是旧头新尾,还是旧尾新头的判断,我们只是在第一次时移动了,第二次、第三次、第四次,再判断的时候我还会走交叉比对吗?不会了,因为已经过第一次反转,两个数组都一样了,所以就会运行到之前的

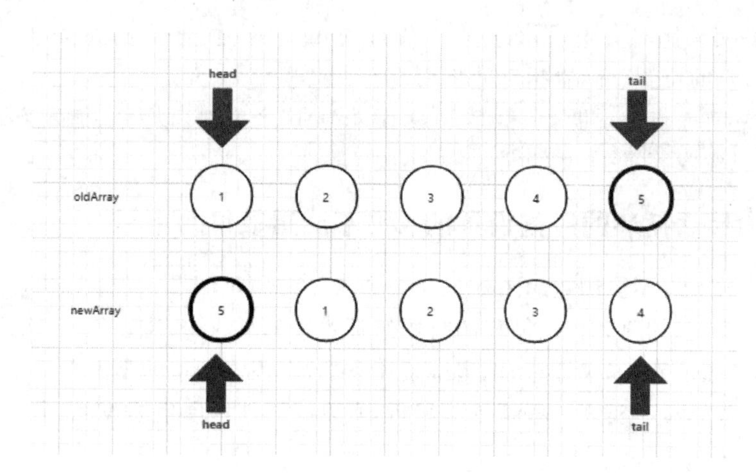

图 5-22　reverse 操作的 Diff 示例 2

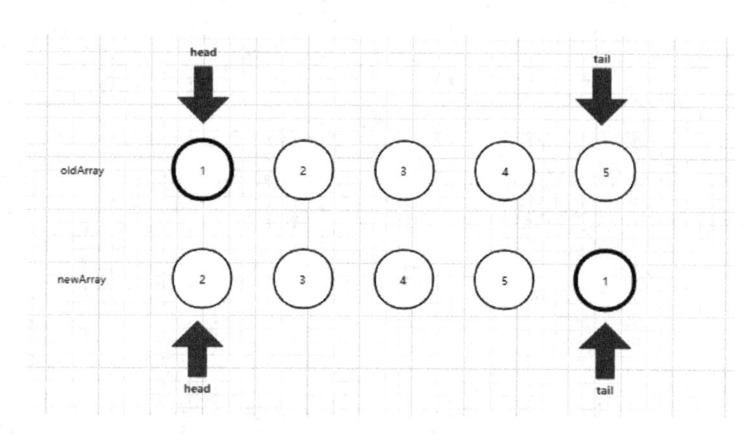

图 5-23　reverse 操作的 Diff 示例 3

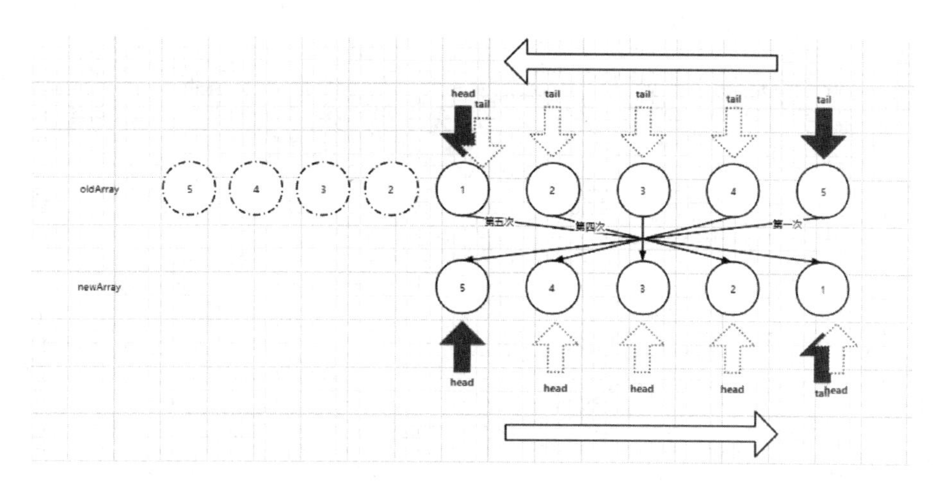

图 5-24　reverse 操作的 Diff 示例 4

比对中去，然后会运行 patchVNode。patchVNode 做了什么，请往前翻看复习。

那么完整的代码已经给出了，但还没解读。都在逻辑里了，这里唯一要说的一点，就是一旦首尾比对或者交叉比对命中，那么一定要先移动元素，再移动指针，因为如果不这样，所参照的需要插入节点的位置就随着指针的移动改变了！

那么最后，还有一点没说明，那就是 insertBefore 这个方法，以及它插入方式所对应的情况，这个您要自己去找答案了。

5.3.2 为什么循环的时候设置的 key 不能用数组的下标

循环时设置的 key 不能用数组下标也是一个常见的面试问题，我们在本书也学了 Diff 算法的一大部分内容，您知道为什么循环的时候给标签上写的 key 不能用数组的下标吗？如果不知道，我们继续往下看，如果知道，也请继续往下看，看跟您知道的是不是一个意思？

由于我们的代码没有实现一些指令的解析，所以我们使用原生的 Vue2 做一下演示：

```
HTMLBars
<! DOCTYPE html >
<html lang = "en">
    <head >
        <meta charset = "UTF - 8" />
        <meta http - equiv = "X - UA - Compatible" content = "IE = edge" />
        <meta name = "viewport" content = "width = device - width, initial - scale = 1.0" />
        <title >Document </title >
    </head >
    <body >
        <div id = "app">
            <div >
                <li v - for = "a in arr">{{a}} <input type = "checkbox" /></li >
                <button @click = "addItem">追加</button >
            </div >
        </div >
         < script src = " https:                        //cdn. bootcdn. net/ajax/libs/vue/2. 6. 14/
vue. js"></script >
        < script >
            let vm  = new Vue({
                el: "#app",
                data() {
                    return {
                        arr: [1, 2, 3, 4],
                    };
                },
                methods: {
                    addItem() {
                        this.arr.unshift(5);
                    },
                },
            });
```

```
        </script>
    </body>
</html>
```

上面就是完整的测试代码，三张图（图 5－25、图 5－26、图 5－27），首先我们先选中数字为 1 的复选框，然后再点追加，会有什么效果。

图 5－25　key 的问题 1　　**图 5－26　key 的问题 2**　　**图 5－27　key 的问题 3**

这同我们想象的不太一样的，不是应该在 1 上面吗？大家知道导致这样的结果的原因是什么吗？猜您会说，肯定是 key 的问题，那我们加上一个 key：

```
HTMLBars
<!DOCTYPE html>
<html lang="en">
    <head>
        <meta charset="UTF-8" />
        <meta http-equiv="X-UA-Compatible" content="IE=edge" />
        <meta name="viewport" content="width=device-width, initial-scale=1.0" />
        <title>Document</title>
    </head>
    <body>
        <div id="app">
            <div>
                <li v-for="(a,index) in arr" :key="index">
                    {{a}} <input type="checkbox" />
                </li>
                <button @click="addItem">追加</button>
            </div>
        </div>
        <script src="https://cdn.bootcdn.net/ajax/libs/vue/2.6.14/vue.js"></script>
        <script>
            let vm = new Vue({
            el: "#app",
            data() {
              return {
                  arr: [1, 2, 3, 4],
```

```
                };
            },
            methods: {
                addItem() {
                    this.arr.unshift(5);
                },
            },
        });
    </script>
  </body>
</html>
```

那大家猜你这样写,效果会怎么样?还没变!对,不能用数组的下标作为 Key,用了下标就跟没用一样!那我们不用 index,换成 a 试试:

```
HTMLBars
<li v-for="(a,index) in arr" :key="a">
```

这样就可以了,如图 5-28 所示。

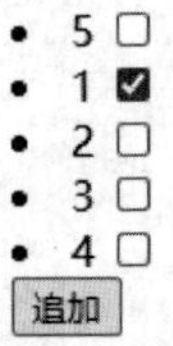

图 5-28　key 的问题 4

那请大家尝试用我们之前学过的知识,分析一下,为什么?强烈建议大家自己去试一下。

首先,旧数组是[1, 2, 3, 4],新数组是[5, 1, 2, 3, 4]。于是 Diff 算法开始工作了,像比对标签一样,比对 key,由于我们用了下标作为 key,所以旧数组的元素 1 的下标是 0,新数组元素 5 的下标是 0。所以 1 和 5 对上了,然后比对下一级的元素,发现都一样,就是文本不同,于是替换了文本。再往后一样,依次替换了文本,元素本身没变!到了最后,旧的下标只到了 3,新的到了 4,于是在最后追加了一个 4,而不是在旧的头部插入了 5。大家可以审查一下元素,看看是不是增加了最后的节点。

大家看到吗,截图如图 5-29 所示。那么如果用 a 来作为 key,虽然 a 也是数字,但是 a 的数字是固定的。

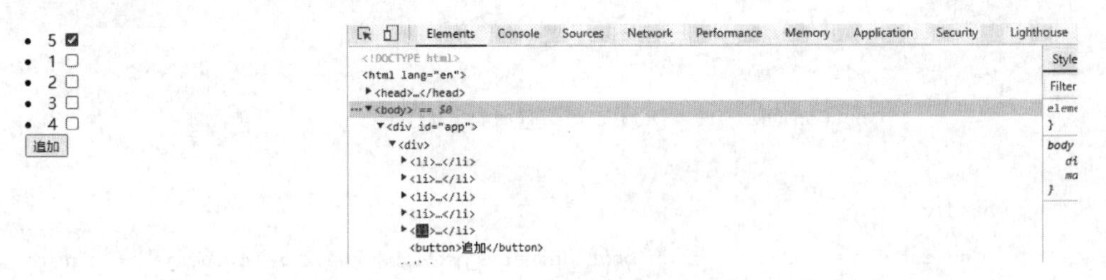

图 5-29　key 的问题 5

所以,看图 5-30 中的数字就是它的 key,首先会判断头指针,但不行,匹配不上,再去匹配尾指针,匹配上了,最后当尾指针超过了头指针,把头指针到尾指针的部分插入到旧数组中就完事了。

这回明白了吧!

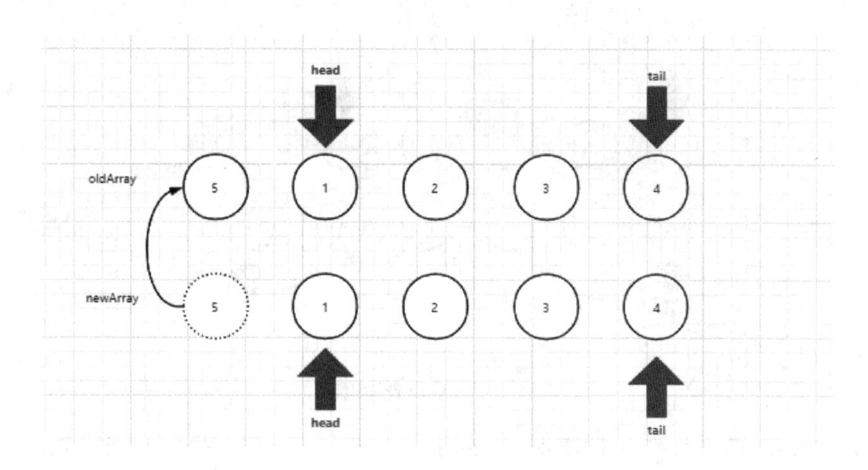

图 5-30　key 的问题 6

5.3.3　乱序比对

最后这一小节的内容简单，就是乱序比对，也很好理解，我们看图 5-31：

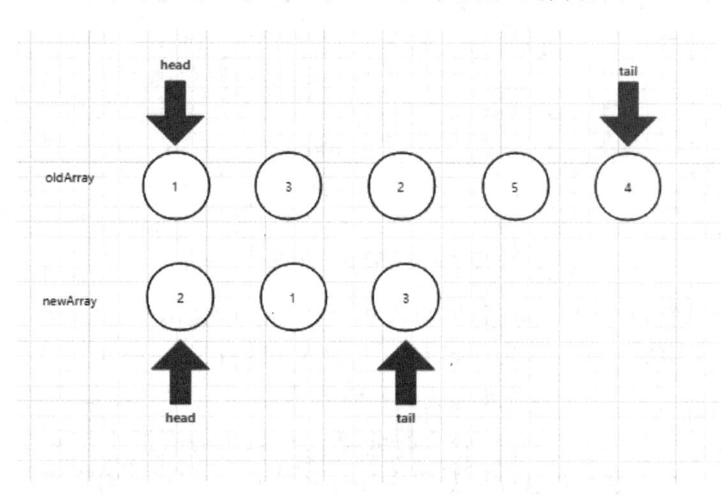

图 5-31　乱序比对图 1

OK，上图 5-31 就是一个乱序比对的简单示例，头头比不了，尾尾比不了，交叉还是比不了，那怎么办，那就全量比。

这个图 5-31 还不够夸张，我们再改一下，如图 5-32 所示：

这样可以了，肯定比不到。那个 5 是我故意留下的，因为我们要尽可能地优化它。

比对的逻辑是这样的，我们用图示演示一下流程，首先会生成一个旧数组的映射表，类似于这样：

```JavaScript
var oldArrayMap = { 1: 0, 3: 1, 2: 2, 5: 3, 4: 4 };
```

由于我们是用数字作为数组元素，所以看起来很奇怪，就是值作为 key，对应的下标作为 value 形成的一个对象，因为我们要取旧数组中对应的下标。

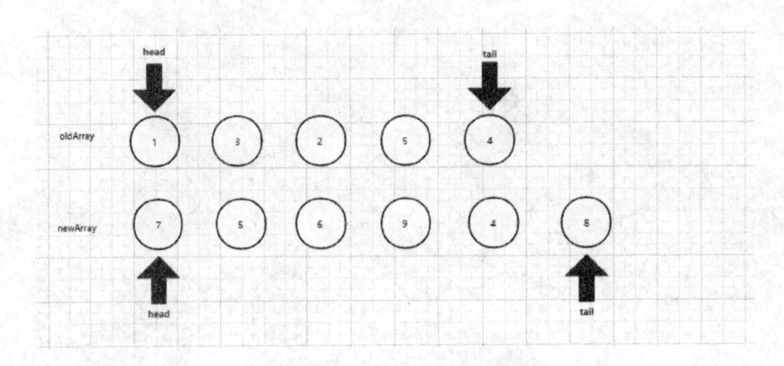

图 5-32 乱序比对图 2

那么我们继续，先用新数组中的第一个元素 7 去映射表中查，我们发现没找到，那么我们就把 7 这个元素插入到 oldArray 的 head 指针对应的元素之前，就变成了这样，如图 5-33 所示：

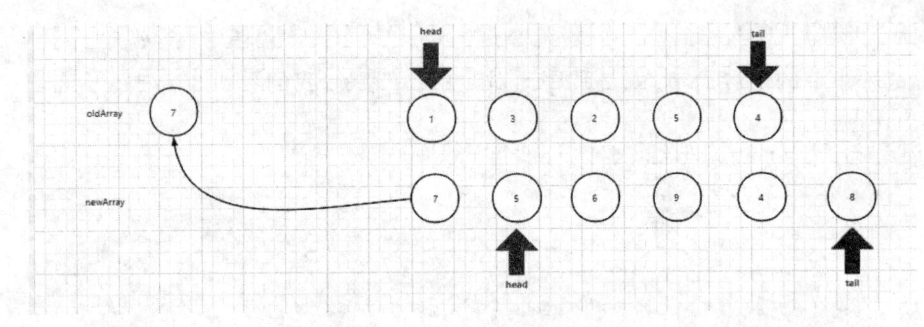

图 5-33 乱序比对图 3

于是，我们移动新数组的 head 指针，再去映射表中找元素 5，对吗？巧不巧，找到了，那么我们就把 oldArray 中的元素 5 插入到 oldArray 的 head 指针对应的元素之前，注意，oldArray 的 head 指针对应的是 1 这个元素，因为我们一直没有移动 oldArray 中的 head 指针，然后删除 oldArray 中的元素 5。此时有一个核心的点，就是旧数组的头指针会移动到您匹配到的这个元素上，但是此时的 5 这个位置在旧数组中没有元素了，我们已经删除掉了，于是 head 指针就会再往后移动到有元素的位置，如图 5-34 所示：

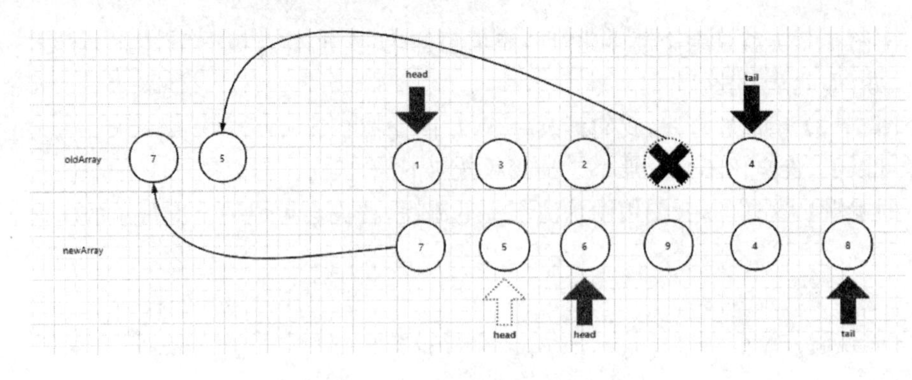

图 5-34 乱序比对图 4

继续移动指针，到了 6，映射表中没有，并且 9 也没有，那就在旧数组的 head 指针对应的元素前面先插入 6，再插入 9，如图 5－35 所示：

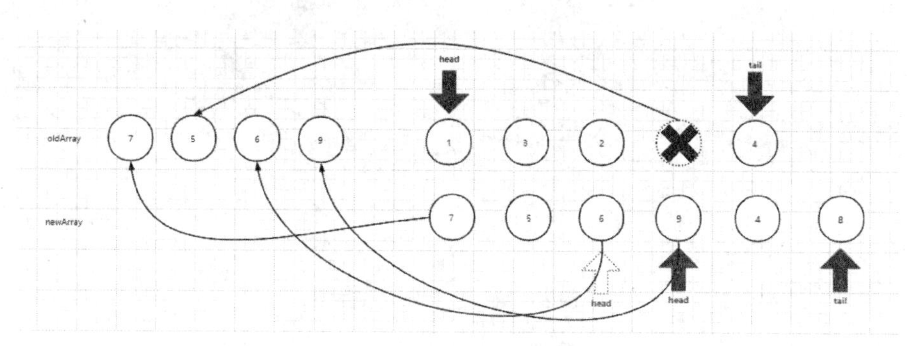

图 5－35　乱序比对图 5

注意，此时的旧数组的 head 指针一直不动，并且，它就根本不会动了。那么我们再往后移动，如图 5－36 所示：

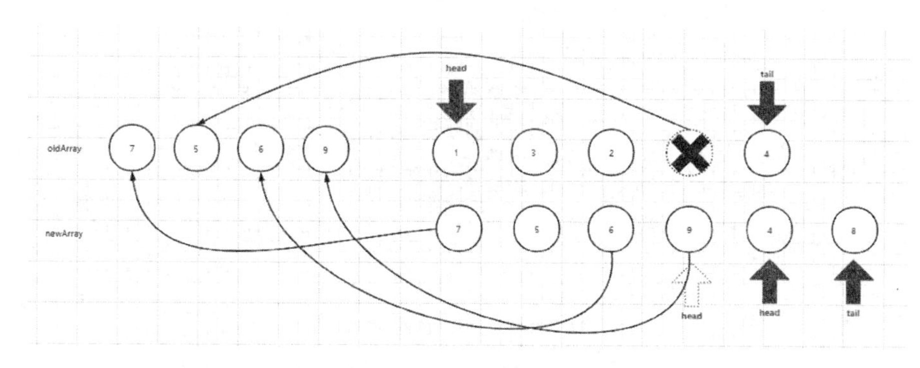

图 5－36　乱序比对图 6

OK，我们的新数组的 head 指针移动到了 4 元素这个位置上，然后这时就符合我们之前的某一个条件了，是哪个条件？旧尾新头的情况，对吧？那么此时旧数组的尾 4 和新数组的头 4 匹配了，我们该怎么移动看图 5－37。

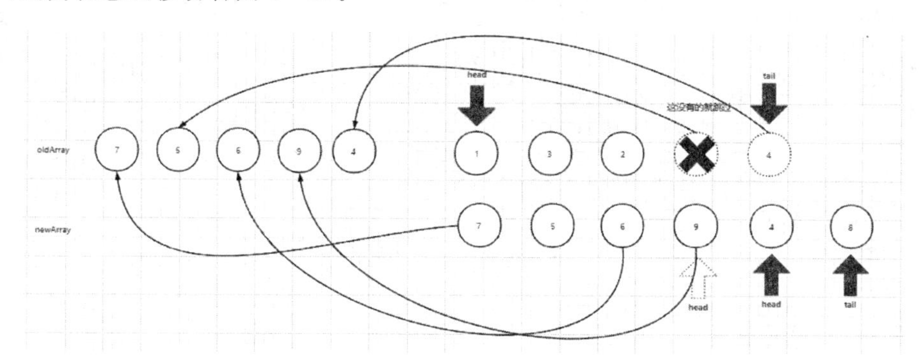

图 5－37　乱序比对图 7

如图 5－38 所示，移动旧的尾指针，再移动新的头指针，把 4 这个元素移动到旧的头指针前面。那么此时移动后的指针就是这样的了，如图 5－38 所示：

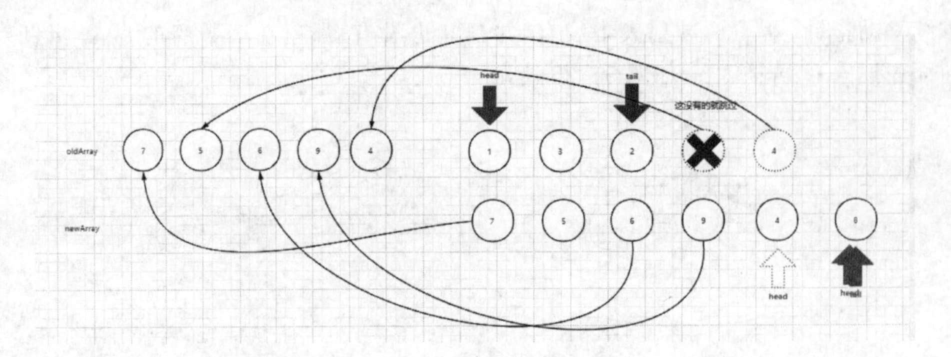

图 5-38　乱序比对图 8

那最后还剩下一个 8 这个元素，我们去查映射表，没查到。那就还是我们熟悉的操作了，如图 5-39 所示：

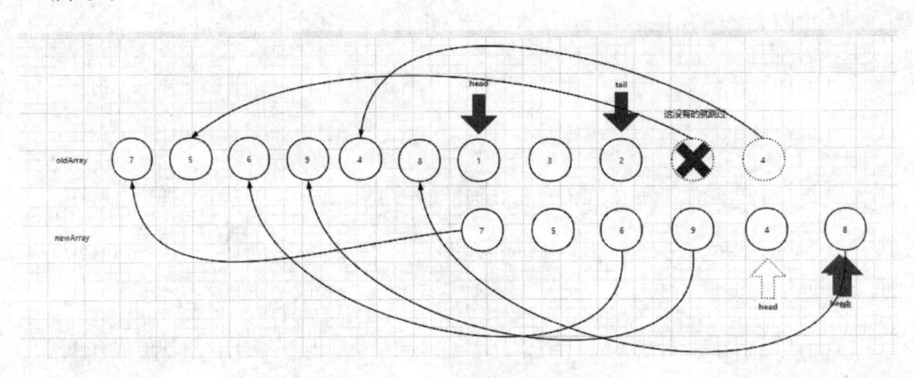

图 5-39　乱序比对图 9

我们看，最后把 8 插入到旧数组的头指针前面就好了，循环到此结束。那么此时的旧数组是这样的：[7,5,6,9,4,8,1,3,2]。对吗？这新数组不是这样的，没错，我们在循环外，记不记得还有个删除旧数组的头指针到尾指针的逻辑？刚好会把我们上图上的那个 1,3,2 删除掉。完美。

下面，我们来看代码怎么写：

```
JavaScript
function makeIndexByKey(children) {
    let map = {};
    children.forEach((child, index) =>{
        map[child.key] = index;
    });

    return map;
}
let map = makeIndexByKey(oldChildren);
while (oldStartIndex < = oldEndIndex && newStartIndex < = newEndIndex) {
    // ...循环里的代码,那一堆。
}
```

我们先声明了一个旧数组的映射表，等会儿会用到。然后，我们去写乱序的代码：

```
JavaScript
while (oldStartIndex <= oldEndIndex && newStartIndex <= newEndIndex) {
        if (!oldStartVnode) {
            oldStartVnode = oldChildren[++oldStartIndex];
        } else if (!oldEndVnode) {
            oldEndVnode = oldChildren[--oldEndIndex];
        }
        // push 、pop
        else if (isSameVNode(oldStartVnode, newStartVnode)) {
            // 那一堆
        }
        // unshift、shift
        else if (isSameVNode(oldEndVnode, newEndVnode)) {
            // 那一堆
        }
        // reverse,旧尾新头比较
        else if (isSameVNode(oldEndVnode, newStartVnode)) {
            // ...那一堆
        }
        // reverse,旧头新尾比较
        else if (isSameVNode(oldStartVnode, newEndVnode)) {
            // ...这一堆
        }
        // 乱序
        else {
            let moveIndex = map[newStartVnode.key];
            if (moveIndex !== undefined) {
                let moveVnode = oldChildren[moveIndex];
                el.insertBefore(moveVnode.el, oldStartVnode.el);
                oldChildren[moveIndex] = undefined;
                patchVNode(moveVnode, newStartVnode);
            } else {
                el.insertBefore(createElm(newStartVnode), oldStartVnode.el);
            }
            newStartVnode = newChildren[++newStartIndex];
        }
    }
```

这样，代码我们就写完了，我们来分析下。其实分析的部分就是我们在之前画的图。

首先，我们生成了一个旧数组的映射表。然后，我们取第一个新数组中的 key 看其是否在映射表中，为什么取的是 key？因为相同我们要用 key 来判断是不是同一个映射表。如果得到的 moveIndex 不存在，那说明我们就要直接插入到旧数组的 head 的前面。如果存在呢？先获取到对应的 VNode，再把它插入到旧数组 head 的前面。之后清空对应位置的元素，运行正常的逻辑比对节点。我们再把新数组的 head 往后移动，继续下一轮循环。

其实大家看这里的逻辑跟我们画的是一样的，画的逻辑您理解了，那就按照画的逻辑来写代码即可。

最后，还要提示一下：

```
JavaScript
oldChildren[moveIndex] = undefined
```

这段代码，当我们匹配到了旧数组中对应的元素，再移动它，把它设为 undefined，这是为了防止数组塌缩，所以就意味着有些 VNode 是空的，空的怎么处理呢？往前或者往后移动着取，就是之前写过的代码，看下面：

```
JavaScript
if (!oldStartVnode) {
    oldStartVnode = oldChildren[++oldStartIndex];
} else if (!oldEndVnode) {
    oldEndVnode = oldChildren[--oldEndIndex];
}
```

好，恭喜您学会了复杂的 Diff 算法，我们整体看下来，大家觉得它难吗？可能大家觉得它不简单，但是也没有那么难，一旦我们弄清楚它的需求是什么样的，会发现写代码不过是照着需求去写，再加上边界的细节，就可以了。

那么 Diff 算法，撒花，完结。

5.4 细节调整

我们前面手写了完整的 Diff 算法，但还有一点需要我们调整下，大家还记不记得，我们写的 Diff 算法所用的测试方法，实际上是写死的模板，这样做只是为了便于我们阅读和理解。但真实的情况肯定不是这样的，所以我们需要稍微调整下代码。

首先，我们把 index.js 中测试的那部分删除掉，自己删，您肯定知道删除哪里。

之前我们每次渲染都是新的，那么现在由于我们需要对比新旧两个节点，那么理所当然的，我们要把第一次渲染的 VNode 保存下来，那么您还知不知道是在哪里使用 VNode 去渲染真实节点的？

```
CoffeeScript
const updateComponent = () =>{
    vm._update(vm._render());
};
```

这里想必您已经十分熟悉了，那么您知道_update 方法做了什么？

```
JavaScript
Vue.prototype._update = function (vnode) {
    const vm = this;
```

```
    const el = vm.$el;
    vm.$el = patch(el, vnode);
};
```

之前是这样写的，每次传进来就一个 vnode，patch 方法每次接收的也是新的 vnode。所以，我们要在这里调整一下，可以存储上一次的 vnode。

```
JavaScript
Vue.prototype._update = function (vnode) {
    const vm = this;
    const el = vm.$el;

    const prevVNode = vm._vnode;
    vm._vnode = vnode;
    if (prevVNode) {
        vm.$el = patch(prevVNode, vnode);
    } else {
        vm.$el = patch(el, vnode);
    }
};
```

这就是修改后的_update 方法，我们首先把这一次的 vnode 保存在 Vue 实例上的_vnode 私有属性下，并且我们每次都会去尝试获取这个_vnode，也就是 prevVNode，如果存在 prevVNode，则说明不是初次渲染。那么 patch 方法就依据是否存在 prevVNode 确定如何传递参数。

最后，我们建一个 html 文件，测试一下：

```
HTMLBars
<!DOCTYPE html>
<html lang="en">
    <head>
        <meta charset="UTF-8" />
        <meta http-equiv="X-UA-Compatible" content="IE=edge" />
        <meta name="viewport" content="width=device-width, initial-scale=1.0" />
        <title>Diff</title>
    </head>
    <body>
        <div id="app">
            <span>
                <a>{{name}}</a>
            </span>
        </div>
        <script src="./vue.js"></script>
        <script>
            const vm = new Vue({
                el: "#app",
                data() {
                    return {
```

```
                    name: "zaking",
                };
            },
        });
        setTimeout(() =>{
            vm.name = "wong";
        }, 2000);
    </script>
  </body>
</html>
```

上述代码我们可以在浏览器中看到,如图 5－40 所示:

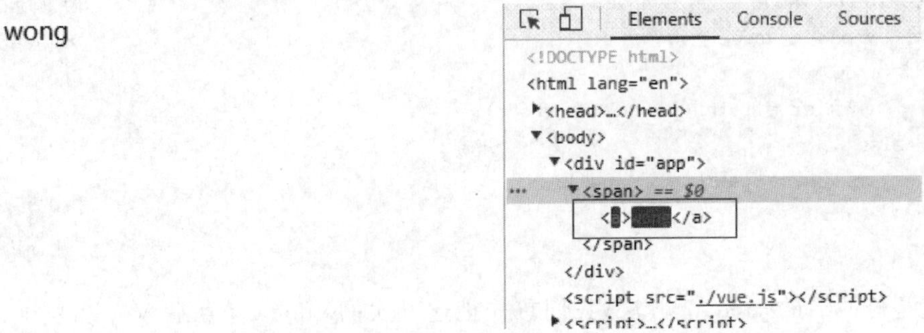

图 5－40　Diff 算法效果示例

我们看到,只有 a 标签更新了,说明我们的代码是 OK 的。当然,这里我们没有实现 v－for 这样的指令,所以暂时无法测试像我们之前写死的那样的例子。

5.5　Diff 算法的真正源码

这一章我们来梳理下 Diff 算法真正的源码,根据我们之前所学的内容可以知道,Diff 算法的源头实际上是_update 方法,然后_update 内部调用了 patch,patch 根据内部逻辑确定是否运行 Diff 算法。

那么我们先去找一下_update 方法,这是我们之前找过了的。

```
PHP
Vue.prototype._update = function (vnode: VNode, hydrating?: boolean) {
    const vm: Component = this
    const prevEl = vm.$el
    const prevVnode = vm._vnode
    const restoreActiveInstance = setActiveInstance(vm)
    vm._vnode = vnode
    // Vue.prototype.__patch__ is injected in entry points
    // based on the rendering backend used.
    if (!prevVnode) {
        // initial render
```

```
        vm.$el = vm.__patch__(vm.$el, vnode, hydrating, false /* removeOnly */)
    } else {
        // updates
        vm.$el = vm.__patch__(prevVnode, vnode)
    }
    restoreActiveInstance()
    // update __vue__ reference
    if (prevEl) {
        prevEl.__vue__ = null
    }
    if (vm.$el) {
        vm.$el.__vue__ = vm
    }
    // if parent is an HOC, update its $el as well
    if (vm.$vnode && vm.$parent && vm.$vnode === vm.$parent._vnode) {
        vm.$parent.$el = vm.$el
    }
    // updated hook is called by the scheduler to ensure that children are
    // updated in a parent's updated hook.
}
```

我们看 Vue2 源码的_update 方法它做了很多处理，但是核心的内容实际上跟我们写的一模一样。

首先，它缓存了一些属性包括 this、上一次的 el、和_vnode。后面就跟我们写的一样了，判断 prevVNode 是否存在，从而给 patch 方法传递不同的参数。

再往后，就是一些细节的字段处理了，这个不多说，因为我们也不知道它在整个 Vue2 中扮演了什么角色，起到了什么作用。

然后，我们再看看这个__patch__是从哪来的？其实__patch__就是 patch 方法：

```
JavaScript
// src/platforms/web/runtime/index.js
import { patch } from './patch'
Vue.prototype.__patch__ = inBrowser ? patch : noop
```

在 runtime/index.js 中有这两行代码，那么我们再去 src/platforms/web/runtime/patch.js 这里找：

```
JavaScript
import { createPatchFunction } from 'core/vdom/patch'

// 略了些别的引入

export const patch: Function = createPatchFunction({ nodeOps, modules })
```

于是指向了 createPatchFunction 方法，然后 nodeOps 其实就是一些节点操作的方法，比如：

```
JavaScript
export function removeChild (node: Node, child: Node) {
    node.removeChild(child)
}

export function appendChild (node: Node, child: Node) {
    node.appendChild(child)
}
```

这样，这里只是截取了一点，说明是做什么即可，然后 modules，顾名思义，就是一些模块，比如有 ref 和 directive，有 transition、domProps、events、klass 等。那么我们看看最终指向的 createPatchFunction 这个方法：

```
JavaScript
/**
 * Virtual DOM patching algorithm based on Snabbdom by
 * Simon Friis Vindum (@paldepind)
 * Licensed under the MIT License
 * https://github.com/paldepind/snabbdom/blob/master/LICENSE
 *
 * modified by Evan You (@yyx990803)
 *
 * Not type-checking this because this file is perf-critical and the cost
 * of making flow understand it is not worth it.
 */

import VNode, { cloneVNode } from "./vnode";
import config from "../config";
import { SSR_ATTR } from "shared/constants";
import { registerRef } from "./modules/ref";
import { traverse } from "../observer/traverse";
import { activeInstance } from "../instance/lifecycle";
import { isTextInputType } from "web/util/element";

import {
    warn,
    isDef,
    isUndef,
    isTrue,
    makeMap,
    isRegExp,
    isPrimitive,
} from "../util/index";

export const emptyNode = new VNode("", {}, []);
```

```
const hooks = ["create", "activate", "update", "remove", "destroy"];

function sameVnode(a, b) {}

function sameInputType(a, b) {}

function createKeyToOldIdx(children, beginIdx, endIdx) {}

export function createPatchFunction(backend) {}
```

这是整个 patch.js 的内容，大概有 800 多行。所以我们不可能逐行给大家讲都是做了什么的，我们只看核心的内容。那么我们先来看一下这 3 个辅助方法：

```
JavaScript
function createKeyToOldIdx (children, beginIdx, endIdx) {
    let i, key
    const map = {}
    for (i = beginIdx; i <= endIdx; ++i) {
        key = children[i].key
        if (isDef(key)) map[key] = i
    }
    return map
}
```

大家能猜到 createKeyToOldIdx 是用来什么的？没错，就是用来生成旧节点的映射表的。然后：

```
JavaScript
function sameInputType (a, b) {
    if (a.tag !== 'input') return true
    let i
    const typeA = isDef(i = a.data) && isDef(i = i.attrs) && i.type
    const typeB = isDef(i = b.data) && isDef(i = i.attrs) && i.type
    return typeA === typeB || isTextInputType(typeA) && isTextInputType(typeB)
}
```

sameInputType 是用来判断是否是同一个表单的。它处理同一个表单条件的边界情况就很完善，会判断是否有 data、attrs，再去取对应的 type 类型。然后才会据此判断是否是同一个表单。那么最后 sameVnode 方法是这样的：

```
JavaScript
function sameVnode (a, b) {
    return (
        a.key === b.key &&
        a.asyncFactory === b.asyncFactory && (
            (
                a.tag === b.tag &&
                a.isComment === b.isComment &&
```

```
                isDef(a.data) === isDef(b.data) &&
                sameInputType(a, b)
            ) || (
                isTrue(a.isAsyncPlaceholder) &&
                isUndef(b.asyncFactory.error)
            )
        )
    )
}
```

它判断是否是同一个节点就很完善，首先判断节点的 key，再去判断 asyncFactory 字段，然后判断 tag、注释、两个 VNode 的 data 选项等。

我们对辅助方法已经有了了解，我们看看最复杂的 createPatchFunction 方法，方法很多，罗列所有的觉得没必要，但是不罗列所有的又显得不完整，这里努力说清楚：

```
JavaScript
return function patch(oldVnode, vnode, hydrating, removeOnly) {
    if (isUndef(vnode)) {
        if (isDef(oldVnode)) invokeDestroyHook(oldVnode);
        return;
    }

    let isInitialPatch = false;
    const insertedVnodeQueue = [];

    if (isUndef(oldVnode)) {
        // empty mount (likely as component), create new root element
        isInitialPatch = true;
        createElm(vnode, insertedVnodeQueue);
    } else {
        // 省略
    }

    invokeInsertHook(vnode, insertedVnodeQueue, isInitialPatch);
    return vnode.elm;
};
```

createPatchFunction 最终返回了这样一个 patch 方法，其实它的本质就是我们所写的那个 patch 方法，那么我们看看上面的代码都做了些什么。

首先，如果判断不存在 vnode，但是存在 oldVNode，那么就调用销毁的方法，销毁 oldVNode，销毁的方法是 invokeDestroyHook：

```
JavaScript
function invokeDestroyHook(vnode) {
    let i, j;
    const data = vnode.data;
```

```
    if (isDef(data)) {
        if (isDef((i = data.hook)) && isDef((i = i.destroy))) i(vnode);
        for (i = 0; i < cbs.destroy.length; ++ i) cbs.destroy[i](vnode);
    }
    if (isDef((i = vnode.children))) {
        for (j = 0; j < vnode.children.length; ++ j) {
            invokeDestroyHook(vnode.children[j]);
        }
    }
}
```

看上面的代码，不知道您有没有疑惑，cbs. destroy 是什么？我们再继续看，在 createPatchFunction 最开头的地方，就做好了这件事：

```
JavaScript
let i, j;
const cbs = {};

const { modules, nodeOps } = backend;

for (i = 0; i < hooks.length; ++ i) {
    cbs[hooks[i]] = [];
    for (j = 0; j < modules.length; ++ j) {
        if (isDef(modules[j][hooks[i]])) {
            cbs[hooks[i]].push(modules[j][hooks[i]]);
        }
    }
}
```

还记不记得这个 modules 和 nodeOps 都是什么？我在前面找 patch 的时候，createPatchFunction 的上一级传入了这两个参数。nodeOps 的地址在这里：src/platforms/web/runtime/node-ops. js，它主要提供了一些节点的操作方法，注意，这里的节点指的是真实 DOM。

而 modules 就是一些模块，包括更新 props，创建 once 事件、增加事件、移除事件相关的，再比如更新属性，更新类名，ref、指令等之类的模块。所以我们看上面的代码。首先我们遍历 hooks，hooks 在文件最开始声明的静态数组：

```
JavaScript
const hooks = ["create", "activate", "update", "remove", "destroy"];
```

然后，在 cbs 对象中生成的 hooks 元素作为 key，数组作为 value 的一个对象，这个对应 key 的数组用来存储：modules 中存在对应 hook 的所有 hook，放到数组中。

那么我们继续理解 invokeDestroyHook 这个方法，它其实就做了两件事：

```
JavaScript
if (isDef((i = data.hook)) && isDef((i = i.destroy))) i(vnode);
for (i = 0; i < cbs.destroy.length; ++ i) cbs.destroy[i](vnode);
```

简单说，销毁该节点及其子节点。cbs.destory 的内容是什么之前说过了，遍历执行。然后，后面还会递归子节点。其实就是，销毁节点。

还要强调一点，上面说的 oldVNode 存在意味着什么大家知道吗？意味着不是初次渲染，好吧，我们继续。

再往后就是，如果不存在 oldVNode，那么说明是初次渲染，标记一下，运行 createElm 创造真实节点。然后，还会调用一下 invokeInsertHook 方法，最后返回 vnode 对应的真实 DOM。

而 invokeInsertHook 其实就是在 DOM 渲染完成后，插入一些钩子函数，我们把代码铺上来：

```
JavaScript
function invokeInsertHook(vnode, queue, initial) {
    // delay insert hooks for component root nodes, invoke them after the
    // element is really inserted
    if (isTrue(initial) && isDef(vnode.parent)) {
        vnode.parent.data.pendingInsert = queue;
    } else {
        for (let i = 0; i < queue.length; ++i) {
            queue[i].data.hook.insert(queue[i]);
        }
    }
}
```

还有个 createElm 方法，这个方法想必大家比较熟悉，之前写过，但是源码处理的内容还是很多的：

```
JavaScript
function createElm(
    vnode,
    insertedVnodeQueue,
    parentElm,
    refElm,
    nested,
    ownerArray,
    index
) {
    if (isDef(vnode.elm) && isDef(ownerArray)) {
        // This vnode was used in a previous render!
        // now it's used as a new node, overwriting its elm would cause
        // potential patch errors down the road when it's used as an insertion
        // reference node. Instead, we clone the node on-demand before creating
        // associated DOM element for it.
        vnode = ownerArray[index] = cloneVNode(vnode);
    }
```

```
        vnode.isRootInsert =! nested;                    // for transition enter check
        if (createComponent(vnode, insertedVnodeQueue, parentElm, refElm)) {
            return;
        }

        const data = vnode.data;
        const children = vnode.children;
        const tag = vnode.tag;
            // 这里省略了一点我们看不懂的代码
            vnode.elm = vnode.ns
                ? nodeOps.createElementNS(vnode.ns, tag)
              : nodeOps.createElement(tag, vnode);
            setScope(vnode);

            /* istanbul ignore if */
            if (__WEEX__) {
            // weex 省略了
            } else {
                createChildren(vnode, children, insertedVnodeQueue);
                if (isDef(data)) {
                    invokeCreateHooks(vnode, insertedVnodeQueue);
                }
                insert(parentElm, vnode.elm, refElm);
            }

            if (process.env.NODE_ENV !== "production" && data && data.pre) {
                creatingElmInVPre--;
            }
        } else if (isTrue(vnode.isComment)) {
            vnode.elm = nodeOps.createComment(vnode.text);
            insert(parentElm, vnode.elm, refElm);
        } else {
            vnode.elm = nodeOps.createTextNode(vnode.text);
            insert(parentElm, vnode.elm, refElm);
        }
    }
```

在初次创建的时候，我们只传了 vnode 和 insertedVnodeQueue 两个参数，而 insertedVnodeQueue 还是个空数组。我们继续看代码，在创建真实 DOM 之前，它会先去插入 scope，然后递归创建子节点并调用 create 生命周期钩子，最后插入节点。继续往后，判断是不是注释，否则就是文本节点。看，其实核心逻辑也就是我们写的那么多。当然，它的细节处理很多。

那么我们看完了初次渲染，我们得继续看 Diff 算法的部分了，也就是 else 部分的逻辑：

```
JavaScript
const isRealElement = isDef(oldVnode.nodeType);
if (!isRealElement && sameVnode(oldVnode, vnode)) {
```

```
        // patch existing root node
        patchVnode(oldVnode, vnode, insertedVnodeQueue, null, null, removeOnly);
    } else {
        if (isRealElement) {
        // SSR 优化
        }

        // replacing existing element
        const oldElm = oldVnode.elm;
        const parentElm = nodeOps.parentNode(oldElm);

        // create new node
        createElm(
            vnode,
            insertedVnodeQueue,
            // extremely rare edge case: do not insert if old element is in a
            // leaving transition. Only happens when combining transition +
            // keep-alive + HOCs. (#4590)
            oldElm._leaveCb ? null : parentElm,
            nodeOps.nextSibling(oldElm)
        );

        // update parent placeholder node element, recursively
        if (isDef(vnode.parent)) {
        // 触发生命周期钩子的一些代码
        }

        // destroy old node
        if (isDef(parentElm)) {
            removeVnodes([oldVnode], 0, 0);
        } else if (isDef(oldVnode.tag)) {
            invokeDestroyHook(oldVnode);
        }
    }
```

我们来看整个 else 内部的代码。首先判断是不是真实节点，如果不是，并且两个节点相同，那么就运行 patchVNode 方法。否则，我们再判断一下，如果是真实节点，那么就运行一些 SSR 优化逻辑，这里省略掉了。

接着还会判断是否存在父节点，递归调用父节点的生命周期钩子。最后，就是销毁旧的节点，并且触发旧节点的销毁生命周期。

那么还需要去看一下 patchVNode 方法：

```JavaScript
function patchVnode(
    oldVnode,
```

```
    vnode,
    insertedVnodeQueue,
    ownerArray,
    index,
    removeOnly
) {
    if (oldVnode === vnode) {
        return;
    }

    // 一堆细节
        const elm = (vnode.elm = oldVnode.elm);
    // 还有静态节点的处理

    let i;
    const data = vnode.data;
    if (isDef(data) && isDef((i = data.hook)) && isDef((i = i.prepatch))) {
        i(oldVnode, vnode);
    }

    const oldCh = oldVnode.children;
    const ch = vnode.children;
    if (isDef(data) && isPatchable(vnode)) {
        for (i = 0; i <cbs.update.length; ++i) cbs.update[i](oldVnode, vnode);
        if (isDef((i = data.hook)) && isDef((i = i.update))) i(oldVnode, vnode);
    }
    if (isUndef(vnode.text)) {
        if (isDef(oldCh) && isDef(ch)) {
            if (oldCh !== ch)
                updateChildren(elm, oldCh, ch, insertedVnodeQueue, removeOnly);
            } else if (isDef(ch)) {
                if (process.env.NODE_ENV !== "production") {
                    checkDuplicateKeys(ch);
                }
                if (isDef(oldVnode.text)) nodeOps.setTextContent(elm, "");
                addVnodes(elm, null, ch, 0, ch.length - 1, insertedVnodeQueue);
            } else if (isDef(oldCh)) {
                removeVnodes(oldCh, 0, oldCh.length - 1);
            } else if (isDef(oldVnode.text)) {
                nodeOps.setTextContent(elm, "");
        }
    } else if (oldVnode.text !== vnode.text) {
        nodeOps.setTextContent(elm, vnode.text);
    }
    if (isDef(data)) {
```

```
        if (isDef((i = data.hook)) && isDef((i = i.postpatch)))
            i(oldVnode, vnode);
    }
}
```

其实核心的代码差不多就这些，先更新生命周期的 update 钩子，运行，然后判断新 vnode 是不是文本，是文本直接设置文本节点即可，不是文本则继续内部逻辑。

在不是文本的情况下，判断新旧节点如果存在子节点，并且不是相同的子节点，就运行 updateChildren 方法。如果只存在新 vnode，则判断旧的 vnode 是不是文本，如是真的直接设置一个空的文本节点，因为前面我们把旧的真实 DOM 存在了新的 vnode 的 elm 上，并且声明了一个 elm 变量用来存储 oldVnode.elm。所以当不存在新 vnode 的时候，就依据旧的 elm 真实元素创建 vnode。而 addVnodes 方法，其实就是 createElm。

再往后，判断如果没有旧的子节点，那么就移除 vnodes，最后判断如果 oldVNode 是文本，那么就设置一个空文本。

所以最终真正的 Diff 算法在 updateChildren 方法里：

```JavaScript
function updateChildren(
    parentElm,
    oldCh,
    newCh,
    insertedVnodeQueue,
    removeOnly
) {
    let oldStartIdx = 0;
    let newStartIdx = 0;
    let oldEndIdx = oldCh.length - 1;
    let oldStartVnode = oldCh[0];
    let oldEndVnode = oldCh[oldEndIdx];
    let newEndIdx = newCh.length - 1;
    let newStartVnode = newCh[0];
    let newEndVnode = newCh[newEndIdx];
    let oldKeyToIdx, idxInOld, vnodeToMove, refElm;

    // removeOnly is a special flag used only by <transition - group>
    // to ensure removed elements stay in correct relative positions
    // during leaving transitions
        const canMove =! removeOnly;

    if (process.env.NODE_ENV ! == "production") {
    checkDuplicateKeys(newCh);
    }

    while (oldStartIdx < = oldEndIdx && newStartIdx < = newEndIdx) {
    // 等会儿
```

```
    }
    if (oldStartIdx > oldEndIdx) {
        refElm = isUndef(newCh[newEndIdx + 1]) ? null : newCh[newEndIdx + 1].elm;
        addVnodes(
            parentElm,
            refElm,
            newCh,
            newStartIdx,
            newEndIdx,
            insertedVnodeQueue
        );
    } else if (newStartIdx > newEndIdx) {
        removeVnodes(oldCh, oldStartIdx, oldEndIdx);
    }
}
```

我们看，整个 updateChildren 方法跟我们写的至少有很相似。首先，我们声明了一堆变量，就是我们的双指针和其对应的元素。四个指针、四个对应的 vnode。然后就是我们的 while 循环了。循环之后就是那两个判断方法，而源码中的写法，其实是与我们所写的判断逻辑相反的逻辑，但意思都是一样的。

当我们循环完毕，如果存在 oldStartIdx 大于 oldEndIdx，我们想象一下，其实就是 newStartIdx 小于等于 newEndIdx 的情况。也就是我们往尾部新增元素的那个例子。然后就是删除节点的情况了，如果大家不理解，那么回头再看下之前手写的部分。

while 循环里的代码如下：

```
JavaScript
if (isUndef(oldStartVnode)) {
    oldStartVnode = oldCh[++oldStartIdx];        // Vnode has been moved left
} else if (isUndef(oldEndVnode)) {
    oldEndVnode = oldCh[--oldEndIdx];
} else if (sameVnode(oldStartVnode, newStartVnode)) {
    patchVnode(
        oldStartVnode,
        newStartVnode,
        insertedVnodeQueue,
        newCh,
        newStartIdx
    );
    oldStartVnode = oldCh[++oldStartIdx];
    newStartVnode = newCh[++newStartIdx];
} else if (sameVnode(oldEndVnode, newEndVnode)) {
    patchVnode(
        oldEndVnode,
```

```
            newEndVnode,
            insertedVnodeQueue,
            newCh,
            newEndIdx
        );
        oldEndVnode = oldCh[--oldEndIdx];
        newEndVnode = newCh[--newEndIdx];
    } else if (sameVnode(oldStartVnode, newEndVnode)) {
        // Vnode moved right
        patchVnode(
            oldStartVnode,
            newEndVnode,
            insertedVnodeQueue,
            newCh,
            newEndIdx
        );
        canMove &&
            nodeOps.insertBefore(
                parentElm,
                oldStartVnode.elm,
                nodeOps.nextSibling(oldEndVnode.elm)
            );
        oldStartVnode = oldCh[++oldStartIdx];
        newEndVnode = newCh[--newEndIdx];
    } else if (sameVnode(oldEndVnode, newStartVnode)) {
        // Vnode moved left
        patchVnode(
            oldEndVnode,
            newStartVnode,
            insertedVnodeQueue,
            newCh,
            newStartIdx
        );
        canMove &&
            nodeOps.insertBefore(parentElm, oldEndVnode.elm, oldStartVnode.elm);
        oldEndVnode = oldCh[--oldEndIdx];
        newStartVnode = newCh[++newStartIdx];
    } else {
        if (isUndef(oldKeyToIdx))
            oldKeyToIdx = createKeyToOldIdx(oldCh, oldStartIdx, oldEndIdx);
```

```
idxInOld = isDef(newStartVnode.key)
    ? oldKeyToIdx[newStartVnode.key]
    : findIdxInOld(newStartVnode, oldCh, oldStartIdx, oldEndIdx);
if (isUndef(idxInOld)) {
    // New element
    createElm(
        newStartVnode,
        insertedVnodeQueue,
        parentElm,
        oldStartVnode.elm,
        false,
        newCh,
        newStartIdx
    );
} else {
    vnodeToMove = oldCh[idxInOld];
    if (sameVnode(vnodeToMove, newStartVnode)) {
        patchVnode(
            vnodeToMove,
            newStartVnode,
            insertedVnodeQueue,
            newCh,
            newStartIdx
        );
        oldCh[idxInOld] = undefined;
        canMove &&
            nodeOps.insertBefore(
                parentElm,
                vnodeToMove.elm,
                oldStartVnode.elm
        );
    } else {
            // same key but different element. treat as new element
            createElm(
            newStartVnode,
            insertedVnodeQueue,
            parentElm,
            oldStartVnode.elm,
            false,
            newCh,
```

```
                newStartIdx
            );
        }
    }
    newStartVnode = newCh[++newStartIdx];
}
```

如果大家看不懂这些代码,那么一定回头去看手写的部分。搞懂了再来看上面这段源码。

好,终于得过且过地完成了 Diff 算法部分。

下一章,我们会介绍组件的实现。

第 6 章　手写 Component

Vue2 核心的部分，目前只剩下 Component 的实现了，其实 Component 本质上来说并不难，但是它涉及我们过去所学的几乎全部内容，因为理论上讲，一个 Component 就是一个完整的 Vue，所以逻辑上会稍微有些绕。这也是为什么把 Component 的实现放在了最后的原因，好了，不多说，我们来手写 Component。

6.1　Vue.extend 的实现

在开始手写 Component 源码之前，我们先来复习下组件的使用方法，因为这些使用方法就是我们要实现的内容。

注册组件有两种方式，即全局注册和局部注册，那么我们要注意的第一问题就是，如果在全局和局部都注册了一样名称的自定义组件会怎么样？我们来看一下代码：

```
HTML
<!DOCTYPE html>
<html lang="en">
    <head>
        <meta charset="UTF-8" />
        <meta http-equiv="X-UA-Compatible" content="IE=edge" />
        <meta name="viewport" content="width=device-width, initial-scale=1.0" />
        <title>Document</title>
    </head>
    <body>
        <div id="app">
            <my-button></my-button>
            <my-button></my-button>
        </div>
        <script src="https://cdn.bootcdn.net/ajax/libs/vue/2.6.14/vue.js"></script>
        <script>
            Vue.component("my-button", {
                template: '<button>外层 my 按钮</button>',
            });
            const vm = new Vue({
                el: "#app",
                data() {
```

```
                return {
                    name: "zaking",
                };
            },
            components: {
                "my - button": {
                    template: '< button >里层 my 按钮</button >',
                },
            },
        });
    < /script >
  < /body >
< /html >
```

最终渲染的结果如图 6 - 1 所示：

其实我们还可以换一种写法：

图 6 - 1　组件渲染效果

```
HTML
<! DOCTYPE html >
< html lang = "en">
  < head >
    < meta charset = "UTF - 8" />
    < meta http - equiv = "X - UA - Compatible" content = "IE = edge" />
    < meta name = "viewport" content = "width = device - width, initial - scale = 1.0" />
    < title >Document < /title >
  < /head >
  < body >
    < div id = "app">
      < my - button >< /my - button >
      < my - button >< /my - button >
    < /div >
    < script src = "https://cdn.bootcdn.net/ajax/libs/vue/2.6.14/vue.js">< /script >
    < script >
      Vue.component(
        "my - button",
        Vue.extend({
          template: '< button >里层 my 按钮< /button >',
        })
      );
      const vm = new Vue({
        el: "#app",
        data() {
          return {
            name: "zaking",
          };
        },
```

```
                components: {
                    "my-button": Vue.extend({
                        template: '<button>里层 my 按钮</button>',
                    }),
                },
            });
        </script>
    </body>
</html>
```

也就是通过 Vue.extend 方法传入 Vue 选项生成一个 Vue 的子类，作为组件的内容。渲染结果是一样的。其实声明一个组件，从根本上来讲就是创建了一个子类。那么 Vue.extend 该怎么用呢？

```
HTML
<!DOCTYPE html>
<html lang="en">
    <head>
        <meta charset="UTF-8" />
        <meta http-equiv="X-UA-Compatible" content="IE=edge" />
        <meta name="viewport" content="width=device-width, initial-scale=1.0" />
        <title>Document</title>
    </head>
    <body>
        <div id="app"></div>
        <script src="https://cdn.bootcdn.net/ajax/libs/vue/2.6.14/vue.js"></script>
        <script>
            const Sub = Vue.extend({
                template: "<button>点你啊</button>",
            });
            new Sub().$mount("#app");
        </script>
    </body>
</html>
```

代码很简单，我们通过 Vue.extend 生成了一个子类，然后通过 new 运算符生成一个该子类的实例，那么再用调用该子类上继承自 Vue 的 $mount 方法挂载到 DOM 上即可。

下面我们看如何实现这个 extend 静态方法，先创建个 extend 方法：

```
JavaScript
// src/globalAPI.js
import { mergeOptions } from "./utils";

export function initGlobalAPI(Vue) {
    Vue.options = {};
    Vue.mixin = function (mixin) {
        this.options = mergeOptions(this.options, mixin);
```

```
        return this;
    };

    Vue.extend = function (options) {
        function Sub() {}
        return Sub;
    };
}
```

我们在 globalAPI.js 文件中创建一个 Vue.extend 方法，这个方法会返回一个函数，也就是子类函数。但此时的 Sub 和 Vue 没有一点关系，只是在 extend 方法中返回了一个单纯的函数，但是在上面的例子中，我们的 Sub 子类是需要继承 Vue 上的所有的方法的，比如 $mount，那我们怎么办呢？

```JavaScript
Vue.extend = function (options) {
    function Sub() {}
    Sub.prototype = Object.create(Vue.prototype);
    return Sub;
};
```

之前着重讲过了 Object.create，这里就不多说了，这样我们 Sub 函数上就可以通过原型链获取 Vue 类上的方法了，还记不记得我们在构造 Vue 类的时候做了什么？存储 options，然后调用_init 方法初始化 Vue。那么既然 Sub 是 Vue 的子类，在 Vue 中要做的事，在 Sub 中也同样要做：

```JavaScript
Vue.extend = function (options) {
    function Sub() {
        this._init();
    }
    Sub.prototype = Object.create(Vue.prototype);
    Sub.options = options;
    return Sub;
};
```

但是如果这个时候执行代码，用我们之前的例子，把真正的 Vue 换成我们自己手写的 Vue 会报错的，报错的原因是_init 方法中拿不到 options 选项。我们来看一下，为什么_init 方法中取不到 options 呢？

```JavaScript
Vue.prototype._init = function (options) {
    const vm = this;
    console.log(vm);
    console.log(this.constructor);
    vm.$options = mergeOptions(this.constructor.options, options);
    callHook(vm, "beforeCreated");
```

```
        initState(vm);
        callHook(vm, "created");
        if (options.el) {
            vm.$mount(options.el);
        }
    };
```

大家猜这两个打印的结果是什么？vm 是 Sub 的实例，这一点没有问题。但是为什么 this.constructor 是 Vue 呢？我们看下：

看图 6-2 大家能理解了吗？因为 Sub 这个对象的构造函数是一个普通函数，这个 Sub 函数或者 Sub 类的原型是指向 Vue 类的，那么当然 Sub 类生成的对象的原型就指向了 Vue 类。既然如此，就根本没给 Vue 类传 options 自然就是空了，换句话说，在现在的代码中是取不到对应的构造函数传入的 options 的。

```
▼Sub {}
  ▶$options: {}
  ▼[[Prototype]]: Vue
    ▼[[Prototype]]: Object
      ▶$mount: ƒ (el)
      ▶$nextTick: ƒ nextTick(cb)
      ▶$watch: ƒ (exprOrFn, cb)
      ▶_c: ƒ ()
      ▶_init: ƒ (options)
      ▶_render: ƒ ()
      ▶_s: ƒ (value)
      ▶_update: ƒ (vnode)
      ▶_v: ƒ ()
      ▶constructor: ƒ Vue(options)
      ▶[[Prototype]]: Object
ƒ Vue(options) {
    this._init(options);
  }
```

图 6-2 Sub 子类的内容

所以，需要修改一下 Sub 的 constructor 的指向，上面的 extend 方法中还缺了点内容：

```JavaScript
Vue.extend = function (options) {
    function Sub(options = {}) {
        this._init(options);
    }
    Sub.prototype = Object.create(Vue.prototype);
    Sub.prototype.constructor = Sub;
    Sub.options = options;
    return Sub;
};
```

这样就可以了，不信再去看下打印的结果。其实这是很常见的一个继承的问题，有经验的同学一定有所了解。然后呢，我们还给 Sub 函数加了个 options 参数，默认是空。是因为我们在往实例上绑定 $options 的时候，调用了合并选项的方法，而合并的就是存储在类上的静态 options 和通过参数传入的 options，其中静态的 options 是 Vue 构造函数的静态方法传入的，存储在 Vue 类上的选项 options 中。在_init 方法中，最终这两个 options 都会合并成 vm 实例上的 $options。

那么到这里,其实我们就已经实现了 Vue.extend 方法,很简单吧。

6.2 Vue.component 的实现

上一节我们实现了 Vue.extend 方法其实就是一个构造函数的继承。那么这一小节,我们来手写实现 Vue.component 方法,该方法可以生成一个组件,然后通过 Vue 类中的 component 选项来注册。先来看下简单的使用例子:

```
HTML
<!DOCTYPE html>
<html lang="en">
    <head>
        <meta charset="UTF-8" />
        <meta http-equiv="X-UA-Compatible" content="IE=edge" />
        <meta name="viewport" content="width=device-width, initial-scale=1.0" />
        <title>Document</title>
    </head>
    <body>
        <div id="app"></div>
        <script src="vue.js"></script>
        <script>
            Vue.component(
                "diy-button",
                Vue.extend({
                    template: "<button>我是 diy-button</button>",
                })
            );
            const Sub = Vue.extend({
                template: '<div style="border: 1px solid; width: 100px; height: 100px"><diy-button></diy-button></div>',
            });
            new Sub().$mount("#app");
        </script>
    </body>
</html>
```

我们看上面的例子,首先通过 Vue.component 方法声明了一个 diy-button 组件,我们可以看到 Vue.component 支持两个参数,一个是组件名称,另一个是组件的定义,这个组件的定义可以是一个函数或者一个 options 选项对象。然后,就可以在父级组件的模板中使用了。

那么据此所知,按照惯例,在手写的部分,需要去声明一个 Vue.component 方法:

```
JavaScript
// src/globalAPI.js
```

```
export function initGlobalAPI(Vue) {
    // 其他代码

    Vue.component = function (id, definition) {};
}
```

然后，我们还需要把定义的组件，维护到 Vue 的静态属性 options 上，形成一个组件名与组件内容相对应的一个对象 components：

```
JavaScript
Vue.options.components = {};
Vue.component = function (id, definition) {
    definition =
        typeof definition === "function" ? definition : Vue.extend(definition);
    Vue.options.components[id] = definition;
};
```

我们在 Vue 类的 options 上声明了一个 components 属性，用来存储所有的全局组件，注意这里的 Vue 并不是 Vue 实例，而是 Vue 这个类，那么在 Vue.component 方法内部，我们要判断 definition 参数是否是一个函数，如果不是，那么就用 Vue.extend 方法包装一下，生成一个函数。最后，把该子类注册到全局的 Vue.options.components 上即可。但是这样还不足以支撑整个 component 方法的内容，我们继续。

我们最开始在写例子的时候说过，全局组件和局部组件的优先级问题，当全局组件和局部组件注册冲突的时候，局部组件优先，所以接下来处理优先级的问题。

```
HTML
<!DOCTYPE html>
<html lang="en">
    <head>
        <meta charset="UTF-8" />
        <meta http-equiv="X-UA-Compatible" content="IE=edge" />
        <meta name="viewport" content="width=device-width, initial-scale=1.0" />
        <title>Document</title>
    </head>
    <body>
        <div id="app"></div>
        <script src="vue.js"></script>
        <script>
            Vue.component(
                "diy-button",
                Vue.extend({
                    template: "<button>我是全局 diy-button</button>",
                })
            );
            const Sub = Vue.extend({
                template: '<div style="border: 1px solid; width: 100px; height: 100px"><diy
```

```
- button></diy- button></div>',
                    components: {
                        "diy- button": {
                            template: Vue.extend({
                                template: "<button>我是局部 diy- button</button>",
                            }),
                        },
                    },
                });
                new Sub().$mount("#app");
            </script>
        </body>
    </html>
```

我们看一下例子，在子类 Sub 中，声明了一个局部组件 diy - button，并且在全局范围下也通过 component 方法声明了一个全局的 diy - button 组件，那么下面就来处理这种情况：

```JavaScript
Vue.extend = function (options) {
    function Sub(options = {}) {
        this._init(options);
    }
    Sub.prototype = Object.create(Vue.prototype);
    Sub.prototype.constructor = Sub;
    Sub.options = mergeOptions(Vue.options, options);
    return Sub;
};
```

首先，修改下 Sub.options 的逻辑，合并父类和传入的 options，这样处理过后，我们就可以拿到全局注册组件和局部注册组件的关系。对吧？不难理解吧，因为通过 mergeOptions 方法合并了之后就得到了一个完整的 options 了。

但是还有个问题，mergeOptions 方法里，我们之前并没有写处理 components 选项的逻辑，所以我们还要补全 mergeOptions 的合并逻辑：

```JavaScript
// src/utils.js
strats.components = function (parentVal, childVal) {
    const res = Object.create(parentVal);
    if (childVal) {
        for (let key in childVal) {
            res[key] = childVal[key];
        }
    }
    return res;
};
```

这个逻辑其实很简单，就是把 childVal 中所有的 key 都复制到了 parenetVal 上。OK，我们解决了 options 选项的合并问题，通过 mergeOptions 方法把合并后的 options 绑定到子类上，换句话说，现在可以正确按照优先级查找到我们自定义的组件了，但是问题又来了，该要怎么把它渲染到 DOM 上呢？

6.3 组件的虚拟节点

既然渲染，那么就需要走渲染流程，还记得在第二章的时候，我们是如何通过模板来渲染 DOM 的吗？我们来简单回忆下，首先我们先根据模板生成 AST，再根据 AST 生成 render 函数，最后根据 render 函数生成 Vnode，最后就是执行 patch 方法，比对节点，渲染 DOM 了。所以这里有一个核心的内容就是，要根据 component 的特点，创建一个新的 Vnode，让我们在渲染的时候可以识别和处理。

既然我们要生成组件的 Vnode，但是组件也是一个自定义的标签，我们在解析模板的时候，要如何识别是原生的标签，还是自定义的标签呢？答案就是保留字段：

```javascript
JavaScript
// src/vdom/index.js
const isReservedTag = (tag) =>{
    return ["a", "div", "p", "button", "ul", "li", "span"].includes(tag);
};
```

这样，其实就是把所有的原始标签都列出来了，在里面找有没有。接下来，需要稍微改造一下之前的 createElementVNode 方法，因为现在创建元素的时候，不只有一种情况：

```javascript
JavaScript
export function createElementVNode(vm, tag, data = {}, ...children) {
    if (data === null) {
        data = {};
    }
    let key = data.key;
    if (key) {
        delete data.key;
    }
    if (isReservedTag(tag)) {
        return vnode(vm, tag, key, data, children);
    } else {
        let Ctor = vm.$options.components[tag];
        return createComponentVNode(vm, tag, key, data, children, Ctor);
    }
}
```

上面的代码，如果判断是原生标签，那么我们就运行原来的逻辑。否则，就是组件，那么需要获取到我们之前存在 vm 的 $options 选项上对应 tag 的 component。然后，再去运行 createComponentVNode 创建组件的虚拟节点。

```JavaScript
function createComponentVNode(vm, tag, key, data, children, Ctor) {
    if (typeof Ctor === "object") {
        Ctor = vm.constructor.extend(Ctor);
    }
}
```

要注意，由于 Ctor 可能是一个经过 Vue.extend 处理后的函数，也可能是对象，所以我们要针对对象的情况处理一下，就像在 Vue.component 方法中那样，您不是在 Vue.component 方法中处理过了吗？为什么这里还要处理下？注意！Vue.component 和子类是两回事！

用上面那样的写法，去获取 extend 方法这样没问题吗？第一个问题，这里的 vm 指的是谁？指的是 Sub 子类的实例，那 Sub 子类上有 extend 方法吗？并没有！因为我们之前 Sub 继承了 Vue 的原型方法，而不是 Vue 的静态方法，所以 extend 根本不存在于 Sub 子类上。那么我们就要对此进行小小的处理了。

```JavaScript
// src/globalAPI.js
import { mergeOptions } from "./utils";

export function initGlobalAPI(Vue) {
    Vue.options = {
        _base: Vue,
    };
    // 其他代码
}
```

这样，就把这个 Vue 类存储到了 Vue.options._base 上，那么下面我们 mergeOptions 的时候，就把这个_base 存储在了子类的 options 上。这样我们就在子类上拿到了 Vue 类的静态方法。

```JavaScript
function createComponentVNode(vm, tag, key, data, children, Ctor) {
    if (typeof Ctor === "object") {
        Ctor = vm.$options._base.extend(Ctor);
    }
}
```

这样我们就处理好了如何获取到 extend 方法的问题，继续。

```JavaScript
function createComponentVNode(vm, tag, key, data, children, Ctor) {
    if (typeof Ctor === "object") {
        Ctor = vm.$options._base.extend(Ctor);
    }
    return vnode(vm, tag, key, data, children, null, { Ctor });
}
```

最后，我们返回一个 vnode 就好了，这个 vnode 比之前的多了个 componentOptions，也就是最后面的那个对象参数，所以还要去给 vnode 方法增加一个参数：

```
JavaScript
function vnode(vm, tag, key, data, children, text, componentOptions) {
    return {
        vm,
        tag,
        key,
        data,
        children,
        text,
        componentOptions,
    };
}
```

6.4 组件的渲染

上一小节，我们创建好了组件的虚拟节点，组件标签和原生标签还有一个特别的不同之处，就是原生标签我们只要渲染就好了，但是组件标签，在我们生成的时候，需要去调用内部的生命周期等一系列的钩子，所以我们再给 createComponentVNode 方法增加一点内容，添加一个 hook，在渲染的时候，如果该标签是组件，就需要调用这个 hook：

```
Haskell
function createComponentVNode(vm, tag, key, data, children, Ctor) {
    if (typeof Ctor === "object") {
        Ctor = vm.$options._base.extend(Ctor);
    }
    data.hook = {
        init(){

        }
    }
    return vnode(vm, tag, key, data, children, null, { Ctor });
}
```

那么既然我们要渲染真实节点，还记不记得之前在渲染真实节点的时候运行的是什么方法？就是有 Diff 算法的那个，没错是 patch 方法：

```
JavaScript
// src/vdom/patch.js
export function createElm(vnode) {
    let { tag, data, children, text } = vnode;
    if (typeof tag === "string") {
```

```
        if (createComponent(vnode)) {
            return;
        }
        vnode.el = document.createElement(tag);
        patchProps(vnode.el, {}, data);
        children.forEach((child) =>{
            vnode.el.appendChild(createElm(child));
        });
    } else {
        vnode.el = document.createTextNode(text);
    }
    return vnode.el;
}
```

在创建元素的时候，应通过 createComponent 方法确认一下，如果是组件，那么就不需要去运行后面渲染 DOM 的逻辑了，那么看看 createComponent 是如何创建组件的：

```JavaScript
function createComponent(vnode) {
    let i = vnode.data;
    if ((i = i.hook) && (i = i.init)) {
        i(vnode);
    }
}
```

我们看，其实 createComponent 方法十分简单，就是获取刚才我们绑定在 vnode 的 data 上的 hook，然后去调用 hook 的 init 方法即可。所以，接下来我们要完善一下组件上的 init 方法：

```JavaScript
function createComponentVnode(vm, tag, key, data, children, Ctor) {
    if (typeof Ctor === "object") {
        Ctor = vm.$options._base.extend(Ctor);
    }

    data.hook = {
        init(vnode) {
            // 稍后创建真实节点时，如果是组件则调用此 init 方法
            let instance = (vnode.componentInstance =
                new vnode.componentOptions.Ctor());
            instance.$mount();
        },
    };

    return vnode(vm, tag, key, data, children, null, {
        Ctor,
    });
}
```

init 方法内部，通过 Vnode 的 componentOptions 获取到对应的子类，然后 new 子类后，通过子类的实例调用 $ mount 来完成组件的渲染。

但是呢，现在的代码还是有问题的：

```
JavaScript
Vue.prototype.$mount = function (el) {
    const vm = this;
    el = document.querySelector(el);
    let ops = vm.$options;
    if (!ops.render) {
    let template;
        if (!ops.template && el) {
            template = el.outerHTML;
        } else {
            template = ops.template;
        }
        if (template && el) {
            const render = complierToFcuntion(template);
            ops.render = render;
        }
    }
    mountComponent(vm, el);
};
```

还记不记得这个方法，大家肯定记得，我们在判断是否存在模板的时候也就是第 12 行，同时约定了要有 el，但是组件有 el 吗？有些时候是没有的，比如我们声明一个局部组件的时候，所以，这个地方我们把 el 的条件去掉就可以了：

```
JavaScript
if (template) {
    const render = complierToFcuntion(template);
    ops.render = render;
}
```

那么我们处理好了 $ mount，接下来的逻辑就需要处理 path 方法了：

```
JavaScript
export function patch(oldVNode, vnode) {
    if (!oldVNode) {
        return createElm(vnode);
    }
    const isRealElement = oldVNode.nodeType;
    // 其他代码
}
```

在 patch 方法中，判断如果没有 oldVnode 说明就是组件，所以我们通过 createElm 方法，创建真实的组件元素。接下来处理下 ceateElm 方法：

```
JavaScript
export function createElm(vnode) {
    let { tag, data, children, text } = vnode;
    if (typeof tag === "string") {
        if (createComponent(vnode)) {
            return vnode.componentInstance.$el;
        }

        vnode.el = document.createElement(tag);
        patchProps(vnode.el, {}, data);
        children.forEach((child) => {
            vnode.el.appendChild(createElm(child));
        });
    } else {
        vnode.el = document.createTextNode(text);
    }
    return vnode.el;
}
```

那么问题又来了，这个＄el 是从哪来的？这个＄el 就是我们在＄mount 的时候，调用 mountComponent 方法后，绑定到实例上的，所以这里我们可以通过 createComponentVnode 中的 init 钩子函数时绑定到了 vm 上的，也就是 vnode.componentInstance 上。

我们现在知道运行了 createComponentVnode 方法后会在实例上通过＄mount 方法绑定＄el，所以我们需要在 createComponent 方法中，运行完了 init 钩子之后，做一下判断：

```
JavaScript
function createComponent(vnode) {
    let i = vnode.data;
    if ((i = i.hook) && (i = i.init)) {
        i(vnode);
    }
    if (vnode.componentInstance) {
        return true;
    }
}
```

这样，才符合我们之前在 createElm 中写的判断逻辑。

那么到此，我们实现了组件的渲染，回顾之前的代码，我们发现，其实整个组件的渲染并不复杂，只不过是在之前原有的核心逻辑上，增加了一些关于组件的处理的细节。而这些细节几乎遍布我们之前所学的所有流程，毕竟就像本章最开始介绍的那样，组件就是一个完整的 Vue 实例。

6.5 组件渲染源码梳理

好了,我们手写完了组件的相关细节,我们就跟着源码,再来梳理复习一遍。

首先,我们按照我们之前手写的顺序,来看看 Vue.extend 方法在源码中是如何实现的。

6.5.1 Vue.extend 源码

在我们手写源码的时候,extend 方法是写在 globalAPI 文件中的,所以简单点,直接看看 Vue2 源码中是不是这样的:

```
JavaScript
// src/core/global-api/extend.js
/* @flow */

import { ASSET_TYPES } from 'shared/constants'
import { defineComputed, proxy } from '../instance/state'
import { extend, mergeOptions, validateComponentName } from '../util/index'

export function initExtend (Vue: GlobalAPI) {
    /**
    * Each instance constructor, including Vue, has a unique
    * cid. This enables us to create wrapped "child
    * constructors" for prototypal inheritance and cache them.
    */
    Vue.cid = 0
    let cid = 1

    /**
    * Class inheritance
    */
    Vue.extend = function (extendOptions: Object): Function {
        extendOptions = extendOptions || {}
        const Super = this
        const SuperId = Super.cid
        const cachedCtors = extendOptions._Ctor || (extendOptions._Ctor = {})
        if (cachedCtors[SuperId]) {
            return cachedCtors[SuperId]
        }

        const name = extendOptions.name || Super.options.name
        if (process.env.NODE_ENV !== 'production' && name) {
            validateComponentName(name)
        }
```

```
const Sub = function VueComponent (options) {
    this._init(options)
}
Sub.prototype = Object.create(Super.prototype)
Sub.prototype.constructor = Sub
Sub.cid = cid++
Sub.options = mergeOptions(
  Super.options,
    extendOptions
)
Sub['super'] = Super

// For props and computed properties, we define the proxy getters on
// the Vue instances at extension time, on the extended prototype. This
// avoids Object.defineProperty calls for each instance created.
if (Sub.options.props) {
    initProps(Sub)
}
if (Sub.options.computed) {
    initComputed(Sub)
}

// allow further extension/mixin/plugin usage
Sub.extend = Super.extend
Sub.mixin = Super.mixin
Sub.use = Super.use

// create asset registers, so extended classes
// can have their private assets too.
ASSET_TYPES.forEach(function (type) {
    Sub[type] = Super[type]
})
// enable recursive self-lookup
if (name) {
    Sub.options.components[name] = Sub
}

// keep a reference to the super options at extension time.
// later at instantiation we can check if Super's options have
// been updated.
Sub.superOptions = Super.options
Sub.extendOptions = extendOptions
Sub.sealedOptions = extend({}, Sub.options)

// cache constructor
```

```
            cachedCtors[SuperId] = Sub
            return Sub
        }
    }

    function initProps (Comp) {
        const props = Comp.options.props
        for (const key in props) {
            proxy(Comp.prototype, '_props', key)
        }
    }

    function initComputed (Comp) {
        const computed = Comp.options.computed
        for (const key in computed) {
            defineComputed(Comp.prototype, key, computed[key])
        }
    }
```

整个 extend 方法还是有点多的，比我们实现的那种简单继承要多了不少。但是别担心，我们一点一点来分析：

```
JavaScript
extendOptions = extendOptions || {};
const Super = this;
const SuperId = Super.cid;
const cachedCtors = extendOptions._Ctor || (extendOptions._Ctor = {});
if (cachedCtors[SuperId]) {
    return cachedCtors[SuperId];
}

const name = extendOptions.name || Super.options.name;
if (process.env.NODE_ENV !== "production" && name) {
    validateComponentName(name);
}
```

我们先看这一部分代码，其实就是存一下父类，然后获取缓存的子类，并且判断这个子类是否存在，存在就直接返回，相当于不会创建重复的组件，优化了一下。再往后就是验证一下组件的 tag 名称是否符合条件。

```
JavaScript
const Sub = function VueComponent(options) {
    this._init(options);
};
Sub.prototype = Object.create(Super.prototype);
Sub.prototype.constructor = Sub;
Sub.cid = cid++;
```

```
Sub.options = mergeOptions(Super.options, extendOptions);
Sub["super"] = Super;
```

再来看这段代码，是不是就比较熟悉了，首先 Sub 是一个具名函数，然后函数内部调用了实例上的_init 方法，然后就是继承父类的原型，并且在子类上通过 super 字段，存储了一下父类，也不复杂。

```JavaScript
if (Sub.options.props) {
    initProps(Sub);
}
if (Sub.options.computed) {
    initComputed(Sub);
}

// allow further extension/mixin/plugin usage
Sub.extend = Super.extend;
Sub.mixin = Super.mixin;
Sub.use = Super.use;
```

再往后，第一件事是初始化 props 和 computed，直接调用这两个初始化方法：

```JavaScript
function initProps(Comp) {
    const props = Comp.options.props;
    for (const key in props) {
        proxy(Comp.prototype, '_props', key);
    }
}

function initComputed(Comp) {
    const computed = Comp.options.computed;
    for (const key in computed) {
        defineComputed(Comp.prototype, key, computed[key]);
    }
}
```

这两个初始化方法实际上就是我们之前写 Vue 时候的 proxy 和 defineComputed 方法，这里不详细说这两个方法了，之前说过了。

之后就是把 Vue 这个父类上的一些静态方法，复制给 Sub 这个子类。

```JavaScript
ASSET_TYPES.forEach(function (type) {
    Sub[type] = Super[type];
});
// enable recursive self-lookup
if (name) {
    Sub.options.components[name] = Sub;
```

```
}

// keep a reference to the super options at extension time.
// later at instantiation we can check if Super's options have
// been updated.
Sub.superOptions = Super.options;
Sub.extendOptions = extendOptions;
Sub.sealedOptions = extend({}, Sub.options);

// cache constructor
cachedCtors[SuperId] = Sub;
return Sub;
```

把一些资源从父类继续复制到子类上,也就是:

```JavaScript
export const ASSET_TYPES = [
    'component',
    'directive',
    'filter'
]
```

然后,继续判断如果存在组件名,那么就把对应的组件的定义,绑定到子类的 options 属性上。再往后,就是存储一系列的属性到子类上,最后通过父类的 Id 作为缓存子类的 key 将子类缓存下来,返回这个子类就完成了。

所以你看,extend 这个静态方法,实际上就是把父类上的方法,完整地移到子类上。

6.5.2 Vue.component 源码

我们继续看 component 这个静态方法。这个方法还真不太好找,因为它没有像 Vue.extend 那样写在明面上,我找了全局代码,全局搜索,没找到! 这奇怪不奇怪。

最后我找了半天,才发现,是这样,可以负责任说,我们写的代码一点问题没有,甚至是文件夹的设置都是一样的。那不对,去源码的 global - api 文件夹里找了,根本没找到。确实找不到,因为 component 的全局 API 方法并没有像 extend 写的那样明显。但是它就在 global - api 这个文件夹下,那是在哪里呢?

```JavaScript
// src/core/global-api/assets.js
/* @flow */

import { ASSET_TYPES } from 'shared/constants'

export function initAssetRegisters (Vue: GlobalAPI) {
    /**
   * Create asset registration methods.
   */
```

```
    ASSET_TYPES.forEach(type =>{
        Vue[type] = function (
            id: string,
            definition: Function | Object
        ): Function | Object | void {
            // 暂时略
        }
    })
}
```

这个文件夹下有这么一个代码，initAssetRegisters 注册一些依赖，而这些依赖就是 ASSET_TYPES，每一个 ASSET_TYPES 内的元素都会绑定上 Vue 的对应的静态方法，那我们就去看看这个 ASSET_TYPES 到底是什么，看完这个之后，您就明白了：

```
JavaScript
// src/shared/constants.js
export const SSR_ATTR = 'data-server-rendered'

export const ASSET_TYPES = [
    'component',
    'directive',
    'filter'
]

export const LIFECYCLE_HOOKS = [
    'beforeCreate',
    'created',
    'beforeMount',
    'mounted',
    'beforeUpdate',
    'updated',
    'beforeDestroy',
    'destroyed',
    'activated',
    'deactivated',
    'errorCaptured',
    'serverPrefetch'
]
```

这是完整的 shared 常量内容，一共就三个，一个是关于服务器端渲染的属性，另一个是相关资产也就是一些依赖，再一个就是生命周期。看到这里很好理解了，它通过便利资产类型的数组，给 Vue 上绑定了这三个静态方法。那么下面我们继续看一下 initAssetRegisters 具体的内容：

```
JavaScript
ASSET_TYPES.forEach(type =>{
```

```
Vue[type] = function (
    id: string,
    definition: Function | Object
): Function | Object | void {
    if (! definition) {
        return this.options[type + 's'][id]
    } else {
        /* istanbul ignore if */
        if (process.env.NODE_ENV !== 'production' && type === 'component') {
            validateComponentName(id)
        }
        if (type === 'component' && isPlainObject(definition)) {
            definition.name = definition.name || id
            definition = this.options._base.extend(definition)
        }
        if (type === 'directive' && typeof definition === 'function') {
            definition = { bind: definition, update: definition }
        }
        this.options[type + 's'][id] = definition
        return definition
    }
}
```

那想问大家，上面的代码做什么了？其实就是我们写的那两句话：

```
JavaScript
definition = typeof definition === "function" ? definition : Vue.extend(definition);
Vue.options.components[id] = definition;
```

就是获取定义函数，然后根据对应 id 绑定到 Vue 的 options 属性上，没了，不信我们一句一句捋一下源码。源码首先判断如果没有定义，直接返回绑定在 Vue.options 上对应 id 的值。再就是 else 逻辑分支，开发环境会验证一下组件的 id，也就是组件的名称是否符合要求，这个要求就不多说了，之前说过，也就是验证是否是原始标签名称，是否跟 props、methods 命名重复什么的，算了，还是来看下，不然您肯定不信：

```
JavaScript
// src/core/util/options.js
export function validateComponentName (name: string) {
    if (! new RegExp(`^[a-zA-Z][\\-\\.0-9_${unicodeRegExp.source}]*$`).test(name)) {
        warn(
            'Invalid component name: "' + name + '". Component names ' +
            'should conform to valid custom element name in html5 specification.'
        )
    }
    if (isBuiltInTag(name) || config.isReservedTag(name)) {
        warn(
            'Do not use built-in or reserved HTML elements as component ' +
```

```
            'id：' + name
        )
    }
}
```

这个验证首先做了一个字符串的正则验证，判断是否符合命名规则，再然后判断是否是内置标签或者保留标签，内置标签只有 slot 和 component，保留标签有很多，它定义在了 src/platforms/web/util/element.js 这里：

```
TypeScript
export const isReservedTag = (tag：string)：? boolean =>{
    return isHTMLTag(tag) || isSVG(tag)
}
```

而 isHTMLTag 和 isSVG 是这样的：

```
JavaScript
export const isHTMLTag = makeMap(
    'html,body,base,head,link,meta,style,title,' +
    'address,article,aside,footer,header,h1,h2,h3,h4,h5,h6,hgroup,nav,section,' +
    'div,dd,dl,dt,figcaption,figure,picture,hr,img,li,main,ol,p,pre,ul,' +
    'a,b,abbr,bdi,bdo,br,cite,code,data,dfn,em,i,kbd,mark,q,rp,rt,rtc,ruby,' +
    's,samp,small,span,strong,sub,sup,time,u,var,wbr,area,audio,map,track,video,' +
    'embed,object,param,source,canvas,script,noscript,del,ins,' +
    'caption,col,colgroup,table,thead,tbody,td,th,tr,' +
    'button,datalist,fieldset,form,input,label,legend,meter,optgroup,option,' +
    'output,progress,select,textarea,' +
    'details,dialog,menu,menuitem,summary,' +
    'content,element,shadow,template,blockquote,iframe,tfoot'
)

// this map is intentionally selective, only covering SVG elements that may
// contain child elements.
export const isSVG = makeMap(
    'svg,animate,circle,clippath,cursor,defs,desc,ellipse,filter,font - face,' +
    'foreignobject,g,glyph,image,line,marker,mask,missing - glyph,path,pattern,' +
    'polygon,polyline,rect,switch,symbol,text,textpath,tspan,use,view',
    true
)
```

而 makeMap 方法也很简单：

```
TypeScript
// src/shared/util.js
export function makeMap (
    str：string,
    expectsLowerCase?：boolean
)：(key：string) =>true | void {
```

```
    const map = Object.create(null)
    const list: Array<string> = str.split(',')
    for (let i = 0; i<list.length; i++) {
        map[list[i]] = true
    }
    return expectsLowerCase
        ? val =>map[val.toLowerCase()]
        : val =>map[val]
}
```

就是返回一个 tag 为 key，boolean 为值的对象，第二个参数用来确定是否需要转换为小写。

我们继续看 initAssetRegisters 方法。再往后就是判断是否是组件并且是对象形式的定义，如果是就通过 extend 方法包装一下。之后就是关于指令的绑定了，最后赋值到对应的 Vue.options 的属性上，最后返回定义 definition 就完成了。

OK，我们找到了入口，后面还得继续看。当我们调用 Vue.component 的时候，因为最终的目的是渲染到 DOM 上，所以还要生成 Vnode，而生成 Vnode 就要去创建对应的组件 Vnode：

```
JavaScript
// src/core/vdom/create-element.js
export function createElement (
    context: Component,
    tag: any,
    data: any,
    children: any,
    normalizationType: any,
    alwaysNormalize: boolean
): VNode | Array<VNode>{
    if (Array.isArray(data) || isPrimitive(data)) {
        normalizationType = children
        children = data
        data = undefined
    }
    if (isTrue(alwaysNormalize)) {
        normalizationType = ALWAYS_NORMALIZE
    }
    return _createElement(context, tag, data, children, normalizationType)
}
```

先剧透一下，在写这个部分的时候写了个 createComponentVnode，但是源码其实并没有这么处理，它统一都是通过 vnode 方法的参数变化来创建不同的虚拟 DOM 的。那为什么要从 createElement 看起？因为 createElement 是真正创建 DOM 元素的地方，我们在 createElement 方法内部根据 vnode 对 DOM 节点的描述信息来创建真正的元素。

那么我们看下上面的 createElement 方法，其实就是调用了一下_createElement 方法：

```
TypeScript
export function _createElement (
    context: Component,
    tag?: string | Class<Component> | Function | Object,
    data?: VNodeData,
    children?: any,
    normalizationType?: number
): VNode | Array<VNode>{
    // 这里省略一堆代码
    if (typeof tag === 'string') {
        let Ctor
        ns = (context.$vnode && context.$vnode.ns) || config.getTagNamespace(tag)
        if (config.isReservedTag(tag)) {
            // platform built-in elements
            if (process.env.NODE_ENV !== 'production' && isDef(data) && isDef(data.nativeOn)
&& data.tag !== 'component') {
                warn(
                    'The .native modifier for v-on is only valid on components but it was used on
<${tag}>.',
                    context
                )
            }
            vnode = new VNode(
                config.parsePlatformTagName(tag), data, children,
                undefined, undefined, context
            )
        } else if ((!data || !data.pre) && isDef(Ctor = resolveAsset(context.$options,
'components', tag))) {
            // component
            vnode = createComponent(Ctor, data, context, children, tag)
        } else {
            // unknown or unlisted namespaced elements
            // check at runtime because it may get assigned a namespace when its
            // parent normalizes children
            vnode = new VNode(
                tag, data, children,
                undefined, undefined, context
            )
        }
    } else {
        // direct component options / constructor
        vnode = createComponent(tag, data, context, children)
    }
    // 这里省略了一些代码
}
```

_createElement 代码稍微多了点，去掉了一些其他细节处理，我们来看核心的代码：

```
JavaScript
if (typeof tag === 'string') {
    // 暂时省略
} else {
    // direct component options / constructor
    vnode = createComponent(tag, data, context, children)
}
```

首先，上面的分支逻辑如果 tag 不是 string，那么会直接通过 createComponent 方法创建组件的 vnode。如果 tag 是 string，会再去判断是不是真实的标签，如果是就生成真实标签的 vnode，否则就是组件的 vnode。

到了这里，我们就得去看看 createComponent 做了什么了，由于代码挺多，我们分段来看：

```
JavaScript
export function createComponent (
    Ctor: Class<Component> | Function | Object | void,
    data: ? VNodeData,
    context: Component,
    children: ? Array<VNode>,
    tag?: string
): VNode | Array<VNode> | void {
    if (isUndef(Ctor)) {
        return
    }

    const baseCtor = context.$options._base

    // plain options object: turn it into a constructor
    if (isObject(Ctor)) {
        Ctor = baseCtor.extend(Ctor)
    }

    // if at this stage it's not a constructor or an async component factory,
    // reject.
    if (typeof Ctor !== 'function') {
        if (process.env.NODE_ENV !== 'production') {
            warn(`Invalid Component definition: ${String(Ctor)}`, context)
        }
        return
    }

    // 省略了
```

```
    return vnode
}
```

首先,内部判断一下是不是 undefined,是就不处理了。然后获取到这个子类上绑定的_base,也就是大 Vue 类,如果子类是对象,就用 Vue 类的 extend 包装一下,最后如果包装后的子类还不是函数,并且是开发环境就报错。最后,经过中间的处理,返回了处理后的 vnode。

后面呢,它处理异步组件、函数组件和 slot,这个先不看,后面会说。再往后看:

```
JavaScript
// install component management hooks onto the placeholder node
installComponentHooks(data)

// return a placeholder vnode
const name = Ctor.options.name || tag
const vnode = new VNode(
    `vue-component-${Ctor.cid}${name ? `-${name}` : ''}`,
    data, undefined, undefined, undefined, context,
    { Ctor, propsData, listeners, tag, children },
    asyncFactory
)
```

就是调用组件的钩子,然后创建组件的 vnode 就完成了。当然这里其实还有很多内容我们都省略了,后面会再详细梳理。

第 7 章　源码的其他实现

前面六章，带着大家一起一点一点、一行一行学习了 Vue2 中核心的流程和功能等，包括最初的初始化 Observer，到后面的模板渲染，再到绑定 Watcher，实现 Diff 算法，最终实现 Component 等。如果大家跟下来就可以发现，实际上，我们在写的过程中省略了很多内容，只把最简洁、最核心的部分手写了一下，那么其他的一些我们常用的比如 props、provide、inject、$children、$parent 等，都会在这一章，以源码解读的方式，让大家一点一点深入理解它们的实现，理解它的原理。同时，这也算是对前六章的补充，后续我们会手写及讲解 VueRouter、Vuex 以及 Vue SSR。

7.1　生命周期源码分析

这一节，我们来看看 Vue 中至关重要的一个部分，生命周期“闪亮登场”。其实在之前我们手写源码的时候稍微涉及了一点有关于生命周期的部分，比如在初始化 initState 的时候，之前调用了哪些方法，之后又调用了哪些方法：

```
JavaScript
initLifecycle(vm)
initEvents(vm)
initRender(vm)
callHook(vm, 'beforeCreate')
initInjections(vm)        // resolve injections before data/props
initState(vm)
initProvide(vm)           // resolve provide after data/props
callHook(vm, 'created')
```

我们之前所学、所写的内容并没有包括完整的生命周期钩子的实现，所以，这一节通过源码来分析一下完整的生命周期部分。

生命周期需要做一个合并的操作，也就是 mergeOptions，换句话说，实际上就是 mixin 的实现。正是因为有 mixin 这样的 api，合并选项的不同属性内容组合成一个最终的结果，然后调用这个结果，而生命周期的合并实际上最终会把各个 mixin 中的钩子函数合并成一个绑定在 vm 上的数组，在执行 callHook 的时候依次调用。

其实关于 mergeOptions 的实现，在之前手写源码的部分有涉及，我们可以先简单复习一下：

```
JavaScript
// src/core/util/options.js——388
export function mergeOptions (
    parent: Object,
```

```
    child: Object,
    vm?: Component
  ): Object {
    if (process.env.NODE_ENV !== 'production') {
      checkComponents(child)
    }

    if (typeof child === 'function') {
    child = child.options
    }

    normalizeProps(child, vm)
    normalizeInject(child, vm)
    normalizeDirectives(child)

    // Apply extends and mixins on the child options,
    // but only if it is a raw options object that isn't
    // the result of another mergeOptions call.
    // Only merged options has the _base property.
    if (!child._base) {
      if (child.extends) {
        parent = mergeOptions(parent, child.extends, vm)
      }
      if (child.mixins) {
        for (let i = 0, l = child.mixins.length; i < l; i++) {
          parent = mergeOptions(parent, child.mixins[i], vm)
        }
      }
    }

    const options = {}
    let key
    for (key in parent) {
      mergeField(key)
    }
    for (key in child) {
      if (!hasOwn(parent, key)) {
        mergeField(key)
      }
    }
    function mergeField (key) {
      const strat = strats[key] || defaultStrat
      options[key] = strat(parent[key], child[key], vm, key)
    }
    return options
```

```
}
```

这就是完整的 mergeOptions 方法，大家还记不记得我们之前手写的时候，mergeOptions 的合并规则使用到了策略模式，也就是说，合并不同的选项可能会使用到不一样的策略。那么我们先来分析下这段合并代码做了什么。

在 mergeOptions 方法内部，一开始我们就做了两个判断，检查非生产环境下传入的 child 是不是组件，再判断 child，如果是个函数，那么就取 child 上的 options。然后要标准化 Props、Inject、Directives。那标准化是什么呢？就是把不同写法的属性、Inject 等格式化成基本的对象形式。比如，props 是有数组的写法的：

```
JavaScript
Vue.component('blog-post', {
    // 在 JavaScript 中是 camelCase 的
    props: ['postTitle'],
    template: '<h3>{{ postTitle }}</h3>'
})
```

上面的例子从官方抄来的。再比如 Inject 也可以是一个数组：

```
inject:Array<string>| { [key: string]: string | Symbol | Object }
```

所以都需要把它们转换成基础的对象形式。格式化之后，还处理了一下 extends 和 mixin 的部分，再往后就是合并的逻辑了，这块合并的逻辑跟我们写的是一样的。我们会根据不同的模式去选择合并的逻辑。先让 options 变量拥有 parent 的 key，再把 child 中有、parent 中没有的加上。而“加上”的方法，具体的合并操作，就是我们对应的 strats。具体的生命周期的合并策略是这样的：

```
JavaScript
// src/core/util/options.js -- 172
LIFECYCLE_HOOKS.forEach(hook => {
    strats[hook] = mergeHook
})
```

所以，所有的生命周期的合并其实就是 mergeHook 方法：

```
JavaScript
// src/core/util/options.js -- 146
function mergeHook (
    parentVal: ? Array<Function>,
    childVal: ? Function | ? Array<Function>
): ? Array<Function>{
    const res = childVal
        ? parentVal
            ? parentVal.concat(childVal)
            : Array.isArray(childVal)
                ? childVal
                : [childVal]
```

```
        : parentVal
    return res
        ? dedupeHooks(res)
        : res
}
```

这个逻辑我不介绍了,其实跟我们写的一样。如果不理解,那么回过头再去看。如果存在res,那么就去重。dedupeHooks 的作用就是去重:

```
JavaScript
function dedupeHooks (hooks) {
    const res = []
    for (let i = 0; i < hooks.length; i++) {
        if (res.indexOf(hooks[i]) === -1) {
            res.push(hooks[i])
        }
    }
    return res
}
```

操作很简单,没有的放进去就可以了。当生命周期合并完了,我们会在整个代码的执行阶段调用这个生命周期数组中的内容,也就是 callHook 方法:

```
JavaScript
// src/core/instance/lifecycle.js -- 337
export function callHook (vm: Component, hook: string) {
    // #7573 disable dep collection when invoking lifecycle hooks
    pushTarget()
    const handlers = vm.$options[hook]
    const info = '${hook} hook'
    if (handlers) {
        for (let i = 0, j = handlers.length; i < j; i++) {
            invokeWithErrorHandling(handlers[i], vm, null, vm, info)
        }
    }
    if (vm._hasHookEvent) {
        vm.$emit('hook:' + hook)
    }
    popTarget()
}
```

其实很简单,循环执行生命周期钩子函数。invokeWithErrorHandling 这个方法其实就是包含错误处理的函数调用。这个大家可自己去看,一点不都不复杂:

```
JavaScript
// src/core/util/error.js -- 36
export function invokeWithErrorHandling (
    handler: Function,
```

```
    context: any,
    args: null | any[],
    vm: any,
    info: string
) {
    let res
    try {
        res = args ? handler.apply(context, args) : handler.call(context)
        if (res && ! res._isVue && isPromise(res) && ! res._handled) {
            res.catch(e => handleError(e, vm, info + ' (Promise/async)'))
            // issue #9511
            // avoid catch triggering multiple times when nested calls
            res._handled = true
        }
    } catch (e) {
        handleError(e, vm, info)
    }
    return res
}
```

如果存在 args 参数，那么就通过 apply 来执行传入的 handler 方法，否则用 call 就可以了。

7.1.1 生命周期的简单调试

我们介绍完了生命周期相关的核心代码，那么我们来实际调试一下。之前说过，可以在 dist 目录下创建个 index.html 作为调试的入口文件。那要用哪个文件作为调试的基础呢？还记不记的最开始的章节，讲解过这段代码：

```
JavaScript
'web-full-dev': {
    entry: resolve('web/entry-runtime-with-compiler.js'),
    dest: resolve('dist/vue.js'),
    format: 'umd',
    env: 'development',
    alias: { he: './entity-decoder' },
    banner
},
```

所以，您懂了吧？index.html 中这样写：

```
HTML
<!DOCTYPE html>
<html lang="en">
    <head>
        <meta charset="UTF-8" />
        <meta http-equiv="X-UA-Compatible" content="IE=edge" />
```

```
        <meta name="viewport" content="width=device-width, initial-scale=1.0" />
        <title>Document</title>
    </head>
    <body>
        <div id="app">
            parent
            <child-comp></child-comp>
        </div>
        <script src="./vue.js"></script>
        <script>
            const vm = new Vue({
                el: "#app",
                beforeCreate() {
                    console.log("parent-comp");
                },
                components: {
                    "child-comp": {
                        template: "<div>child</div>",
                        beforeCreate() {
                        console.log("child-comp");
                        },
                    },
                },
            });
        </script>
    </body>
</html>
```

然后，在命令行中 npm run dev 一下，在浏览器中打开 index.html，控制台打印结果如图 7-1 所示。

parent-comp	index.html:18
child-comp	index.html:24

图 7-1　父子组件生命周期执行顺序

我们来分析下这段代码是怎么执行的。在 new Vue 的时候，其内部实际上调用了_init 方法：

```
JavaScript
export function initMixin(Vue: Class<Component>) {
    Vue.prototype._init = function (options?: Object) {
        // 省略了一点代码
        // merge options
        if (options && options._isComponent) {
            // optimize internal component instantiation
            // since dynamic options merging is pretty slow, and none of the
```

```
            // internal component options needs special treatment.
            initInternalComponent(vm, options);
        } else {
            vm.$options = mergeOptions(
                resolveConstructorOptions(vm.constructor),
                options || {},
                vm
            );
        }
        // 省略了一点代码
        // expose real self
        vm._self = vm;
        initLifecycle(vm);
        initEvents(vm);
        initRender(vm);
        callHook(vm, "beforeCreate");
        initInjections(vm); // resolve injections before data/props
        initState(vm);
        initProvide(vm); // resolve provide after data/props
        callHook(vm, "created");
        // 省略了一些代码
    };
}
```

看，我们在调用_init 方法的时候，vm.$options 是合并后的 options。这里其实我们之前写过，所以，不同组件的生命周期钩子函数的合并，其实就是在这个时候做了处理，不信我们手动标记一下。先进入到 mergeOptions 方法里加一个 console：

```JavaScript
// src/core/util/options.js -- 388
export function mergeOptions(
    parent: Object,
    child: Object,
    vm?: Component
): Object {
    // 都省略
    console.log(1);
    console.log(options, "mergeOptions - options");
    return options;
}
```

我们可以看到打印是这样的，如图 7-2 所示。

也就是说，先运行了父组件的生命周期，再运行子组件的生命周期。这是没有 mixin 的情况，如果有了 mixins 选项，那么就走到 mergeOptions 里的这个判断逻辑里：

```JavaScript
if (child.mixins) {
```

```
1                                                              vue.js:1567
                                                               vue.js:1568
▶{components: {…}, directives: {…}, filters: {…}, el: '#app', _base:
 f, …}
'mergeOptions-options'
parent-comp                                                    index.html:19
1                                                              vue.js:1567
                                                               vue.js:1568
▶{components: {…}, directives: {…}, filters: {…}, template: '<div>child
 </div>', _base: f, …}
'mergeOptions-options'
child-comp                                                     index.html:32
```

图 7-2　父子组件生命周期执行顺序 2

```
    for (let i = 0, l = child.mixins.length; i < l; i++) {
        parent = mergeOptions(parent, child.mixins[i], vm);
    }
}
```

再把 mixins 也合并进去。换句话说，在所有方法、所有生命周期钩子触发之前，我们已经通过 mergeOptions 把所需的结果挂载到了 vm 上。

7.1.2　生命周期的价值

来看图 7-3，它可以帮助我们理解完整的生命周期。

之前，我不止一次贴上了_init 方法完整和不完整的代码，因为_init 对于 Vue2 来说太重要了，new Vue 实际上就做了一件事，就是调用了_init 方法。那么_init 方法做了一些关键性的操作，大致可以分为以下四类：

（1）mergeOptions。

（2）各种初始化。

（3）callHook。

（4）$mount

就这四件事，所以我们来看图 7-3。先调用了 initLifecycle(vm)，initEvents(vm)，initRender(vm)三个初始化方法，同步初始化执行后，就调用了 beforeCreate 生命周期钩子。

initLifecycle 方法其实内部很简单，就是初始化了父子之间的依赖关系：

```
JavaScript
// src/core/instance/lifecycle.js -- 32
export function initLifecycle (vm: Component) {
    const options = vm.$options

    // locate first non-abstract parent
    let parent = options.parent    if (parent && !options.abstract) {
        while (parent.$options.abstract && parent.$parent) {
            parent = parent.$parent
        }
        parent.$children.push(vm)
```

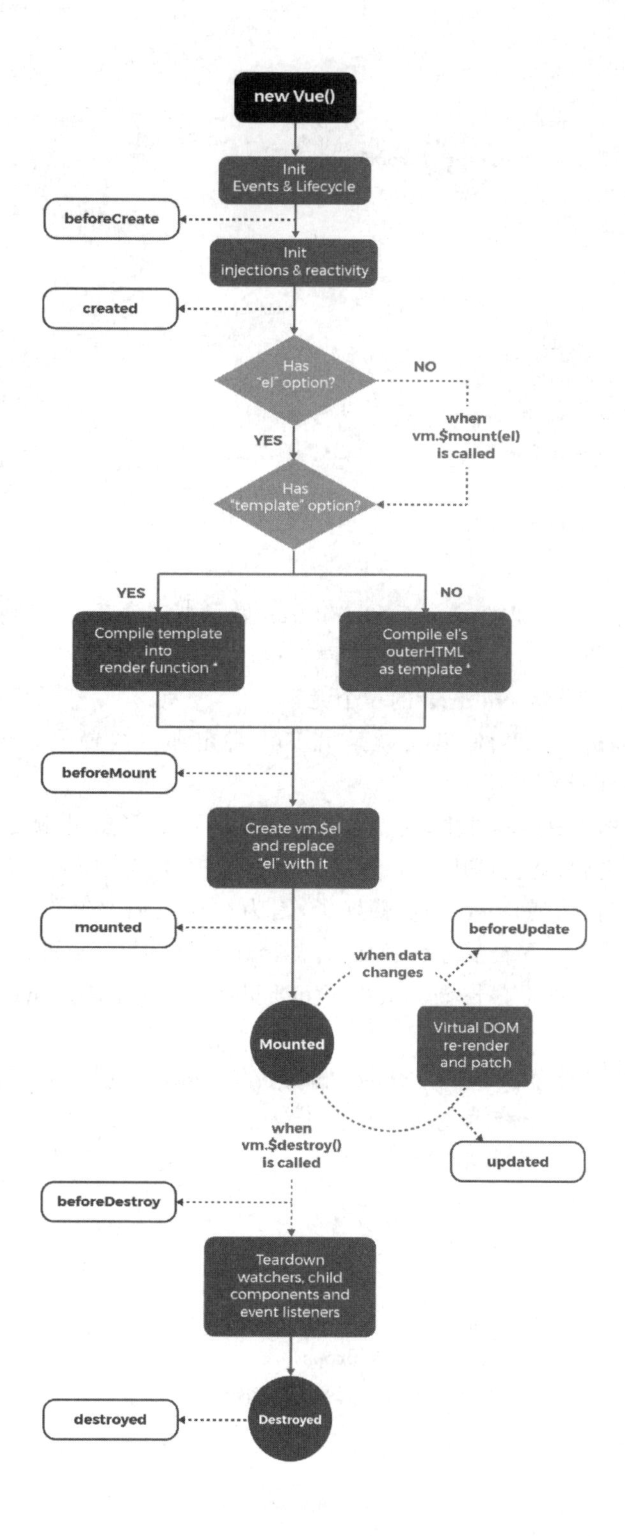

图 7-3　官方生命周期示例图

```
    }

    vm.$parent = parent
    vm.$root = parent ? parent.$root : vm

    vm.$children = []
    vm.$refs = {}

    vm._watcher = null
    vm._inactive = null
    vm._directInactive = false
    vm._isMounted = false
    vm._isDestroyed = false
    vm._isBeingDestroyed = false
}
```

看它做了什么，其实就是给 parent 和 children 做了绑定关系，并且初始化了一些 vm 实例上的私有属性。当你传入 vm 的时候，会一层一层向上找，直到找不到了，就给 children 属性里放入当前的 vm 实例作为 children 的一个元素。

initEvents 就是初始化事件，其实就是给 Vue 绑定那些内置的方法，比如 $on、$emit、$off、$once 等，这里就不赘述了。

initRender，最核心做的一件事，就是给 vm 上绑定了_c 方法，也就是 createElement 方法。

这三个初始化之后，就会调用 beforeCreate 钩子，但其实大家发现没有，这个方法几乎没什么用处，要用我们直接使用 created 就好了，因为往往我们要操作一些数据，都是需要在 created 时，初始化了 data 等之后才会做什么，甚至连 beforeCreate 和 created 到底有哪些细微的差别和不同的使用场景都很模糊。所以，Vue3 里面，就不再提供 beforeCreate 这个生命周期钩子了。

我们继续，就是初始化 Provide&Inject 和初始化 State。这里不多说，具体的初始化后面会讲的。那 initState 做了什么想必大家应该十分熟悉了：

```
JavaScript
// src/core/instance/state.js -- 49
export function initState (vm: Component) {
    vm._watchers = []
    const opts = vm.$options
    if (opts.props) initProps(vm, opts.props)
    if (opts.methods) initMethods(vm, opts.methods)
    if (opts.data) {
        initData(vm)
    } else {
        observe(vm._data = {}, true /* asRootData */)
    }
    if (opts.computed) initComputed(vm, opts.computed)
    if (opts.watch && opts.watch !== nativeWatch) {
```

```
        initWatch(vm, opts.watch)
    }
}
```

我们看这个方法，它的内部初始化了 Props、Methods、Data、Computed 以及 Watch。initData 的时候，内部就做了响应式的处理，怎么处理得回头看看。当这些事情都做完了，我们就调用了 created 生命周期钩子。所以我们在 created 中拿到的数据就是响应式的数据了，到现在为止，created 钩子还没有涉及 DOM 的渲染，我们也可以在服务器端渲染的时候，使用这个钩子。在实际业务中，我们往往用 created 做一些额外的数据初始化工作，比如从接口获取数据。但是实际上，我们用 mounted 来处理也没问题，想一下，因为数据是响应式的，所以渲染后再更新数据也可以让 DOM 更新，所以 created 这个钩子在 Vue3 里就变成了 setup。

我们继续，看图 7-4：

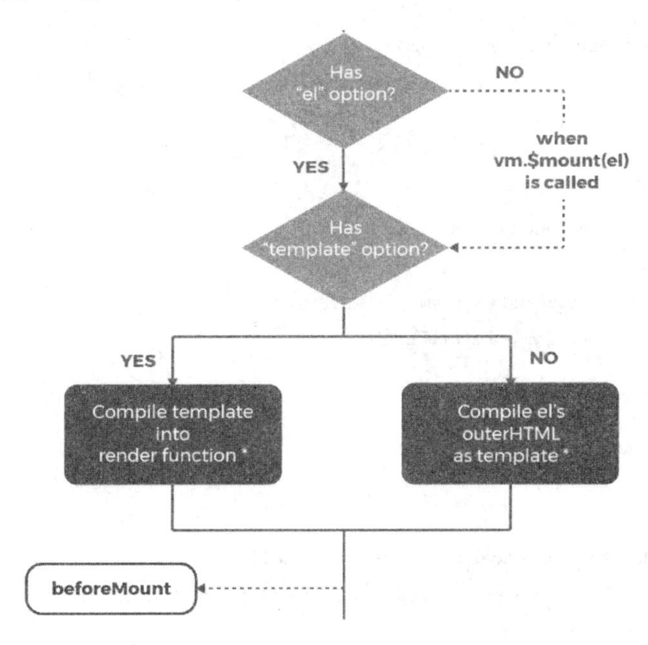

图 7-4　官方生命周期部分示例图

我们从图 7-4 中可以看到，首先，我们判断有没有 el，如果有就去找 template，如没有 template，就用 el 的 outerHTML 来作为 template。然后将 template 转换成 render 函数后，就调用了 beforeMount 钩子。之前在模板解析的那一章，我们找过 $ mount 方法，其实就是 mountComponent：

```
JavaScript
// src/core/instance/lifecycle.js -- 141
export function mountComponent (
    vm: Component,
    el: ? Element,
    hydrating?: boolean
): Component {
    vm.$el = el
```

```
    if (! vm.$options.render) {
        vm.$options.render = createEmptyVNode
        // 省略了
    }
    callHook(vm, 'beforeMount')

    let updateComponent
    /* istanbul ignore if */
    if (process.env.NODE_ENV !== 'production' && config.performance && mark) {
    updateComponent = () =>{
            // 省略了
        }
    } else {
        updateComponent = () =>{
            vm._update(vm._render(), hydrating)
        }
    }

    new Watcher(vm, updateComponent, noop, {
        before () {
            if (vm._isMounted && ! vm._isDestroyed) {
                callHook(vm, 'beforeUpdate')
            }
        }
    }, true /* isRenderWatcher */)
    hydrating = false

    // manually mounted instance, call mounted on self
    // mounted is called for render-created child components in its inserted hook
    if (vm.$vnode == null) {
        vm._isMounted = true
        callHook(vm, 'mounted')
    }
    return vm
}
```

上面的代码省略了一些，但并不影响我们理解。我们从代码中看到，在真正渲染之前，我们就会触发 beforeMount 钩子，但是其实这个钩子的意义也不是很大，要获取响应式数据，created 就可以了，如要获取 DOM，mounted 就可以了，所以它在中间的位置，用处不大，我们在实际开发中，也几乎很少用到这些生命周期钩子。

再往后，我们还看上面的代码，在我们调用了 updateComponent 方法之后最后调用了 mounted 钩子，也就是渲染完 DOM 后就执行了 mounted 钩子，所以在 mounted 中可以获取我们的真实 DOM。

继续，如图 7 - 5 所示：

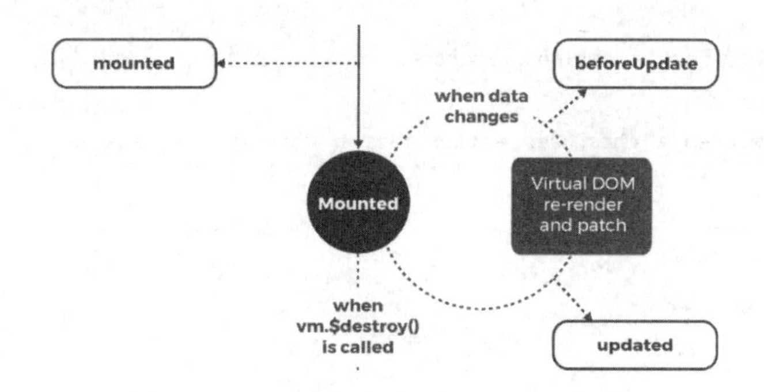

图 7 - 5 官方生命周期部分示例图 2

我们先来看 beforeUpdate，首先，我们回忆一下，当我们修改数据的时候，首先会触发该属性绑定的 defineProperty，从而触发在初始化的时候我们绑定给该属性的 Dep，然后获取该 Dep 上的 Watcher，调用 Watcher 中我们传给它的对应的回调，渲染 Watcher，我们传入的就是 updateComponent，熟悉吗？前面捋了好几遍了。

```
JavaScript
new Watcher(vm, updateComponent, noop, {
    before () {
        if (vm._isMounted && ! vm._isDestroyed) {
            callHook(vm, 'beforeUpdate')
        }
    }
}, true /* isRenderWatcher */)
```

我们来看，当我们的 Watcher 执行的时候，会传入一个 before 方法，而这个 before 就是 beforeUpdate 钩子了，那么我们进入到 Watcher 中看看：

```
JavaScript
// src/core/observer/watcher.js
export default class Watcher {
    // 删了
    constructor (
        vm: Component,
        expOrFn: string | Function,
        cb: Function,
        options?: ? Object,
        isRenderWatcher?: boolean
    ) {
        this.vm = vm
        if (isRenderWatcher) {
            vm._watcher = this
        }
        vm._watchers.push(this)
        // options
```

```
        if (options) {
            //...
            this.before = options.before
        } else {
            this.deep = this.user = this.lazy = this.sync = false
        }
        // 删了
        this.value = this.lazy
            ? undefined
            : this.get()
    }

    get () {
        // ...
    }
    addDep (dep: Dep) {
        //...
    }
    cleanupDeps () {
        //...
    }
    update () {
        /* istanbul ignore else */
        if (this.lazy) {
            this.dirty = true
        } else if (this.sync) {
            this.run()
        } else {
            queueWatcher(this)
        }
    }
    run () {
        //...
    }
    evaluate () {
        //...
    }
    depend () {
        //...
    }
    teardown () {
        //...
    }
}
```

我们看，这些代码我们之前说过，所以我们只看 before 那段，它把传入的 before 方法绑定在了 this 实例上，然后，当我们更新的时候会调用 update 方法，对吗？在 defineProperty 的 set 中调用，然后会运行 queueWatcher 方法：

```
JavaScript
// src/core/observer/scheduler.js -- 164
export function queueWatcher (watcher: Watcher) {
    const id = watcher.id
    if (has[id] == null) {
        has[id] = true
        if (!flushing) {
            queue.push(watcher)
        } else {
            // if already flushing, splice the watcher based on its id
            // if already past its id, it will be run next immediately.
            let i = queue.length - 1
            while (i > index && queue[i].id > watcher.id) {
                i--
            }
            queue.splice(i + 1, 0, watcher)
        }
        // queue the flush
        if (!waiting) {
            waiting = true

            if (process.env.NODE_ENV !== 'production' && !config.async) {
                flushSchedulerQueue()
                return
            }
            nextTick(flushSchedulerQueue)
        }
    }
}
```

我们继续调用 flushSchedulerQueue：

```
JavaScript
// src/core/observer/scheduler.js -- 71
function flushSchedulerQueue () {
    currentFlushTimestamp = getNow()
    flushing = true
    let watcher, id

    queue.sort((a, b) => a.id - b.id)

    for (index = 0; index < queue.length; index++) {
```

```
        watcher = queue[index]
        if (watcher.before) {
            watcher.before()
        }
        id = watcher.id
        has[id] = null
        watcher.run()
        // 省略了
    }

    // 注释了
}
```

我们看，就是循环执行 watcher 的 run 方法，但是在执行 run 方法之前，如果存在 before，就会先执行 before。

这就是 beforeUpdate 生命周期执行的过程了。那么还是这个方法，在我们注释的那部分里，调用了 updated 生命周期钩子：

```JavaScript
// src/core/observer/scheduler.js -- 71
function flushSchedulerQueue () {
    // 省略了
    for (index = 0; index < queue.length; index++) {
        // 这里执行了 before 和 run
    }

    // keep copies of post queues before resetting state
    const activatedQueue = activatedChildren.slice()
    const updatedQueue = queue.slice()

    resetSchedulerState()

    // call component updated and activated hooks
    callActivatedHooks(activatedQueue)
    callUpdatedHooks(updatedQueue)

    // devtool hook
    /* istanbul ignore if */
    if (devtools && config.devtools) {
        devtools.emit('flush')
    }
}

function callUpdatedHooks (queue) {
    let i = queue.length
    while (i--) {
```

```
            const watcher = queue[i]
            const vm = watcher.vm
            if (vm._watcher === watcher && vm._isMounted && ! vm._isDestroyed) {
                callHook(vm, 'updated')
            }
        }
    }
```

我们看上面的代码，在执行完了 Watcher 的 update，我们就调用了 updated 生命周期钩子。

我们继续，看一下图 7-6。

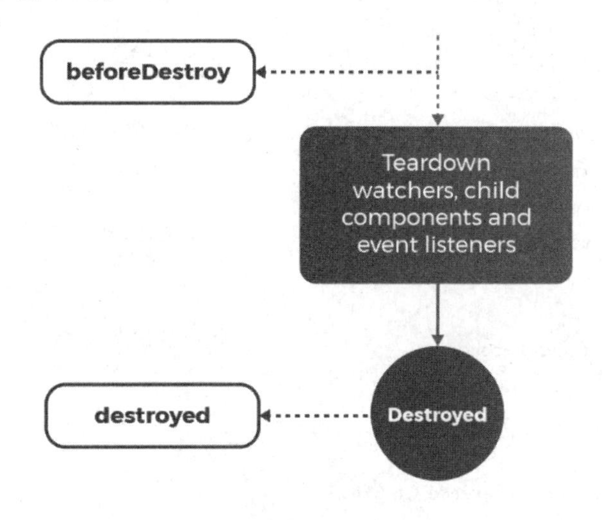

图 7-6　官方生命周期部分示例图 3

到了 destroy 的部分了，beforeDestroy 的时候，watcher、event、子组件，还都是存在的，并没有销毁，我们可以在真正销毁之前，还有这些内容的时候去做一些事情，而 destroyed 钩子触发的时候，已经把这些内容都销毁了，获取不到这些内容了。我们看下面代码：

```
JavaScript
// src/core/instance/lifecycle.js -- 97
Vue.prototype.$destroy = function () {
    const vm: Component = this
    if (vm._isBeingDestroyed) {
        return
    }
    callHook(vm, 'beforeDestroy')
    vm._isBeingDestroyed = true
    // remove self from parent
    const parent = vm.$parent
    if (parent && ! parent._isBeingDestroyed && ! vm.$options.abstract) {
        remove(parent.$children, vm)
    }
    // teardown watchers
```

```
        if (vm._watcher) {
            vm._watcher.teardown()
        }
        let i = vm._watchers.length
        while (i--) {
            vm._watchers[i].teardown()
        }
        // remove reference from data ob
        // frozen object may not have observer.
        if (vm._data.__ob__) {
            vm._data.__ob__.vmCount--
        }
        // call the last hook...
        vm._isDestroyed = true
        // invoke destroy hooks on current rendered tree
        vm.__patch__(vm._vnode, null)
        // fire destroyed hook
        callHook(vm, 'destroyed')
        // turn off all instance listeners.
        vm.$off()
        // remove __vue__ reference
        if (vm.$el) {
            vm.$el.__vue__ = null
        }
        // release circular reference (#6759)
        if (vm.$vnode) {
            vm.$vnode.parent = null
        }
    }
```

当我们调用 $destroy 方法的时候，会立刻调用 beforeDestroy 钩子，然后再去移除子组件，执行销毁 watcher 等操作，这些操作完成后，就会调用 destroyed 钩子了。

那么到这里，我们就捋完了完整的生命周期执行的钩子和其过程，不对，还有 activated、deactivated、errorCaptured 还没介绍呢。activated 和 deactivated 是 keep-alive 组件才有的，我们讲 keep-alive 的时候会讲。我们简单看下 errorCaptured。

```
JavaScript
// src/core/util/error.js --9
export function handleError (err: Error, vm: any, info: string) {
    // Deactivate deps tracking while processing error handler to avoid possible infinite render-
ing.
    // See: https://github.com/vuejs/vuex/issues/1505
    pushTarget()
    try {
    if (vm) {
        let cur = vm
```

```
            while ((cur = cur.$parent)) {
                const hooks = cur.$options.errorCaptured
                if (hooks) {
                    for (let i = 0; i < hooks.length; i++) {
                        try {
                            const capture = hooks[i].call(cur, err, vm, info) === false
                            if (capture) return
                        } catch (e) {
                            globalHandleError(e, cur, 'errorCaptured hook')
                        }
                    }
                }
            }
        }
        globalHandleError(err, vm, info)
        } finally {
            popTarget()
        }
    }
```

其实上面这个东西大家用的非常少,我们看一下怎么用它:

在捕获一个来自后代组件的错误时被调用。此钩子会收到三个参数:错误对象、发生错误的组件实例以及一个包含错误来源信息的字符串。此钩子可以返回 false 以阻止该错误继续向上传播。

换句话说,通常我们用这个钩子来捕获子组件的错误,而执行的时机是在发生错误,调用了 handleError 方法的时候,要判断我们的选项上是否有 errorCaptured 这个钩子,如果有,就去执行该钩子了。

那么关于生命周期的相关问题,到此就告一段落。

7.2 Vue.$set 源码分析

在 Vue2 中,只有写在 data 选项中的属性,才会在初始化的时候绑定响应式,才可以通过数据的变化响应式的通知 DOM 去重新渲染,但是有些特殊的场景下,我们没办法一开始就在 data 中初始化好想要的属性,于是,Vue 提供了 $set API 来实现后续的手动绑定:

向响应式对象中添加一个 property,并确保这个新 property 同样是响应式的,且触发视图更新。它必须用于向响应式对象上添加新 property,因为 Vue 无法探测普通的新增 property 。注意,对象不能是 Vue 实例,或者 Vue 实例的根数据对象。

我们来看一个例子:

```
HTMLBars
<!DOCTYPE html>
<html lang="en">
```

```
    <head>
        <meta charset="UTF-8" />
        <meta http-equiv="X-UA-Compatible" content="IE=edge" />
        <meta name="viewport" content="width=device-width, initial-scale=1.0" />
        <title>Document</title>
    </head>
    <body>
        <div id="app">{{obj.a}}</div>
        <script src="./vue.js"></script>
        <script>
            const vm = new Vue({
                el: "#app",
                data() {
                    return {
                        obj: {},
                    };
                },
            });
            vm.$set(vm.obj, "a", 1);
        </script>
    </body>
</html>
```

这里尤其要注意：向响应式对象中添加一个属性，它必须用于向响应式对象上添加新 property。换句话说，添加属性的这个对象，必须是一个响应式对象，也就是写在 data 中的，如果随便给 vm 上加属性，那肯定是不行的。因为它不在响应式对象的体系内，再具体点，因为它没有运行初始化时候的 observer。

我们来看下 $set 的具体源码：

```JavaScript
// src/core/instance/state.js -- 345
Vue.prototype.$set = set
```

继续：

```JavaScript
// src/core/observer/index.js -- 201
export function set (target: Array<any> | Object, key: any, val: any): any {
    if (process.env.NODE_ENV !== 'production' &&
        (isUndef(target) || isPrimitive(target))
    ) {
    warn('Cannot set reactive property on undefined, null, or primitive value: ${(target: any)}')
    }
    // 比如我们可能这样修改一个数组中某个下标的元素：vm.$set(vm.arr,0,100);
    // 如果我们修改的目标是一个数组，那么就把修改的方法变成 splice，相当于我们 Vue2 的内部手
动处理了一下。
```

```
    if (Array.isArray(target) && isValidArrayIndex(key)) {
        target.length = Math.max(target.length, key)
        target.splice(key, 1, val)
        return val
    }
    // 如果这个 key 已经在这个响应式对象上了，那么我们直接重新给这个 key 设置 value，再返回就完成了
    if (key in target && !(key in Object.prototype)) {
        target[key] = val
        return val
    }
    // 否则，我们就获取这个响应式对象上的 ob 方法，也就是我们的 Observer 实例
    const ob = (target: any).__ob__
    if (target._isVue || (ob && ob.vmCount)) {
        process.env.NODE_ENV !== 'production' && warn(
            'Avoid adding reactive properties to a Vue instance or its root $data ' +
            'at runtime - declare it upfront in the data option.'
        )
        return val
    }
    if (!ob) {
        target[key] = val
        return val
    }
    // 绑定响应式，因为我们设置的值可能是一个对象：vm.$set(vm.obj,a,{b:3})
    defineReactive(ob.value, key, val)
    // 触发 Watcher 的更新
    ob.dep.notify()
    return val
}
```

嗯，就完成了，其实 $set 很简单，就是为了弥补一些场景的不足的补丁方法。

7.3 component 源码分析

首先，要说的是，这一小节很重要，组件几乎贯穿了整个 Vue，或者说 Vue 的核心点就是组件化，那么组件的优点是什么呢？其实就是：关注点分离。我们希望的组件只去关心它想要关心的逻辑，不会再像之前写代码那样，全都写在一起——一个页面几千行代码。当然，非要说有的组件也是几千行代码，那就是您的事了。

组件化的另一个好处，就是代码复用，当把一套逻辑抽离出来后，可以在合适的场景再去使用它。

那么接下来，看看 Vue2 中组件的相关细节实现。我们先来写一个例子：

```
HTML
<!DOCTYPE html>
<html lang="en">
    <head>
        <meta charset="UTF-8" />
        <meta http-equiv="X-UA-Compatible" content="IE=edge" />
        <meta name="viewport" content="width=device-width, initial-scale=1.0" />
        <title>Document</title>
    </head>
    <body>
        <div id="app">
            <diy></diy>
        </div>
        <script src="./vue.js"></script>
        <script>
            const vm = new Vue({
                el: "#app",
                components: {
                    diy: {
                        template: "<div>diy</div>",
                    },
                },
            });
        </script>
    </body>
</html>
```

我们就根据这个简单的例子，来分析下组件的整个渲染和更新的流程。

首先，我们会运行 new Vue，然后 Vue 类的内部会调用_init 方法，这个方法是我们在执行 initMixin 的时候给 Vue 实例绑定的。然后_init 方法做了一堆已经说了好多遍的事情。这里因为有了自定义的组件，这里要多说一句，在 mergeOptions 时候的情况：

```
JavaScript
// src/core/instance/init.js -- 38
vm.$options = mergeOptions(
    resolveConstructorOptions(vm.constructor),
    options || {},
    vm
);
```

mergeOptions 的方法里传入的 options，就是我们 new Vue 时传入的选项，所以此时 vm.$options 上就有了 components 对象，如图 7-7 所示：

再往后呢，需要去创建虚拟节点，也就是 createElement 方法：

```
JavaScript
```

```
{components: {…}, directives: {…}, filters: {…}, el: '#app', _base: f}
  ▼components:
    ▶diy: {template: '<div>diy</div>', _Ctor: {…}}
    ▶[[Prototype]]: Object
  ▶directives: {}
   el: "#app"
  ▶filters: {}
  ▶render: f anonymous( )
  ▶staticRenderFns: []
  ▶_base: f Vue(options)
  ▶[[Prototype]]: Object
```

图 7-7 $options 对象内容

```
// src/core/vdom/create-element.js --28
export function createElement (
    context: Component,
    tag: any,
    data: any,
    children: any,
    normalizationType: any,
    alwaysNormalize: boolean
): VNode | Array<VNode>{
    if (Array.isArray(data) || isPrimitive(data)) {
        normalizationType = children
        children = data
        data = undefined
    }
    if (isTrue(alwaysNormalize)) {
        normalizationType = ALWAYS_NORMALIZE
    }
    return _createElement(context, tag, data, children, normalizationType)
}
```

在之前的例子的场景下，我们的 tag 就是 diy，是自己定义的标签。然后实际上 createElement 方法调用了_createElement 方法，这在之前也说过的。然后呢，_createElement 里的内容很多，但是对于组件来说，实际上是经过一系列的判断和处理后，判断了是不是原始标签，也就是 isReservedTag 方法，这个方法的处理其实就是穷举，把所有原始标签罗列出来，跟我们写的标签去对比，比到了就是原始标签，比不到就是自定义标签。

自定义标签后，就会调用 createComponent 方法处理组件。

```JavaScript
// src/core/vdom/create-component.js --101
export function createComponent (
    Ctor: Class<Component>| Function | Object | void,
    data: ? VNodeData,
    context: Component,
    children: ? Array<VNode>,
```

```
    tag?: string
): VNode | Array<VNode>| void {
    if (isUndef(Ctor)) {
        return
    }

    const baseCtor = context.$options._base

    // plain options object: turn it into a constructor
    if (isObject(Ctor)) {
        Ctor = baseCtor.extend(Ctor)
    }


    // 省略了很多内容
    return vnode
}
```

我们看代码,这里的 Ctor 是一个对象,这个对象就是我们 Vue 的 options 选项中的 components 那个对象,然后我们通过调用大 Vue 的 extend 方法,生成了一个子类。

那么我们继续往下看:

```
JavaScript
// if at this stage it's not a constructor or an async component factory,
// reject.
if (typeof Ctor !== "function") {
    if (process.env.NODE_ENV !== "production") {
        warn('Invalid Component definition: ${String(Ctor)}', context);
    }
    return;
}
```

这一块就是上面那省略了的部分,后面的代码我们就都不贴了,往后排就对了。这段代码很容易理解,就是判断 extend 后的代码是不是函数,如果还不是,那么就报错,返回。

再往后就是判断了下是不是异步组件,这个我们稍后再介绍。再往后就是一个很重要的方法了:

```
JavaScript
installComponentHooks(data);
```

这个方法初始化了组件的钩子,那这个方法具体做了什么呢,我们再看:

```
JavaScript
// src/core/vdom/create-component.js --228
function installComponentHooks (data: VNodeData) {
    const hooks = data.hook || (data.hook = {})
    for (let i = 0; i <hooksToMerge.length; i++) {
```

```
        const key = hooksToMerge[i]
        const existing = hooks[key]
        const toMerge = componentVNodeHooks[key]
        if (existing !== toMerge && !(existing && existing._merged)) {
            hooks[key] = existing ? mergeHook(toMerge, existing) : toMerge
        }
    }
}
```

首先，这个方法让我们获取了 hooksToMerge，那 hooksToMerge 是什么我们还得再看：

```
JavaScript
const hooksToMerge = Object.keys(componentVNodeHooks);
```

继续：

```
JavaScript
const componentVNodeHooks = {
    init(vnode: VNodeWithData, hydrating: boolean): ?boolean {},

    prepatch(oldVnode: MountedComponentVNode, vnode: MountedComponentVNode) {},

    insert(vnode: MountedComponentVNode) {},

    destroy(vnode: MountedComponentVNode) {},
};
```

这些就是一些组件的虚拟节点的钩子，我们暂时不去关注它里面做了什么。我们最终找到了 hooksToMerge 是什么，就是 componentVNodeHooks 中所有的 key。然后我们还要去取存在于 data.hook 中的钩子，从 componentVNodeHooks 取出对应的钩子和现有的钩子合并。那最后 mergeHook 做了什么呢，有点意思：

```
TypeScript
function mergeHook (f1: any, f2: any): Function {
    const merged = (a, b) =>{
        // flow complains about extra args which is why we use any
        f1(a, b)
        f2(a, b)
    }
    merged._merged = true
    return merged
}
```

看懂了吗？就是让两个函数被一个函数包裹，并返回包裹后的函数。继续，做完了这些事情，我们就可去创建组件的虚拟节点了：

```
JavaScript
const name = Ctor.options.name || tag
const vnode = new VNode(
```

```
    'vue-component-${Ctor.cid}${name ? '-${name}' : ''}',
    data, undefined, undefined, undefined, context,
    { Ctor, propsData, listeners, tag, children },
    asyncFactory
)
```

最后,返回这个 vnode,这个没什么好说的了。那么到此,我们运行完了创建虚拟节点的过程。简单回忆一下,目前,我们都做了什么事情?

(1) 在_init 的时候给 vm. $options 上绑定组件选项。

(2) 通过 createElement,也就是_createElement 方法创建虚拟节点。

① 通过 isReservedTag 判断是否是原生标签。

② 调用 createComponent 方法创建组件虚拟节点。

a. 生成子类。

b. 初始化组件钩子。

c. 创建组件虚拟节点,并返回组件 vnode。

经历这些之后,我们就拥有了组件的 vnode,那么接下来该做什么呢?虚拟节点都有了,就得去创建真实节点了。那 Vue2 是在哪创建的真实节点?在 patch 方法里,patch 里又有个 createElm 方法,就是创建真实 DOM 的方法:

```
JavaScript
function createElm (
    vnode,
    insertedVnodeQueue,
    parentElm,
    refElm,
    nested,
    ownerArray,
    index
) {
    // 省略
    if (createComponent(vnode, insertedVnodeQueue, parentElm, refElm)) {
        return
    }

    const data = vnode.data
    const children = vnode.children
    const tag = vnode.tag
    if (isDef(tag)) {
        if (process.env.NODE_ENV !== 'production') {
            if (data && data.pre) {
                creatingElmInVPre++
            }
            if (isUnknownElement(vnode, creatingElmInVPre)) {
                warn()
```

```
                }
            }

            vnode.elm = vnode.ns
                ? nodeOps.createElementNS(vnode.ns, tag)
                : nodeOps.createElement(tag, vnode)
            setScope(vnode)

            /* istanbul ignore if */
            if (__WEEX__) {
                // 您懂的
            } else {
                createChildren(vnode, children, insertedVnodeQueue)
                if (isDef(data)) {
                    invokeCreateHooks(vnode, insertedVnodeQueue)
                }
                insert(parentElm, vnode.elm, refElm)
            }

            if (process.env.NODE_ENV !== 'production' && data && data.pre) {
                creatingElmInVPre--
            }
        } else if (isTrue(vnode.isComment)) {
            vnode.elm = nodeOps.createComment(vnode.text)
            insert(parentElm, vnode.elm, refElm)
        } else {
            vnode.elm = nodeOps.createTextNode(vnode.text)
            insert(parentElm, vnode.elm, refElm)
        }
    }
```

我们看上面的代码，首先，判断 createComponent 存不存在，不存在才会继续，存在后面就都不运行了。换句话说，就是如果是组件，我们就通过 createComponent 来生成真实节点，否则就正常生成 DOM。那么我们上面的例子，第一次肯定是生成一个 DIV，运行我们正常的逻辑。很容易，就是通过 nodeOps.createElement 创建真实节点，然后把它插入到 DOM 中就可以了。

那么问题来了，这个 nodeOps 是什么？在之前的章节我们提过，给一点点提示，nodeOps 是从 createPatchFunction 的参数中获取的。

OK，我们 div 创建完了（基于我们最开始的例子），接下来就该创建我们的子组件了。那么我们看看怎么创建子元素。

```
JavaScript
// src/core/vdom/patch.js -- 284
function createChildren (vnode, children, insertedVnodeQueue) {
    if (Array.isArray(children)) {
```

```
        if (process.env.NODE_ENV !== 'production') {
            checkDuplicateKeys(children)
        }
        for (let i = 0; i < children.length; ++i) {
            createElm(children[i], insertedVnodeQueue, vnode.elm, null, true, children, i)
        }
    } else if (isPrimitive(vnode.text)) {
        nodeOps.appendChild(vnode.elm, nodeOps.createTextNode(String(vnode.text)))
    }
}
```

这些代码很简单？如果是数组，就遍历，不是，非生产环境还要判断是否重复，然后再去遍历整个子节点，然后运行 createElm，如果不是数组，判断是不是文本，是文本就直接插入。

又运行到 createElm 方法了，但是这回，运行到 createElm 里的 createComponent 就返回了，后面的不会再运行了。

```
JavaScript
// src/core/vdom/patch.js -- 210
function createComponent (vnode, insertedVnodeQueue, parentElm, refElm) {
    let i = vnode.data
    if (isDef(i)) {
        const isReactivated = isDef(vnode.componentInstance) && i.keepAlive
        if (isDef(i = i.hook) && isDef(i = i.init)) {
            i(vnode, false /* hydrating */)
        }
        // after calling the init hook, if the vnode is a child component
        // it should've created a child instance and mounted it. the child
        // component also has set the placeholder vnode's elm.
        // in that case we can just return the element and be done.
        if (isDef(vnode.componentInstance)) {
            initComponent(vnode, insertedVnodeQueue)
            insert(parentElm, vnode.elm, refElm)
            if (isTrue(isReactivated)) {
                reactivateComponent(vnode, insertedVnodeQueue, parentElm, refElm)
            }
            return true
        }
    }
}
```

首先，我们获取 vnode 中的 data，注意，这个 data 里面包含的内容跟我们传给大 Vue 的 options 选项无关，它是 vnode 上的一个属性。然后我们再去获取 vnode 的 data 属性中的 init 钩子，如果存在，就调用 init 钩子。

记不记得之前我们在合并钩子时的那四个钩子？那么我们先看看 init 钩子都做了什么：

```
TypeScript
```

```
// src/core/vdom/create-component.js -- 37
init (vnode: VNodeWithData, hydrating: boolean): ? boolean {
    if (
        vnode.componentInstance &&
        ! vnode.componentInstance._isDestroyed &&
        vnode.data.keepAlive
    ) {
        // kept-alive components, treat as a patch
        const mountedNode: any = vnode          // work around flow
        componentVNodeHooks.prepatch(mountedNode, mountedNode)
    } else {
        const child = vnode.componentInstance = createComponentInstanceForVnode(
            vnode,
            activeInstance
        )
        child.$mount(hydrating ? vnode.elm : undefined, hydrating)
    }
},
```

先判断有没有 keepAlive，现在肯定没有，省略过，然后，我们就做了两件事，一是创建了一个组件的实例，另一是调用了 $ mount。

那运行 $ mount 相信大家就很熟悉了，不多说了。但是到现在，其实还没结束，我们搞定了组件的渲染流程，但还有组件更新的部分，我们也梳理一下。

7.3.1 组件的更新

在开始看源码之前，我们先要了解一下要看什么，也就是在哪些情况下会触发组件的更新？第一种就是我们最常见的 data 选项的变化，导致我们要去运行 patch，运行 diff 算法导致的更新，这个我们之前在模板解析的章节有详细的讲解，这里不多说了。第二种就是，传给组件属性的更新，也就是传给组件的 props 变化了，那么组件要去更新。我们这一小节着重来讲这些。当然还有第三种，就是插槽的变化也要更新，那么这种更新方式我们在讲内置组件 keep-alive 的时候再去学习。

现在我们清楚了这一节的目的，就是去梳理组件属性的更新流程。我们先来看一个例子，并基于这个例子去梳理：

```
HTML
<!DOCTYPE html>
<html lang="en">
    <head>
        <meta charset="UTF-8" />
        <meta http-equiv="X-UA-Compatible" content="IE=edge" />
        <meta name="viewport" content="width=device-width, initial-scale=1.0" />
        <title>Document</title>
    </head>
    <body>
```

```
        <div id="app">
            <diy :data="say"></diy>
        </div>
        <script src="./vue.js"></script>
        <script>
            const vm = new Vue({
                el: "#app",
                data() {
                    return {
                        say: "hello",
                    };
                },
                components: {
                    diy: {
                        props: ["data"],
                        template: "<div>{{data}}</div>",
                    },
                },
            });
            setTimeout(() =>{
                vm.say = "hello world";
            }, 2000);
        </script>
    </body>
</html>
```

这个代码很简单，就是给组件传个 data 属性，然后几秒后改变这个 data 绑定的值。那么，问题来了，由于我们之前的前六章已经学习了很多这方面完整的内容，所以这一章其实算是查漏补缺，完善细节的部分，那么，根据我们之前所学，更新要涉及哪个方法？没错，就是 patch 方法。

我们回忆一下，之前我们学习 patch 方法的时候，会比对新旧节点，也就是 oldVnode 和 vnode。第一次比对的就是 div 标签，没有变化，那么在 patchVnode 方法的内部，还会去比对子节点，对吧？patch 的本质就是 patchVnode，这之前说过的。继续，我们翻一下旧账，再把 patchVnode 方法翻出来复习一下：

```
JavaScript
//
function patchVnode(
    oldVnode,
    vnode,
    insertedVnodeQueue,
    ownerArray,
    index,
    removeOnly
```

```
) {
    if (oldVnode === vnode) {
        return;
    }

    // 省略了

    // reuse element for static trees.
    // note we only do this if the vnode is cloned -
    // if the new node is not cloned it means the render functions have been
    // reset by the hot-reload-api and we need to do a proper re-render.
    if (
        isTrue(vnode.isStatic) &&
        isTrue(oldVnode.isStatic) &&
        vnode.key === oldVnode.key &&
        (isTrue(vnode.isCloned) || isTrue(vnode.isOnce))
    ) {
        vnode.componentInstance = oldVnode.componentInstance;
        return;
    }

    let i;
    const data = vnode.data;
    if (isDef(data) && isDef((i = data.hook)) && isDef((i = i.prepatch))) {
        i(oldVnode, vnode);
    }
    // 这里省略了很重要的东西
}
```

省略了很多内容，我们就看这一点代码，首先我们回忆一下这一小节的例子，我们一共要渲染两遍，第一遍是比对父组件的 div 标签，也就是<div id="app"></div>这个标签，比对之后，才会去比对子节点，当然我们这里的子节点是个组件，这是第二次。其实还有一次，就是更新文本节点。

我们看上面的代码，首先判断新旧节点都是静态节点，并且 key 值相同，那么直接把旧的实例赋值给新的实例就可以了。我们看如果存在 prepatch 钩子，那么就会调用 prepatch 钩子，这个钩子很重要，只有组件的时候才有，所以第一遍的时候不会运行这块的逻辑，而是会往后运行：

```
JavaScript
//这是那块略了的很重要的代码
const oldCh = oldVnode.children;
const ch = vnode.children;
if (isDef(data) && isPatchable(vnode)) {
    for (i = 0; i < cbs.update.length; ++i) cbs.update[i](oldVnode, vnode);
    if (isDef((i = data.hook)) && isDef((i = i.update))) i(oldVnode, vnode);
```

```
    }
    if (isUndef(vnode.text)) {
        if (isDef(oldCh) && isDef(ch)) {
            if (oldCh !== ch)
                updateChildren(elm, oldCh, ch, insertedVnodeQueue, removeOnly);
        } else if (isDef(ch)) {
            if (process.env.NODE_ENV !== "production") {
                checkDuplicateKeys(ch);
            }
            if (isDef(oldVnode.text)) nodeOps.setTextContent(elm, "");
            addVnodes(elm, null, ch, 0, ch.length - 1, insertedVnodeQueue);
        } else if (isDef(oldCh)) {
            removeVnodes(oldCh, 0, oldCh.length - 1);
        } else if (isDef(oldVnode.text)) {
            nodeOps.setTextContent(elm, "");
        }
    } else if (oldVnode.text !== vnode.text) {
        nodeOps.setTextContent(elm, vnode.text);
    }
    if (isDef(data)) {
        if (isDef((i = data.hook)) && isDef((i = i.postpatch)))
            i(oldVnode, vnode);
    }
```

我们首先判断是不是文本，不是文本就去比对新旧子节点是不是相同的，不同就到了 updateChildren 方法里，udateChildren 是什么呢？就是 diff 算法了，而一旦匹配到了 diff 算法中的某一个逻辑，我们还要继续运行 patchVnode。于是，就到了：

```
JavaScript
let i;
const data = vnode.data;
if (isDef(data) && isDef((i = data.hook)) && isDef((i = i.prepatch))) {
    i(oldVnode, vnode);
}
```

这段代码里，绕了一圈，转角遇到爱，您看这个逻辑是不是很熟悉，前面组件渲染的时候，是不是也调用了 i 方法，只不过那时候的 i 是组件的 init 钩子，而更新的时候，走的是组件的 prepatch 钩子。那么我们继续看看 prepatch 钩子做了什么：

```
JavaScript
prepatch (oldVnode: MountedComponentVNode, vnode: MountedComponentVNode) {
    const options = vnode.componentOptions
    const child = vnode.componentInstance = oldVnode.componentInstance
    updateChildComponent(
        child,
        options.propsData,          // updated props
        options.listeners,          // updated listeners
```

```
        vnode,                    // new parent vnode
        options.children          // new children
    )
},
```

然后这里就到了 updateChildComponent 方法了：

```
JavaScript
// src/core/instance/lifecycle.js -- 215
export function updateChildComponent (
    vm: Component,
    propsData: ? Object,
    listeners: ? Object,
    parentVnode: MountedComponentVNode,
    renderChildren: ? Array<VNode>
) {
    // 插槽省略

    // 是否需要强制更新,省略

    vm.$options._parentVnode = parentVnode
    vm.$vnode = parentVnode // update vm's placeholder node without re-render

    if (vm._vnode) { // update child tree's parent
        vm._vnode.parent = parentVnode
    }
    vm.$options._renderChildren = renderChildren

    // update $attrs and $listeners hash
    // these are also reactive so they may trigger child update if the child
    // used them during render
    vm.$attrs = parentVnode.data.attrs || emptyObject
    vm.$listeners = listeners || emptyObject

    // update props
    if (propsData && vm.$options.props) {
        toggleObserving(false)
        const props = vm._props
        const propKeys = vm.$options._propKeys || []
        for (let i = 0; i < propKeys.length; i++) {
            const key = propKeys[i]
            const propOptions: any = vm.$options.props      // wtf flow?
            props[key] = validateProp(key, propOptions, propsData, vm)
        }
        toggleObserving(true)
        // keep a copy of raw propsData
```

```
        vm.$options.propsData = propsData
    }

    // 事件更新略
}
```

我们来看这个方法，它首先更新了一些 vm 实例上的属性，注意这个 vm，指的不一定是大 Vue 的实例，它在更新组件的时候，实际上指的是组件的那个 Ctor，也就是组件的子类，然后就是去更新 props，由于我们传给组件的 props 在父组件的 data 中已经是响应式的了，所以在开始更新的时候，要取消它的响应式，这样是为了防止重复绑定响应式。然后去更新 props 的值，最后置回响应式。

那么，整个组件属性的更新流程就完成了。

7.3.2 异步组件与函数式组件

关于组件的部分，我们还得用一些篇幅来学习，这一节我们来学习下异步组件与函数式组件的实现。

1. 异步组件

我们一般在使用异步组件的时候，因为异步组件的体积往往比较大，比如 markdown 组件、editor 组件等，如果我们还是像普通组件那样同步渲染，就会导致页面白屏，所以使用异步组件来渲染大体积组件，就成了比较常规的解决方案，渲染慢的就让它不阻塞渲染流程，慢慢地去渲染。

那异步组件的原理，其实就是先渲染一个占位的标签，等到组件加载完成，再去替换这个标签就完事了，而操作的方法就是 forceUpdate，这一点也不神奇。

而这种大体积的组件，往往需要我们引入外部的依赖，所以通常我们会配合 webpack 的插件，在打包的时候通过 splitChunk 来拆分包，不让它和常规代码打包到一起。那么我们来看看异步组件怎么用的。

在大型应用中，我们可能需要将应用分割成小一些的代码块，并且只在需要的时候才从服务器加载一个模块。为了简化，Vue 允许您以一个工厂函数的方式定义您的组件，这个工厂函数会异步解析您的组件定义。Vue 只有在这个组件需要被渲染的时候才会触发该工厂函数，且会把结果缓存起来供未来重渲染。

```
JavaScript
Vue.component('async-example', function (resolve, reject) {
    setTimeout(function () {
        // 向 'resolve' 回调传递组件定义
        resolve({
            template: '<div>I am async! </div>'
        })
    }, 1000)
})
```

我们看到异步组件的第二个参数不再是一个对象，而是一个函数。这个函数会接收 resolve 和 reject 两个回调，让我们去处理从服务器获取到的数据。

那么前面说了，推荐配合 webpack 的插件来一起使用：

```
JavaScript
Vue.component('async-webpack-example', function (resolve) {
    // 这个特殊的 'require' 语法将会告诉 webpack
    // 自动将您的构建代码切割成多个包，这些包
    // 会通过 Ajax 请求加载
    require(['./my-async-component'], resolve)
})
```

就是通过代码中特殊的语法告知 webpack 如何处理这块的代码。这种方式比较老旧，现在更推荐这样去做：

```
JavaScript
Vue.component(
    'async-webpack-example',
    // 这个动态导入会返回一个 'Promise' 对象。
    () => import('./my-async-component')
)
```

局部注册异步组件可以这样：

```
JavaScript
new Vue({
    // ...
    components: {
        'my-component': () => import('./my-async-component')
    }
})
```

那么异步组件的工厂函数还支持约定的对象形式，让我们处理一下加载中的状态：

```
JavaScript
const AsyncComponent = () =>({
    // 需要加载的组件 (应该是一个 'Promise' 对象)
    component: import(./MyComponent.vue'),
    // 异步组件加载时使用的组件
    loading: LoadingComponent,
    // 加载失败时使用的组件
    error: ErrorComponent,
    // 展示加载时组件的延时时间。默认值是 200 (ms)
    delay: 200,
    // 如果提供了超时时间且组件加载也超时了,
    // 则使用加载失败时使用的组件。默认值是:'Infinity'
    timeout: 3000
})
```

上面全是从官网贴下来，那么我们先来实现一个例子：

```html
HTML
<!DOCTYPE html>
<html lang="en">
    <head>
        <meta charset="UTF-8" />
        <meta http-equiv="X-UA-Compatible" content="IE=edge" />
        <meta name="viewport" content="width=device-width, initial-scale=1.0" />
        <title>Document</title>
    </head>
    <body>
        <div id="app">
            <diy></diy>
        </div>
        <script src="./vue.js"></script>
        <script>
            const AsyncComponent = () =>({
                // 需要加载的组件（应该是一个 'Promise' 对象）
                component: new Promise((resolve, reject) =>{
                    setTimeout(() =>{
                        resolve({
                            template: "<div>异步组件</div>",
                        });
                    }, 2000);
                }),
                // 异步组件加载时使用的组件
                loading: {
                    template: "<div>loading</div>",
                },
                // 加载失败时使用的组件
                error: {
                    template: "<div>error</div>",
                },
                // 展示加载时组件的延时时间。默认值是 200 (ms)
                delay: 200,
                // 如果提供了超时时间且组件加载也超时了，
                // 则使用加载失败时使用的组件。默认值是:'Infinity'
                timeout: 3000,
            });
            const vm = new Vue({
                el: "#app",
                components: {
                    diy: AsyncComponent,
                },
            });
```

```
    </script>
  </body>
</html>
```

这个很简单，就是根据例子声明了一个异步组件并使用。我们看源码，还得复制之前的代码。

首先，我们要考虑一下，异步组件它也是一个组件，也需要创建虚拟节点，创建真实的 DOM。所以我们还是要去找 createElm，而 createElm 发现节点是一个组件，就会运行 createComponent，对吧？

```
JavaScript
export function createComponent (
    Ctor: Class<Component>| Function | Object | void,
    data: ? VNodeData,
    context: Component,
    children: ? Array<VNode>,
    tag?: string
): VNode | Array<VNode>| void {
    if (isUndef(Ctor)) {
        return
    }

    const baseCtor = context.$options._base

    // plain options object: turn it into a constructor
    if (isObject(Ctor)) {
        Ctor = baseCtor.extend(Ctor)
    }

    // if at this stage it's not a constructor or an async component factory,
    // reject.
    if (typeof Ctor !== 'function') {
        if (process.env.NODE_ENV !== 'production') {
            warn('Invalid Component definition: ${String(Ctor)}', context)
        }
        return
    }

    // async component
    let asyncFactory
    if (isUndef(Ctor.cid)) {
        asyncFactory = Ctor
        Ctor = resolveAsyncComponent(asyncFactory, baseCtor)
        if (Ctor === undefined) {
            // return a placeholder node for async component, which is rendered
            // as a comment node but preserves all the raw information for the node.
            // the information will be used for async server-rendering and hydration.
```

```
            return createAsyncPlaceholder(
                asyncFactory,
                data,
                context,
                children,
                tag
            )
        }
    }

// 省略了

    return vnode
}
```

大家还记得这段代码吧，之前我们判断普通组件的时候会通过大 Vue 的 extend 方法处理一下，但是此时是异步组件了，就不会运行那个 if 里，往下运行，就会判断 Ctor. id 是否存在，因为我们是用户创建的 Ctor，没有通过 Vue. extend 处理生成 cid，所以肯定是没有的。

于是，asyncFactory 就是咱们自己定义的那个异步组件的函数了。再往下，我们会通过 resolveAsyncComponent 方法处理一下，把结果复制给 Ctor，此时才真正生成了经过 Vue 处理的异步组件的子类。处理之后，由于是异步组件，所以在这段同步的代码中，可能有了 Ctor，也可能没有，如果没有，我们就返回一个占位符去占位了。

```
JavaScript
// src/core/vdom/helpers/resolve-async-component.js --30
export function createAsyncPlaceholder (
    factory: Function,
    data: ? VNodeData,
    context: Component,
    children: ? Array<VNode>,
    tag: ? string
): VNode {
    const node = createEmptyVNode()
    node.asyncFactory = factory
    node.asyncMeta = { data, context, children, tag }
    return node
}
```

这个方法也很简单，就是一个空节点。那么重点来了，就是 resolveAsyncComponent 这个方法。这块的逻辑就比较复杂了。我们详细看一下：

```
JavaScript
// src/core/vdom/helpers/resolve-async-component.js --43
export function resolveAsyncComponent(
    factory: Function,
    baseCtor: Class<Component>
```

```
): Class<Component> | void {
    // 这个 factory 就是我们写的那个异步组件
    // baseCtor 就是大 Vue
    // 判断是否有 error,如果有,并且已经是 error 的状态,那么就返回错误的组件
    if (isTrue(factory.error) && isDef(factory.errorComp)) {
        return factory.errorComp;
    }
    // 如果已经 resolved,就返回 resolved
    if (isDef(factory.resolved)) {
        return factory.resolved;
    }
    // 这个 owner,就是当前的实例,目前是大 Vue
    const owner = currentRenderingInstance;
    if (owner && isDef(factory.owners) && factory.owners.indexOf(owner) === -1) {
        // already pending
        factory.owners.push(owner);
    }
    // 如果是 loading,同理
    if (isTrue(factory.loading) && isDef(factory.loadingComp)) {
        return factory.loadingComp;
    }
    // 这个逻辑判断的就是第一次渲染的时候,因为此时 factory 上肯定是没有 owners 数组的
    if (owner && ! isDef(factory.owners)) {
        // 我们就把 owner 赋值过去
        const owners = (factory.owners = [owner]);
        let sync = true;
        let timerLoading = null;
        let timerTimeout = null;

        (owner: any).$on("hook:destroyed", () => remove(owners, owner));
        // 强制渲染
        const forceRender = (renderCompleted: boolean) => {};
        // 用户调用的 resolve
        const resolve = once((res: Object | Class<Component>) => {});
        // 用户调用 reject
        const reject = once((reason) => {});
        // Promise 返回的结果
        const res = factory(resolve, reject);
        // 一堆判断逻辑了,根据条件处理 Promise 的调用
        if (isObject(res)) {
            if (isPromise(res)) {
                // () => Promise
                if (isUndef(factory.resolved)) {
                    res.then(resolve, reject);
                }
```

```
            } else if (isPromise(res.component)) {
                res.component.then(resolve, reject);

                if (isDef(res.error)) {
                    factory.errorComp = ensureCtor(res.error, baseCtor);
                }

                if (isDef(res.loading)) {
                }

                if (isDef(res.timeout)) {
                }
            }
        }

        sync = false;
        // 返回组件。如果还在 loading 就返回 loading 组件,否则就返回结果
        // return in case resolved synchronously
        return factory.loading ? factory.loadingComp : factory.resolved;
    }
}
```

那么我们看下上面的代码,我们罗列了宏观的代码,细节的代码我们稍后梳理。首先它做了一堆判断,判断有没有这个参数,有没有那个参数,如有就直接返回了,最先判断的是 error,其次是 resolved,这也是有原因的,至于原因是什么?跟 node 的 readFile 的第一个参数是 error 类似。

再往后就是去处理 owner,为什么要处理它?因为后面更新的时候要调用每一个实例的 $forceUpdate 去更新组件,也就是一旦组件 resolved 了,我们就要调用每一个 owner 的 $forceUpdate。

往后就声明了一些用户使用的 resolve、reject 方法,供用户调用处理异步组件的成功或失败条件。

再往后,我们通过调用我们定义的 factory 方法获取返回的结果,根据结果进行逻辑的处理就行了。

那么下面,我们就去看一下每一处的细节,我们先看下 forceRender:

```
TypeScript
const forceRender = (renderCompleted: boolean) =>{
    for (let i = 0, l = owners.length; i <l; i++ ) {
        (owners[i]: any).$forceUpdate()
    }

    if (renderCompleted) {
        owners.length = 0
        if (timerLoading !== null) {
```

```
            clearTimeout(timerLoading)
            timerLoading = null
        }
        if (timerTimeout ! == null) {
            clearTimeout(timerTimeout)
            timerTimeout = null
        }
    }
}
```

如我们之前所说，其实就是调用每一个 owner 的 $forceUpdate 方法，并且如果传入的是 true，则清空定时器，那这个 forceRender 是在哪儿调用的呢？大家说什么时候要更新？肯定是确切知道自己获取了结果的时候，那么是什么时候？

```
JavaScript
const resolve = once((res: Object | Class<Component>) =>{
    // cache resolved
    factory.resolved = ensureCtor(res, baseCtor)
    // invoke callbacks only if this is not a synchronous resolve
    // (async resolves are shimmed as synchronous during SSR)
    if (! sync) {
        forceRender(true)
    } else {
        owners.length = 0
    }
})

const reject = once(reason =>{
    process.env.NODE_ENV ! == 'production' && warn(
        'Failed to resolve async component: ${String(factory)}' +
        (reason ? '\nReason: ${reason}' : '')
    )
    if (isDef(factory.errorComp)) {
        factory.error = true
        forceRender(true)
    }
})
```

当我们调用 resolve 的时候，会传入一个组件，那么首先会通过 ensureCtor 处理这个组件，并缓存到 factory 的 resolved 属性上，那大家猜猜，这个 ensureCtor 做了什么？我们现在已经拿到了确切的组件了，要去渲染，怎么办？没错，Vue.extend：

```
JavaScript
function ensureCtor (comp: any, base) {
    if (
        comp.__esModule ||
```

```
        (hasSymbol && comp[Symbol.toStringTag] === 'Module')
    ) {
        comp = comp.default
    }
    return isObject(comp)
        ? base.extend(comp)
        : comp
}
```

就这么简单,没什么好说的。然后强制更新就可以。那么 rejecr 的逻辑也类似。如果 reject 了,并且传了错误时需要渲染的组件,那么就强制更新,渲染错误的组件就完成了。

再往后,最后一点了:

```JavaScript
if (isObject(res)) {
    if (isPromise(res)) {
        // () => Promise
        // 如果是 promise,并且还没有结果呢,那么就调用 Promise.then 去处理
        if (isUndef(factory.resolved)) {
            res.then(resolve, reject)
        }
    } else if (isPromise(res.component)) {
        // 如果 res.component 是一个 Promise,同样调用 then,其实这里就是针对不同的写法的处理罢了。
        res.component.then(resolve, reject)
        // 如果有了结果,就渲染错误的组件模板
        if (isDef(res.error)) {
            factory.errorComp = ensureCtor(res.error, baseCtor)
        }
        // 如果有 loading
        if (isDef(res.loading)) {
            factory.loadingComp = ensureCtor(res.loading, baseCtor)
            if (res.delay === 0) {
                factory.loading = true
            } else {
                // 处理 loading
                timerLoading = setTimeout(() => {
                    timerLoading = null
                        if (isUndef(factory.resolved) && isUndef(factory.error)) {
                            factory.loading = true
                                forceRender(false)
                        }
                }, res.delay || 200)
            }
        }
        // 如果传了 timeout
        if (isDef(res.timeout)) {
```

```
            timerTimeout = setTimeout(() => {
                timerTimeout = null
                if (isUndef(factory.resolved)) {
                    reject(
                        process.env.NODE_ENV !== 'production'
                            ? `timeout (${res.timeout}ms)`
                            : null
                    )
                }
            }, res.timeout)
        }
    }
}
```

逻辑都写在注释里了，其实就是判断各种状态来修改参数。至此，异步函数相信大家也有了了解，其实说到底，就是先渲染个占位，然后根据 Promise 处理的结果，进行后续的组件渲染。

2. 函数式组件

函数式组件其实很多时候大家用不到，但是在某些场景确实又很好用。函数式组件意味着没有类，那也就没有 Vue 的上下文和生命周期，没有类也就没有 this，没有状态，也不需要创建 Watcher。大大提升了性能，什么也没有，性能肯定好。

函数式组件比较适合只有渲染逻辑，什么不需要一些依赖于 Vue 的响应式等内容的一些场景。

那么，我们还是来看一个例子：

```
HTML
<!DOCTYPE html>
<html lang="en">
    <head>
        <meta charset="UTF-8" />
        <meta http-equiv="X-UA-Compatible" content="IE=edge" />
        <meta name="viewport" content="width=device-width, initial-scale=1.0" />
        <title>Document</title>
    </head>
    <body>
        <div id="app">
            <diy></diy>
        </div>
        <script src="./vue.js"></script>
        <script>
            Vue.component("diy", {
                functional: true,
                render: function (createElement, context) {
                    return createElement("p", "hi");
```

```
            },
        });
        const vm = new Vue({
            el: "#app",
        });
    </script>
  </body>
</html>
```

这个例子很简单,我们看看它的执行流程是如何实现的。还是我们之前的 createComponent 方法:

```
JavaScript
export function createComponent (
    Ctor: Class<Component> | Function | Object | void,
    data: ?VNodeData,
    context: Component,
    children: ?Array<VNode>,
    tag?: string
): VNode | Array<VNode> | void {
    // 省略了好多
    // functional component
    if (isTrue(Ctor.options.functional)) {
        return createFunctionalComponent(Ctor, propsData, data, context, children)
    }

    // 继续略了好多

    return vnode
}
```

在 createComponent 的逻辑里,有这样一段代码,一旦 functional 是 true,那么会直接运行 createFunctionalComponent 方法:

```
JavaScript
// src/core/vdom/create-functional-component.js --94
export function createFunctionalComponent (
    Ctor: Class<Component>,
    propsData: ?Object,
    data: VNodeData,
    contextVm: Component,
    children: ?Array<VNode>
): VNode | Array<VNode> | void {
    // 先处理 props
    const options = Ctor.options
    const props = {}
    const propOptions = options.props
```

```
    // 如果有 props 就校验每一个 props 是否符合要求
    if (isDef(propOptions)) {
        for (const key in propOptions) {
            props[key] = validateProp(key, propOptions, propsData || emptyObject)
        }
    } else {
        // 没有就合并
        if (isDef(data.attrs)) mergeProps(props, data.attrs)
        if (isDef(data.props)) mergeProps(props, data.props)
    }
    // 然后生成一个函数式的上下文
    const renderContext = new FunctionalRenderContext(
        data,
        props,
        children,
        contextVm,
        Ctor
    )
    // 根据这个上下文去生成函数式组件的 vnode
    const vnode = options.render.call(null, renderContext._c, renderContext)

    if (vnode instanceof VNode) {
        return cloneAndMarkFunctionalResult(vnode, data, renderContext.parent, options, ren-
derContext)
    } else if (Array.isArray(vnode)) {
        const vnodes = normalizeChildren(vnode) || []
        const res = new Array(vnodes.length)
        for (let i = 0; i < vnodes.length; i++) {
            res[i] = cloneAndMarkFunctionalResult(vnodes[i], data, renderContext.parent, op-
tions, renderContext)
        }
        return res
    }
}
```

整个创建函数式组件的虚拟节点的代码实际上并不复杂，首先处理了传过来的 props，通过调用 render 方法生成 vnode，那么最后如果这个 vnode 是 VNode 的子类，最终返回的是 cloneAndMarkFunctionalResult 的结果，为什么要 clone 一份呢？是为了防止引用类型从而导致的一些问题。其实 clone 就是使用 vnode 上的参数，通过 new VNode 重新创建了一份。这个不多说了。

那么到这里，我们可以发现，其实函数式组件的过程十分简单，因为它不用处理复杂的组件及更新流程，直接就是 vnode，然后调用 render 就可以了。

7.3.3 props 源码分析

前面两个小节，我们根据组件的类型，分析了基本组件、异步组件、函数式组件的源码，那么接下来的两个小节，我们分别来分析下 props 和 $ emit，这两个可以说是在 Vue 的组件间通信最常用的两种方式了。这一节，我们先来学习 props 的实现原理。继续，我们先看一个小例子：

```
HTMLBars
<! DOCTYPE html >
< html lang = "en">
    < head >
        < meta charset = "UTF - 8" />
        < meta http - equiv = "X - UA - Compatible" content = "IE = edge" />
        < meta name = "viewport" content = "width = device - width, initial - scale = 1.0" />
        < title > Document </ title >
    </ head >
    < body >
        < div id = "app">
            < diy a = "1" b = "2"></ diy >
        </ div >
        < script src = "./vue.js"></ script >
        < script >
            const vm  =  new Vue({
                el: "#app",
                components: {
                    diy: {
                        props: ["a", "b"],
                        template: "< span >{{a}}{{b}}</ span >",
                    },
                },
            });
        </ script >
    </ body >
</ html >
```

这个例子很简单，就是给组件传了个 props，重点还是来看源码关于 props 的实现。您再猜猜，我们要从哪儿开始看？

```
JavaScript
// src/core/vdom/create - component.js  -- 101
export function createComponent (
    Ctor: Class < Component >| Function | Object | void,
    data: ? VNodeData,
    context: Component,
    children: ? Array < VNode >,
    tag?: string
): VNode | Array < VNode >| void {

    // 省略
```

```
    // extract props
    const propsData = extractPropsFromVNodeData(data, Ctor, tag)

    // 省略

    return vnode
}
```

嗯,还是 createComponent 里的。在这里有一段处理 props 的代码,就是从 data 中,获取 props 作为 propsData。那么核心就是 extractPropsFromVNodeData 方法:

```JavaScript
// src/core/vdom/helpers/extract-props.js -- 12
export function extractPropsFromVNodeData (
    data: VNodeData,
    Ctor: Class<Component>,
    tag?: string
): ?Object {
    // we are only extracting raw values here.
    // validation and default values are handled in the child
    // component itself.
    const propOptions = Ctor.options.props
    if (isUndef(propOptions)) {
        return
    }
    const res = {}
    const { attrs, props } = data
    if (isDef(attrs) || isDef(props)) {
    for (const key in propOptions) {
        const altKey = hyphenate(key)
        if (process.env.NODE_ENV !== 'production') {
            const keyInLowerCase = key.toLowerCase()
            if (
                key !== keyInLowerCase &&
                attrs && hasOwn(attrs, keyInLowerCase)
            ) {
              tip(
                `Prop "${keyInLowerCase}" is passed to component ` +
                `${formatComponentName(tag || Ctor)}, but the declared prop name is` +
                ` "${key}". ` +
                `Note that HTML attributes are case-insensitive and camelCased ` +
                `props need to use their kebab-case equivalents when using in-DOM ` +
                    `templates. You should probably use "${altKey}" instead of "${key}".`
                )
            }
            }
```

```
            checkProp(res, props, key, altKey, true) ||
            checkProp(res, attrs, key, altKey, false)
        }
    }
    return res
}
```

分析下这段代码，我们首先拿到了用户的 props，也就是 propsOptions，这里 Vue 会做一些处理，把您写的不同形式的 props 都变成对象，如果没有，就不处理，直接返回了。然后，如果有，就会遍历 propsOptions 让每一个 key 都运行一下 checkProp 方法，checkProps 主要就是用来区分 attrs 和 props 的，最后返回 res 结果。这个 res 就是最终组件传递过来的 props，至此，我们也就获取 propsData。

那么当我们后面生成组件的虚拟节点的时候，就会把这个 propsData 传给 VNode：

```
JavaScript
const vnode = new VNode(
    'vue-component-${Ctor.cid}${name ? '-${name}' : ''}',
    data, undefined, undefined, undefined, context,
    { Ctor, propsData, listeners, tag, children },
    asyncFactory
)
```

就是这样，于是，组件的 vnode 里就有了 props 的相关信息。那么接下来就得看看怎么去使用这个 propsData 了。

```
JavaScript
Vue.prototype._init = function (options?: Object) {
    const vm: Component = this
    // a uid
    vm._uid = uid++

    // 略了点
    // a flag to avoid this being observed
    vm._isVue = true
    // merge options
    if (options && options._isComponent) {
        // optimize internal component instantiation
        // since dynamic options merging is pretty slow, and none of the
        // internal component options needs special treatment.
        initInternalComponent(vm, options)
        } else {
        vm.$options = mergeOptions(
            resolveConstructorOptions(vm.constructor),
            options || {},
            vm
        )
```

```
    }
    // 省略了点
    // expose real self
    vm._self = vm
    initLifecycle(vm)
    initEvents(vm)
    initRender(vm)
    callHook(vm, 'beforeCreate')
    initInjections(vm) // resolve injections before data/props
    initState(vm)
    initProvide(vm) // resolve provide after data/props
    callHook(vm, 'created')

    // 略了点

    if (vm.$options.el) {
        vm.$mount(vm.$options.el)
    }
}
```

这个方法想必您已经很熟悉了,之前调用这个方法的时候,运行的都是 else 的逻辑,因为不是组件,在这里就得运行 initInternalComponent 方法,以及组件的逻辑了。

```JavaScript
// src/core/instance/init.js -- 74
export function initInternalComponent (vm: Component, options: InternalComponentOptions) {
    const opts = vm.$options = Object.create(vm.constructor.options)
    // doing this because it's faster than dynamic enumeration.
    const parentVnode = options._parentVnode
    opts.parent = options.parent
    opts._parentVnode = parentVnode

    const vnodeComponentOptions = parentVnode.componentOptions
    opts.propsData = vnodeComponentOptions.propsData
    opts._parentListeners = vnodeComponentOptions.listeners
    opts._renderChildren = vnodeComponentOptions.children
    opts._componentTag = vnodeComponentOptions.tag

    if (options.render) {
        opts.render = options.render
        opts.staticRenderFns = options.staticRenderFns
    }
}
```

在这个方法里,它把 vnode 上的 propsData 挂载到了 vm.$options 上。当然还处理了一些其他的内容,比如挂载 render 方法及事件等。在组件的实例的 $options 上有了 propsData

后，继续运行_init 方法，就是去运行 initState 方法了：

```
JavaScript
export function initState (vm: Component) {
    vm._watchers = []
    const opts = vm.$options
    if (opts.props) initProps(vm, opts.props)
    // 其他的初始化略了
}
```

下面就是去看 initProps 了，对吧？

```
JavaScript
function initProps (vm: Component, propsOptions: Object) {
    const propsData = vm.$options.propsData || {}
    const props = vm._props = {}
    // cache prop keys so that future props updates can iterate using Array
    // instead of dynamic object key enumeration.
    const keys = vm.$options._propKeys = []
    const isRoot =! vm.$parent
    // root instance props should be converted
    if (! isRoot) {
        toggleObserving(false)
    }
    for (const key in propsOptions) {
        keys.push(key)
        const value = validateProp(key, propsOptions, propsData, vm)
        /* istanbul ignore else */
        if (process.env.NODE_ENV ! == 'production') {
            // 略了
    } else {
            defineReactive(props, key, value)
    }
        // static props are already proxied on the component's prototype
        // during Vue.extend(). We only need to proxy props defined at
        // instantiation here.
        if (! (key in vm)) {
            proxy(vm, '_props', key)
        }
    }
    toggleObserving(true)
}
```

我们看初始化 props 都做什么了，首先我们获取了 propsData，然后还创建了一个空的_props，这个_props 其实跟 data 的_data 是一样的，都是用来代理的。我们继续，声明了一个 keys，并且在 vm.$options 也存了一下这个 key，名字是_propKeys，然后继续存一下是否是根节点，也就是这个实例上有没有 $parent，再往后，如果不是根节点，就取消 Observer 响应式，怎么取消的呢？运行了个 toggleObserving，这方法是做什么的？

```
JavaScript
// src/core/observer/index.js -- 27
export function toggleObserving (value: boolean) {
    shouldObserve = value
}
```

就做了一件事，一个 flag，记不记得我们在调用 observe 方法的时候，new Observer 的时候，shouldObserve 字段是最优先判断的，如果是 false，就不会去 new Observer 了：

```
JavaScript
if (hasOwn(value, '__ob__') && value.__ob__ instanceof Observer) {
    ob = value.__ob__
} else if (
    shouldObserve &&
    ! isServerRendering() &&
    (Array.isArray(value) || isPlainObject(value)) &&
    Object.isExtensible(value) &&
    ! value._isVue
) {
    ob = new Observer(value)
}
```

我们回到之前的代码，然后，我们会去遍历 props，校验 props 中的每一个 key，并给他去运行 defineReactive 方法绑定响应式，并且运行 proxy 代理 props 中的 key，跟 data 一样，这样就可以通过 this.xxx 获取 props 了，对吧？

那么到这里 props 的源码流程就运行完了，我们来稍稍复习一下 props 源码流程：

(1) createComponent 的时候，摘取 props 和 attrs 取得 propsData

(2) _init 的时候，再去把 propsData 绑定到 vm.$options 上。

(3) initState 的时候，运行了 initProps

(4) initProps 实际上就做了两件事，给每一个 prop 绑定响应式，然后代理到 vm 上。

OK，到此，我们也梳理了下 props 的源码。大家加油，还剩一点点内容了。

我们额外提一个常见的问题，在子组件修改 props 可以吗？首先说，完全可以这样做的，只是在一些特定的情况下可能会引起错误，特定的场景往往是数据更新寻源，或者因为引用类型的变更导致的一些渲染错误等，由于 Vue 是推荐单向数据流的，所以并不建议大家去在子组件内修改 props，但是如果非要这样做，并且您确切知道自己在做什么，没问题，完全可以修改。但是说实话，一定要在子组件内修改 props 的场景，其实并不存在。

7.3.4 组件的事件绑定

这可能是关于组件的最后一个小节了。上一小节我们通过 props 来传递属性，让子组件可以根据父组件的要求做一些事情，那么通过 props 不仅仅可以传递数据，还可以传递方法，这一节就来看看组件是如何绑定事件的。

那么我们继续看一个例子：

```
HTMLBars
<! DOCTYPE html >
<html lang = "en">
    <head >
        <meta charset = "UTF - 8" />
        <meta http - equiv = "X - UA - Compatible" content = "IE = edge" />
        <meta name = "viewport" content = "width = device - width, initial - scale = 1.0" />
        <title >Document </title >
    </head >
    <body >
        <div id = "app">
            <diy a = "1" b = "2" :cb = "fn"></diy >
        </div >
        <script src = "./vue.js"></script >
        <script >
            const vm = new Vue({
                el: "#app",
                methods: {
                    fn(a) {
                        console.log(a);
                    },
                },
                components: {
                    diy: {
                        props: ["a", "b", "cb"],
                        template:
                            "< span >{{a}}{{b}}< button @click = 'cb(a)' >按钮</button ></
span >",
                    },
                },
            });
        </script >
    </body >
</html >
```

我们来看这个例子，首先，我们给子组件传了一个 props，就是 cb，这个 cb 绑定了父组件中的 fn 方法，当点击子组件中的按钮的时候，会直接调用 cb，也就是 fn，打印传给子组件的 a 属性。这样的方法绑定事件其实很简单，就是上一节解析 props 的流程，不多说，再看一个我们更常见的例子，就是自定义事件，也就是 $ emit 的方式，我们稍稍修改一下代码：

```
HTMLBars
<! DOCTYPE html >
<html lang = "en">
    <head >
        <meta charset = "UTF - 8" />
```

```
        <meta http-equiv="X-UA-Compatible" content="IE=edge" />
        <meta name="viewport" content="width=device-width, initial-scale=1.0" />
        <title>Document</title>
    </head>
    <body>
        <div id="app">
            <diy a="1" b="2" @cb="fn"></diy>
        </div>
        <script src="./vue.js"></script>
        <script>
            const vm = new Vue({
                el: "#app",
                methods: {
                    fn(a) {
                        console.log(a);
                    },
                },
                components: {
                    diy: {
                        props: ["a", "b"],
                        template:
                        "<span>{{a}}{{b}}<button @click='$emit(\"cb\",a)'>按钮</button
                        ></span>",
                    },
                },
            });
        </script>
    </body>
</html>
```

我们在父组件的子组件标签上绑定了一个自定义事件 cb，当在子组件中触发这个 cb 事件的时候，就会调用父组件中的 fn 方法。它的核心原理其实就是一个发布订阅，我们在父组件的子组件标签上，绑定了一个 $on，在子组件中通过 $emit 触发订阅的事件。那么我们看看这块的代码是怎么实现的：

```JavaScript
export function createComponent (
    Ctor: Class<Component>| Function | Object | void,
    data: ? VNodeData,
    context: Component,
    children: ? Array<VNode>,
    tag?: string
): VNode | Array<VNode>| void {
    // 略了

    // extract listeners, since these needs to be treated as
```

```
    // child component listeners instead of DOM listeners
    const listeners = data.on
    // replace with listeners with .native modifier
    // so it gets processed during parent component patch.
    data.on = data.nativeOn

    // 省略了
    const vnode = new VNode(
    `vue-component-${Ctor.cid}${name ? `-${name}` : ''}`,
    data, undefined, undefined, undefined, context,
    { Ctor, propsData, listeners, tag, children },
    asyncFactory
    )

    // 省略了

    return vnode
}
```

没错，还是 createComponent 这个方法，我们看到，在这里得到 data 上的 on，也就是我们那些自定义的事件，作为 listeners，然后原生事件 nativeOn 变成了 data 上的 on 属性，后面就把这些数据传递给 VNode 生成组件的虚拟节点。那么问题来了，data 上哪来的这些东西呢？大家还记不记前一小节 _init 方法，如果是组件运行的那个方法是什么？initInternalComponent，没错，大家还记不记得有这样一句话：

```JavaScript
opts._parentListeners = vnodeComponentOptions.listeners
```

然后，这些数据绑定到 vm.$options 上了，我们还得来初始化，事件的初始化？initEvents？没错：

```JavaScript
// src/core/instance/events.js -- 12
export function initEvents (vm: Component) {
    vm._events = Object.create(null)
    vm._hasHookEvent = false
    // init parent attached events
    const listeners = vm.$options._parentListeners
    if (listeners) {
        updateComponentListeners(vm, listeners)
    }
}
```

这个代码就很简单，获取刚才的 listeners，然后调用了 updateComponentListeners 方法：

```JavaScript
export function updateComponentListeners (
    vm: Component,
```

```
    listeners: Object,
    oldListeners: ? Object
) {
    target = vm
    updateListeners(listeners, oldListeners || {}, add, remove, createOnceHandler, vm)
    target = undefined
}
```

又是 updateListeners，这方法的代码很多，又是一堆逻辑判断：

```
JavaScript
// src/core/vdom/helpers/update-listeners.js --53
export function updateListeners (
    on: Object,
    oldOn: Object,
    add: Function,
    remove: Function,
    createOnceHandler: Function,
    vm: Component
) {
    let name, def, cur, old, event
    for (name in on) {
        def = cur = on[name]
        old = oldOn[name]
        event = normalizeEvent(name)
        /* istanbul ignore if */
        if (__WEEX__ && isPlainObject(def)) {
            cur = def.handler
            event.params = def.params
        }
        if (isUndef(cur)) {
            process.env.NODE_ENV !== 'production' && warn(
            'Invalid handler for event "${event.name}": got ' + String(cur),
            vm
        )
    } else if (isUndef(old)) {
        if (isUndef(cur.fns)) {
            cur = on[name] = createFnInvoker(cur, vm)
        }
        if (isTrue(event.once)) {
            cur = on[name] = createOnceHandler(event.name, cur, event.capture)
        }
        add(event.name, cur, event.capture, event.passive, event.params)
    } else if (cur !== old) {
            old.fns = cur
            on[name] = old
```

```
        }
    }
    for (name in oldOn) {
        if (isUndef(on[name])) {
            event = normalizeEvent(name)
            remove(event.name, oldOn[name], event.capture)
        }
    }
}
```

我们来看下，整个的逻辑分支分了两类，一个是遍历新的事件，一个是遍历旧的事件，我们先看旧的，如果旧的里面有，新的里面没有，移除旧的，对吗？这句话好像在哪听到过呢？是不是比对节点的时候好像做过类似的事？思路都是一样的。旧的逻辑就完成了。

新的呢？做了一堆逻辑判断，新的有旧的没有什么的，但是核心就一句话：

```
JavaScript
add(event.name, cur, event.capture, event.passive, event.params)
```

添加事件，add 方法是这样的：

```
JavaScript
function add (event, fn) {
    target.$on(event, fn)
}
```

就是给目标上绑定一个事件。好，到这里，给组件绑定事件我们也大致捋完了。

7.3.5 $children 与 $parent

这一节我们来聊聊 $children 和 $parent，那么按照惯例我们来猜一下，$children 和 $parent 与什么有关系？那我们首先要考虑问题就是，$children 和 $parent 获取到的是什么？是组件，所以父子关系是在组件的相关代码中维护的，也就是说，我们在 createComponent 的时候会创建好 $children 和 $parent 的相关联。熟悉吧！我们整个这一节，介绍的都是 createComponent 方法。

那么，我们之前也介绍过很多关于组件的内容了，不同类型的组件创建，组件间的通信，在 createComponent 中我们创建基本组件的时候，有一个 installComponentHooks 方法，用来调用组件的生命周期钩子。然后组件的钩子有一个 init 方法，这个 init 方法实际上做了两件事，一个是通过 createComponentInstanceForVnode 方法生成组件的 vnode 挂载组件。那么，在我们生成组件的 vnode 的时候，就会创建组件的父子关系了。

createComponentInstanceForVnode 接收两个参数，一个是当前的组件 vnode，一个是当前的 active 对象，也就是父组件的实例。

```
TypeScript
export function createComponentInstanceForVnode (
    // we know it's MountedComponentVNode but flow doesn't
    vnode: any,
```

```
    // activeInstance in lifecycle state
    parent: any
): Component {
    const options: InternalComponentOptions = {
        _isComponent: true,
        _parentVnode: vnode,
        parent
    }
    // check inline-template render functions
    const inlineTemplate = vnode.data.inlineTemplate
    if (isDef(inlineTemplate)) {
        options.render = inlineTemplate.render
        options.staticRenderFns = inlineTemplate.staticRenderFns
    }
    return new vnode.componentOptions.Ctor(options)
}
```

这个方法最后把传入的 vnode 和 parent 都作为参数，传给了组件的子类，然后 new 这个子类生成组件的 vnode。

那么接下来的问题就是这个 activeInstance 是从哪儿来的呢？

```
TypeScript
// src/core/instance/lifecycle.js -- 21
export let activeInstance: any = null
export let isUpdatingChildComponent: boolean = false

export function setActiveInstance(vm: Component) {
    const prevActiveInstance = activeInstance
    activeInstance = vm
    return () => {
        activeInstance = prevActiveInstance
    }
}
```

在这里，我们找到了设置 activeInstance 的方法，但是具体是在哪儿设置的呢？

```
JavaScript
// src/core/instance/lifecycle.js -- 59
Vue.prototype._update = function (vnode: VNode, hydrating?: boolean) {
    const vm: Component = this
    const prevEl = vm.$el
    const prevVnode = vm._vnode
    const restoreActiveInstance = setActiveInstance(vm)
    // 省略
    restoreActiveInstance()
    // update __vue__ reference
    // 省略
}
```

在_update 的原型方法上，把 vm 实例放到了全局上，看前面一段代码，我们是在全局上声明了一个 activeInstance，在_update 的时候来设置值。

到这个阶段，我们设置好了所需的数据，接下来就是生成组件的时候如何绑定父子关系的了。那么还记不记得，之前说过，我们 new Ctor 的时候，其实跟 new Vue 是一样的，Ctor 是 Vue 的子类，所以肯定也会运行初始化的_init 方法，但是是组件，会执行 initInternalComponent 方法，而 initInternalComponent 方法做了很多的初始化设置：

```
JavaScript
export function initInternalComponent (vm: Component, options: InternalComponentOptions) {
    const opts = vm.$options = Object.create(vm.constructor.options)
    // doing this because it's faster than dynamic enumeration.
    const parentVnode = options._parentVnode
    opts.parent = options.parent
    opts._parentVnode = parentVnode

    const vnodeComponentOptions = parentVnode.componentOptions
    opts.propsData = vnodeComponentOptions.propsData
    opts._parentListeners = vnodeComponentOptions.listeners
    opts._renderChildren = vnodeComponentOptions.children
    opts._componentTag = vnodeComponentOptions.tag

    if (options.render) {
        opts.render = options.render
        opts.staticRenderFns = options.staticRenderFns
    }
}
```

其中，我们就把 parent 绑定到了子类的 vm.$options 上。OK，准备工作都做的差不多了，当这些都处理完了之后，就到了最重要的第三步，_init 方法继续往后走，就运行了 initLifecycle 方法：

```
JavaScript
// src/core/instance/lifecycle.js -- 32
export function initLifecycle (vm: Component) {
    const options = vm.$options

    // locate first non-abstract parent
    let parent = options.parent
    if (parent && !options.abstract) {
        while (parent.$options.abstract && parent.$parent) {
            parent = parent.$parent
        }
        parent.$children.push(vm)
    }

    vm.$parent = parent
```

```
    vm.$root = parent ? parent.$root : vm

    vm.$children = []
    vm.$refs = {}

    vm._watcher = null
    vm._inactive = null
    vm._directInactive = false
    vm._isMounted = false
    vm._isDestroyed = false
    vm._isBeingDestroyed = false
}
```

看到没，在这里，最终绑定了 $children 和 $parent 的父子关系。完成了，其实很简单的，前提是捋清了之前的那些逻辑，这几个小节，只不过再重复一样的代码，说清其中不同的细节而已。

7.4　$ref 源码分析

$ref 这个 API 大家用到的想必不少，当我们想要操作 DOM，或者获取节点的一些信息，或者直接调用组件的方法的时候，通常都会绑定一个 $ref，那么大家在使用 $ref 的时候，有想过它可能的实现原理吗？那么我们这一小节，就透过现象看本质，看看 $ref 是如何实现的。

我们先看一个简单的小例子：

```
HTML
<!DOCTYPE html>
<html lang="en">
    <head>
        <meta charset="UTF-8" />
        <meta http-equiv="X-UA-Compatible" content="IE=edge" />
        <meta name="viewport" content="width=device-width, initial-scale=1.0" />
        <title>Document</title>
    </head>
    <body>
        <div id="app">
            <diy ref="myDiy"></diy>
        </div>
        <script src="./vue.js"></script>
        <script>
            const vm = new Vue({
                el: "#app",
                components: {
                    diy: {
                        template: "<span>哎呦</span>",
```

```
            },
        },
        mounted() {
            console.log(this.$refs.myDiy);
        },
    });
    </script>
  </body>
</html>
```

上面的内容就是之前的例子修改了一下，在 mounted 的时候打印我们绑定在自定义组件上的 ref。打印的结果也符合我们的预期，如图 7－8 所示：

```
                                                  index.html:23
▼ VueComponent {_uid: 1, _isVue: true, $options: {…}, _r
  enderProxy: Proxy, _self: VueComponent, …} ℹ
    $attrs: (...)
  ▶ $children: []
  ▶ $createElement: f (a, b, c, d)
  ▶ $el: span
    $listeners: (...)
  ▶ $options: {parent: Vue, _parentVnode: VNode, propsDat
  ▶ $parent: Vue {_uid: 0, _isVue: true, $options: {…}, _
  ▶ $refs: {}
  ▶ $root: Vue {_uid: 0, _isVue: true, $options: {…}, _re
  ▶ $scopedSlots: {$stable: true, $key: undefined, $hasNo
  ▶ $slots: {}
  ▶ $vnode: VNode {tag: 'vue-component-1-diy', data: {…},
  ▶ _c: f (a, b, c, d)
  ▶ _data: {__ob__: Observer}
    _directInactive: false
  ▶ _events: {}
    _hasHookEvent: false
    _inactive: null
    _isBeingDestroyed: false
    _isDestroyed: false
    _isMounted: true
    _isVue: true
  ▶ _renderProxy: Proxy {_uid: 1, _isVue: true, $options:
  ▶ _self: VueComponent {_uid: 1, _isVue: true, $options:
    _staticTrees: null
    _uid: 1
  ▶ _vnode: VNode {tag: 'span', data: undefined, children
  ▶ _watcher: Watcher {vm: VueComponent, deep: false, use
  ▶ _watchers: [Watcher]
    $data: (...)
    $isServer: (...)
    $props: (...)
    $ssrContext: (...)
  ▶ get $attrs: f reactiveGetter()
  ▶ set $attrs: f reactiveSetter(newVal)
  ▶ get $listeners: f reactiveGetter()
  ▶ set $listeners: f reactiveSetter(newVal)
  ▶ [[Prototype]]: Vue
```

图 7－8　$ refs 对象内容

根据图 7－8 我们可以发现，打印出来的＄refs 是该组件实例的所有相关信息。那么＄refs 不仅仅可以在组件上使用，还可以在原生标签上使用，我们稍稍修改下例子：

```
HTML
<! DOCTYPE html >
<html lang = "en">
    <head >
        <meta charset = "UTF - 8" />
        <meta http - equiv = "X - UA - Compatible" content = "IE = edge" />
        <meta name = "viewport" content = "width = device - width, initial - scale = 1.0" />
        <title >Document </title >
    </head >
    <body >
        <div id = "app">
            <div ref = "helloDiv">hello 呀</div >
            <diy ref = "myDiy"></diy >
        </div >
        <script src = "./vue.js"></script >
        <script >
            const vm  =  new Vue({
                el: "#app",
                components: {
                    diy: {
                        template: "<span >哎呦</span >",
                    },
                },
                mounted() {
                    console.log(this. $ refs.myDiy);
                    console.log(this. $ refs.helloDiv);
                },
            });
        </script >
    </body >
</html >
```

大家猜，原生标签的打印结果是什么？如图 7－9 所示：

```
<div>hello呀</div>                              index.html:25
```

图 7－9 原生标签打印结果

就是原生 DOM。所以，我们的＄ref 在实现上，会稍微复杂一点。

大家还记不记得 createPatchFunction 这个方法？我们之前在找 patch 的那节十分详细地讲解过，这里肯定不会再贴出来，因为那段代码太长了，createPatchFunction 最后返回了一个 patch 方法，其实就是最后去运行 createElm 创造真实元素，或者去 patchVnode 运行 diff 算法比对节点。那么 patch 的时候，会创建真实的节点，而 $ref 也是在创建真实节点元素的时候创建好的。

在 createPatchFunction 的开头，有这样一段代码：

```
JavaScript
// src/core/vdom/patch.js -- 70
export function createPatchFunction (backend) {
    let i, j
    const cbs = {}

    const { modules, nodeOps } = backend

    for (i = 0; i < hooks.length; ++i) {
        cbs[hooks[i]] = []
        for (j = 0; j < modules.length; ++j) {
            if (isDef(modules[j][hooks[i]])) {
                cbs[hooks[i]].push(modules[j][hooks[i]])
            }
        }
    }
    // 全都略了
}
```

那这段话什么意思呢，我们从参数中拿到 modules 和 nodeOps，然后根据对应的 hooks 作为 cbs 的 key，存储了下来。也就是说，每一个 cbs 中的 hooks 都是一个数组，这个数组存了对应的 hooks 的 modules。

当我们在后面执行不同的任务节点时，就会调用 cbs 中所有的 hooks，比如：

```
JavaScript
function reactivateComponent (vnode, insertedVnodeQueue, parentElm, refElm) {
    let i
    // hack for #4339: a reactivated component with inner transition
    // does not trigger because the inner node's created hooks are not called
    // again. It's not ideal to involve module-specific logic in here but
    // there doesn't seem to be a better way to do it.
    let innerNode = vnode
    while (innerNode.componentInstance) {
        innerNode = innerNode.componentInstance._vnode
        if (isDef(i = innerNode.data) && isDef(i = i.transition)) {
            for (i = 0; i < cbs.activate.length; ++i) {
                cbs.activate[i](emptyNode, innerNode)
            }
            insertedVnodeQueue.push(innerNode)
            break
        }
    }
    // unlike a newly created component,
```

```
        // a reactivated keep-alive component doesn't insert itself
        insert(parentElm, vnode.elm, refElm)
    }
```

再比如：

```JavaScript
function invokeCreateHooks (vnode, insertedVnodeQueue) {
    for (let i = 0; i < cbs.create.length; ++i) {
        cbs.create[i](emptyNode, vnode)
    }
    i = vnode.data.hook                  // Reuse variable
    if (isDef(i)) {
        if (isDef(i.create)) i.create(emptyNode, vnode)
        if (isDef(i.insert)) insertedVnodeQueue.push(vnode)
    }
}
```

其实，$ ref 就是在这其中的某个阶段执行并绑定的，但现在还有一个问题，就是 createPatchFunction 的 backend 参数，它是什么？还记不记得我们之前梳理过这些的，我们简单回顾下。

还记得这段代码吗：

```JavaScript
// src/platforms/web/runtime/patch.js
/* @flow */

import * as nodeOps from 'web/runtime/node-ops'
import { createPatchFunction } from 'core/vdom/patch'
import baseModules from 'core/vdom/modules/index'
import platformModules from 'web/runtime/modules/index'

// the directive module should be applied last, after all
// built-in modules have been applied.
const modules = platformModules.concat(baseModules)

export const patch: Function = createPatchFunction({ nodeOps, modules })
```

我们在找 patch 及入口文件时，都会找到这个地方，在这里我们定义了 patch 方法，也就是 createPatchFunction。它传入的 modules 和 nodeOps 都是什么呢？我们先来看 nodeOps。

```JavaScript
// src/platforms/web/runtime/node-ops.js

import { namespaceMap } from 'web/util/index'

export function createElement (tagName: string, vnode: VNode): Element {
    const elm = document.createElement(tagName)
```

```
    if (tagName ! == 'select') {
        return elm
    }
    // false or null will remove the attribute but undefined will not
    if (vnode.data && vnode.data.attrs && vnode.data.attrs.multiple ! == undefined) {
        elm.setAttribute('multiple', 'multiple')
    }
    return elm
}

export function createElementNS (namespace: string, tagName: string): Element {
    return document.createElementNS(namespaceMap[namespace], tagName)
}

export function createTextNode (text: string): Text {
    return document.createTextNode(text)
}

export function createComment (text: string): Comment {
    return document.createComment(text)
}

export function insertBefore (parentNode: Node, newNode: Node, referenceNode: Node) {
    parentNode.insertBefore(newNode, referenceNode)
}

export function removeChild (node: Node, child: Node) {
    node.removeChild(child)
}

export function appendChild (node: Node, child: Node) {
    node.appendChild(child)
}

export function parentNode (node: Node): ? Node {
    return node.parentNode
}

export function nextSibling (node: Node): ? Node {
    return node.nextSibling
}

export function tagName (node: Element): string {
    return node.tagName
}
```

```
export function setTextContent (node: Node, text: string) {
    node.textContent = text
}

export function setStyleScope (node: Element, scopeId: string) {
    node.setAttribute(scopeId, '')
}
```

忘了之前贴没贴过了，这里再贴一遍，看，就是一些操作DOM的方法。modules分两种，一种是与平台有关的，就是是否是web的，一个是基础的modules。那平台有关的modules大致有这些：

```JavaScript
export default [
    attrs,
    klass,
    events,
    domProps,
    style,
    transition
]
```

就是一些属性，事件，样式这样子。看，就是跟DOM有关的一些内容。那么基础的modules：

```JavaScript
// src/core/vdom/modules/index.js
export default [
    ref,
    directives
]
```

OK，我们找到了ref：

```JavaScript
// src/core/vdom/modules/ref.js
/* @flow */

import { remove, isDef } from 'shared/util'

export default {
    create (_: any, vnode: VNodeWithData) {
        registerRef(vnode)
    },
    update (oldVnode: VNodeWithData, vnode: VNodeWithData) {
        if (oldVnode.data.ref !== vnode.data.ref) {
            registerRef(oldVnode, true)
            registerRef(vnode)
```

```
        }
    },
    destroy (vnode: VNodeWithData) {
        registerRef(vnode, true)
    }
}

export function registerRef (vnode: VNodeWithData, isRemoval: ? boolean) {
    const key = vnode.data.ref
    if (! isDef(key)) return

    const vm = vnode.context
    const ref = vnode.componentInstance || vnode.elm
    const refs = vm.$refs
    if (isRemoval) {
        if (Array.isArray(refs[key])) {
            remove(refs[key], ref)
        } else if (refs[key] === ref) {
            refs[key] = undefined
        }
    } else {
        if (vnode.data.refInFor) {
            if (! Array.isArray(refs[key])) {
                refs[key] = [ref]
            } else if (refs[key].indexOf(ref) <0) {
                // $flow-disable-line
            refs[key].push(ref)
            }
        } else {
            refs[key] = ref
        }
    }
}
```

我们看到的是三个钩子,也就是创建,更新和销毁,其实运行的都是 registerRef 方法。那么 registerRef 首先拿到 vnode 上的 data 中的 ref 字段,这个 ref 从哪里的是另外一条线,等会再说。然后,存几个变量。我们看到 ref 变量,就是 vnode 的组件实例或者真实元素,vnode.elm 就是真实元素,这没什么说的。最后获取实例上的 $refs。

接着判断是移除还是增加,再判断是不是 v-for 指令上的 ref,然后让 vm.$refs 存这些 ref,就可以了。那么我们在写业务的时候就可以通过 this.$refs.XXX 获取绑定的 ref 了。也就是在 patch 的时候执行了对应的 modules 的钩子。

那么继续回到我们之前的那个遗留的小问题,vnode.data.ref 中的 ref 是怎么来的。根据这句话我们可以理解到,vnode 中是有 ref 这个字段的,换句话说,我们在解析模板,生成 AST 的时候,就应该有 ref 了,那么解析模板?对,就在解析模板里:

```
JavaScript
// src/compiler/parser/index.js -- 485
function processRef (el) {
    const ref = getBindingAttr(el, 'ref')
    if (ref) {
        el.ref = ref
        el.refInFor = checkInFor(el)
    }
}
```

我们获取元素上的 ref 属性,如果存在,就给 el 绑定 ref 或者 for 循环中的 ref。那继续,getBindingAttr 方法做了什么呢,我们是怎么获取的? 这里先不说,我们回忆一下,我们解析模板是怎么操作的? 其实简单来说就是匹配字符串,匹配到了就删除掉,所以这里也差不多:

```
TypeScript
// src/compiler/helpers.js -- 161
export function getBindingAttr (
    el: ASTElement,
    name: string,
    getStatic?: boolean
): ? string {
    const dynamicValue =
        getAndRemoveAttr(el, ':' + name) ||
        getAndRemoveAttr(el, 'v-bind:' + name)
    if (dynamicValue ! = null) {
        return parseFilters(dynamicValue)
    } else if (getStatic ! == false) {
        const staticValue = getAndRemoveAttr(el, name)
        if (staticValue ! = null) {
            return JSON.stringify(staticValue)
        }
    }
}
```

大家看,要么是所写的冒号,要么是正常的 v-bind,获取并移除。

OK 捋完了 ref,发现其实也并不难,其实涉及模板的,都需要解析模板,获取源数据,最后再经过 core 代码解析绑定以供用户使用。

前面的三个节,都跟核心代码有关,其中组件花了绝大部分的时间,那么后续,包括这一小节,大部分都跟模板相关。我们一鼓作气,再接着学。

7.5 provide 和 inject

这个东西有点简单,所以我们就直接一点了,在_init 方法中,我们都看了好多遍了,它会初始化很多东西,其中就包括了 provide 和 inject:

```
JavaScript
initLifecycle(vm)
initEvents(vm)
initRender(vm)
callHook(vm, 'beforeCreate')
initInjections(vm) // resolve injections before data/props
initState(vm)
initProvide(vm)// resolve provide after data/props
callHook(vm, 'created')
```

这段代码熟悉不熟悉，最起码看了五六遍了。那么首先我们来看看 initInjections 方法：

```
JavaScript
// src/core/instance/inject.js -- 16
export function initInjections (vm: Component) {
    const result = resolveInject(vm.$options.inject, vm)
    if (result) {
        toggleObserving(false)
        Object.keys(result).forEach(key => {
            /* istanbul ignore else */
            if (process.env.NODE_ENV !== 'production') {
                defineReactive(vm, key, result[key], () => {
                    warn(
                        'Avoid mutating an injected value directly since the changes will be ' +
                        'overwritten whenever the provided component re-renders. ' +
                        'injection being mutated: "${key}"',
                        vm
                    )
                })
            } else {
        defineReactive(vm, key, result[key])
            }
        })
        toggleObserving(true)
    }
}
```

我们看整个 initInjections 方法其实就是获取 vm 上绑定的 injects，然后给每一个 inject 绑定 defineProperty。那么这里有个核心的 resolveInject 方法，我们看下面内容：

```
JavaScript
export function resolveInject (inject: any, vm: Component): ?Object {
    if (inject) {
        // inject is :any because flow is not smart enough to figure out cached
        const result = Object.create(null)
        const keys = hasSymbol
            ? Reflect.ownKeys(inject)
```

```
          : Object.keys(inject)

      for (let i = 0; i <keys.length; i++ ) {
          const key = keys[i]
          // #6574 in case the inject object is observed...
          if (key === '__ob__') continue
          const provideKey = inject[key].from
          let source = vm
          while (source) {
              if (source._provided && hasOwn(source._provided, provideKey)) {
                  result[key] = source._provided[provideKey]
                  break
              }
              source = source.$parent
          }
          if (!source) {
          if ('default' in inject[key]) {
              const provideDefault = inject[key].default
              result[key] = typeof provideDefault === 'function'
                  ? provideDefault.call(vm)
                  : provideDefault
              } else if (process.env.NODE_ENV !== 'production') {
                  warn('Injection "${key}" not found', vm)
              }
          }
      }
      return result
  }
}
```

这个方法看起来有点多，但其实也不是很复杂。首先，我们会遍历 inject，获取其所有的 keys，然后遍历所有的 key，如果某个 key 存在 from，把它存储为 provide 的 key，这个是官方提供的，也就是说我们可以自定义来源，建议大家去官网看文档，这里不多解释。

接下来，我们就会递归去查找父组件，我们会一直找，一旦匹配成功，就会执行 break 中断此次的查找，所以，inject 找到的对应的 provide 是离自己最近的。

再往后，我们一直找直找，都没找到，那就判断 inject 有没有 default 的值，还有是不是函数，然后根据这两个条件，取默认值。如果最后还是没有，开发环境就报一个错误，告诉您没有提供 provide。

inject 就完成了，那么我们看看 provide，很简单的。

```
JavaScript
export function initProvide (vm: Component) {
    const provide = vm.$options.provide
    if (provide) {
        vm._provided = typeof provide === 'function'
```

```
            ? provide.call(vm)
            : provide
    }
}
```

没错，就这么点，给当前的 vm 实例上绑定了一个_provide 属性，就是我们写的 provide。完成了。

最后，我们来看一个小例子：

```HTML
<!DOCTYPE html>
<html lang="en">
    <head>
        <meta charset="UTF-8" />
        <meta http-equiv="X-UA-Compatible" content="IE=edge" />
        <meta name="viewport" content="width=device-width, initial-scale=1.0" />
        <title>Document</title>
    </head>
    <body>
        <div id="app">
            <div ref="helloDiv">hello 呀</div>
            <diy ref="myDiy"></diy>
        </div>
        <script src="./vue.js"></script>
        <script>
            Vue.component("di", {
                template: "<span>哎呦 1 </span>",
                inject: ["a"],
                mounted() {
                    console.log(this.a);
                },
            });
            const vm = new Vue({
                el: "#app",
                provide() {
                    return {
                        a: 1,
                    };
                },
                components: {
                    diy: {
                        template: "<span><di></di>哎呦</span>",
                        provide() {
                            return {
                                a: 2,
                            };
                        },
```

```
            },
        },
    });
    </script>
  </body>
</html>
```

大家猜打印的结果是什么？

7.6 $attrs与$listeners

$attrs与$listeners用的场景不多，而且很多时候其实并不建议使用，但是需要了对一下。

我们先看个例子：

```HTML
<!DOCTYPE html>
<html lang="en">
  <head>
    <meta charset="UTF-8" />
    <meta http-equiv="X-UA-Compatible" content="IE=edge" />
    <meta name="viewport" content="width=device-width, initial-scale=1.0" />
    <title>Document</title>
  </head>
  <body>
    <div id="app">
      <diy :a="x" b="2"></diy>
    </div>
    <script src="./vue.js"></script>
    <script>
      const vm = new Vue({
        el: "#app",
        data() {
          return {
            x: 1,
          };
        },
        components: {
          diy: {
            template: "<span>哎呦{{$attrs.a}}</span>",
          },
        },
      });
```

```
            setTimeout(() =>{
                vm.x = 2;
            }, 2000);
        </script>
    </body>
</html>
```

大家猜这个子组件传过来的，两秒以后会不会变？先不讲，后面您就知道了。我们来看源码：

```JavaScript
// src/core/instance/render.js
export function initRender (vm: Component) {
    vm._vnode = null // the root of the child tree
    vm._staticTrees = null // v-once cached trees
    const options = vm.$options
    const parentVnode = vm.$vnode = options._parentVnode // the placeholder node in parent tree
    const renderContext = parentVnode && parentVnode.context
    vm.$slots = resolveSlots(options._renderChildren, renderContext)
    vm.$scopedSlots = emptyObject
    // bind the createElement fn to this instance
    // so that we get proper render context inside it.
    // args order: tag, data, children, normalizationType, alwaysNormalize
    // internal version is used by render functions compiled from templates
    vm._c = (a, b, c, d) =>createElement(vm, a, b, c, d, false)
    // normalization is always applied for the public version, used in
    // user-written render functions.
    vm.$createElement = (a, b, c, d) =>createElement(vm, a, b, c, d, true)

    // $attrs & $listeners are exposed for easier HOC creation.
    // they need to be reactive so that HOCs using them are always updated
    const parentData = parentVnode && parentVnode.data

    /* istanbul ignore else */
    if (process.env.NODE_ENV !== 'production') {
    defineReactive(vm, '$attrs', parentData && parentData.attrs || emptyObject, () =>{
        !isUpdatingChildComponent && warn('$attrs is readonly.', vm)
    }, true)
    defineReactive(vm, '$listeners', options._parentListeners || emptyObject, () =>{
        !isUpdatingChildComponent && warn('$listeners is readonly.', vm)
    }, true)
    } else {
    defineReactive(vm, '$attrs', parentData && parentData.attrs || emptyObject, null, true)
    defineReactive(vm, '$listeners', options._parentListeners || emptyObject, null, true)
    }
}
```

这个 initRender 是在什么时候触发的？大家回忆一下。initRender 最后的部分通过 defineReactive 在 vm 的实例上绑定了 $attrs 和 $listeners，那么之前例子中的那个问题就解决了。但是我们知道了是在 initRender 中给实例绑定了这两个属性，但是属性的数据来源是在哪儿呢？

还记不记 initInternalComponent 方法？这个我们贴了好多遍了：

```
JavaScript
export function initInternalComponent (vm: Component, options: InternalComponentOptions) {
    const opts = vm.$options = Object.create(vm.constructor.options)
    // doing this because it's faster than dynamic enumeration.
    const parentVnode = options._parentVnode
    opts.parent = options.parent
    opts._parentVnode = parentVnode

    const vnodeComponentOptions = parentVnode.componentOptions
    opts.propsData = vnodeComponentOptions.propsData
    opts._parentListeners = vnodeComponentOptions.listeners
    opts._renderChildren = vnodeComponentOptions.children
    opts._componentTag = vnodeComponentOptions.tag

    if (options.render) {
        opts.render = options.render
        opts.staticRenderFns = options.staticRenderFns
    }
}
```

我们获取组件的 vnode 上对应的 opts._parentListeners 和 opts._parentVnode，那这个数据的来源又是哪里呢？回忆之前说过的，我们在模板上绑定了属性和事件，所以读取，一定是在 parse 的时候。具体模板解析就不说了，那是另一个话题了。

最后，简单总结下，其实 $attrs 和 $listeners 就是在模板解析时获取的模板上的数据内容，经过 parse 生成 vnode，在_init 的时候给 vm 的 options 上绑定对应 vnode 的 $attrs 和 $listeners，以供后续用户使用。

7.7 v-if 与 v-for

v-if 与 v-for 算是操作模板最常用的两个指令，本节就来看看关于这两个指令的源码是如何实现的。我们先来看一个例子：

```
HTMLBars
<!DOCTYPE html>
<html lang="en">
    <head>
        <meta charset="UTF-8" />
```

```
        <meta http-equiv="X-UA-Compatible" content="IE=edge" />
        <meta name="viewport" content="width=device-width, initial-scale=1.0" />
    <title>Document</title>
    </head>
        <body>
            <div id="app">
            <li v-if="flag" v-for="i in 3">{{i}}</li>
            </div>
        <script src="./vue.js"></script>
        <script>
            const vm = new Vue({
                el: "#app",
                data() {
                    return {
                        flag: true,
                    };
                },
            });
        </script>
    </body>
</html>
```

这个例子相信大家一定很熟悉,并且官方明确说明,不要在同一个标签上使用 v-if 和 v-for,那么到底为什么不推荐这样做呢？v-if 和 v-for 两个指令写在同一个标签上会有什么影响呢？分析下源码就都清楚了。

既然要去分析这两个 DOM 上的指令,那么首先要去解析模板,然后再生成 render。在 createElement 时,根据 render 函数生成的 Vnode 渲染 DOM 就可以了。那么关键的节点就在于生成的 render 是什么样的先来看看 Vue 是如何解析这两个指令的:

```
JavaScript
// src/compiler/parser/index.js --534
function processIf (el) {
    const exp = getAndRemoveAttr(el, 'v-if')
    if (exp) {
        el.if = exp
        addIfCondition(el, {
            exp: exp,
            block: el
        })
    } else {
        if (getAndRemoveAttr(el, 'v-else') != null) {
            el.else = true
        }
        const elseif = getAndRemoveAttr(el, 'v-else-if')
        if (elseif) {
```

```
            el.elseif = elseif
        }
    }
}
```

这段代码就是用来解析 if 的，简单分析下它做了什么，其实很简单，就是获取 el 上对应的 v-if 字符串，然后给 el 上绑定一个 if 属性，就是这个获取的 v-if 的实际表达式，然后运行一个 addIfCondition 方法。如果是 else 或者 else-if，就把对应的表达式绑定到 el 上，这个 el、就是我们的 AST、记住，这个 el 是 AST！ 那 addIfCondition 呢？

```
JavaScript
// src/compiler/parser/index.js -- 587
export function addIfCondition (el: ASTElement, condition: ASTIfCondition) {
    if (!el.ifConditions) {
        el.ifConditions = []
    }
    el.ifConditions.push(condition)
}
```

实际上就是在 el 上维护了一个 conditions 的数组。下面再来看看 v-for 相关的：

```
JavaScript
// src/compiler/parser/index.js -- 493
export function processFor (el: ASTElement) {
    let exp
    if ((exp = getAndRemoveAttr(el, 'v-for'))) {
        const res = parseFor(exp)
        if (res) {
            extend(el, res)
        } else if (process.env.NODE_ENV !== 'production') {
            warn(
                `Invalid v-for expression: ${exp}`,
                el.rawAttrsMap['v-for']
            )
        }
    }
}
```

其实跟 v-if 逻辑基本上是一模一样的，获取 v-for 的表达式，然后比 v-if 多了一个解析 parseFor 方法，用该方法处理后的结果，再通过 extend 处理。

我们先来看这个 parseFor 方法：

```
JavaScript
// src/compiler/parser/index.js -- 515
export function parseFor (exp: string): ?ForParseResult {
    const inMatch = exp.match(forAliasRE)
    if (!inMatch) return
```

```
    const res = {}
    res.for = inMatch[2].trim()
    const alias = inMatch[1].trim().replace(stripParensRE, '')
    const iteratorMatch = alias.match(forIteratorRE)
    if (iteratorMatch) {
        res.alias = alias.replace(forIteratorRE, '').trim()
        res.iterator1 = iteratorMatch[1].trim()
        if (iteratorMatch[2]) {
            res.iterator2 = iteratorMatch[2].trim()
        }
    } else {
        res.alias = alias
    }
    return res
}
```

我们来看下，首先要匹配 for 的正则，这个正则是这样的：

```
JavaScript
export const forAliasRE = /([\s\S]*?)\s+(?:in|of)\s+([\s\S]*)/
```

这是什么意思呢？我们看图 7-10。

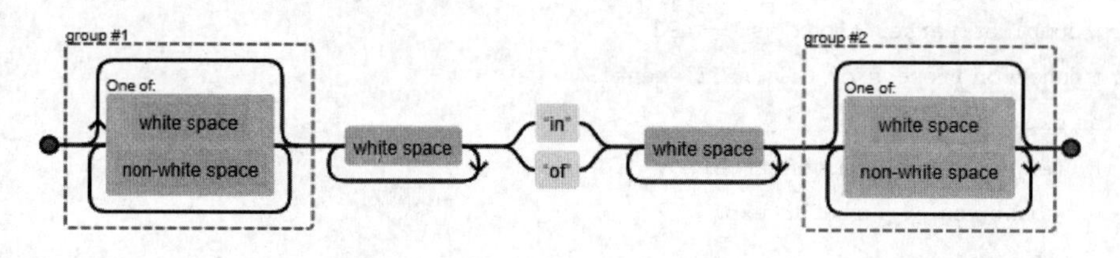

图 7-10　forAliasRE 正则逻辑图

看不懂？那打印一下，如图 7-11 所示。

```
▼(3) ['i in 3', 'i', '3', index: 0, input: 'i in 3', groups: undefined]
    0: "i in 3"
    1: "i"
    2: "3"
    groups: undefined
    index: 0
    input: "i in 3"
    length: 3
  ▶[[Prototype]]: Array(0)
```

图 7-11　forAliasRE 正则打印图

然后声明一个 res 对象，并且绑定一个 for 字段，这个 for 就是要循环的次数或者内容，比如可能是一个数组或者一个对象。再往后，我们获取匹配的下标为 1 的 alias，也就是循环的 item 的别名。

继续往后，inMatch[1].trim().replace(stripParensRE, "")的意思就是去除括号，因为我们的 v-for 通常是这样写的：

```
HTML
<div v-for="(item,index) in arr">{{item}}</div>
```

所以我们获取别名要去除掉左右的括号。由于已经把空格去掉了,所以只剩下了空格内的内容,我们继续匹配:

```
JavaScript
export const forIteratorRE = /,([^,\}\]]*)(?:,([^,\}\]]*))?$/;
// ~~~~
const iteratorMatch = alias.match(forIteratorRE);
```

这个正则又是什么意思呢,我们看图 7-12 的"解剖图"。

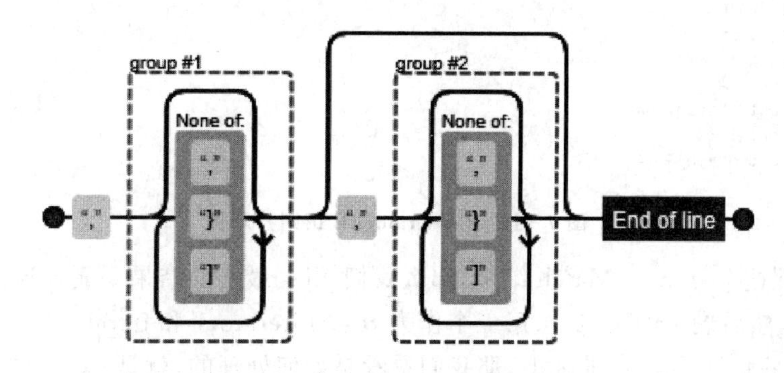

图 7-12 forIteratorRE 正则逻辑图

就是取逗号前后的内容,但是不包括逗号、大括号、中括号。我们再打印看看! sorry,忘了我们这个 demo 没有,我们换成可以有的 demo:

```
HTMLBars
<!DOCTYPE html>
<html lang="en">
    <head>
        <meta charset="UTF-8" />
        <meta http-equiv="X-UA-Compatible" content="IE=edge" />
        <meta name="viewport" content="width=device-width, initial-scale=1.0" />
        <title>Document</title>
    </head>
    <body>
        <div id="app">
            <li v-if="flag" v-for="(item,index) in arr">{{item}}</li>
        </div>
        <script src="./vue.js"></script>
        <script>
            const vm = new Vue({
                el: "#app",
                data() {
                    return {
                        flag: true,
```

```
                    arr: [1, 2, 3, 4, 5, 6, 7, 8, 9],
                };
            },
        });
    </script>
</body>
</html>
```

这样就可以了,看看打印结果,如图 7-13 所示。

```
▼(3) [',index', 'index', undefined, index: 4, input: 'item,index', groups: undefined]
    0: ",index"
    1: "index"
    2: undefined
    groups: undefined
    index: 4
    input: "item,index"
    length: 3
  ▶[[Prototype]]: Array(0)
```

图 7-13　forIteratorRE 正则打印图

如果能匹配这个 iteratorMatch 结果,那么我们 alias 最终的结果要删掉这些内容,只留下 item 作为 alias,然后剩下的第二个、第三个作为 res 的 iterator1 和 iterator2。

解析完成,我们还得绑定到 el 上,那我们看看是如何处理的,就是 extend 方法:

```
JavaScript
// src/shared/util.js -- 231
export function extend (to: Object, _from: ? Object): Object {
    for (const key in _from) {
        to[key] = _from[key]
    }
    return to
}
```

这里就是复制了一份。

目前我们看完了解析 v-if 和 v-for 的部分,但是在哪里使用 processIf 和 processFor 的呢? 您应该能知道的:

```
JavaScript
// src/compiler/parser/index.js -- 282
else if (!element.processed) {
    // structural directives
    processFor(element)
    processIf(element)
    processOnce(element)
}
```

到了这里,最开始的那个 demo 想必您已有答案了吧? 首先,v-for 的优先级更高,如果两个指令写在同一个元素或者组件上,那么会先执行 for 循环,再在每一个元素上都判断 v-if 的 exp 是否符合显示的条件。而这个代码的片段是在 parseHTML 方法里,也就是解析模板方法。

模板解析介绍完了，已经生成了我们想要的 AST，下面看看怎么根据 AST 生成 render：

```
JavaScript
// src/compiler/codegen/index.js -- 56
export function genElement (el: ASTElement, state: CodegenState): string {
    if (el.parent) {
        el.pre = el.pre || el.parent.pre
    }

    if (el.staticRoot && ! el.staticProcessed) {
        return genStatic(el, state)
    } else if (el.once && ! el.onceProcessed) {
        return genOnce(el, state)
    } else if (el.for && ! el.forProcessed) {
        return genFor(el, state)
    } else if (el.if && ! el.ifProcessed) {
        return genIf(el, state)
    } else if (el.tag === 'template' && ! el.slotTarget && ! state.pre) {
        return genChildren(el, state) || 'void 0'
    } else if (el.tag === 'slot') {
        return genSlot(el, state)
    } else {
        // 略了
        return code
    }
}
```

看到了吗？先 genFor 然后再 genIf，又一次说明了 v-for 和 v-if 的解析顺序。先来看 genFor：

```
TypeScript
export function genFor (
    el: any,
    state: CodegenState,
    altGen?: Function,
    altHelper?: string
): string {
    const exp = el.for
    const alias = el.alias
    const iterator1 = el.iterator1 ? `,${el.iterator1}` : ''
    const iterator2 = el.iterator2 ? `,${el.iterator2}` : ''

// 没用

    el.forProcessed = true              // avoid recursion
```

```
    return `${altHelper || '_l'}((${exp}),` +
        `function(${alias}${iterator1}${iterator2}){` +
            `return ${(altGen || genElement)(el, state)}` +
        '})'
}
```

很简单,拼接字符串。继续:

```
TypeScript
export function genIf (
    el: any,
    state: CodegenState,
    altGen?: Function,
    altEmpty?: string
): string {
    el.ifProcessed = true // avoid recursion
    return genIfConditions(el.ifConditions.slice(), state, altGen, altEmpty)
}
```

我们继续:

```
JavaScript
function genIfConditions (
    conditions: ASTIfConditions,
    state: CodegenState,
    altGen?: Function,
    altEmpty?: string
): string {
    if (!conditions.length) {
        return altEmpty || '_e()'
    }

    const condition = conditions.shift()
    if (condition.exp) {
        return `(${condition.exp})?${
            genTernaryExp(condition.block)
        }:${
            genIfConditions(conditions, state, altGen, altEmpty)
        }`
    } else {
        return `${genTernaryExp(condition.block)}`
    }

    // v-if with v-once should generate code like (a)?_m(0):_m(1)
    function genTernaryExp (el) {
        return altGen
            ? altGen(el, state)
```

```
            : el.once
                ? genOnce(el, state)
                : genElement(el, state)
        }
    }
```

我们看这个方法，也是拼接字符串，但是得多说两句，首先，我们从 conditions 数组的开头取到，如果有的 exp 表达式，那么我们就递归直到不再有表达式了，而 condition. block 就是这个节点的 AST。

当我们解析 AST 的时候，还会运行两个判断逻辑，这个 altGen 是指我们传入的解析 AST 的方法，可能有一些模板需要我们传入一些额外的方法解析额外的内容，比如 slot，如果有，就解析一下，没有，再去判断是否有 v - once，有就解析 v - once，没有就正常解析元素。

至此，render 函数也有了。理论上讲，到此 v - for 和 v - if 就完事了，到后面就是根据 render 生成 vnode 了，因为已经在生成 render 时就做好了 if 和 for 的逻辑，生成的 vnode 就是最终的结果了。再往后就是根据 vnode 去 patch 了，不多说了，如果您看到这里还是不太清楚，建议您从头再看一遍。

7.8 v - model 源码分析

这个太常用了，但是很多时候您并不知道怎么去使用它。学完这小节，相信大家能把这个指令用得如鱼得水，进入正题。

按照惯例，我们来看一个例子：

```
HTMLBars
<! DOCTYPE html >
<html lang = "en">
    <head >
        <meta charset = "UTF - 8" />
        <meta http - equiv = "X - UA - Compatible" content = "IE = edge" />
        <meta name = "viewport" content = "width = device - width, initial - scale = 1.0" />
        <title >Document </title >
    </head >
    <body >
        <div id = "app">
            <input type = "text" v - model = "TextValue" />
            {{TextValue}}
        </div >
        <script src = "./vue.js"></script >
        <script >
            const vm = new Vue({
                el: "#app",
                data() {
                    return {
```

```
                TextValue: "",
            };
        },
    });
  </script>
 </body>
</html>
```

相信大家对于它一定再熟悉不过了,双向绑定,修改表单元素可以同时修改绑定的字段,修改字段也可以同时响应到表单的内容上,那它是怎么实现的?就是语法糖,Vue 内部帮您处理了 value 和@input 事件。

那么问题来了,v-model 一定是这样实现的?有没有其他的实现方式。比如在 checkbox 上的 v-model,比如在组件上的 v-model,难道都是 value 和@input?好像也不太对。没错,觉得不对那就对了,Vue 内部的实现其实是根据不同的表单以及是否是组件做了不同的处理。

那么就先来看看我们最熟悉的这个 v-model 的实现方式是什么样的。

7.8.1 parse 解析指令

这一章我们一直都在回忆,我们回忆下,v-model 是指令,指令就跟模板解析有关系,跟模板解析有关系能想起来什么?不要思考!直接大声说!parseHTML!

那还得再猜猜,"v-mode"在标签上实际是什么?如果不考虑 Vue,比如:

```
HTML
<input v-model="a" a="4" b="3" c="2" d="1"></input>
```

在上面的代码里,我们要解析这个模板,那么"v-model"是什么?首先,它是一个属性,其次它对于 Vue 来说才是一个指令。所以,我们在 parseHTML 的时候,要针对属性做处理。OK,那么我们先按照这个思路分析下代码。

```
JavaScript
// src/compiler/parser/index.js -- 208
parseHTML(template, {
    // 注释了一些参数
    start (tag, attrs, unary, start, end) {
        // check namespace.
        // inherit parent ns if there is one
        const ns = (currentParent && currentParent.ns) || platformGetTagNamespace(tag)

        // handle IE svg bug
        /* istanbul ignore if */
        if (isIE && ns === 'svg') {
            attrs = guardIESVGBug(attrs)
        }

        let element: ASTElement = createASTElement(tag, attrs, currentParent)
        if (ns) {
```

```
            element.ns = ns
        }

        if (process.env.NODE_ENV !== 'production') {
            // 环境提示
        }

        if (isForbiddenTag(element) && !isServerRendering()) {
            // 特殊提示
        }

        // apply pre-transforms
        // ...

        if (!inVPre) {
            processPre(element)
            if (element.pre) {
            inVPre = true
            }
        }
        if (platformIsPreTag(element.tag)) {
            inPre = true
        }
        if (inVPre) {
            processRawAttrs(element)
        } else if (!element.processed) {
            // structural directives
            processFor(element)
            processIf(element)
            processOnce(element)
        }

        if (!root) {
            // ...
        }

        if (!unary) {
            currentParent = element
            stack.push(element)
        } else {
            closeElement(element)
        }
    },

    end (tag, start, end) {},
```

```
    chars (text: string, start: number, end: number) {},
    comment (text: string, start, end) {}
})
```

要注意,这段代码是 parse 方法的一部分,而所使用的 parseHTML,实际上是 src/compiler/parser/html - parser.js 中的 parseHTML,只不过传进去了一些可定制化的方法。那么我们尤其要注意这个 start 方法,为什么? 因为"v - model"属性就在开始标签里,我们通过 start 方法去匹配和解析开始标签。不信,那看看:

```
JavaScript
// src/compiler/parser/html - parser.js -- 54
export function parseHTML(html, options) {
    const stack = [];
    const expectHTML = options.expectHTML;
    const isUnaryTag = options.isUnaryTag || no;
    const canBeLeftOpenTag = options.canBeLeftOpenTag || no;
    let index = 0;
    let last, lastTag;
    while (html) {
        last = html;
        // Make sure we're not in a plaintext content element like script/style
        if (! lastTag || ! isPlainTextElement(lastTag)) {
            let textEnd = html.indexOf("<");
            if (textEnd === 0) {
                // 删了好多

                // Start tag:
                const startTagMatch = parseStartTag();
                if (startTagMatch) {
                    handleStartTag(startTagMatch);
                    if (shouldIgnoreFirstNewline(startTagMatch.tagName, html)) {
                        advance(1);
                    }
                    continue;
                }
            }

            // 同样删了好多
        } else {
            // 删了好多东西
            parseEndTag(stackedTag, index - endTagLength, index);
        }

        if (html === last) {
            // 还是删了好多
        }
```

```
    }

    // Clean up any remaining tags
    parseEndTag();

    function advance(n) {
        index + = n;
        html = html.substring(n);
    }

    function parseStartTag() {
        // 注释
    }

    function handleStartTag(match) {
        // 删了好多

        if (options.start) {
            options.start(tagName, attrs, unary, match.start, match.end);
        }
    }

    function parseEndTag(tagName, start, end) {}
}
```

我们来看上面的代码，当然，其实是代码片段，我们删了好多。结合 index.js 里的代码，我们看到，当我们在 index.js 中调用 parseHTML 的时候，实际上调用的是 parse－html.js 中的 parseHTML。那这个 parseHTML 首先会循环匹配字符串，其实这段代码我们之前写过，核心逻辑一模一样。

那么看上面的代码，当匹配开始标签时，如果匹配到了，拿到了 startTagMatch，就会去运行 handleStartTag 方法，而 handleStartTag 其实就运行了 options.start 方法，这个 options.start 就是在 index.js 中调用 parse-html 的 parseHTML 时传入的 start 方法。稍微有点绕，但是其实就是调用传参的关系。

然后，那个 start 方法的最后，调用了一个 closeElement 方法。那打印看一下 closeElement 传入的 element 现在都有什么：

如图 7-14 所示，可以看到，此时的 element 就是 parseHTML 后的 AST。我们在 closeElement 方法中的开头就做了一些处理：

```
JavaScript
// src/compiler/parser/index.js -- 117
function closeElement(element) {
    console.log(element, "element");
    trimEndingWhitespace(element);
    if (! inVPre && ! element.processed) {
```

```
▼Object ℹ
  ▸attrs: [{…}]
  ▸attrsList: (2) [{…}, {…}]
  ▸attrsMap: {type: 'text', v-model: 'inputText'}
  ▸children: []
  ▸directives: [{…}]
   end: 60
  ▸events: {input: {…}}
   hasBindings: true
  ▸parent: {type: 1, tag: 'div', attrsList: Array(1), attrsMap: {…}, rawAttrsMap: {…}, …}
   plain: false
   pre: undefined
  ▸props: [{…}]
  ▾rawAttrsMap:
    ▸type: {name: 'type', value: 'text', start: 28, end: 39}
    ▸v-model: {name: 'v-model', value: 'inputText', start: 40, end: 59}
    ▸[[Prototype]]: Object
   start: 21
   static: false
   staticRoot: false
   tag: "input"
   type: 1
  ▸[[Prototype]]: Object
```

图 7-14 element 打印图

```
        element = processElement(element, options);
    }
    // 省略
}
```

我们看，首先是去空格，然后就运行了 processElement 方法：

```JavaScript
// src/compiler/parser/index.js -- 433
export function processElement (
    element: ASTElement,
    options: CompilerOptions
) {
    processKey(element)

    // determine whether this is a plain element after
    // removing structural attributes
    element.plain = (
        !element.key &&
        !element.scopedSlots &&
        !element.attrsList.length
    )

    processRef(element)
    processSlotContent(element)
    processSlotOutlet(element)
    processComponent(element)
    for (let i = 0; i < transforms.length; i++) {
        element = transforms[i](element, options) || element
    }
```

```
        processAttrs(element)
        return element
    }
```

processElement 做了很多事，解析 Ref，解析 Slot，解析 Component，最后，终于到了 processAttrs。

```
JavaScript
// src/compiler/parser/index.js -- 762
function processAttrs (el) {
    const list = el.attrsList
    let i, l, name, rawName, value, modifiers, syncGen, isDynamic
    for (i = 0, l = list.length; i < l; i ++ ) {
        name = rawName = list[i].name
        value = list[i].value
        if (dirRE.test(name)) {
            // mark element as dynamic
            el.hasBindings = true
            // modifiers
            modifiers = parseModifiers(name.replace(dirRE, ''))
            // support .foo shorthand syntax for the .prop modifier
            if (process.env.VBIND_PROP_SHORTHAND && propBindRE.test(name)) {
                (modifiers || (modifiers = {})).prop = true
                name = '.' + name.slice(1).replace(modifierRE, '')
            } else if (modifiers) {
                name = name.replace(modifierRE, '')
            }
            if (bindRE.test(name)) {              // v-bind
                // 处理 v-bind 略了
            } else if (onRE.test(name)) {         // v-on
                // 处理 v-on 略了
            } else {                              // normal directives
                name = name.replace(dirRE, '')
                // parse arg
                const argMatch = name.match(argRE)
                let arg = argMatch && argMatch[1]
                isDynamic = false
                if (arg) {
                    name = name.slice(0, -(arg.length + 1))
                    if (dynamicArgRE.test(arg)) {
                        arg = arg.slice(1, -1)
                        isDynamic = true
                    }
                }
                    addDirective(el, name, rawName, value, arg, isDynamic, modifiers, list[i])
                    if (process.env.NODE_ENV !== 'production' && name === 'model') {
```

```
                    checkForAliasModel(el, value)
                }
            }
        } else {
          // 不知道处理什么的,略了
        }
    }
}
```

我们根据上面的代码,可以发现,最后 processAttrs 方法内部处理了很多东西,比如后面我们会再讲的修饰符、v-on、v-bind 等,最后,我们拿到了 AST 中的内容传递给 addDirective 方法去添加指令。

```
JavaScript
// src/compiler/helpers.js -- 42
export function addDirective (
    el: ASTElement,
    name: string,
    rawName: string,
    value: string,
    arg: ? string,
    isDynamicArg: boolean,
    modifiers: ? ASTModifiers,
    range?: Range
) {
    (el.directives || (el.directives = [])).push(rangeSetItem({
        name,
        rawName,
        value,
        arg,
        isDynamicArg,
        modifiers
    }, range))
    el.plain = false
}
```

它做了什么呢,其实也很简单,就是给 el 上绑定了一个叫作 directives 的数组。然后这个数组的元素是经过 rangeSetItem 处理后的内容。这个其实不复杂,就是对指令的一些信息描述。

7.8.2 把指令的 AST 转换成 render 函数

到了这里,我们就分析完了 parse 阶段 v-model 是如何解析的。

那么我们 parse 已经完成了,字符串也转换成 AST 了,下一步是做什么的? codegen! 也就是到了把 AST 转换成 render 函数阶段了。

这块比较简单,当我们要 codegen 的时候,第一就是找源头,这个源头要是不知道不合适:

```
JavaScript
// src/compiler/codegen/index.js -- 43
export function generate (
    ast: ASTElement | void,
    options: CompilerOptions
): CodegenResult {
    const state = new CodegenState(options)
    // fix #11483, Root level <script> tags should not be rendered.
    const code = ast ? (ast.tag === 'script' ? 'null' : genElement(ast, state)) : '_c("div")'
    return {
        render: `with(this){return ${code}}`,
        staticRenderFns: state.staticRenderFns
    }
}
```

其实到这里，快到了Vue2部分的尾声了，我们介绍的内容很多都是一遍又一遍重复，因为核心流程线无非就那么几条，只不过是在一直完善这些线上所做的事情。

回归正题，我们看到generate调用了genElement方法：

```
JavaScript
// src/compiler/codegen/index.js -- 56
export function genElement (el: ASTElement, state: CodegenState): string {
    if (el.parent) {
        el.pre = el.pre || el.parent.pre
    }

    if (el.staticRoot && !el.staticProcessed) {
        return genStatic(el, state)
    } else if (el.once && !el.onceProcessed) {
        return genOnce(el, state)
    } else if (el.for && !el.forProcessed) {
        return genFor(el, state)
    } else if (el.if && !el.ifProcessed) {
        return genIf(el, state)
    } else if (el.tag === 'template' && !el.slotTarget && !state.pre) {
        return genChildren(el, state) || 'void 0'
    } else if (el.tag === 'slot') {
        return genSlot(el, state)
    } else {
        // component or element
        let code
        if (el.component) {
            code = genComponent(el.component, el, state)
        } else {
            let data
            if (!el.plain || (el.pre && state.maybeComponent(el))) {
```

```
          data = genData(el, state)
        }

        const children = el.inlineTemplate ? null : genChildren(el, state, true)
        code = `_c('${el.tag}'${
          data ? `,${data}` : '' // data
        }${
          children ? `,${children}` : '' // children
        })`
      }
      // module transforms
      for (let i = 0; i < state.transforms.length; i++) {
        code = state.transforms[i](el, code)
      }
      return code
    }
}
```

我们看这段代码，它做了很多事情，基本上可以跟 parse 阶段的某个场景十分类似，genStatic 转换完静态节点 genOnce、genFor、genIf 等，然后就到了 genComponent 和 genData 部分了，重点来了。

```
JavaScript
// src/compiler/codegen/index.js -- 573
function genComponent (
    componentName: string,
    el: ASTElement,
    state: CodegenState
): string {
    const children = el.inlineTemplate ? null : genChildren(el, state, true)
    return `_c(${componentName},${genData(el, state)}${
        children ? `,${children}` : ''
    })`
}
```

genComponent 做了两件事，就是解析 children，一是拼接字符串中的 genData。而在之前我们 genElement 的最后也是 genData。重点中的重点内容如下：

```
JavaScript
// src/compiler/codegen/index.js -- 220
export function genData(el: ASTElement, state: CodegenState): string {
    let data = "{";

    // directives first.
    // directives may mutate the el's other properties before they are generated.
    const dirs = genDirectives(el, state);
    if (dirs) data += dirs + ",";
```

```
        // key
        if (el.key) {
            data + = 'key: $ {el.key},';
        }
        // 略了一堆
        // component v - model
        if (el.model) {
            data + = 'model:{value: $ {el.model.value},callback: $ {el.model.callback},expres-
sion: $ {el.model.expression}},';
        }
        // inline - template
        // 略
        return data;
    }
```

我们看首先它运行 genDirectives，解析了 el 上的那个 directives 数组，拼接到了 data 上，el 上的 model 如果存在，就会给 data 加上拼接的字符串，我们看到这个字符串包含了 model 对应的 value、callback 和 expression。

那么这里 AST 就转换成了 render 函数。接下来就要执行这个 render 函数，生成 VNode 了。但是，我们想一下，我们解析 v - model 就真的结束了吗？

7.8.3 针对 v - model 的 complier 处理

继续回忆，当我们在初始化时，在初始化都完成了，也就是_init 方法的最后，调用了 $ mount 方法，挂载 DOM。这个 DOM 是根据 VNode 生成的，VNode 又是根据 render 函数生成的。而在 $ mount 方法中获取 render，并给 options 绑定 render 字段的那个方法，叫作 compilerToFunctions。

那么有了 render，就可以在 update 时通过 render，生成 VNode，再去运行 patch 运行 diff 算法后生成真实 DOM。那么，关键点到了 compilerToFunctions 这个方法。

```
JavaScript
// src/platforms/web/compiler/index.js
/* @flow */

import { baseOptions } from './options'
import { createCompiler } from 'compiler/index'

const { compile, compileToFunctions } = createCompiler(baseOptions)

export { compile, compileToFunctions }
```

我们看到 createCompiler 传入了一个 baseOptions。那么我们先来看看这个 baseOptions 是什么。

```
JavaScript
```

```
// src/platforms/web/compiler/options.js
/* @flow */

import {
    isPreTag,
    mustUseProp,
    isReservedTag,
    getTagNamespace
} from '../util/index'

import modules from './modules/index'
import directives from './directives/index'
import { genStaticKeys } from 'shared/util'
import { isUnaryTag, canBeLeftOpenTag } from './util'

export const baseOptions: CompilerOptions = {
    expectHTML: true,
    modules,
    directives,
    isPreTag,
    isUnaryTag,
    mustUseProp,
    canBeLeftOpenTag,
    isReservedTag,
    getTagNamespace,
    staticKeys: genStaticKeys(modules)
}
```

这个 baseOptions 整合了很多方法，其中我们在本节需要关注的就是 modules 和 directives。

```
JavaScript
// src/platforms/web/compiler/directives/index.js
import model from './model'
import text from './text'
import html from './html'

export default {
    model,
    text,
    html
}
```

我们可以看到，directives 中处理了 v-model，v-text，v-html 等指令。那么我们要关注的是 v-model，再进去看：

```
JavaScript
```

```
// src/platforms/web/compiler/directives/model.js -- 14
export default function model (
    el: ASTElement,
    dir: ASTDirective,
    _warn: Function
): ? boolean {
    warn = _warn
    const value = dir.value
    const modifiers = dir.modifiers
    const tag = el.tag
    const type = el.attrsMap.type

    if (process.env.NODE_ENV !== 'production') {
        // inputs with type="file" are read only and setting the input's
        // value will throw an error.
        if (tag === 'input' && type === 'file') {
            warn(
                '<${el.tag} v-model="${value}" type="file">:\n' +
                'File inputs are read only. Use a v-on:change listener instead.',
                el.rawAttrsMap['v-model']
            )
        }
    }

    if (el.component) {
        genComponentModel(el, value, modifiers)
        // component v-model doesn't need extra runtime
        return false
    } else if (tag === 'select') {
        genSelect(el, value, modifiers)
    } else if (tag === 'input' && type === 'checkbox') {
        genCheckboxModel(el, value, modifiers)
    } else if (tag === 'input' && type === 'radio') {
        genRadioModel(el, value, modifiers)
    } else if (tag === 'input' || tag === 'textarea') {
        genDefaultModel(el, value, modifiers)
    } else if (! config.isReservedTag(tag)) {
        genComponentModel(el, value, modifiers)
        // component v-model doesn't need extra runtime
        return false
    } else if (process.env.NODE_ENV !== 'production') {
        warn(
            '<${el.tag} v-model="${value}">: ' +
            'v-model is not supported on this element type. ' +
            'If you are working with contenteditable, it\'s recommended to ' +
```

```
            'wrap a library dedicated for that purpose inside a custom component.',
            el.rawAttrsMap['v-model']
        )
    }

    // ensure runtime directive metadata
    return true
}
```

这是本节最重要的内容，我们看这个 model 方法，它接收 ASTElement 和 AST 的 directives 作为参数，还有个报错处理的 warn。然后我们获取元素的 tag 和 type 以及 AST 上的 value 和 modifiers 等。后面就是根据 tag 以及 type 的类型进行不同的方法处理，比如组件就运行 genComponentModel，下拉列表就运行 genSelect，多选框就是 genCheckboxModel 等。

我们现在可以回看本小节最开始的那个问题，v-model 的实现仅是 value 和 input 吗？不是的，因为我们针对表单，或者针对 AST 的 tag 以及 type 的不同，进行了特殊的处理。

我们继续看两个处理方法：

```
TypeScript
// src/platforms/web/compiler/directives/model.js --67
function genCheckboxModel (
    el: ASTElement,
    value: string,
    modifiers: ?ASTModifiers
) {
    const number = modifiers && modifiers.number
    const valueBinding = getBindingAttr(el, 'value') || 'null'
    const trueValueBinding = getBindingAttr(el, 'true-value') || 'true'
    const falseValueBinding = getBindingAttr(el, 'false-value') || 'false'
    addProp(el, 'checked',
        `Array.isArray(${value})` +
        `?_i(${value},${valueBinding})>-1` + (
            trueValueBinding === 'true'
                ? `:(${value})`
                : `:_q(${value},${trueValueBinding})`
        )
    )
    addHandler(el, 'change',
        `var $$a=${value},` +
            '$$el=$event.target,' +
            `$$c=$$el.checked?(${trueValueBinding}):(${falseValueBinding});` +
        'if(Array.isArray($$a)){' +
            `var $$v=${number ? '_n(' + valueBinding + ')' : valueBinding},` +
                '$$i=_i($$a,$$v);' +
            `if($$el.checked){$$i<0&&(${genAssignmentCode(value, '$$a.concat
([$$v])')})}` +
```

```
                'else{ $ $ i > - 1&&( $ {genAssignmentCode(value, ' $ $ a.slice(0, $ $ i).concat
( $ $ a.slice( $ $ i + 1))')})}' +
               '}else{ $ {genAssignmentCode(value, '$ $ c')}}',
            null, true
        )
    }
```

我们可以看到，当我们对 checkbox 多选框绑定 v - model 时，实际上是添加了一个 prop 和一个 change 事件。我们再看一个 genComponentModel：

```
JavaScript
// src/compiler/directives/model.js -- 6
export function genComponentModel (
    el: ASTElement,
    value: string,
    modifiers: ? ASTModifiers
): ? boolean {
    const { number, trim } = modifiers || {}

    const baseValueExpression = '$ $ v'
    let valueExpression = baseValueExpression
    if (trim) {
    valueExpression =
        '(typeof $ {baseValueExpression} === 'string'' +
        '? $ {baseValueExpression}.trim()' +
        ': $ {baseValueExpression})'
    }
    if (number) {
        valueExpression = '_n( $ {valueExpression})'
    }
    const assignment = genAssignmentCode(value, valueExpression)

    el.model = {
        value: '( $ {value})',
        expression: JSON.stringify(value),
        callback: 'function ( $ {baseValueExpression}) { $ {assignment}}'
    }
}
```

组件的 v - model 实际上是给这个组件的 el 绑定了一个 model 对象，model 对象上有三个参数，三个参数？之前好像说过这个。是的，我们在 generate 的时候，解析组件的 v - model，就是使用了这三个参数，原来在这里。是的，就在这里。

那么我们稍稍回忆一下这一小节的内容，我们真正解析 v - model 的入口在：src/platforms/web/compiler/options.js。其实是：src/platforms/web/compiler/directives/model.js 这里。

那么分析完了 baseOptions，再去看看 compileToFunctions 在何时、何地使用了这个

model 方法解析 v-model。

我们现在知道了 baseOptions 就是处理 v-model 的源头，那么我们还得再复制一遍这个代码：

```
JavaScript
/* @flow */

import { parse } from './parser/index'
import { optimize } from './optimizer'
import { generate } from './codegen/index'
import { createCompilerCreator } from './create-compiler'

// 'createCompilerCreator' allows creating compilers that use alternative
// parser/optimizer/codegen, e.g the SSR optimizing compiler.
// Here we just export a default compiler using the default parts.
export const createCompiler = createCompilerCreator(function baseCompile (
    template: string,
    options: CompilerOptions
): CompiledResult {
    const ast = parse(template.trim(), options)
    if (options.optimize !== false) {
        optimize(ast, options)
    }
    const code = generate(ast, options)
    return {
        ast,
        render: code.render,
        staticRenderFns: code.staticRenderFns
    }
})
```

大家看到吗？在 createCompiler 方法内部，当生成 ast 调用 parse 方法传入了 options，通过 generate 生成 render 的时候，也给 generate 方法传入了 options。是不是终于有点恍然大悟的感觉了。

那么到此，关于 v-model 的分析也就结束了，在分析 v-model 的过程中，其实也涉及了很多其他的内容，比如指令的解析，比如 v-on 和 v-bind 等。

7.9 自定义指令源码分析

关于自定义指令，其实我们根据本章第八节学习的内容猜测一下，假设我们写了一个自定义指令，Vue 是如何帮我们处理的？

我们先来看个例子：

HTML

```
<! DOCTYPE html >
<html lang = "en">
    <head >
        <meta charset = "UTF - 8" />
        <meta http - equiv = "X - UA - Compatible" content = "IE = edge" />
        <meta name = "viewport" content = "width = device - width, initial - scale = 1.0" />
        <title >Document </title >
    </head >
    <body >
        <div id = "app">
            <div class = "zaking - demo" v - zaking:foo.a.b = "message"></div >
        </div >
        <script src = "./vue.js"></script >
        <script >
            Vue.directive("zaking", {
                bind: function (el, binding, vnode) {
                    var s = JSON.stringify;
                    el.innerHTML =
                        "name: " +
                        s(binding.name) +
                        "<br >" +
                        "value: " +
                        s(binding.value) +
                        "<br >" +
                        "expression: " +
                        s(binding.expression) +
                        "<br >" +
                        "argument: " +
                        s(binding.arg) +
                        "<br >" +
                        "modifiers: " +
                        s(binding.modifiers) +
                        "<br >" +
                        "vnode keys: " +
                        Object.keys(vnode).join(", ");
                },
            });
            const vm = new Vue({
                el: "#app",
                data() {
                    return {
                        message: "hello",
                    };
                },
```

```
            });
        </script>
    </body>
</html>
```

这就是官网的例子,稍微个性化地修改了一下。对于具体自定义指令的使用方式,大家如果不是十分清楚,建议先去官方文档看下。这里不多说。

7.9.1 directive 方法的注册

首先,要了解的就是 Vue.directive 做了什么。不然没法开展后面的分析。但是,全局搜索 Vue.directive 怎么没有呢?那肯定没有,因为 Vue 不是单纯通过 Vue.directive 注册这个方法的:

```JavaScript
// src/shared/constants.js
export const SSR_ATTR = 'data-server-rendered'

export const ASSET_TYPES = [
    'component',
    'directive',
    'filter'
]

export const LIFECYCLE_HOOKS = [
    'beforeCreate',
    'created',
    'beforeMount',
    'mounted',
    'beforeUpdate',
    'updated',
    'beforeDestroy',
    'destroyed',
    'activated',
    'deactivated',
    'errorCaptured',
    'serverPrefetch'
]
```

这里有个 ASSET_TYPES 的常量,然后:

```TypeScript
// src/core/global-api/assets.js
/* @flow */
```

```
import { ASSET_TYPES } from 'shared/constants'
import { isPlainObject, validateComponentName } from '../util/index'

export function initAssetRegisters (Vue: GlobalAPI) {
    /**
   * Create asset registration methods.
   */
  ASSET_TYPES.forEach(type => {
    Vue[type] = function (
        id: string,
        definition: Function | Object
    ): Function | Object | void {
        if (! definition) {
            return this.options[type + 's'][id]
        } else {
            /* istanbul ignore if */
            if (process.env.NODE_ENV !== 'production' && type === 'component') {
                validateComponentName(id)
        }
        if (type === 'component' && isPlainObject(definition)) {
              definition.name = definition.name || id
              definition = this.options._base.extend(definition)
        }
        if (type === 'directive' && typeof definition === 'function') {
                definition = { bind: definition, update: definition }
            }
            this.options[type + 's'][id] = definition
            return definition
            }
        }
    })
}
```

那是不是有点似曾相识？嗯，我们在 Vue.component 注册的时候，也捋过这个逻辑。我们再来看这段代码，如果没有传入 definition，那么直接绑定到 Vue 的实例上，并返回，如果有 definition，那么就运行判断条件，先判断 component，再判断 directive，这里的判断实际上就是如果我们在定义的时候传入的是个函数，就转换一下，转换成对象的形式。最后那句 this.options[type + 's'][id] = definition 其实在这一小节就可以理解为：

```
JavaScript
this.options.directives = definition;
```

那么这个 definition 是什么呢？我们得继续往上看，但是我们先打印一下：

我们看图 7-15，这就是我们传入的那个 bind，没错，就是我们传进来的，绑定到实例 options 上就完成了。我们再来看看在哪里调用的 initAssetRegisters。

```
▼{bind: f} 
  ▼bind: f (el, binding, vnode)
      arguments: null
      caller: null
      length: 3
      name: "bind"
    ▶prototype: {constructor: f}
      [[FunctionLocation]]: index.html:16
    ▶[[Prototype]]: f ()
    ▶[[Scopes]]: Scopes[2]
  ▶[[Prototype]]: Object
```

图 7－15 definition 打印图

```
JavaScript
// src/core/global-api/index.js
export function initGlobalAPI (Vue: GlobalAPI) {
    // 略了

    initUse(Vue)
    initMixin(Vue)
    initExtend(Vue)
    initAssetRegisters(Vue)
}
```

原来 initGlobalAPI 的时候就初始化好了 Vue.directive 以及 Vue.component 等方法。

initGlobalAPI 是在这个文件里初始化的：src/core/index.js。这就不复制代码了。再往上就到了 platform/runtime 那儿了。这个之前捋过好多次了，就不多说了。

好，捋完了如何注册 directive。接下来就得看看 Vue 是如何处理、解析自定义的指令的了。

7.9.2 解析自定义 directive

上一小节分析了自定义指令是如何绑定到 options 上的，其实最后就变成了 AST 中的一个属性，那么按照之前的流程，会解析 AST 成 render，这已经在之前的章节带大家学得差不多了，这里就不再赘述。那么一旦解析完成，要做的就是最后的 patch。那么提到 patch，您会想到哪个方法呢？

patch 是从 createPatchFunction 中创建的，那么 createPatchFunction 传入了一个对象：

```
Delphi
export const patch: Function = createPatchFunction({ nodeOps, modules })
```

我们之前也提过，这里的 nodeOps 就是关于操作真实节点的内容。而 modules，其中一部分是关于平台的一些能力的操作，比如 class、比如 style 等，还有一部分就是 Vue 中的能力了，比如 directive。其中 directive 属于 baseModules，在 src/core/vdom/modules/index.js 这里，其中：

```
JavaScript
```

```
// src/core/vdom/modules/directives.js -- 7
export default {
    create: updateDirectives,
    update: updateDirectives,
    destroy: function unbindDirectives (vnode: VNodeWithData) {
        updateDirectives(vnode, emptyNode)
    }
}
```

这里，导出了关于指令更新的操作。那么记住这里的重点，就是导出了一些关于指令的钩子方法。但是其实不管是什么钩子，create，update 还是销毁的 destory，都是 updateDirectives 这个方法。

那么继续，回到 createPatchFunction 中，在这里有一个核心的方法，就是创建真实 DOM 元素，也就是 createElm，在 createElm 方法中会根据情况调用 invokeCreateHooks 方法，但是每次调用 invokeCreateHooks 方法，都会去调用 insert 方法插入 DOM 元素。

```
JavaScript
// src/core/vdom/patch.js -- 304
function invokeCreateHooks(vnode, insertedVnodeQueue) {
    for (let i = 0; i <cbs.create.length; ++ i) {
        cbs.create[i](emptyNode, vnode);
    }
    i = vnode.data.hook;                    // Reuse variable
    if (isDef(i)) {
        if (isDef(i.create)) i.create(emptyNode, vnode);
        if (isDef(i.insert)) insertedVnodeQueue.push(vnode);
    }
}
```

这个方法什么的？就是调用 cbs 里的所有 create 的钩子，这里面就包含了我们传入的 baseModules 中关于 directive 的钩子。于是，就成功创建了新的指令或者更新了指令。

那么整个核心的流程到这里就结束了，我们并没有详细说明其中的细节，比如 updateDirectives 做了什么，大家有兴趣可以自行思考一下。

7.10 修饰符的实现原理

这一章，我们说的最多的就是回忆一下，猜测一下，想没想到这样的词。因为我们在前六章所做的事情，所手写的代码，基本上覆盖了核心 Vue 的完整流程。本章所做的一切，无非是在补充一些细节，其实只要您学完了前七章，那么针对本章的内容，一定有了基本的概念。所以这章每一个小节的开头我们几乎都会让大家猜一猜。那么您知道我们接下来要说什么了吗？

大家猜一下，修饰符跟什么有关系？修饰符的全称叫作事件修饰符，那肯定跟事件有关系。再往后，既然跟事件有关系，我们在使用 Vue 的时候是怎么写事件的？

```HTML
<div @click = "callback"></div>
<div @click.native = "callback"></div>
<div @click.once = "callback"></div>
<my-component @click.native = "callback"></my-component>
```

这是写在 DOM 或者组件上的。那么既然如此，我们要做什么？肯定是 parse、generate 那一套。好，接下来我们就去看看事件修饰符是怎么实现的。

首先，我们在解析模板的时候，对于解析来说，这个阶段的事件也是一个 attr，也一定是一个 attr，所以它会以 AST 的形式传递给 codegen 转换成 render。

那么我们看进入到 codegen 的时候：

```JavaScript
// src/compiler/codegen/index.js
import { genHandlers } from './events'
```

最开始就引入了这 genHandlers。那么 genHandlers 会在我们 genData 的内部，判断如果存在 el.events 的情况下该如何进行处理。

```JavaScript
// src/compiler/codegen/events.js --55
export function genHandlers (
    events: ASTElementHandlers,
    isNative: boolean
): string {
    const prefix = isNative ? 'nativeOn:' : 'on:'
    let staticHandlers = ''
    let dynamicHandlers = ''
    for (const name in events) {
        const handlerCode = genHandler(events[name])
        if (events[name] && events[name].dynamic) {
            dynamicHandlers += `${name},${handlerCode},`
        } else {
            staticHandlers += `"${name}":${handlerCode},`
        }
    }
    staticHandlers = `{${staticHandlers.slice(0, -1)}}`
    if (dynamicHandlers) {
        return prefix + `_d(${staticHandlers},[${dynamicHandlers.slice(0, -1)}])`
    } else {
        return prefix + staticHandlers
    }
}
```

我们看，整个 genHandlers 其实就是拼接字符串，因为到了 codegen 的步骤，最终都是拼接字符串形成 render 函数。

这里面有个核心的 genHandler 方法。

```JavaScript
// src/compiler/codegen/events.js -- 96
function genHandler (handler: ASTElementHandler | Array<ASTElementHandler>): string {
    if (! handler) {
        return 'function(){}'
    }

    if (Array.isArray(handler)) {
        return `[${handler.map(handler => genHandler(handler)).join(',')}]`
    }

    const isMethodPath = simplePathRE.test(handler.value)
    const isFunctionExpression = fnExpRE.test(handler.value)
    const isFunctionInvocation = simplePathRE.test(handler.value.replace(fnInvokeRE, ''))

    if (! handler.modifiers) {
        if (isMethodPath || isFunctionExpression) {
            return handler.value
        }
        /* istanbul ignore if */
        if (__WEEX__ && handler.params) {
            return genWeexHandler(handler.params, handler.value)
        }
        return `function($event){${
            isFunctionInvocation ? `return ${handler.value}` : handler.value
        }}` // inline statement
    } else {
        let code = ''
        let genModifierCode = ''
        const keys = []
        for (const key in handler.modifiers) {
            if (modifierCode[key]) {
                genModifierCode += modifierCode[key]
                // left/right
                if (keyCodes[key]) {
                    keys.push(key)
                }
            } else if (key === 'exact') {
                const modifiers: ASTModifiers = (handler.modifiers: any)
                genModifierCode += genGuard(
                    ['ctrl', 'shift', 'alt', 'meta']
                        .filter(keyModifier => ! modifiers[keyModifier])
                        .map(keyModifier => `$event.${keyModifier}Key`)
                        .join('||')
                )
```

```
            } else {
                keys.push(key)
            }
        }
        if (keys.length) {
            code += genKeyFilter(keys)
        }
        // Make sure modifiers like prevent and stop get executed after key filtering
        if (genModifierCode) {
            code += genModifierCode
        }
        const handlerCode = isMethodPath
            ? `return ${handler.value}.apply(null, arguments)`
            : isFunctionExpression
                ? `return (${handler.value}).apply(null, arguments)`
                : isFunctionInvocation
                    ? `return ${handler.value}`
                    : handler.value
        /* istanbul ignore if */
        if (__WEEX__ && handler.params) {
            return genWeexHandler(handler.params, code + handlerCode)
        }
        return `function($event){${code}${handlerCode}}`
    }
}
```

本来想精简下这些代码，像之前一样，但是我们发现不太好省略，就这样。那我们来分析下这段代码。

首先，没有 handler 就直接返回。然后判断 handler 是不是一个数组，如果是就递归调用 genHandler 方法。正则匹配，不重要。再往后就是判断有没有 modifiers，注意，其实很多原生的 modifier 不会解析成这里的 modifiers，而是在内部就处理掉了。如没有就直接返回一个拼接的函数字符串。

如果有 modifiers，我们就拼接 modifiers，其中有一个 modifierCode：

```
Julia
const modifierCode: { [key: string]: string } = {
    stop: "$event.stopPropagation();",
    prevent: "$event.preventDefault();",
    self: genGuard(`$event.target !== $event.currentTarget`),
    ctrl: genGuard(`!$event.ctrlKey`),
    shift: genGuard(`!$event.shiftKey`),
    alt: genGuard(`!$event.altKey`),
    meta: genGuard(`!$event.metaKey`),
    left: genGuard(`'button' in $event && $event.button !== 0`),
    middle: genGuard(`'button' in $event && $event.button !== 1`),
    right: genGuard(`'button' in $event && $event.button !== 2`),
};
```

大家看，其实就是那些原生的修饰符，要加入哪些代码。往后，会遍历 handler 中的 modifiers，判断是否在 modifierCode 中，如果有，就拼接上去。

这里还有个 keyCode，就是键盘事件修饰符了，如有也加上去。最后就形成了一个 code 的字符串，然后会生成一个 handlerCode，根据开始时正则匹配的逻辑，最后 code＋handlerCode，就是增加了修饰符后，生成回调事件的代码了。

那么到了这里，其实只是处理了一部分修饰符，这部分修饰符是在回调函数中加入某些代码就可以了，比如 stop，无非就是加了事件的 stopPropagation 了。但是还有一些，比如 once、capture、passive 等都没有。另外，还有 lazy、number、trim 也都没有。还有 sync。

那么这里就要强调一下，其实这些修饰符，根据实现和类型的不同，做了一些分类。比如我们上面我们所梳理的那些修饰符，其实都是可以通过函数内代码的方式实现的。所以，官方文档也说了，在写 render 函数的时候，可以通过 genGuard 传入的那些字符串参数所生成的语句来实现。

但是 capture、passive 等就会有些特殊，当写 render 时，实际上会约定特殊的前缀告诉 Vue 怎样去处理。既然说到了，还是去看一看。

7.10.1 特殊修饰符的特殊处理

因为这些文档有点偏僻，可能在大多数情况下很多人都未必用过，所以我们先看一看文档，留一点印象。

对于.passive、.capture 和 .once 这些事件修饰符，Vue 提供了相应的前缀可以用于 on。

这里的 on 指的是在写 render 函数时绑定事件的那个 on，后面还有一个表 7－1：

表 7－1 修饰符及前对应前缀

修饰符	前缀
.passive	&
.CAPTURE	!
.cnce	～
.capture.once 或.once.capture	～!

代码可以这样写：

```
Kotlin
on: {
    '! click': this.doThisInCapturingMode,
    '~keyup': this.doThisOnce,
    '~! mouseover': this.doThisOnceInCapturingMode
}
```

这就是我们这一小节要讲的核心内容了，Vue2 是如何处理这些特殊的事件修饰符的？为什么偏偏只有这几个事件修饰符这么特殊呢？为什么不能同 stop、self 一样呢？因为这几个修饰符是来自于原生 Javascript 事件绑定语法 addEventListener 的，其实就是 addEventListener 的选项。这里就不多说了，大家有兴趣可以自己去查资料。

那么，我们继续来解析这部分的源码。我们上一节已经捋了一遍整个事件绑定的流程，这里就不多说，直接进入主题。

```JavaScript
// src/platforms/web/runtime/modules/events.js -- 47
function add(
    name: string,
    handler: Function,
    capture: boolean,
    passive: boolean
) {
    // 处理特殊场景，略了
    // ...
    target.addEventListener(
        name,
        handler,
        supportsPassive ? { capture, passive } : capture
    );
}
```

先看这个目录，它是在 platforms/web/runtime/modules，我们之前说过，这个文件夹下的所有导出的内容都会作为 createPatchFunction 也就是 patch 方法的参数。那么这个 add 方法做了什么呢？其实就是给 target 添加了事件，然后您看是否是 capture、或 passive 传给 addEventListener 的 options 了？

那在哪儿调用这个 add 呢？还得再看看：

```JavaScript
// src/platforms/web/runtime/modules/events.js -- 105
function updateDOMListeners(oldVnode: VNodeWithData, vnode: VNodeWithData) {
    if (isUndef(oldVnode.data.on) && isUndef(vnode.data.on)) {
        return;
    }
    const on = vnode.data.on || {};
    const oldOn = oldVnode.data.on || {};
    target = vnode.elm;
    normalizeEvents(on);
    updateListeners(on, oldOn, add, remove, createOnceHandler, vnode.context);
    target = undefined;
}

export default {
    create: updateDOMListeners,
    update: updateDOMListeners,
};
```

这里就是一个 updateDOMListeners 方法，大家看，它的 target 是 vnode 的 elm，这个 vnode 的 elm 是不是就是真实元素？那么当我们调用 patch 方法，运行了 diff 算法，创建或者更新了 DOM 之后，再调用所有类别对应的钩子，是不是就更新了？在这里就直接通过 updateListeners 来更新或创建事件。

那么核心就来到了 updateListeners 这个方法：

```
JavaScript
// src/core/vdom/helpers/update-listeners.js --53
export function updateListeners (
    on: Object,
    oldOn: Object,
    add: Function,
    remove: Function,
    createOnceHandler: Function,
    vm: Component
) {
    let name, def, cur, old, event
    for (name in on) {
        def = cur = on[name]
        old = oldOn[name]
        event = normalizeEvent(name)
        /* istanbul ignore if */
        if (__WEEX__ && isPlainObject(def)) {
            cur = def.handler
            event.params = def.params
        }
        if (isUndef(cur)) {
            process.env.NODE_ENV !== 'production' && warn(
                'Invalid handler for event "${event.name}": got ' + String(cur),
                vm
            )
        } else if (isUndef(old)) {
            if (isUndef(cur.fns)) {
                cur = on[name] = createFnInvoker(cur, vm)
            }
            if (isTrue(event.once)) {
                cur = on[name] = createOnceHandler(event.name, cur, event.capture)
            }
            add(event.name, cur, event.capture, event.passive, event.params)
        } else if (cur !== old) {
            old.fns = cur
            on[name] = old
        }
    }
    for (name in oldOn) {
```

```
        if (isUndef(on[name])) {
            event = normalizeEvent(name)
            remove(event.name, oldOn[name], event.capture)
        }
    }
}
```

整个代码并不是特别复杂。我们来看一下，整个更新事件的方法做了两件事，一是遍历新的事件名，就是 on，其实也就对应了我们在写 render 时的那个 on 属性，就是我们这节最开始的那个例子？

回正题，跑偏了点，我们看，遍历新的 on 做了什么呢？先把新的事件和旧的事件都取出来，注意 cur 和 old 都是事件，而 name 则是事件名，下一步我们就要通过 normalizeEvent 返回该事件的 options 选项内容：

```
JavaScript
// src/core/vdom/helpers/update-listeners.js --14
const normalizeEvent = cached((name: string): {
    name: string,
    once: boolean,
    capture: boolean,
    passive: boolean,
    handler?: Function,
    params?: Array<any>
} => {
    const passive = name.charAt(0) === '&'
    name = passive ? name.slice(1) : name
    const once = name.charAt(0) === '~'       // Prefixed last, checked first
    name = once ? name.slice(1) : name
    const capture = name.charAt(0) === '!'
    name = capture ? name.slice(1) : name
    return {
        name,
        once,
        capture,
        passive
    }
})
```

您猜这里的 name 是什么样子的？答案在本小节内寻找。

我们看，这个方法它就是缓存了一个关于该事件选项的对象。

再往后，如果没找到 cur，开发环境报个错，那么如果没有 old，再判断 cur 上没有 fns，那么就会通过 createFnInvoker 创建一个对应的 fns，其实就是去创建了一个错误处理方法，大家有兴趣自己深入了解。

接着再判断如果是 once 修饰符，那么则会运行一个 createOnceHandler 方法，这是传进来的参数方法。再往后，就是运行 add 给 DOM 添加了一个事件。到这里，新的事件逻辑就运行完了，继续会遍历旧的事件，如果旧的里面有，新的里面却没有，那么运行 remove 方法会把事件移除，对吗？这个逻辑，似曾相识。

大家看，越往后学，其实一些核心的概念就会重复好多遍。那么，我们到这里，特殊的事件修饰符也完成了，我们简单总结一下。

passive、capture、once 这三个事件修饰符实际上是 addEventListener 的第三个选项参数，所以它在 Vue2 的处理中会与那些普通的事件修饰符有所差别，它要在绑定事件也就是 add 的时候，根据转换的事件名称来判断如何传给 addEventListener 方法。

7.10.2 表单修饰符的处理

首先，我们要知道有哪些表单修饰符。官网其实给出了十分明确的答案，就是 lazy、number 和 trim，分别对应着不同的功能。

在默认情况下，v-model 在每次 input 事件触发后将输入框的值与数据进行同步。大家可以添加 lazy 修饰符，从而转为在 change 事件之后进行同步。

如果想自动将用户的输入值转为数值类型，可以给 v-model 添加 number 修饰符。

如果要自动过滤用户输入的首尾空白字符，可以给 v-model 添加 trim 修饰符。

从上面的解释我们可以发现，这几个修饰符似乎都是给 v-model 使用的。我们来看看它们是如何实现的。

还记得我们在 v-model 那一章分析了 v-model 是如何绑定的，当时提到一个核心的解析 v-mode 的 model 方法，在这个方法中，我们处理了一大批有关 v-model 的方法，比如 genSelect、genRadioModel、genDefaultModel，那么关于本节的几个修饰符的处理，实际上就在这个 genDefaultModel 方法里：

```
TypeScript
src/platforms/web/compiler/directives/model.js --127
function genDefaultModel (
    el: ASTElement,
    value: string,
    modifiers: ? ASTModifiers
): ? boolean {
    const type = el.attrsMap.type

    // warn if v-bind:value conflicts with v-model
    // except for inputs with v-bind:type
    if (process.env.NODE_ENV !== 'production') {
        // warning
    }

    const { lazy, number, trim } = modifiers || {}
    const needCompositionGuard =! lazy && type !== 'range'
    const event = lazy
        ? 'change'
        : type === 'range'
```

```
                ? RANGE_TOKEN
                : 'input'

        let valueExpression = '$event.target.value'
        if (trim) {
            valueExpression = '$event.target.value.trim()'
        }
        if (number) {
            valueExpression = `_n(${valueExpression})`
        }

        let code = genAssignmentCode(value, valueExpression)
        if (needCompositionGuard) {
            code = `if($event.target.composing)return;${code}`
        }

        addProp(el, 'value', `(${value})`)
        addHandler(el, event, code, null, true)
        if (trim || number) {
            addHandler(el, 'blur', '$forceUpdate()')
        }
}
```

我们来看，看到这些代码是不是想笑，原来这么简单，判断部分上面代码就是处理这三个关于 v-model 的修饰符的内容，当我们传入的 modifiers 时，如果存在 lazy，v-model 就会将 input 就会变成 change，如官方所说的那样。

而 trim 和 number 的判断更加简单明了，如果存在这两个修饰符，trim 则会直接在获取到的 value 上加一个 trim 方法，而 number，则会在 render 函数中加一个_n 方法，那么想必，这个_n 就是把传入的 value 转换成了 number。

所以这一节到这就这么完成了。

7.10.3 sync 修饰符是怎么实现的

不知道大家是否经常使用这个 sync 修饰符，我们用的最多的地方就是在使用 element 的 dialog 组件的时候绑定的那个 visible 字段会用上 sync，写的时候也不知道为什么这么用，反正就是用了。

我们还是来看下官方的回答：

在有些情况下，我们可能需要对一个 prop 进行"双向绑定"。真正的双向绑定会带来维护上的问题，因为子组件可以变更父组件，且在父组件和子组件两侧都没有明显的变更来源。

这也是为什么我们推荐以 update:myPropName 的模式触发事件取而代之。

举个例子，在一个包含 title 属性的假设的组件中，我们可以用以下方法表达对其赋新值的意图：

JavaScript

```
this.$emit('update:title', newTitle)
```

父组件可以监听那个事件,并根据需要更新一个本地的数据 property。例如:

```HTMLBars
<text-document
    v-bind:title="doc.title"
    v-on:update:title="doc.title = $event"
></text-document>
```

为了方便起见,我们为这种模式提供一个缩写,即.sync 修饰符:

```HTMLBars
<text-document v-bind:title.sync="doc.title"></text-document>
```

后面还有些附加的解释,这里不说了,大家自己去官方文档看,看了以上的内容,我们发现,sync 修饰符原来只是组件内触发事件更新的一个缩写。换句话说,Vue 不建议我们在子组件内部改变父组件的某个传给该子组件 prop 的值,再换句话说,Vue 不希望我们可以在子组件内改变父组件的状态,但是很多时候,这种场景是十分必要和频繁的,所以,Vue 希望我们可以通过传递一个事件修改父组件的状态,那么此时我们就可以通过 sync 修饰符来简写这个过程,就像可以直接修改父组件的状态一样。

好,我们搞懂了 sync 是做什么的了,那么现在分析下 sync 是怎么做的。

首先,当我们解析 HTML 模板形成 AST 的时候,会运行一个 processAttrs 的方法,注意,我们之前说过,标签上的内容比如指令、属性实际上都属于 attrs,至少在解析模板的时候是这样的,所以:

```JavaScript
// src/compiler/parser/index.js -- 762
if (modifiers.sync) {
    syncGen = genAssignmentCode(value, '$event');
    if (!isDynamic) {
        addHandler(
            el,
            'update:${camelize(name)}',
            syncGen,
            null,
            false,
            warn,
            list[i]
        );
        if (hyphenate(name) !== camelize(name)) {
            addHandler(
                el,
                'update:${hyphenate(name)}',
                syncGen,
                null,
                false,
```

```
            warn,
            list[i]
        );
    }
  } else {
    // handler w/ dynamic event name
    addHandler(
        el,
        '"update:" + ( ${name})',
        syncGen,
        null,
        false,
        warn,
        list[i],
        true // dynamic
    );
  }
}
```

当我们在解析模板属性的时候，也就是在 parse 的阶段，会判断是否有 sync 修饰符，然后 addHandler 方法传入了 syncGen，且根据是否有连字符或驼峰命名等条件还传了一个事件名，其实就是加了 '"update:"+(${name})'。

那么换句话说，我们所写的 sync 修饰符，其实就是一个语法糖，在 addHandler 内部其实也并没有针对传入的 sync 事件名去做任何的处理。

那么，当我们使用 sync 的时候，实际上是在 bind 指令上写的，那么我们要去看看 bind 关于 sync 是如何处理的。

```
JavaScript
// src/compiler/directives/bind.js
export default function bind (el: ASTElement, dir: ASTDirective) {
    el.wrapData = (code: string) => {
        return '_b( ${code},'${el.tag}', ${dir.value}, ${
            dir.modifiers && dir.modifiers.prop ? 'true' : 'false'
        } ${
            dir.modifiers && dir.modifiers.sync ? ',true' : ''
        })'
    }
}
```

整个 bind 方法是这样的，其实就是拼接 render 字符串。是否是 sync 修饰符？无非是_b 方法中的一个 flag。

那_b 方法在哪里呢？就在这里：

```
JavaScript
// src/core/instance/render-helpers/index.js -- 15
export function installRenderHelpers (target: any) {
```

```
    target._o = markOnce
    target._n = toNumber
    target._s = toString
    target._l = renderList
    target._t = renderSlot
    target._q = looseEqual
    target._i = looseIndexOf
    target._m = renderStatic
    target._f = resolveFilter
    target._k = checkKeyCodes
    target._b = bindObjectProps
    target._v = createTextVNode
    target._e = createEmptyVNode
    target._u = resolveScopedSlots
    target._g = bindObjectListeners
    target._d = bindDynamicKeys
    target._p = prependModifier
}
```

其实这一部分我们分析过的，不多说，target 就是 Vue。所以，我们去看看 bindObjectProps 这个方法在 render 中是如何执行的。

这个方法中，关于 sync 的就这一句话：

```
JavaScript
if (isSync) {
    const on = data.on || (data.on = {})
    on[`update:${key}`] = function ($event) {
        value[key] = $event
    }
}
```

就是绑定了对应的 update:xxx 事件及其对应的方法，很好理解，那么关于修饰符这一小节，我们就完成了。其实 sync 修饰符可以理解成另外一个 v-model，实现的内容和 v-model 几乎可以说是一模一样的。其中很多内容由于我们之前分析了好多遍，我们就简单略过了，大家有兴趣一定要自己看看源码。

7.11 slot 源码分析

对于插槽，我们在开发的时候实际上使用得十分频繁，很多时候，我们都需要使用插槽处理一些场景，比如我们要在模板中根据情况插入模板等。那么先来看看我们可以如何使用插槽，写两个例子，然后再来分析插槽是如何实现的。

首先，插槽有几种类型，比如普通插槽、作用域插槽、动态插槽、具名插槽。我们会根据这几种类型来一一分析不同的插槽是如何实现的。

首先,我们先来看下普通插槽的使用方式:

```
HTMLBars
<!DOCTYPE html>
<html lang="en">
    <head>
        <meta charset="UTF-8" />
        <meta http-equiv="X-UA-Compatible" content="IE=edge" />
        <meta name="viewport" content="width=device-width, initial-scale=1.0" />
        <title>Document</title>
    </head>
    <body>
        <div id="app">
            <diy>{{msg}}</diy>
                </div>
        <script src="./vue.js"></script>
        <script>
            const vm = new Vue({
                el: "#app",
                data() {
                    return {
                        msg: "outer",
                    };
                },
                components: {
                    data() {
                        return {
                            msg: "inner",
                        };
                    },
                    diy: {
                        template: '<p><slot></slot></p>',
                    },
                },
            });
        </script>
    </body>
</html>
</html>
```

那么根据上面的例子,想问大家一个问题,就是 msg 的值是什么? 是 outer。因为在解析的时候,会立即解析整个组件的内容,跟子组件无关,可以理解为插槽是在父组件中解析后插入到子组件中的。那么我们就来看看源码是如何实现的。

大家猜对于插槽我们要去哪里看源码? 首先插槽是组件的插槽,那么我们要去组件中找。

所以也就是 createComponent 方法，这个方法是我们的老朋友了，只要跟组件有关系，必然会提到 createComponent 方法。

那么，我们简单捋一下，让大家对这段流程有一个更清晰的认识。首先，我们最终渲染的时候，实际上是执行的 render 函数，而 render 函数中的_c 方法，其实就是 createElement 方法，在使用 Vue 的时候，我们也可以使用 createElement 让 Vue 直接解析 render，省去前面那些解析模板的步骤，提升性能。

在我们使用 createElement 的时候，如果判断出 vnode 其实是一个组件，那么就会运行 createComponent 方法执行代码渲染组件。此时要注意，传给 createComponent 方法的 children 参数其实就是我们所写的 slot，而 createElement 方法中的 children 就是对应元素的 vnode，注意，这是有所区别的。到这里，我们所做的事情都是针对 vnode 的，于是当我们在 patch 的时候，就会针对之前已经形成的最终的 vnode 去比对渲染。

我们要注意，patch 中的 createElement 是 node - ops 中的 createElement，也就是 nodeOps. createElement，这个 createElement 是用来创建真实 DOM 元素的，而_c 方法对应的 createElement 则是创建 vnode 的。

当到了 patch 的阶段，其实 vnode 就已经是最终我们经过逻辑处理的最终结果了。所以，我们讲了一大堆，最终要去看的地方就是 createComponent 方法。

在 createComponent 方法中，生成了一个 vnode：

```
JavaScript
const vnode = new VNode(
    `vue - component - ${Ctor.cid}${name ? `- ${name}` : ''}`,
    data, undefined, undefined, undefined, context,
    { Ctor, propsData, listeners, tag, children },
    asyncFactory
)
```

这段代码大家熟悉，那么 createComponent 就做完了。接下来要去做什么呢？我们已经有了组件的虚拟节点，下面肯定就是去渲染组件的真实节点了。那大家知道组件的真实节点是在哪开始渲染的吗？之前可是学过的。

我们在解析组件去 patch 的时候，会生成一个子类，子类会调用大 Vue 上的_init 方法，然后_init 方法会判断如果是一个组件就会运行 initInternalComponent 方法，这个方法之前我们也复制过好几遍了。

```
JavaScript
export function initInternalComponent(
    vm: Component,
    options: InternalComponentOptions
) {
    const opts = (vm.$options = Object.create(vm.constructor.options));
    // doing this because it's faster than dynamic enumeration.
    const parentVnode = options._parentVnode;
    opts.parent = options.parent;
    opts._parentVnode = parentVnode;
```

```
    const vnodeComponentOptions = parentVnode.componentOptions;
    opts.propsData = vnodeComponentOptions.propsData;
    opts._parentListeners = vnodeComponentOptions.listeners;
    opts._renderChildren = vnodeComponentOptions.children;
    opts._componentTag = vnodeComponentOptions.tag;

    if (options.render) {
        opts.render = options.render;
        opts.staticRenderFns = options.staticRenderFns;
    }
}
```

那么我们来分析下，首先获取了 vm.constructor 的 options，注意，这里的 vm 指的是子类，通过 extend 方法生成的子类，其 constructor 就是大 Vue，所以，这里获取的是大 Vue 的 options。然后，我们获取传入的 options，也就是组件的 options。我们通过获取 options 的_parentVnode 和 parent 赋值给 opts，也就是组件的 options。再往后，我们会依次给组件的 options 上绑定一些从 parentVnode.componentOptions 上获取的字段，这里要说的就是这个 children，也就是组件的 slot，它绑定了 opts 上的_renderChildren 字段上。

那么在_init 时，后面还做了一个 initRender，关于 slot 的解析就在这里：

```JavaScript
// src/core/instance/render.js -- 19
export function initRender (vm: Component) {
    vm._vnode = null                          // the root of the child tree
    vm._staticTrees = null                    // v-once cached trees
    const options = vm.$options
    const parentVnode = vm.$vnode = options._parentVnode
                                              // the placeholder node in parent tree
    const renderContext = parentVnode && parentVnode.context
    vm.$slots = resolveSlots(options._renderChildren, renderContext)
    vm.$scopedSlots = emptyObject
    // bind the createElement fn to this instance
    // so that we get proper render context inside it.
    // args order: tag, data, children, normalizationType, alwaysNormalize
    // internal version is used by render functions compiled from templates
    vm._c = (a, b, c, d) =>createElement(vm, a, b, c, d, false)
    // normalization is always applied for the public version, used in
    // user-written render functions.
    vm.$createElement = (a, b, c, d) =>createElement(vm, a, b, c, d, true)

    // $attrs & $listeners are exposed for easier HOC creation.
    // they need to be reactive so that HOCs using them are always updated
    const parentData = parentVnode && parentVnode.data

    /* istanbul ignore else */
```

```
    if (process.env.NODE_ENV !== 'production') {
        defineReactive(vm, '$attrs', parentData && parentData.attrs || emptyObject, () =>{
            !isUpdatingChildComponent && warn('$attrs is readonly.', vm)
        }, true)
        defineReactive(vm, '$listeners', options._parentListeners || emptyObject, () =>{
            !isUpdatingChildComponent && warn('$listeners is readonly.', vm)
        }, true)
    } else {
        defineReactive(vm, '$attrs', parentData && parentData.attrs || emptyObject, null, true)
        defineReactive(vm, '$listeners', options._parentListeners || emptyObject, null, true)
    }
}
```

整个 initRender 实际上就做了三件事，解析 slot、给 vm 上绑定 createElement，也就是_c 方法，给 $attrs 和 $listeners 绑定响应式。所以我们要去看看 resolveSlots 做了什么。

我们稍微中断一下，回忆一下关于 slot 的部分我们目前都做了什么，首先，在生成组件 vnode 时，slot 会作为 children 传递给 vnode，于是，我们就生成了带 slot 的组件 vnode，然后我们会运行组件的初始化，初始化时会给组件的 vm 实例上绑定解析过后的 slots。那么解析过后的 slots 是什么样的呢？

```
JavaScript
// src/core/instance/render-helpers/resolve-slots.js --8
export function resolveSlots (
    children: ?Array<VNode>,
    context: ?Component
): { [key: string]: Array<VNode> } {
    if (!children || !children.length) {
        return {}
    }
    const slots = {}
    for (let i = 0, l = children.length; i < l; i++) {
        const child = children[i]
        const data = child.data
        // remove slot attribute if the node is resolved as a Vue slot node
        if (data && data.attrs && data.attrs.slot) {
            delete data.attrs.slot
        }
        // named slots should only be respected if the vnode was rendered in the
        // same context.
        if ((child.context === context || child.fnContext === context) &&
            data && data.slot != null
        ) {
            const name = data.slot
            const slot = (slots[name] || (slots[name] = []))
            if (child.tag === 'template') {
```

```
                slot.push.apply(slot, child.children || [])
            } else {
                slot.push(child)
            }
        } else {
            (slots.default || (slots.default = [])).push(child)
        }
    }
    // ignore slots that contains only whitespace
    for (const name in slots) {
        if (slots[name].every(isWhitespace)) {
            delete slots[name]
        }
    }
    return slots
}
```

整个 resolveSlots 方法代码并不多，也不是很复杂。我们来分析下，首先声明了一个 slots 对象，最后返回了这个对象，那么我们就可以知道，其实 vm. $slots 就是一个描述组件内插槽的对象。再往后，其实就是遍历 children，核心其实就是判断是否是具名插槽，如果是具名插槽，那么所属的名字就是该插槽的名字，否则，我们会生成一个 default 属性作为插槽的名字，最后判断如果插槽只有空格，那么就忽略，就是一个边界处理。所以到了这里，其实我们获取了一个具有插槽信息的对象。就像图 7-16 所示这样：

```
                                                                 vue.js:2547
▼{default: Array(1)}
  ▼default: Array(1)
    ▶0: VNode {tag: undefined, data: undefined, children: undefined, text: 'outer', elm: text, …}
     length: 1
    ▶[[Prototype]]: Array(0)
  ▶[[Prototype]]: Object
```

图 7-16　插槽信息图

那么此时，vnode 的部分我们都搞定了，我们看根据这个 vnode，我们生成的 render 函数是什么样的，也就是拼接成的字符串是什么样的，我们最后会根据这个字符串生成最后的 render 函数。那么这就很容易定位了，在 codegen 那个目录下，genElement 方法内部会判断 tag 运行不同的 gen 逻辑，那么 genSlot 就是用来生成 slot 的 render 函数的：

```
JavaScript
// src/compiler/codegen/index.js -- 547
function genSlot (el: ASTElement, state: CodegenState): string {
    const slotName = el.slotName || '"default"'
    const children = genChildren(el, state)
    let res = '_t( ${slotName} ${children ? ',function(){return ${children}}' : ''}'
    const attrs = el.attrs || el.dynamicAttrs
        ? genProps((el.attrs || []).concat(el.dynamicAttrs || []).map(attr => ({
            // slot props are camelized
```

```
            name: camelize(attr.name),
            value: attr.value,
            dynamic: attr.dynamic
        })))
        : null
    const bind = el.attrsMap['v-bind']
    if ((attrs || bind) && !children) {
        res += ',null'
    }
    if (attrs) {
        res += `,${attrs}`
    }
    if (bind) {
        res += `${attrs ? '' : ',null'},${bind}`
    }
    return res + ')'
}
```

我们来看这段代码，首先获取了 slot 的名字，然后会去递归处理 children，基本上只要涉及 children 的解析，最后一定会走递归。然后我们生成了一个_t 包裹的字符串函数，再往后会去拼接属性 attrs，还有 v-bind 等。那么核心其实就是这个_t 方法了，知道去哪找吗？前面说过的。这个_t 方法，其实就是 renderSlot 方法：

```JavaScript
// src/core/instance/render-helpers/render-slot.js
export function renderSlot (
    name: string,
    fallbackRender: ?((() => Array<VNode>) | Array<VNode>),
    props: ?Object,
    bindObject: ?Object
): ?Array<VNode>{
    const scopedSlotFn = this.$scopedSlots[name]
    let nodes
    if (scopedSlotFn) {
        // scoped slot
        props = props || {}
        if (bindObject) {
            if (process.env.NODE_ENV !== 'production' && !isObject(bindObject)) {
                warn('slot v-bind without argument expects an Object', this)
            }
            props = extend(extend({}, bindObject), props)
        }
        nodes =
            scopedSlotFn(props) ||
            (typeof fallbackRender === 'function' ? fallbackRender() : fallbackRender)
    } else {
```

```
            nodes =
                this.$slots[name] ||
                (typeof fallbackRender === 'function' ? fallbackRender() : fallbackRender)
        }

        const target = props && props.slot
        if (target) {
            return this.$createElement('template', { slot: target }, nodes)
        } else {
            return nodes
        }
    }
```

对于这个方法，其内部首先判断是否存在作用域插槽，如果是作用域插槽，那么还会解析 props 以供作用域的模板使用，也就是使用对应插槽的 scopedSlotFn 解析，如果不是就比较简单，直接获取对应名字的插槽即可。最后会返回一个 nodes，这个 nodes 就是对应组件内部插槽的 vnode。

那么插槽的部分也就完成了。总结一下，其实插槽在解析的模板生成 vnode 时，是在父组件解析时，插槽的 vnode 就已经生成了，所以，插槽内我们使用的属性是父组件的，而在解析到组件的时候，会去获取父组件解析的插槽模板来替换 slot，这样是整个插槽的实现过程，那么如果是作用域插槽，其实在解析的时候还会给这个插槽传入一个 props 作为作为参数，就获取到了组件内部的 props 数据。

7.12 keep-alive 源码分析

keep-alive 是 Vue2 中为数不多的内置组件，Vue2 目前只有五个内置组件，猜猜都是哪些？上一小节我们已经讲的 slot 就是内置组件之一，还有我们一直在提的 Vue 的核心组件 component 其实也是内置组件，最后就是 transition 和 transition-group 这两个负责过渡效果的内置组件。最后，就是我们这一小节要讲的 keep-alive 了。

keep-alive 包裹动态组件的时候，会缓存不活动的组件实例，而不是销毁它。换句话说，我们使用 keep-alive 包裹某些组件时，当我们切换组件的状态时，并不会频繁触发销毁钩子，而是会触发 activated 和 deactivated 来反馈给使用者当前组件是否是激活状态。

所以，根据以上的描述，keep-alive 是使用在动态组件上用来保持之前所切换组件的状态。我们大概了解了 keep-alive 的场景和功能。那么我们看一个例子：

```
HTML
<!DOCTYPE html>
<html lang="en">
    <head>
        <meta charset="UTF-8" />
        <meta http-equiv="X-UA-Compatible" content="IE=edge" />
        <meta name="viewport" content="width=device-width, initial-scale=1.0" />
```

```
        <title>Document</title>
    </head>
    <body>
        <div id="app">
            <button @click="changeComponent">切换组件</button>
            <keep-alive>
                <component :is="name"></component>
            </keep-alive>
        </div>
        <script src="./vue.js"></script>
        <script>
            const vm = new Vue({
                el: "#app",
                data() {
                    return {
                        name: "aa",
                    };
                },
                methods: {
                    changeComponent() {
                        if (this.name === "aa") {
                            this.name = "bb";
                        } else {
                            this.name = "aa";
                        }
                    },
                },
                components: {
                    aa: {
                        template: '<p>a</p>',
                    },
                    bb: {
                        template: '<p>b</p>',
                    },
                },
            });
        </script>
    </body>
</html>
```

这是一个简单的小例子，没什么好说的，我们先一点点来看这个组件是怎么实现的：

```JavaScript
// src/core/components/keep-alive.js --59
export default {
```

```
    name: "keep-alive",
    abstract: true,

    props: {
        include: patternTypes,
        exclude: patternTypes,
        max: [String, Number],
    },

    methods: {
        cacheVNode() {},
    },

    created() {
        this.cache = Object.create(null);
        this.keys = [];
    },

    destroyed() {},

    mounted() {},

    updated() {},

    render() {},
};
```

这是关于 keep-alive 的组件内部整体的结构，我们先来看看它写了什么，首先是组件名字，然后 abstract 字段是 true，也就是抽象组件，抽象组件并不会记录到 children 或者 parent 中，那么也就不会渲染 DOM 节点。然后就是三个 props，包含哪些组件，排除哪些组件和缓存组件的最大数量，这几个属性官方都有介绍。

我们继续，按照生命周期的顺序梳理代码，首先就是 created，created 中声明了两个属性，一个空对象 cache，用来缓存组件，一个 keys 数组，用来存储缓存组件的名字。

然后，就是我们的 render：

```
Kotlin
render () {
    const slot = this.$slots.default
    const vnode: VNode = getFirstComponentChild(slot)
    const componentOptions: ?VNodeComponentOptions = vnode && vnode.componentOptions
    if (componentOptions) {
        // check pattern
        const name: ?string = getComponentName(componentOptions)
        const { include, exclude } = this
        if (
            // not included
```

```
            (include && (! name || ! matches(include, name))) ||
            // excluded
            (exclude && name && matches(exclude, name))
        ) {
            return vnode
        }

        const { cache, keys } = this
        const key: ? string = vnode.key == null
            // same constructor may get registered as different local components
            // so cid alone is not enough (#3269)
            ? componentOptions.Ctor.cid + (componentOptions.tag ? `::${componentOptions.tag}` : '')
            : vnode.key
        if (cache[key]) {
            vnode.componentInstance = cache[key].componentInstance
            // make current key freshest
            remove(keys, key)
            keys.push(key)
        } else {
            // delay setting the cache until update
            this.vnodeToCache = vnode
            this.keyToCache = key
        }

        vnode.data.keepAlive = true
    }
    return vnode || (slot && slot[0])
}
```

这里，我们获取 keep - alive 的默认插槽，这个插槽，就是我们写的那个动态组件，我们获取第一个插槽，也就是说，无论在 keep - alive 中写多少个动态的 component，都只获取第一个。

再往后会获取组件的名字，根据传入的 exclude 和 include 参数判断是否要缓存该组件，如果不需要直接返回 vnode 就可以了，否则需要会继续运行后面的逻辑。

获取组件的 key，判断是否在 cahce 中，然后更新当前的 key。如果没有，那么就给两个变量添加内容缓存起来，并且给虚拟节点也就是 vnode 增加了一个 keepAlive 的标识，最后返回这个 vnode，或者第一个插槽。

继续：

```
JavaScript
mounted () {
    this.cacheVNode()
    this.$watch('include', val => {
        pruneCache(this, name => matches(val, name))
    })
    this.$watch('exclude', val => {
```

```
            pruneCache(this, name =>! matches(val, name))
        })
    },
```

再往后就是 mounted，这里面调用了一个 cacheVNode 方法，并且监听了 include 和 exclude 的变化，通过 pruneCache 方法处理了组件，我们看下这两个方法做了什么：

```
JavaScript
methods: {
    cacheVNode() {
        const { cache, keys, vnodeToCache, keyToCache } = this
        if (vnodeToCache) {
            const { tag, componentInstance, componentOptions } = vnodeToCache
            cache[keyToCache] = {
                name: getComponentName(componentOptions),
                tag,
                componentInstance,
            }
            keys.push(keyToCache)
            // prune oldest entry
            if (this.max && keys.length > parseInt(this.max)) {
                pruneCacheEntry(cache, keys[0], keys, this._vnode)
            }
            this.vnodeToCache = null
        }
    }
},
```

大家看，就是从之前声明的那些属性中获取 vnodeToCache，然后把 keyToCache 存到 keys 中，换句话说，cacheVNode 方法就是把之前 render 中缓存的 vnodeToCache，keyToCache 存到对应的 cache，keys 中，当然，还处理了下 max 参数，运行了 pruneCacheEntry 方法：

```
SQL
function pruneCacheEntry (
    cache: CacheEntryMap,
    key: string,
    keys: Array<string>,
    current?: VNode
) {
    const entry: ?CacheEntry = cache[key]
    if (entry && (!current || entry.tag !== current.tag)) {
        entry.componentInstance.$destroy()
    }
    cache[key] = null
    remove(keys, key)
```

```
}
```

如果数量超过 max 的限制了，那么我们就销毁和移除最旧的那一个，也就是传给这个方法的 keys[0]。这块要注意一下，我们删除的不是当前的，而是最旧的那一个。

那么继续：

```
TypeScript
function pruneCache (keepAliveInstance: any, filter: Function) {
    const { cache, keys, _vnode } = keepAliveInstance
    for (const key in cache) {
        const entry: ? CacheEntry = cache[key]
        if (entry) {
            const name: ? string = entry.name
            if (name && ! filter(name)) {
                pruneCacheEntry(cache, key, keys, _vnode)
            }
        }
    }
}
```

这个 pruneCache 方法，就是去遍历 key 找到 include，或者 exclude 对应的名字然后决定是否要删除。因为这两个字段可能会动态变化，所以 watch 监听了一下。

再往后还有 update 和 destroyed 钩子：

```
JavaScript
updated () {
    this.cacheVNode()
},
destroyed () {
    for (const key in this.cache) {
        pruneCacheEntry(this.cache, key, this.keys)
    }
},
```

对于这两个钩子，更新的时候就运行缓存，销毁的时候就运行 pruneCacheEntry 销毁对应的 key 就可以了。

以上就是整个 keep - alive 组件的内容，但是还没完。我们还需要再结合组件的解析过程，看它对 keep - alive 做了哪些特殊的处理。

当我们在处理组件的时候，组件会有 componentVNodeHooks 这些钩子，那么这段代码不知道大家还有印象：

```
TypeScript
// src/core/vdom/create - component.js -- 37
init (vnode: VNodeWithData, hydrating: boolean): ? boolean {
    if (
        vnode.componentInstance &&
        ! vnode.componentInstance._isDestroyed &&
```

```
        vnode.data.keepAlive
    ) {
        // kept - alive components, treat as a patch
        const mountedNode: any = vnode          // work around flow
        componentVNodeHooks.prepatch(mountedNode, mountedNode)
    } else {
        const child = vnode.componentInstance = createComponentInstanceForVnode(
            vnode,
            activeInstance
        )
        child.$mount(hydrating ? vnode.elm : undefined, hydrating)
    }
},
```

当我们组件初始化的时候，如果不是 keepAlive，就会直接获取组件的实例，然后运行 $mount，但是如果是 keepAlive，注意，这个 keepAlive 就是我们之前在组件里定义的那个字段，那么就会运行 prepatch 钩子。

```
JavaScript
prepatch (oldVnode: MountedComponentVNode, vnode: MountedComponentVNode) {
    const options = vnode.componentOptions
    const child = vnode.componentInstance = oldVnode.componentInstance
    updateChildComponent(
        child,
        options.propsData,                      // updated props
        options.listeners,                      // updated listeners
        vnode,                                  // new parent vnode
        options.children                        // new children
    )
},
```

prepatch 钩子其实就是运行了 updateChildComponent 方法，这个方法大家熟悉，我们在组件的那一章节也讲过。到了这里其实就是之前的逻辑了，因为我们对 keep - alive 的处理都完成了。就是单纯更新了。

那么到此，本章我们就全部介绍了。其实第 7 章更像是对前 6 章一些未涉及的知识点的补充，并且大家在学习第 7 章的时候会发现很多概念无非就是重复之前的流程，在核心流程中补足各种细节。

后面还有三大部分，会继续讲 VueRouter、Vuex 以及 VueSSR。

第8章　手写 VueRouter 源码

我们终于翻越了一座大山，不知道您看到这里有没有一种会当凌绝顶的豪迈之感，但是这里想说，恭喜您，您已经不再畏惧源码，已经深谙 Vue2 原理，已经超过了绝大多数使用 Vue2 作为选型的开发者。放眼望去，一片绝美风景。

那么接下来，我们还有三座小山丘，完全不值一提，相信您也可以不费吹灰蜡之力，手到擒来。

这一章，我们来用一整章的篇幅，手写核心 VueRouter 代码，要注意我们本章所讲内容都依赖于 VueRouter 的 3.2.0 版本。在本章开始的部分，会简单介绍项目的初始环境，其实就是用 vue - cli 生成的，然后就开始手写代码，在下一章，会带大家梳理一下源码，让大家不仅可以手写源码，还可以看得懂源码。

8.1　VueRouter 使用简介及项目初始化

本小节我们主要来做一些前置工作，首先带大家熟悉一下 VueRouter 的使用方法，然后再说明一下手写源码的基本环境配置。那么我们开始爬这个小山丘。

首先，我们先用 vue - cli 生成一个项目，具体怎么用法就不说了，这没什么好说的，如果您确实不知道，百度一下您就知道了。要说明的是我们选了哪些配置，如图 8 - 1 所示：

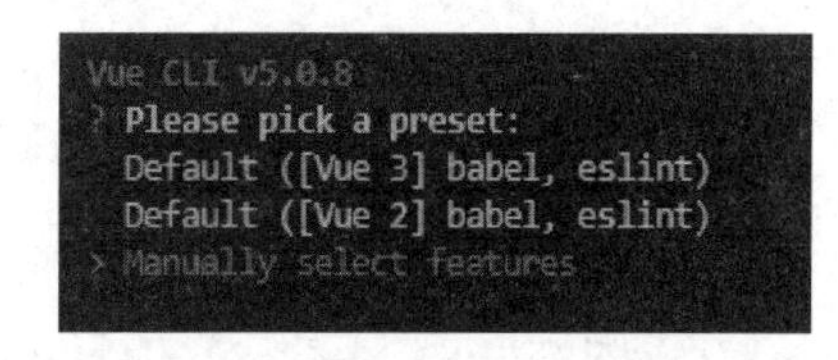

图 8 - 1　vue - cli 选项示例

当我们执行了 vue create xxx 时，会出现一个这样的命令行选取界面，前提是您本地全局安装了 vue - cli。那么我们选择 Manually select features，即手动选择，如图 8 - 2 所示：

```
? Check the features needed for your project: (Press <space> to select, <a> to toggle all, <i> to invert selection, and <enter> to
proceed)
 (*) Babel
 ( ) TypeScript
 ( ) Progressive Web App (PWA) Support
>(*) Router
 ( ) Vuex
 ( ) CSS Pre-processors
 ( ) Linter / Formatter
 ( ) Unit Testing
 ( ) E2E Testing
```

图 8 - 2　vue - cli 选项示例 2

看下图 8 - 2，我们选择 Babel、Router 即可，注意，不同 vue - cli 的版本可能会有些区别，上面的图片没有是否选择 Vue 版本的选项，无所谓，选中空格，按回车后，下一步就是选择 Vue 的版本了，如图 8 - 3 所示：

```
? Check the features needed for your project: Babel, Router
? Choose a version of Vue.js that you want to start the project with
  3.x
> 2.x
```

图 8-3　vue-cli 选项示例 3

当然，我们选择 Vue2，后面还会有一些选项，比如是否用 history 模式，要选否。比如 Babel 的配置代码如何放置，这些随便选，等待一会您的项目就创建好了。底子有了，我们继续，项目生成了先别动，我们就按照您生成的项目代码，继续往后学习。

我们找到编写 router 路由的那个文件，这些代码 vue-cli 都生成了：

```JavaScript
// src/router/index.js
import Vue from "vue";
import VueRouter from "vue-router";
import Home from "../views/Home.vue";

Vue.use(VueRouter);

const routes = [
    {
        path: "/",
        name: "Home",
        component: Home,
    },
        {
        path: "/about",
        name: "About",
        component: () =>
            import(/* webpackChunkName: "about" */ "../views/About.vue"),
        },
    ];

const router = new VueRouter({
    routes,
});

export default router;
```

我们看一下这段代码，平常我们使用的时候或许从来没有真正分析过，拿过来按照文档就用就可以了。所以我们先来细致分析下，这些代码都做了什么。

上面的代码，其实只做了两件事，第一是通过 Vue.use 启用引入的 VueRouter 这个插件，然后第二件事就是把配置好的 routes 数组传给 router 这个实例对象，导出对象，导出的这个对象需要传给 new Vue 作为 options 的参数：

```
JavaScript
// src/main.js
import Vue from 'vue'
import App from './App.vue'
import router from './router'

Vue.config.productionTip = false

new Vue({
    router,
    render: h => h(App)
}).$mount('#app')
```

这样我们的 VueRouter 就可以使用了。基本的背景我们都搞定了。我们再了解下 VueRouter 的一些基本概念和使用方法。

8.1.1 路由模式

VueRouter 中有三种路由模式，分别是 hash、history 以及 abstract。那么如果 VueRouter 检测到您的代码运行环境是浏览器环境，则会默认使用 hash 模式，但如果检测到是 Node.js 的服务器环境，那么则会自动强制进入 abstract 模式。

对于 hash 模式相信大家特别熟悉，就是使用 URL 的 hash 值做路由，兼容所有浏览器。从浏览器的 API 上来说其实就是使用 window.location.hash。那么当 hash 变化的时候，浏览器可以通过 popstate 事件来监测 hash 值的变化，当然也可以通过 hashchange 事件来检测 hash 值的变化。一个新一点，一个旧一点。那没有别的区别？肯定是有的，这个大家自己 MDN 查资料，这不是本书的重点，点到为止。

history 模式其实就是为了让 URL 看起来更像 URL，因为带 hash 的 URL 有点丑，有些对于外貌要求特别高的场景，history 模式就显得十分必要了。另外，在 hash 模式下，服务器端是无法获取 URL 的 hash 值的，也就无法做 SEO 优化，这是单页应用的问题，因为对于在浏览器中的单页应用来说，所渲染的不过就是一个空的 html 页面，其他所有的内容，都是通过 js 添加上去的。

history 模式可以真正改变 URL 路径，并且让服务器知道您所传递的 URL 内容，我们就可以以此实现服务器端渲染，从而进行 SEO 优化。当然，history 模式需要服务器端的支持。history 模式下的 URL 路径是可以通过 HTTP 的 get 请求被服务器获取到的，前提是服务器有这个配置，如果只是前端路由跳转，不一定需要服务器的配合。

8.1.2 路由组件

VueRouter 中提供了两个组件，一是<router-link>组件，该组件支持用户在具有路由功能的应用中（点击）导航。通过 to 属性指定目标地址，默认渲染成带有正确链接的<a>标签，可以通过配置 tag 属性生成别的标签。另外，当目标路由成功激活时，链接元素自动设置一个表示激活的 CSS 类名。这个想必大家都很熟悉了。另外一个是<router-view>，该组件是一个 functional 组件，是渲染路径匹配到的视图组件。<router-view>渲染的组件还可以

内嵌自己的 <router - view>，根据嵌套路径，渲染嵌套组件。

如果您还不太熟悉 VueRouter 的一些使用方法，那么建议去阅读一遍官方文档，这里不再多说。

8.2 给 Vue 组件绑定路由信息

上一节，我们简单搭建了项目，又简单介绍了 VueRouter 的使用方法，以及路由模式和路由组件，其实其他的还有很多，比如动态路由、嵌套路由、编程式路由等，这些都是官方文档上的内容，实在是没必要在这再写一遍，毕竟这是一本讲解源码的书，所以再次强调，如果您实在不熟悉，一定要去看看文档，不然后面，应该也能勉强看得懂。

那么我们开始我们愉快手写源码的旅程。

首先，我们得先建个文件夹，这挺无聊的，不说又不行。我们直接在 src 下建一个叫作 vue - router 的文件夹，这个文件夹下有个入口文件 index.js，就像图 8 - 4 所示：

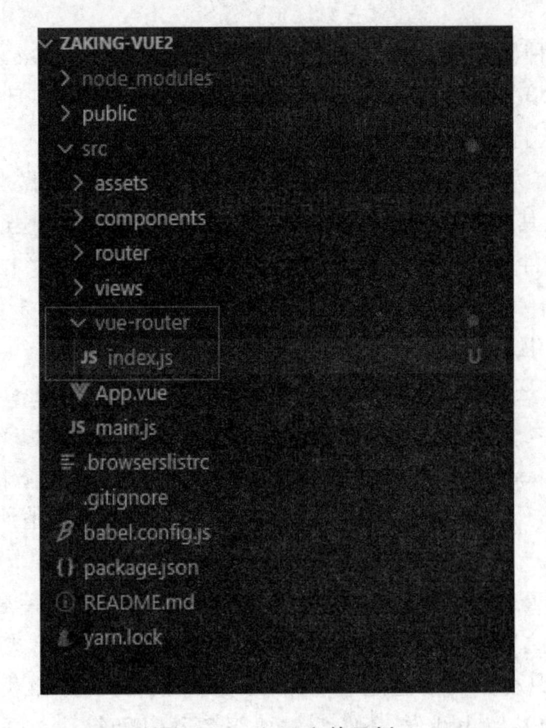

图 8 - 4 入口文件示例

然后，我们来到 router/index.js 中，修改下引用 VueRouter 的代码，其实就是引用我们自己的：

```JavaScript
import Vue from "vue";
// import VueRouter from 'vue - router'
import VueRouter from "@/vue - router";
import Home from "../views/Home.vue";
```

@符号是配置在 webpack 中的 alias，也就是别名，代表 src，当然这个是可以随便配置的。现在我们自己的 VueRouter 什么也没有，肯定是会报错的，不用担心。

我们稍微回忆一下，记不记得之前我们说过我们想要使用 VueRouter，除了两个必须的路由组件不谈，只是纯 JavaScript 的配置，我们需要做两件事，一个是把配置信息传给 Vue，一个是使用 Vue. use 安装 VueRouter。那么我们就先来看看，这部分代码是怎么实现的：

```
JavaScript
export let Vue;
class VueRouter {}

VueRouter.install = function (_Vue) {
    Vue = _Vue;
};
export default VueRouter;
```

首先，我们先把架子搭好，就这点代码其实要说的内容还不少。首先，我们声明了一个 VueRouter 类，然后给这个类上绑定了一个类上的方法 install，目前这个 install 只做了一件事，就是给传入_Vue 赋值了全局声明的 Vue 变量。为什么要写一个给 VueRouter 类上绑定一个 install 方法，直接用 class 不行吗？用 class 不行，用 function 是不是行？

大家回忆一下 Vue. use 这个方法的实现方式，在 Vue. use 中会先判断执行插件的 install 方法，然后判断被执行的这个插件本身，所以 install 的优先级更高，但是优先级高不代表不能直接用 function，直接用 function 也是没问题的。问题是，第一，VueRouter 的源码就是这样实现的；第二，如果用 function，代码组织和设计上就可能不那么好看。当然，这也是为什么 Vue. use 的实现增加了 install 方法，也就是不会固定插件只能是一个函数。

其次，为什么我们导出了一个变量 Vue，并且在 install 方法中赋值了传入的_Vue，这个_Vue 实际上就是使用这个插件的 Vue，为了统一 Vue 的版本，所以这样处理了一下，当从这个文件拿 Vue 的时候，版本一定都是一致的。

那么，这个 install 方法写完了架子，还没有完善内容。我们继续。

我们先给 About 和 Home 组件加上这样的代码：

```
HTML
<script>
export default {
    mounted(){
        console.log(this.$router)
    }
}
</script>
```

当切换路由并触发对应组件的 mounted 钩子时，就能打印出来 router 的信息了。注意这里用的是源码，是用来做测试的，目前，我们还没实现这些内容。

那么看看如何让每一个组件获取路由信息，直接看代码：

```
JavaScript
VueRouter.install = function (_Vue) {
```

```
        Vue = _Vue;
        Vue.mixin({
            beforeCreate() {
                if (this.$options.router) {
                    this._router = this.$options.router;
                } else {
                    this._router = this.$parent._router;
                }
            },
        });
    };
```

就这点代码，问题其实还挺多，首先我们通过 Vue. mixin 在 beforeCreate 生命周期钩子上，加了一段代码，beforeCreate 的内部逻辑仅仅判断了一下 this. $options. router 是否存在，如果存在，就给 this 上绑定一个_router 作为 this. $options. router，而如果不存在，那么就取父级的_router。这乍一看好像没什么问题，但是我们有不少的问题要问。

为什么我们要用 Vue. mixin 合并代码，直接用 Vue. prototype 不行吗？答案是不那么行，为什么呢？因为我们只想传了 router 参数的那个 Vue 实例绑定这个 router 的信息，假设：

```
JavaScript
new Vue({
    router,
    render: (h) => h(App),
}).$mount("#app");

new Vue({
    render: (h) => h(App),
}).$mount("#app");
```

这里 new 了两个 Vue，一个传了 router，一个没传，那如果用原型，不是每一个上面都有 router 了。所以我们使用 mixin 来处理。

那再问，this 指向的是谁呢？我们来简单测试一下，就知道答案了。我们修改下代码，仅测试用：

```
JavaScript
// src/views/About.vue
<script>
export default {
    name:"About",
    mounted(){
        console.log(this.$router)
    }
}
</script>
// src/views/Home.vue
<script>
```

```
export default {
    name:"Home",
    mounted(){
        console.log(this.$router)
    }
}
</script>
// src/main.js
new Vue({
    name: "Vue",
    router,
    render: (h) => h(App),
}).$mount("#app");
```

我们给 About、Home 以及 new Vue 中都加一个 name 参数。然后，我们再在 install 方法中打印一下 this：

```
JavaScript
VueRouter.install = function (_Vue) {
    Vue = _Vue;
    Vue.mixin({
        beforeCreate() {
            if (this.$options.router) {
                this._router = this.$options.router;
            } else {
                this._router = this.$parent._router;
            }
            console.log(this, "this");
        },
    });
};
```

这里，我们发现打印了两次，为什么呢？因为一次是渲染根组件，也就是我们的 App.vue，第二次就是渲染我们的 Home 或者 About 组件，所以这里打印了两次，而这里的 this.$options.router 是 Vue 在初始化的时候合并 options 时就把 router 绑定到 this.$options 上了，所以最开始渲染根组件的时候，只有根组件才有 router 对象，那么想要让子集的所有组件都可以获取到，其实就很简单，当前层级没有，直接从父级获取就好了。

但是！VueRouter 的源码不是这么写的，它是这么写的：

```
Kotlin
VueRouter.install = function (_Vue) {
    Vue = _Vue;
    Vue.mixin({
        beforeCreate() {
            if (this.$options.router) {
                this._routerRoot = this;
```

```
            this._router = this.$options.router;
          } else {
            this._routerRoot = this.$parent && this.$parent._routerRoot;
          }
        },
      });
    };
```

我们看，当是根组件时，我们给 this 上绑定了一个_routerRoot 属性，这个属性其实就是指 Vue 实例。不是根组件，我们直接给当前的 this 绑定一个_routerRoot 就行了。

上面的代码其实就做了两件事：一是给根实例绑定了个_router 属性，就是我们传入的 router。二是给所有组件都绑定了根实例。不对，在组件里用的时候是这样的：this.$router。这个 $router 去哪儿了？

```JavaScript
VueRouter.install = function (_Vue) {
    Vue = _Vue;
    Vue.mixin({
        beforeCreate() {
            if (this.$options.router) {
                this._routerRoot = this;
                this._router = this.$options.router;
            } else {
                this._routerRoot = this.$parent && this.$parent._routerRoot;
            }
        },
    });
    Object.defineProperty(Vue.prototype, "$router", {
        get() {
            return this._routerRoot._router;
        },
    });
};
```

我们通过 defineProperty 在 Vue 的原型上绑定了一个 $router 属性，当取 $router 的时候，就会去取 this 上的根实例的那个 router。不是说过不能用 Vue.prototype 吗？会共享的？没错，是会共享的，但是如果您 new 的 Vue 没传 router，就不会运行 mixin 中的 beforeCreate，也就没有_routerRoot，_router 这些内容了。明白了吗？

8.3 实现路由的扁平化

上一节，我们完成了基本的 install 方法，这一节看看 new VueRouter 的时候传入的 router 这个参数，在 VueRouter 这个类中是如何处理的。

我们在写路由配置代码的时候,是这样写的:

```
Assembly language
const routes = [
    {
        path: "/",
        name: "Home",
        component: Home,
    },
    {
        path: "/about",
        name: "About",
        component: About,
    },
];
```

那么不仅仅是这样,我们还可以再加一层 children:

```
JavaScript
const routes = [
    {
        path: "/",
        name: "Home",
        component: Home,
        children: [
            {
                path: "a",
                component: {
                    render: (h) => <h1>Home a</h1>,
                },
            },
            {
                path: "b",
                component: {
                    render: (h) => <h1>Home b</h1>,
                },
            },
        ],
    },
    {
        path: "/about",
        name: "About",
        component: About,
        children: [
            {
                path: "a",
                component: {
```

```
                    render: (h) => <h1>About a</h1>,
                },
            },
            {
                path: "b",
                component: {
                    render: (h) => <h1>About b</h1>,
                },
            },
        ],
    },
];
```

我们分别给 Home 组件和 About 组件的子集又加了两层。当然,只是这样肯定是用不了的,我们还要在对应的组件里加上路由组件:

```
HTML
// src/views/About.vue
<template>
    <div class="about">
        <h1>This is an about page</h1>
        <router-link to="/about/a">切换 a</router-link>
        <router-link to="/about/b">切换 b</router-link>
        <router-view></router-view>
    </div>
</template>
```

以及:

```
HTML
// src/views/Home.vue
<template>
    <div class="home">
        Home Page
        <router-link to="/a">切换 a</router-link>
        <router-link to="/b">切换 b</router-link>
        <router-view></router-view>
    </div>
</template>
```

就这么简单,接下来要做的就是根据 routes 的配置,构建一个映射关系,也可以理解为路由的扁平化,现在的 routes 的结构方便开发者书写和阅读,但是源码匹配路由查找组件的时候就很不容易了,所以我们要根据 routes 的配置,在源码内部处理一下,换句话说,就是遍历传入的树结构,生成一个映射表。

那么,我们写一下这部分的代码:

```
JavaScript
```

```
function createRouterMap(routes) {
    let pathMap = {};
    routes.forEach((route) =>{
        addRouteRecord(route, pathMap);
    });
    return {
        pathMap,
    };
}
function addRouteRecord(route, pathMap, parentRecord) {}
function createMatcher(routes) {
    let {pathMap} = createRouterMap(routes);
    function addRoutes() {}
    function addRoute() {}
    function match() {}
    return {
        addRoutes,
        addRoute,
        match,
    };
}
class VueRouter {
    constructor(options) {
        let routes = options.routes || [];
        this.matcher = createMatcher(routes);
    }
}
```

我们来看下这段代码，其实很简单，在 VueRouter 这个类的构造函数中获取传入的 routes，然后再传给 createMatcher 方法。暂时先不用管 matcher 是什么，后面再说，我们先看代码。然后，createMatcher 又运行了一个 createRouterMap 方法，并且返回了三个方法。createRouterMap 又遍历了 routes，然后让每一个 route 运行 addRouteRecord 方法，所以核心就是执行了 addRouteRecord 这个方法：

```
JavaScript
function addRouteRecord(route, pathMap, parentRecord) {
    let path = parentRecord
        ? '${parentRecord.path === "/" ? "/" : '${parentRecord.path}/'}${
            route.path
        }'
        : route.path;
    let record = {
        path,
        component: route.component,
    };
    if (! pathMap[path]) {
```

```
        pathMap[path] = record;
    }
    route.children &&
        route.children.forEach((childRoute) =>{
            addRouteRecord(childRoute, pathMap, record);
        });
}
```

我们看下，这段代码其实很简单，首先我们获取了 path，由于存在嵌套路由的可能，所以我们要拼接下字符串，逻辑很简单，如果存在父路由就拼接一下，否则就直接用 path。然后我们声明一个对象 record，这个对象其实就是从 routes 数组中获取路径以及路径对应的组件，当然在源码中可不只是这点。再往后，判断 pathMap 上存不存在，不存在就加上，最后递归 children 就可以了。

那么我们继续完成其他方法的实现，我们先来实现下 addRoutes，大家猜，好熟悉的台词，大家猜要怎么实现？直接用 createRouterMap 不就可以了吗？没错，但是我们要稍稍修改下代码：

```JavaScript
function createRouterMap(routes, pathsMap) {
    let pathMap = pathsMap || {};
    routes.forEach((route) =>{
        addRouteRecord(route, pathMap);
    });
    return {
        pathMap,
    };
}
```

我们修改下 createRouterMap 方法，让它可以接收第二个参数。然后，我们去实现 addRoutes 方法：

```JavaScript
function addRoutes(routes) {
    createRouterMap(routes, pathMap);
}
```

是不是简单。继续，那 addRoute 不是也一样？没错。

```JavaScript
function addRoute(route) {
    createRouterMap([route], pathMap);
}
```

大家可以自己去试一下这两个方法，手动动态添加一下，打印后看看效果，这里不写了。

那么最后我们来看 match 方法的实现，也简单：

```JavaScript
function match(location) {
```

```
    return pathMap[location];
}
```

简单吧。OK，手写完了，想必大家也对这几个方法有了一定的认识，我们简单说明一下这几个方法都是做什么的。

addRoutes 方法就是动态添加多条路由，当然，官网上说已经废弃了，我们用 addRoute 就可以了，addRoute 则会添加一条路由规则。match 方法则会根据传入的 path 返回对应的路由信息。其实不说根据上面的代码大家也能知道是什么意思了。

接下来，我们来拆分一下代码，毕竟都写一起不太像一个开源项目。

首先，我们新建一个 vue－router/create－matcher.js，然后把 createMatcher 方法复制进来，并且默认导出：

```
JavaScript
// src/vue-router/create-matcher.js
import createRouterMap from "./create-router-map";
export default function createMatcher(routes) {
    let { pathMap } = createRouterMap(routes);
    function addRoutes(routes) {
        createRouterMap(routes, pathMap);
    }
    function addRoute(route) {
        createRouterMap([route], pathMap);
    }
    function match(location) {
        return pathMap[location];
    }
    return {
        addRoutes,
        addRoute,
        match,
    };
}
```

然后，我们再创建一个 create－router－map.js 文件：

```
JavaScript
// src/vue-router/create-router-map.js
export default function createRouterMap(routes, pathsMap) {
    let pathMap = pathsMap || {};
    routes.forEach((route) =>{
        addRouteRecord(route, pathMap);
    });
    return {
        pathMap,
    };
}
```

```
function addRouteRecord(route, pathMap, parentRecord) {
    let path = parentRecord
        ? '${parentRecord.path === "/" ? "/" : '${parentRecord.path}/'}${
            route.path
        }'
        : route.path;
    let record = {
        path,
        component: route.component,
    };
    if (!pathMap[path]) {
        pathMap[path] = record;
    }
    route.children &&
        route.children.forEach((childRoute) =>{
            addRouteRecord(childRoute, pathMap, record);
    });
}
```

这样就完成了，然后我们在 index.js 中直接引用就行了：

```JavaScript
import createMatcher from "./create-matcher";
import install, { Vue } from "./install";
class VueRouter {
    constructor(options) {
        let routes = options.routes || [];
        this.matcher = createMatcher(routes);
    }
}

VueRouter.install = install;
export default VueRouter;
```

看，没错，我们还要把 install 方法也拆出去，那就创建个 install.js 文件：

```JavaScript
// src/vue-router/install.js
export let Vue;
export default function install(_Vue) {
    Vue = _Vue;
    Vue.mixin({
        beforeCreate() {
            if (this.$options.router) {
                this._routerRoot = this;
                this._router = this.$options.router;
            } else {
```

```
                this._routerRoot = this.$parent && this.$parent._routerRoot;
            }
        },
    });
    Object.defineProperty(Vue.prototype, "$router", {
        get() {
            return this._routerRoot._router;
        },
    });
}
```

整个代码的拆分就完成了,上面把所有的代码都复制出来,因为暂时的代码还不多,这样搞没什么问题。

那么到此,这一小节我们就实现了路由的扁平化,可以直接放到路由信息里了。

8.4 实现路由系统

这一节,我们就继续根据之前所实现的内容,完成整个路由系统的实现。我们现在有了扁平化的路由信息,但是我们还需要根据不同的路由模式,也就是 mode,是 hash 或是 history 来构建我们的路由系统。

我们来看下这怎么回事:

```
JavaScript
// src/vue-router/index.js
class VueRouter {
    constructor(options) {
        let routes = options.routes || [];
        this.matcher = createMatcher(routes);
        let mode = options.mode;
        if (mode === "hash") {
            this.history = new HashHistory();
        } else if (mode === "history") {
            this.history = new BrowserHistory();
        }
    }
}
```

我们给 VueRouter 这个类增加了一点逻辑,就是判断是什么模式,会根据不同的模式生成的结果给实例上绑定一个 history 属性。

那么我们先创建一个新的文件夹 src/vue-router/history。再在该文件夹下创建一个 hash.js 文件和 history.js 文件,分别对应 HashHistory 和 BrowserHistory 这两个类。

那么还有可能我们这两个类有一些公共的逻辑,所以我们还需要创建一个 base.js 用来存放两个类都用得到的部分。

```JavaScript
// src/vue-router/history/base.js
class Base {}

export default Base;
```

然后，就是我们的 HashHistory：

```Scala
// src/vue-router/history/hash.js
import Base from "./base";

class HashHistory extends Base {}

export default HashHistory;
```

最后是 BroswerHistory：

```JavaScript
// src/vue-router/history/history.js
import Base from "./base";

class BrowserHistory extends Base {}

export default BrowserHistory;
```

当然我们别忘了在 index.js 中导入这两个类：

```JavaScript
import HashHistory from "./history/hash";
import BrowserHistory from "./history/history";
```

最后，我们还要在使用的时候加上这个模式，当然我们也可以处理成默认是 hash 模式，都可以：

```JavaScript
// src/router/index.js
const router = new VueRouter({
    mode: "hash",
    routes,
});
```

那么，我们在 new 这两个类时还应该传入一个参数，不然怎么根据传入的数据写逻辑：

```JavaScript
// src/vue-router/index.js
class VueRouter {
    constructor(options) {
        let routes = options.routes || [];
        this.matcher = createMatcher(routes);
```

```
        let mode = options.mode;
        if (mode === "hash") {
            console.log(this);
            this.history = new HashHistory(this);
        } else if (mode === "history") {
            this.history = new BrowserHistory(this);
        }
    }
}
```

我们把 this 传给这两个类，那大家看到这里印了 this，那么传入的这个 this 指向的是谁呢？是 router 实例。那么我们继续写那三个类：

```
JavaScript
// src/vue-router/history/hash.js
import Base from "./base";

class HashHistory extends Base {
    constructor(router) {
        super(router);
    }
}

export default HashHistory;
```

然后是 BrowserHistory，跟 HashHistory 一样：

```
JavaScript
import Base from "./base";

class BrowserHistory extends Base {
    constructor(router) {
        super(router);
    }
}

export default BrowserHistory;
```

最后是 Base：

```
JavaScript
// src/vue-router/history/base.js
class Base {
    constructor(router) {
        this.router = router;
    }
}
```

```
export default Base;
```

到现在，我们的准备工作基本上都搞定了。下面开始实现这部分的逻辑。回忆一下，在hash 模式下，当我们直接打开页面地址，比如本地的 localhost:8080/，hash 模式会自动给我们加上一个 #/。所以，先来处理这个逻辑：

```
JavaScript
// src/vue-router/history/hash.js
import Base from "./base";

function ensureSlash() {
    if (window.location.hash) {
        return;
    }
    window.location.hash = "/";
}

class HashHistory extends Base {
    constructor(router) {
        super(router);
        ensureSlash();
    }
}

export default HashHistory;
```

这里我们增加一个 ensureSlash 方法，这个方法的内部逻辑很简单，就是判断是否存在 window.location.hash 如果存在就不管，不存在就把 hash 设置为/就可以了。我们可以使用自己实现的 VueRouter 测试一下，没有一点问题。

那么接下来我们要做什么呢？大家想象一下，我会通过切换 router-link 改变 hash，从而切换组件的渲染，那么这中间就缺了点内容，这时需要监测 hash 的变化，这样才能切换组件。我们来实现这部分监测的代码。

```
JavaScript
// src/vue-router/history/hash.js
function getHash() {
    return window.location.hash.slice(1);
}
class HashHistory extends Base {
    constructor(router) {
        super(router);
        ensureSlash();
    }
    setupListener() {
        window.addEventListener("hashchange", () =>{
            console.log(getHash());
```

```
        });
    }
}
```

我们给 HashHistory 增加一个 setupListener 方法，其实就是添加个 hashchange 的事件，然后运行一下 getHash 获取一下当前的 hash 是什么。同样要给 BrowserHistory 也加上：

```
JavaScript
import Base from "./base";

class BrowserHistory extends Base {
    constructor(router) {
        super(router);
    }
    setupListener() {
        window.addEventListener("popstate", () =>{
            console.log(window.location.pathname);
        });
    }
}

export default BrowserHistory;
```

没什么区别，事件不同而已。

那么，我们还需要做一下初始化的工作，不然怎么渲染匹配到哪个根路径的组件呢？

```
JavaScript
// src/vue-router/install.js
Vue.mixin({
    beforeCreate() {
        if (this.$options.router) {
            this._routerRoot = this;
            this._router = this.$options.router;
            this._router.init(this);
        } else {
            this._routerRoot = this.$parent && this.$parent._routerRoot;
        }
    },
});
```

我们在 install 里加上一句话，这里的 this 指的是谁？这里的 this 是 Vue 实例，因为 mixin 里面的代码实际上执行者是 Vue，是在 new Vue 的时候执行的，所以这里的 this 是 Vue 实例，之前说过，这里再强调一遍，this 和 new VueRouter 里的 this 可不是同一个。

那么既然调用了 router 上的 init，那么我们就给 router 加一个 init 方法：

```
JavaScript
class VueRouter {
```

```
    constructor(options) {
        // ...
    }
    init(app){
        let history = this.history;
        history.setupListener();
    }
}
```

我们给 VueRouter 加了一个 init 方法，这个方法就调用了 constructor 中获取的 history，history 就是对应的模式类的实例了。我们试一下，看能不能打印出来，当然我们现在还没实现后面的内容，那可以通过手动在地址栏 URL 的 hash 后面添加，并且通过浏览器的前进后退看是否能打印出来 hash 后的路径，没问题，继续。

现在通过浏览器事件，可以监测 hash 的变化，下一步，我们就得通过获取到的路径去匹配组件。

VueRouter 中有个核心的方法叫作 transitionTo，也就是通过这个方法匹配的：

```JavaScript
// src/vue-router/history/base.js
class Base {
    constructor(router) {
        this.router = router;
    }
    transitionTo(location, listener) {
        let record = this.router.match(location);
        listener && listener();
    }
}

export default Base;
```

我们给 Base 类加了一个 transitionTo 方法，接收两个参数，一个是 location，一个是 callback 回调。这好像不太对，你这个 this. router. match 是从哪来的。this. router 就是传入的 router，但是 router 上没有 match 方法？没错，需要给 VueRouter 这个类加一个 match 方法：

```JavaScript
class VueRouter {
    constructor(options) {
        //...
    }
    match(location) {
        return this.matcher.match(location);
    }
    init(app) {
        //...
    }
```

```
}
```

其实，就是获取了我们 matcher 上的 match 方法。

那么我们是在哪里调用 transitionTo 的呢？

```
JavaScript
// src/vue-router/index.js
init(app) {
    let history = this.history;
    history.transitionTo(history.getCurrentLocation(), () =>{
        history.setupListener();
    });
}
```

在 init 的时候，我们直接调用了 transitionTo，然后传入了 history 上获取路径的方法 getCurrentLocation，当然现在我们还没有这个方法，稍后写一下，然后再把监听事件作为回调传了进去，当初始化渲染完了之后，才开始监听路径的变化。

那继续看下 getCurrentLocation 是怎么写的：

```
JavaScript
// src/vue-router/history/hash.js
class HashHistory extends Base {
    //...
    getCurrentLocation() {
        return getHash();
    }
}
```

这里直接返回这个的 getHash 方法就可以了。当然，我们还要处理下 BrowserHistory：

```
JavaScript
// src/vue-router/history/history.js
class BrowserHistory extends Base {
    //...
    getCurrentLocation() {
        return window.location.pathname;
    }
}
```

这样，就在初始化的时候可以获取路径了。这节到这里就结束了。

8.5 实现 routerLink 组件

上一节，我们实现了初始化部分的路由匹配，但是我们还要通过 router-link 组件切换路径，通过 view-router 来渲染组件。所以这一节，我们就来写一下这两个组件。

```
JavaScript
```

```
// src/vue-router/install.js
export default function install(_Vue) {
    //...
    Vue.component("router-link", {
        render() {
            return <a>{this.$slots.default}</a>;
        },
    });
    Vue.component("router-view", {
        render() {
            return <div>还没有</div>;
        },
    });
}
```

我们先来注册两个组件，一个是 router-link，一个是 router-view。下面继续完善 router-link 这个组件：

```JavaScript
Vue.component("router-link", {
    props: {
        to: { type: String, required: true },
        tag: { type: String, default: "a" },
    },
    methods: {
        handler() {
            this.$router.push(this.to);
        },
    },
    render() {
        let tag = this.tag;
        return <tag onClick={this.handler}>{this.$slots.default}</tag>;
    },
});
```

我们加了两个 props，这样就可以在使用组件的时候传入路径以及自定义标签了。然后，绑定了一个点击事件，这个事件调用了 $router 上的 push 方法，我们写一下这个 push 方法：

```JavaScript
// src/vue-router/index.js
class VueRouter {
    constructor(options) {
        // ...
    }
    match(location) {
        return this.matcher.match(location);
    }
```

```
    push(location) {
        this.history.transitionTo(location, () =>{
            window.location.hash = location;
        });
    }
    init(app) {
        // ...
    }
}
```

这个 push 实际上是直接就调用了 transitionTo 方法，并且在传入的回调函数中修改了浏览器 URL 的 hash 地址，这样就可以让浏览器的 hash 根据我们的点击变化而变化。大家可以在 transitionTo 方法里打印一下 record，看看点击切换的时候，是否能正确打印数据。

当我们在 transitionTo 方法中改变了 hash 值后，我们理应在监测 hash 变化的时候也 transitionTo 一下：

```
JavaScript
// src/vue-router/history/hash.js
class HashHistory extends Base {
    constructor(router) {
        super(router);
        ensureSlash();
    }
    setupListener() {
        window.addEventListener("hashchange", () =>{
            this.transitionTo(getHash());
        });
    }
    getCurrentLocation() {
        return getHash();
    }
}
```

那么问题就来了，点击 router-link，调用了 transitionTo，然后 hash 变化了，浏览器事件发现它变化了又，就运行了一遍 transitionTo，所以，这里我们要在 transitionTo 中拦截一下。那我不在 hashchange 里边 transitionTo 可以吗？已经点击了，就跳转，如果只是这样，那肯定没问题，但是这里忽略了用户可能会手动点击浏览器的前进后退按钮。

其实，就是我们目前有两种情况会触发 hash 的变化，一个是手动点击页面的 router-link，一个是浏览器的前进后退，但是当我们点击了 router-link 的情况，同时也触发了浏览器事件，所以要额外处理一下才行。现在我们还解决不了，后面一点点再来解决这个问题。

我们先继续。大家想象一下，如果要匹配/about/arouter-view 这个路径，router-view 是怎么来渲染？其实我们是在 App 中放了一个 router-view 来渲染 about 组件，然后在 about 组件中又放了一个 router-view 渲染 a 组件和 b 组件，那这要怎么做呢？这确实稍微复杂点，但是不难。

我们需要维护一个依赖关系，就是一个数组，这个数组按照倒序的方式，也就是从父到子的排列顺序，用/about/a 举例：

```
JavaScript
[aboutRecord,aboutARecord];
```

就这样，对吗？递归，没错，但是递归的前提是我们能从某一个 record 中获取 parent，所以我们还需要添加 parent：

```
JavaScript
// src/vue-router/create-router-map.js
function addRouteRecord(route, pathMap, parentRecord) {
    //...
    let record = {
        path,
        component: route.component,
        parent: parentRecord,
    };
    // ...
}
```

直接在这个方法里加一下 parent 就可以了。那么继续：

```
JavaScript
// src/vue-router/history/base.js
class Base {
    constructor(router) {
        this.router = router;
        this.current = createRoute(null, {
            path: "/",
        });
    }
    transitionTo(location, listener) {
        let record = this.router.match(location);
        let route = createRoute(record, { path: location });
        this.current = route;
        listener && listener();
    }
}
```

我们看，先新增了一个 current 属性，这个 current 记录的就是当前的路径信息，它接收两个参数，一个是路径的 record，也就是路径所包含的那些数据，另外一个其实是 options，但是目前只有一个 path。然后当我们调用 transitionTo 的时候，同样会根据当前的 record 生成一个新的 route，重新把 route 赋值给 current。那么 record 和 current 有什么区别呢？record 只是当前 hash 路径的所有参数信息，而 current，目前只有路径及其后续依赖的组件。

那么我们看下 createRoute 是怎么实现的：

```JavaScript
function createRoute(record, location) {
    let matched = [];
    if (record) {
        while (record) {
            matched.unshift(record);
            record = record.parent;
        }
    }
    return {
        ...location,
        matched,
    };
}
```

其实很简单，就是维护了一个 matched 数组，我们会判断是否存在 record，并递归往数组的头部放一个又一个的 parent，直到没有为止。

那么现在，就可以解决前面那个点击链接触发两次的问题了。

```JavaScript
// src/vue-router/history/base.js
transitionTo(location, listener) {
    let record = this.router.match(location);
    let route = createRoute(record, { path: location });
    if (
        location === this.current.path &&
        route.matched.length === this.current.matched.length
    ) {
    return;
    }
    this.current = route;
    listener && listener();
}
```

我们直接修改 transitionTo 方法，增加一点判断逻辑即可。这里为什么要这样判断，因为不单要判断我们传入的路径是否跟 current 一样，可能路径一样，但是子集有了区别，所以我们要判断子集的长度。这样就不会重复调用两次了。

那么到这里我们实现了 router-link 组件，并且完善了其余的匹配细节，为了我们后面做准备。下一小节，我们就来实现它的响应系统以及 view-router 组件。

8.6 实现 routerView 组件

我们继续看看如何实现路由的响应，大家想想我们是在 Vue 中使用的插件，那我们直接用 Vue 的响应式系统不就可以了吗？

```
Kotlin
// src/vue-router/install.js
Vue.mixin({
    beforeCreate() {
        if (this.$options.router) {
            this._routerRoot = this;
            this._router = this.$options.router;
            this._router.init(this);
            Vue.util.defineReactive(this, "_route", this._router.history.current);
        } else {
            this._routerRoot = this.$parent && this.$parent._routerRoot;
        }
    },
});
```

在这个 mixin 里面，我们加上一个响应式，我们在 Vue 分析的时候详细说过，但是这样访问还是有点麻烦，所以 VueRouter 还做了一个处理，就是 $route：

```
JavaScript
Object.defineProperty(Vue.prototype, "$router", {
    get() {
        return this._routerRoot._router;
    },
});
Object.defineProperty(Vue.prototype, "$route", {
    get() {
    return this._routerRoot && this._routerRoot._route;
    },
});
```

跟 $router 一样。那我们现在试一下好不好，就在 App.vue 里面试一下：

```
HTMLBars
<template>
    <div id="app">
        <div id="nav">
            {{$route}}
            <router-link to="/" tag="span">Home</router-link> |
            <router-link to="/about">About</router-link>
        </div>
        <router-view/>
    </div>
</template>
```

然后我们切换路由，看看信息变了吗？那肯定没变！为什么没变。因为我们写的代码，改变的是 current，而_route 指向 current 的空间地址并没有变，所以无论怎么改，_route 还是_route，压根就没变，那怎么办：

```
JavaScript
// src/vue-router/index.js
init(app) {
    let history = this.history;
    history.transitionTo(history.getCurrentLocation(), () =>{
        history.setupListener();
    });
    history.listen((newRoute) =>{
        app._route = newRoute;
    });
}
```

首先，我们在 init 方法里调用一下 history 上的 listen 方法，当然，现在还没有，等会写，这个 listen 接收一个回调，就做了一件事，给当前的 app._route 重新赋值。继续看 listen 是什么：

```
JavaScript
// src/vue-router/history/base.js
listen(cb) {
    this.cb = cb;
}
```

这个 listen 也很简单，就是 BASE 类里的一个方法，内容就是给 BASE 这个类的实例绑定了一个 cb。然后：

```
JavaScript
// src/vue-router/history/base.js
transitionTo(location, listener) {
    //...
    listener && listener();
    this.cb && this.cb(route);
}
```

我们在 transitionTo 这个方法里调用这个 cb 就可以了，之后传入最新生成的 route。

我们来捋一下，当把插件传给 Vue.use 时，会调用插件的 install 方法，install 方法里就会执行 init，当然这时候还没执行，我们在 new Vue 时，触发了根节点的生命周期，才会去执行。Vue.use 只是把这些代码合并进去了，真正执行的时机是 new Vue 的时候。

当执行 new VueRouter 时，History 类就已经执行了，生成了一个 history 实例，并且绑定到了 VueRouter 的实例上。然后，当我们调用 init 时，就会给 history.listen 传入一个回调。init 的形参 app 就是 Vue 实例，Vue 实例上绑定了_route，没错吧？

点击切换路由，那么就会调用 transitionTo，执行了这个回调，于是就修改了_route 触发了响应式。

这块确实有点乱，需要好好捋一捋。下面我们就要实现 router-view 组件了，实现之前我们来拆一下代码。我们新建一个 components 文件夹，然后在其中创建两个文件：router-link.js 和 router-view.js。然后，把之前写好的 router-link 中的配置部分，复制到 router-link. js 中去：

```
JavaScript
// src/vue - router/components/router - link. js
export default {
    props: {
        to: { type: String, required: true },
        tag: { type: String, default: "a" },
    },
    methods: {
        handler() {
            this. $ router. push(this. to);
        },
    },
    render() {
        let tag = this. tag;
        return <tag onClick = {this. handler}>{this. $ slots. default}</tag>;
    },
};
```

router - view 也一样：

```
JavaScript
// src/vue - router/components/router - view. js
export default {
    render() {
        return <div>还没有</div>;
    },
};
```

那原来的地方这样做就可以了：

```
JavaScript
// src/vue - router/install. js
Vue. component("router - link", routerLink);
Vue. component("router - view", routerView);
```

别忘了引入。我们来看看 routerView 组件怎么实现的：

```
JavaScript
export default {
    functional: true,
    render(h, { parent }) {
        let route = parent. $ route;
        let depth = 0;
        let record = route. matched[depth];
        if (! record) {
            return h();
        }
```

```
            return h(record.component);
        },
    };
```

首先，router - view 是一个函数式组件，它没有上下文，也不参与渲染。那么核心就在这个 render 函数了，首先，render 函数有两个参数，一个就是 h，另外一个是 context 对象，其包含了很多上下文信息，如果不清楚一定要去官网看一下相关的知识。那么我们从这个 context 中获取 parent 和 data 就可以了。

那么当渲染根组件之后才会去渲染根组件下的 router - view 组件，所以我们可以通过 parent 上的 $route 来获取。然后我们还要声明一个 depth，用来确定我们要渲染哪个组件。再往后，我们通过 route 上的 matched 方法，获取对应 depth 的 record，那么后面就比较简单，直接用 record 上的 component 渲染就可以了。

就这么简单？显然这样肯定是有问题的，我们想一下，第一个 routerView 渲染了 Home 组件，然后 Home 组件里还有 routeView 又渲染了 Home，又死循环了，因为我们渲染的 depth 永远都是 0。那继续改：

```
JavaScript
export default {
    functional: true,
    render(h, { parent, data }) {
        data.routerView = true;
        let route = parent.$route;
        let depth = 0;
        while (parent) {
            if (parent.$vnode && parent.$vnode.data.routerView) {
                depth++;
            }
            parent = parent.$parent;
        }
        let record = route.matched[depth];
        if (!record) {
            return h();
        }
        return h(record.component, data);
    },
};
```

我们首先循环判断是否存在 parent，如果存在就一直往上找，而如果符合判断的条件，说明我们找到了 parent，并且这个 parent 有 routerView 组件，那么我们就递增 depth。

我们来捋一下，当我们第一次渲染时，是 App 组件，这个 App 下面有个 router - view，那么我们就要渲染这个 router - view，此时我们 router - view 的 parent 就是这个 App，于是我们从 App 上获取了 $route，并且，设置了 routerView 字段为 true，然后我们从 matched 中获取了对应的组件，渲染上了。

当再点击 Home 或者 About 的时候，此时有两层或者三层，于是我们渲染某一层级的时候，就会一直往上找，看看在第几层，要获取 matched 中的哪一个，就是这个意思。

到这里，我们基本上实现了 VueRouter 的核心内容，下一小节我们再写一写路由守卫是什么样的。

8.7 实现路由守卫

终于，我们快到手写部分的尾声了，这一节其实并不难，整个手写部分最复杂的也就是组件的那部分了。那么让我们愉快的进入 HappyEnding。

首先路由守卫分为全局的和组件的，组件的就写在我们的组件里就可以了，全局的就要这样写：

```
JavaScript
// src/router/index.js
router.beforeEach((fron, to, next) =>{
    setTimeout(() =>{
        next();
    }, 1000);
});
```

也就是通过我们的 VueRouter 实例调用这个方法，当然，路由守卫有好几个，我也不重复文档了，大家自己去仔细看，并且，不仅可以只写一个，还可以写好几个：

```
JavaScript
// src/router/index.js
router.beforeEach((fron, to, next) =>{
    setTimeout(() =>{
        console.log(1);
        next();
    }, 1000);
});
router.beforeEach((fron, to, next) =>{
    setTimeout(() =>{
        console.log(2);
        next();
    }, 1000);
});
```

那接下来我们就看它如何实现的：

```
JavaScript
// src/vue-router/index.js
class VueRouter {
    constructor(options) {
        let routes = options.routes || [];
        this.beforeEachHooks = [];
```

```
        //...
    }
    //...
    beforeEach(cb) {
        this.beforeEachHooks.push(cb);
    }
    init(app) {
        //...
    }
}
```

既然是 VueRouter 实例上的方法，那我们就构造函数里面加上，维护一个 beforeEach-Hooks 数组用来存放每一次调用加进来的回调。这比较简单。

那么接下来呢？我们就需要去 transitionTo 方法中改造并且添加这部分逻辑：

```
JavaScript
// src/vue-router/history/base.js
transitionTo(location, listener) {
    let record = this.router.match(location);
    let route = createRoute(record, { path: location });
    if (
        location === this.current.path &&
        route.matched.length === this.current.matched.length
    ) {
        return;
    }
    let queue = [].concat(this.router.beforeEachHooks);
    runQueue(queue, this.current, route, () =>{
        this.current = route;
        listener && listener();
        this.cb && this.cb(route);
    });
}
```

我们在 transitionTo 中维护一个 queue 数组，这个数组合并了 beforeEachHooks。然后调用了一个 runQueue 方法，这个方法接收一个需要执行的队列，还有一个回调，我们把要更新的部分都放到这个回调里就好了。

```
JavaScript
function runQueue(queue, from, to, cb) {
    function next(index) {
        if (index >= queue.length) return cb();
        let hook = queue[index];
        hook(from, to, () =>next(index + 1));
    }
    next(0);
```

```
}
```

其实代码很简单，在 runQueue 方法中声明了一个 next 方法，接收一个 index 作为参数，一旦 index 大于等于队列长度时，那么说明我们的钩子回调都执行完了，就可以执行后面的逻辑了。否则，我们就取对应的 queue 中的 index 的回调，去执行，整个 beforeEach 方法接受的一个函数中的三个参数，就对应了上面 hook 中的三个参数。

那么如果没有，我们也要执行一下，因为要执行正常的逻辑，所以就执行了 next(0)。简单的 beforeEach 就这样实现了。

8.8 缝缝补补 history 模式

其实整个手写的部分到这里就基本结束了，但是我们并没有处理 history 模式的代码，下面我们再对之前的代码稍微缝缝补补，把 history 模式的部分也完善一下。

我们需要修改下 VueRouter 类中的 push 方法，因为不同模式的 push 调用的 API 是不一样的：

```JavaScript
push(location) {
    return this.history.push(location);
}
```

这样，我们直接获取 history 中的 push，因为 history 会根据不同的模式走不同的类。继续，我们修改这两个模式对应的类，添加一个 push 方法：

```JavaScript
// src/vue-router/history/hash.js
push(location) {
    this.transitionTo(location, () =>{
        window.location.hash = location;
    });
}
```

然后是 history：

```JavaScript
// src/vue-router/history/history.js
class BrowserHistory extends Base {
    constructor(router) {
        super(router);
    }
    setupListener() {
        window.addEventListener("popstate", () =>{
            this.transitionTo(window.location.pathname);
        });
    }
```

```
    getCurrentLocation() {
        return window.location.pathname;
    }
    push(location) {
        this.transitionTo(location, () =>{
            window.history.pushState({}, "", location);
        });
    }
}
```

跟 hash 一样，我们都加了一个 push 方法，只不过调用的 API 不一样，在 history 模式下，我们调用 window. history 切换路径。然后在 setupListener 方法中，我们获取路径的 API 也是不同的。其实就是解耦。

这样，到这里我们的 history 模式也完成了。关于 VueRouter 的手写部分到此就告一段落了，我们稍微回顾一下。

我们先是简单介绍了 VueRouter 的基本使用方法和一些核心配置、组件。接着我们就去实现了 install 方法，绑定了核心的 $ router 和 $ route。再之后我们实现了路由的扁平化，并且实现了一些路由方法，实现了 routerLink、routerView 组件，以及相关的响应式绑定，路由模式的分发等，最后，我们简单实现了一个 beforeEach 守卫。

整个手写的部分只是实现了部分功能，而其中具体的实现则是从源码中抽离了核心思路，用更易理解的方式实现了这些功能。

那么下一节，我们就会去分析整个源码，看看同我们手写的有什么区别。

第 9 章　VueRouter 源码分析

按照惯例，我们手写完了源码，接下来就完整分析下 VueRouter，有了之前手写的基础，再来看源码实际上并不会那么让人摸不到头脑了。

在开始分析源码之前，我们先来回忆下我们之前都做了什么。首先，我们创建了一个基本的项目，这不用多说，要让 VueRouter 插件可以被 Vue. use 使用，所以我们给 VueRouter 这个类上挂载了一个 install 方法。然后解析传入 new VueRouter 的 options，生成一个实例对象，传给 Vue 去初始化。这就是最开始做的事情。

接下来，我们要解析传入的路由参数，把它变成我们想要的那种样子。想要的样子就是，我们希望有一个完整的路径映射，包含完整的信息，组件等。并且在实现这部分内容的同时，也实现了一部分可以对外使用的方法，比如 addRoutes、addRoute 等。

再往后，我们就要根据解析出来的路由信息完成整个路由系统，也就是路由的跳转。路由跳转的第一步，是判断路由模式，我们根据路由模式，生成不同模式的实例，来完成接下来的功能。于是，我们按照模块来划分模式，通用的部分就抽离出去。路由跳转的一个核心方法就是 transitionTo，匹配组件，并执行回调。

继续，我们实现了两个 VueRouter 的内置组件，这两个组件并不复杂。

最后，我们简单实现了 beforeEach 路由守卫，并完善了 history 模式的代码。

那么接下来，我们就按照这样的思路和顺序，看看源码究竟是怎么实现这些内容的，和我们手写的又有哪些区别。

9.1　寻找入口、安装并运行起来

之前分析 Vue2 源码的时候也说过，看源码的第一件事就是寻找它的入口，第二件事就是怎么让它跑起来，好在现在项目的体系结构无非如此，想要寻找入口和跑起来并非多么复杂的事情。

直接 yarn 一下，安装依赖，然后 npm run dev，我们的项目就开始运行了，VueRouter 的例子写的很详细，启动本地服务器后可以在浏览器里自己点点。

接下来，就是寻找入口，它整个的文件目录就不说了，我们着重看下 src 这个文件夹，如图 9 - 1 所示：

文件夹的内容是不是看起来有点熟悉？核心模式，工具文件夹，创建匹配器，创建路由映射表，好像跟我们写的差不多，具体内容我们稍后再说，所以，入口就是 index. js，这也太简单了，确实，比我们找 Vue2 的入口的时候要简单很多，毕竟只是个插件。

我们接下来看看它的入口是怎么写的。

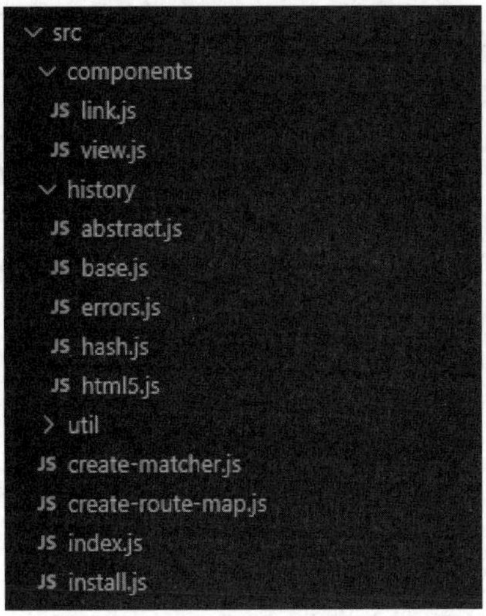

```
src
  components
    link.js
    view.js
  history
    abstract.js
    base.js
    errors.js
    hash.js
    html5.js
  util
  create-matcher.js
  create-route-map.js
  index.js
  install.js
```

图 9-1　vue-cli 选项示例

```
JavaScript
// src/index.js
/* @flow */

// 引入都注释了

export default class VueRouter {}

function registerHook (list: Array<any>, fn: Function): Function {}

function createHref (base: string, fullPath: string, mode) {}

VueRouter.install = install
VueRouter.version = '__VERSION__'

if (inBrowser && window.Vue) {
    window.Vue.use(VueRouter)
}
```

一进来才发现，这入口文件的代码还真不少，我们删除一些内容，先看看整体的代码结构是什么样的。一个核心的 VueRouter 类以及注册钩子和创建路径的方法。这代码这么多，别急，我们得一点一点来，我们没有附上所有的代码，完整的代码也不是一蹴而就写成的，是按照一定的逻辑和脉络梳理的，所以我们循序渐进。

继续，然后就是给 VueRouter 类绑定 install 方法，但是有点奇怪，如果是浏览器环境，并且 window 上存在 Vue，会自动调用 Vue.use，这是什么意思？

在 Vue 后面加载 vue-router，它会自动安装的。

就像这样：

```
JavaScript
<script src="/path/to/vue.js"></script>
<script src="/path/to/vue-router.js"></script>
```

当我们用 script 的方式引入的时候，就会调用刚才所说的部分，自动加载 VueRouter。好，我们再看看 install 是怎么注册的。

```
JavaScript
// src/install.js
import View from './components/view'
import Link from './components/link'

export let _Vue

export function install (Vue) {
    if (install.installed && _Vue === Vue) return
    install.installed = true

    _Vue = Vue

    const isDef = v => v !== undefined

    const registerInstance = (vm, callVal) => {
        let i = vm.$options._parentVnode
        if (isDef(i) && isDef(i = i.data) && isDef(i = i.registerRouteInstance)) {
            i(vm, callVal)
        }
    }

    Vue.mixin({
        beforeCreate () {
            if (isDef(this.$options.router)) {
                this._routerRoot = this
                this._router = this.$options.router
                this._router.init(this)
                Vue.util.defineReactive(this, '_route', this._router.history.current)
            } else {
                    this._routerRoot = (this.$parent && this.$parent._routerRoot) || this
            }
            registerInstance(this, this)
        },
        destroyed () {
            registerInstance(this)
        }
    })
```

```
        Object.defineProperty(Vue.prototype, '$ router', {
            get () { return this._routerRoot._router }
        })

        Object.defineProperty(Vue.prototype, '$ route', {
            get () { return this._routerRoot._route }
        })

        Vue.component('RouterView', View)
        Vue.component('RouterLink', Link)

        const strats = Vue.config.optionMergeStrategies
        // use the same hook merging strategy for route hooks
          strats. beforeRouteEnter  =  strats. beforeRouteLeave  =  strats. beforeRouteUpdate  =
strats.created
    }
```

我们来看这里的整块的代码，其中一大部分我们都手写过，整个 install 方法的核心就是在 Vue 的 beforeCreate 钩子中获取传给 Vue 的 router 选项，并通过 Vue 的 defineReactive 为其绑定响应式。并且这里有一个极其核心的内容，就是调用了 router 实例的 init 方法，这里一定要注意，后面还会涉及。

那么再往后，做了一件我们在手写的时候没做的事情，就是 registerInstance，这个方法是这样的：

```
Plaintext
const registerInstance = (vm, callVal) =>{
    let i = vm. $ options._parentVnode
    if (isDef(i) && isDef(i = i.data) && isDef(i = i.registerRouteInstance)) {
        i(vm, callVal)
    }
}
```

其实它什么也没做，就是获取 Vue 实例上的父节点，并一层层递进判断并获取 registerRouteInstance 方法，存在即调用这个方法。那这个方法做了什么呢？我们会在后面的内容讲到，即在讲 router - view 组件的时候。

我们继续，有了我们手写的基础，其实后面很好理解，给 Vue 的原型绑定了 $ router 和 $ route，这样我们就可以在 Vue 代码中通过 this 获取路由方法及路由信息。然后就是注册两个路由组件。

最后一点代码，是让路由钩子的合并策略使用 Vue 的 created 生命周期钩子的合并策略，在 Vue 中其实可以自定义支持部分的合并策略。

代码我们就分析完了，这里再强调一下 install 节点所做的核心事情：在 Vue 中安装路由并绑定路由获取入口、注册组件、初始化路由系统。

那么基于此，我们在 install 中调用了 router 实例的 init 方法，那么意味着 VueRouter 类中必然有这么一个方法。那么下面我们就看一下 VueRouter 类做了什么。

我们先来看代码，才能继续分析：

```JavaScript
JavaScript
export default class VueRouter {
    // 省略了好多定义

    constructor (options: RouterOptions = {}) {
        this.app = null
        this.apps = []
        this.options = options
        this.beforeHooks = []
        this.resolveHooks = []
        this.afterHooks = []
        this.matcher = createMatcher(options.routes || [], this)

        let mode = options.mode || 'hash'
        this.fallback = mode === 'history' && ! supportsPushState && options.fallback !=
= false
        if (this.fallback) {
            mode = 'hash'
        }
        if (! inBrowser) {
            mode = 'abstract'
        }
        this.mode = mode

        switch (mode) {
            case 'history':
                this.history = new HTML5History(this, options.base)
                break
            case 'hash':
                this.history = new HashHistory(this, options.base, this.fallback)
                break
            case 'abstract':
                this.history = new AbstractHistory(this, options.base)
                break
            default:
                if (process.env.NODE_ENV ! == 'production') {
                    assert(false, 'invalid mode: $ {mode}')
                }
            }
        }
    // 这里也省略了好多方法
    init (app: any /* Vue component instance */) {
        process.env.NODE_ENV ! == 'production' && assert(
            install.installed,
```

```
            'not installed. Make sure to call \'Vue.use(VueRouter)\'' +
            'before creating root instance.'
    )

    this.apps.push(app)

    // set up app destroyed handler
    // https://github.com/vuejs/vue-router/issues/2639
    app.$once('hook:destroyed', () => {
        // clean out app from this.apps array once destroyed
        const index = this.apps.indexOf(app)
        if (index > -1) this.apps.splice(index, 1)
        // ensure we still have a main app or null if no apps
        // we do not release the router so it can be reused
        if (this.app === app) this.app = this.apps[0] || null
    })

    // main app previously initialized
    // return as we don't need to set up new history listener
    if (this.app) {
        return
    }

    this.app = app

    const history = this.history

    if (history instanceof HTML5History) {
        history.transitionTo(history.getCurrentLocation())
    } else if (history instanceof HashHistory) {
        const setupHashListener = () => {
            history.setupListeners()
        }
        history.transitionTo(
            history.getCurrentLocation(),
            setupHashListener,
            setupHashListener
        )
    }

    history.listen(route => {
        this.apps.forEach((app) => {
            app._route = route
        })
    })
```

```
    }
    // 省略了好多方法
```

我们来看,上面的代码,我只保留了 constructor 部分和 init 方法,在我们 install 中使用的时候,就已经是 new 了之后的实例了,所以在 new 的时候率先执行的就是 VueRouter 中的构造函数部分。

代码其实有点多,但是注意一定至少得扫一眼,首先先来看 constructor 的部分,这部分其实就做了两件事。createMatcher 创建扁平化以供 VueRouter 内部使用的路由信息,然后就是 new History 生成对应模式下的 history 实例。模式有哪几种呢? 几种? 再说一遍? 看看代码,再说一遍? 三种!

那么接下来我们就看看 init 方法,最开始做的一件事就是给当前的 Vue 实例绑定一个 destroyed 钩子,当组件销毁的时候,清空对应的 apps 数组,为什么会有一个 apps 数组,不就一个 Vue 实例吗? 那您确定 Vue 中只有一个实例吗? 要是用 Vue.component 方法,再传进去一个 route,会怎么样?

继续再判断一下,如果有,那就不要再重复绑定事件了。然后,后面的这一块其实我们写过,判断下是 HashHistory 还是 HTML5History,调用 transitionTo 方法的时候会据此传入不同的参数,最后就是更新每一个实例的_route 私有属性。

那么这一小节到这里就完成了,我们稍微回忆一下,整个安装的流程是什么样的?

(1) Vue.use 的时候会调用 VueRouter 类上的静态 install 方法。

① install 方法注册了路由信息,为_route 绑定了响应式。

② install 方法还为 Vue 的原型上绑定了路由信息及路由方法,以供 Vue 的使用者在其内部可以通过 this 获取。

③ 最后,install 方法注册了两个内置路由组件。

(2) new VueRouter 的时候。

① 通过 createMatcher 创建了扁平化的路由对照。

② 通过 mode 生成不同模式的路由系统。

(3) init 方法则会在 install 的时候调用。

① 其内部绑定了销毁逻辑。

② 并绑定了对应模式下的事件。

③ 在需要的时候更新路由属性_route。

9.2 解析路由信息

上一小节,我们完整分析了源码的安装、挂载流程及其核心内容,然后我们到了 createMatcher 方法,所以这一小节,我们的核心内容就是分析这个 createMatcher。

```
JavaScript
//
export function createMatcher(
    routes: Array<RouteConfig>,
```

```
    router: VueRouter
  ): Matcher {
    const { pathList, pathMap, nameMap } = createRouteMap(routes)

    function addRoutes(routes) {
      createRouteMap(routes, pathList, pathMap, nameMap)
    }

    function match() {}

    function redirect(record: RouteRecord, location: Location): Route {}

    function alias() {
      // ...
      return _createRoute(null, location)
    }

    function _createRoute() {
      // ...
    }

    return {
      match,
      addRoutes
    }
  }
```

我们通过这段代码可以得知，首先通过 createRouteMap 获取了三个对象，同我们写的差不多，最后返回了 match 和 addRoutes 方法。所以，我们得先来看看 createRouteMap 做了什么：

```
JavaScript
// src/create-route-map.js - 7
export function createRouteMap (
  routes: Array<RouteConfig>,
  oldPathList?: Array<string>,
  oldPathMap?: Dictionary<RouteRecord>,
  oldNameMap?: Dictionary<RouteRecord>
): {
  pathList: Array<string>,
  pathMap: Dictionary<RouteRecord>,
  nameMap: Dictionary<RouteRecord>
} {
  // the path list is used to control path matching priority
  const pathList: Array<string> = oldPathList || []
```

```
    // $flow-disable-line
    const pathMap: Dictionary<RouteRecord> = oldPathMap || Object.create(null)
    // $flow-disable-line
    const nameMap: Dictionary<RouteRecord> = oldNameMap || Object.create(null)

    routes.forEach(route => {
      addRouteRecord(pathList, pathMap, nameMap, route)
    })

    // ensure wildcard routes are always at the end
    for (let i = 0, l = pathList.length; i < l; i++) {
      if (pathList[i] === '*') {
        pathList.push(pathList.splice(i, 1)[0])
        l--
        i--
      }
    }

    if (process.env.NODE_ENV === 'development') {
      // warn if routes do not include leading slashes
      const found = pathList
      // check for missing leading slash
        .filter(path => path && path.charAt(0) !== '*' && path.charAt(0) !== '/')

      if (found.length > 0) {
        const pathNames = found.map(path => `- ${path}`).join('\n')
        warn(false, `Non-nested routes must include a leading slash character. Fix the following routes: \n${pathNames}`)
      }
    }

    return {
      pathList,
      pathMap,
      nameMap
    }
  }
```

这是完整的 createRouterMap 方法，核心又是只做了一件事，就是 addRouteRecord，由于是第一次调用，所以目前还没有 pathList、pathMap、nameMap 这些内容，只有一个 route，然后，还为 * 号路径做了特殊的处理，遍历整个传入的路由配置，如果发现星号，就在原来的位置删除，并 push 到数组的最后面。这样就可以最后匹配星号，所以，无论在什么位置写了通配符，其实都是最后匹配的。

那么，我们继续看一下 addRouteRecord 方法：

```JavaScript
// src/create-route-map.js -- 57
function addRouteRecord (
    pathList: Array<string>,
    pathMap: Dictionary<RouteRecord>,
    nameMap: Dictionary<RouteRecord>,
    route: RouteConfig,
    parent?: RouteRecord,
    matchAs?: string
) {
    const { path, name } = route
    // 注释 warning

    const pathToRegexpOptions: PathToRegexpOptions =
        route.pathToRegexpOptions || {}
    const normalizedPath = normalizePath(path, parent, pathToRegexpOptions.strict)

    if (typeof route.caseSensitive === 'boolean') {
        pathToRegexpOptions.sensitive = route.caseSensitive
    }

    const record: RouteRecord = {
        path: normalizedPath,
        regex: compileRouteRegex(normalizedPath, pathToRegexpOptions),
        components: route.components || { default: route.component },
        instances: {},
        name,
        parent,
        matchAs,
        redirect: route.redirect,
        beforeEnter: route.beforeEnter,
        meta: route.meta || {},
        props:
            route.props == null
                ? {}
                : route.components
                    ? route.props
                    : { default: route.props }
    }

    if (route.children) {
        // 注释 warning
        route.children.forEach(child => {
            const childMatchAs = matchAs
                ? cleanPath(`${matchAs}/${child.path}`)
```

```
          : undefined
        addRouteRecord(pathList, pathMap, nameMap, child, record, childMatchAs)
      })
    }

    if (! pathMap[record.path]) {
      pathList.push(record.path)
      pathMap[record.path] = record
    }

    if (route.alias ! == undefined) {
      const aliases = Array.isArray(route.alias) ? route.alias : [route.alias]
      for (let i = 0; i <aliases.length; ++ i) {
        const alias = aliases[i]
        if (process.env.NODE_ENV ! == 'production' && alias === path) {
          warn(
            false,
            'Found an alias with the same value as the path: "${path}". You have to re-
move that alias. It will be ignored in development.'
          )
          // skip in dev to make it work
          continue
        }

        const aliasRoute = {
          path: alias,
          children: route.children
        }
          addRouteRecord(
            pathList,
            pathMap,
            nameMap,
            aliasRoute,
            parent,
            record.path || '/'          // matchAs
          )
        }
      }

    if (name) {
      if (! nameMap[name]) {
        nameMap[name] = record
      } else if (process.env.NODE_ENV ! == 'production' && ! matchAs) {
        warn(
        false,
```

```
                'Duplicate named routes definition: ' +
                '{ name: "${name}", path: "${record.path}" }'
            )
        }
    }
}
```

这里代码有点多，但是其整个思路还是很清晰的，我们首先从用户定义的配置中获取了 path 和 name，当然，可能没传 name，也就是命名路由，可以通过 name 跳转到对应的 path，所以这里获取了 name，并且维护了一个 nameMap。

在声明 record 对象之前，源码对 route 的一些参数，以及路径做了一些处理，其实就是为了让传入的路径信息满足 URL 的要求。整理完路径后，就声明了一个 record 对象，这个 record 包含了所有路径及对应组件所需的信息。

继续，如果有 children，就递归处理 children。注意，我们这里所有的路径及其对应组件相关信息，最后都会扁平化成一个一维的数组，没有嵌套关系，没有深度。所以递归其实就是把子路径的信息存储到 pathMap 中。

那 pathMap、nameMap、pathList 这三个对象有什么区别？pathMap 是路径及其对应的组件相关信息，nameMap 则是命名路由及其组件的相关信息，pathList 比较简单，只是存了所有的路径地址。

继续，还有两件事要做，一是处理别名，另一是处理命名路由的 nameMap，别名路由会获取到别名和其子路径，然后调用 addRouteRecord 递归，把路径信息加入，nameMap 的处理则比较简单，有就加进去，重复了就报错。

那么，addRouteMap 实际上就是根据路径、别名、命名等相关信息，最终生成了 pathMap、nameMap、pathList 三个对象以供后面跳转使用。

9.3 路由跳转流程

那么到现在，我们处理完了路径信息的扁平化，理解了路由初始化安装的相关内容，所有的前置数据都已准备完毕，下面我们就看看完整的路由跳转流程是什么样的。

之前说过，在 new VueRouter 的时候，整合路由信息后，就是生成 this.history，也就是根据模式执行不同的 History 类来实现真正的跳转逻辑。

整个路由系统的核心可以说由四部分组成：Base 类、Abstract 类、H5History 以及 Hash 类。那么我们先从 Base 看起，看看基础类中有哪些内容。

```
JavaScript
// src/history/base.js -- 16
export class History {
    router: Router
    base: string
    current: Route
    pending: ? Route
```

```
    cb: (r: Route) => void
    ready: boolean
    readyCbs: Array<Function>
    readyErrorCbs: Array<Function>
    errorCbs: Array<Function>

    // implemented by sub-classes
     + go: (n: number) => void
    + push: (loc: RawLocation) => void
    + replace: (loc: RawLocation) => void
    + ensureURL: (push?: boolean) => void
    + getCurrentLocation: () => string

    constructor (router: Router, base: ? string) {
        this.router = router
        this.base = normalizeBase(base)
        // start with a route object that stands for "nowhere"
        this.current = START
        this.pending = null
        this.ready = false
        this.readyCbs = []
        this.readyErrorCbs = []
        this.errorCbs = []
    }

    listen (cb: Function) {
        this.cb = cb
    }

    onReady (cb: Function, errorCb: ? Function) {}

    onError (errorCb: Function) {}

    transitionTo (
        location: RawLocation,
        onComplete?: Function,
        onAbort?: Function
    ) {}

    confirmTransition (route: Route, onComplete: Function, onAbort?: Function) {}

    updateRoute (route: Route) {}
}
```

我们把 Base 类的基本架构附上，大家先了解下都有哪些内容，后面我们在用到的地方会回过头来详细介绍其中对应的部分。整个 Base 类的核心内容其实就是 confirmTransition，这些我们稍后说。

在手写的时候，不知道大家是否还记得，我们要监听路由的变化，那么必然要 addEventListener。那问题来了，您大概知道在哪儿写的添加事件的代码，但是您还记得是在哪儿执行的吗？记不记得我们会调用个 init 方法，init 方法里调用了 history. setupListeners()：

```
JavaScript
export class HashHistory extends History {
    constructor (router: Router, base: ? string, fallback: boolean) {
        super(router, base)
        // check history fallback deeplinking
        if (fallback && checkFallback(this.base)) {
            return
        }
        ensureSlash()
    }

    // this is delayed until the app mounts
    // to avoid the hashchange listener being fired too early
    setupListeners () {}

    push (location: RawLocation, onComplete?: Function, onAbort?: Function) {}

    replace (location: RawLocation, onComplete?: Function, onAbort?: Function) {}

    go (n: number) {
        window.history.go(n)
    }

    ensureURL (push?: boolean) {
        const current = this.current.fullPath
        if (getHash() !== current) {
            push ? pushHash(current) : replaceHash(current)
        }
    }

    getCurrentLocation () {
        return getHash()
    }
}
```

我们看，上面的代码是完整的 HashHistory 的结构，其实内容十分简洁，Abstract 和 H5History 跟这个结构几乎一模一样。

其中核心的方法自然就是 setupListeners 方法，初始化绑定了事件，然后就是一些基本方法如 push、replace、go 以及 getCurrentLocation 等。其中 push、replace 实际上都调用了 transitionTo。我们也说过，在手写代码的时候 transitionTo 就是整个 VueRouter 跳转的核心方法，我们稍后就来介绍它。

那么现在，我们先来看下这个 setupListener 做了什么：

```
JavaScript
// src/history/hash.js -- 22
setupListeners () {
    const router = this.router
    const expectScroll = router.options.scrollBehavior
    const supportsScroll = supportsPushState && expectScroll

    if (supportsScroll) {
        setupScroll()
    }

    window.addEventListener(
        supportsPushState ? 'popstate' : 'hashchange',
        () =>{
            const current = this.current
            if (! ensureSlash()) {
                return
            }
            this.transitionTo(getHash(), route =>{
                if (supportsScroll) {
                    handleScroll(this.router, route, current, true)
                }
                if (! supportsPushState) {
                    replaceHash(route.fullPath)
                }
            })
        }
    )
}
```

整个 setupListeners 做了两件事，一个是初始化滚动，一个是添加 popstate 事件。不是 hashchange 事件吗？这里首先会判断浏览器是否支持 popstate，如果支持优先选择 popstate 事件，理论上讲，在现代浏览器中，无论是 hash 还是 history 都是使用 popstate 来监听路由变化的。

监听的事件回调中，首先判断是否添加了 hash 后缀，也就是 ensureSlash 方法，然后就调用了 Base 类中的 transitionTo 方法，传给 transitionTo 方法的回调中，添加了滚动逻辑，并且判断如果不支持 popstate 方法，那么就执行 replaceHash 的逻辑。

```
JavaScript
function replaceHash (path) {
    if (supportsPushState) {
```

```
        replaceState(getUrl(path))
    } else {
        window.location.replace(getUrl(path))
    }
}
```

replaceHash 方法比较简单，其实就是判断浏览器支持情况来选择替换方法，这个不多说，大家有兴趣可以自己看下，不复杂。

那么现在到了我们最开始说的 Base 中的 transitionTo 方法：

```
JavaScript
// src/history/base.js -- 65
transitionTo (
    location: RawLocation,
    onComplete?: Function,
    onAbort?: Function
) {
    const route = this.router.match(location, this.current)
    this.confirmTransition(
        route,
        () => {
            this.updateRoute(route)
            onComplete && onComplete(route)
            this.ensureURL()

            // fire ready cbs once
            if (! this.ready) {
                this.ready = true
                this.readyCbs.forEach(cb => {
                    cb(route)
                })
            }
        },
        err => {
            if (onAbort) {
                onAbort(err)
            }
            if (err && ! this.ready) {
                this.ready = true
                this.readyErrorCbs.forEach(cb => {
                    cb(err)
                })
            }
        }
    )
}
```

整个 transitionTo 接收三个参数，一个路径，一个成功的回调和一个取消的回调。而 transitionTo 内部实际上就是调用了 confirmTransition，confirmTransition 中接收一个当前路由的信息，以及成功和失败的回调。成功回调中则首先调用了 updateRoute 方法：

```
JavaScript
updateRoute (route: Route) {
    const prev = this.current
    this.current = route
    this.cb && this.cb(route)
    this.router.afterHooks.forEach(hook =>{
        hook && hook(route, prev)
    })
}
```

updateRoute 其实很简单，就是回调，之后调用了 afterHooks 钩子。然后呢就调用了我们传入的 onComplete，并且调用了 ensureURL 方法，ensureURL 则是子类中声明的，比如 Hash 子类中的用来确认路径切换了的方法。接着确定是否已经 ready，如果 ready 了的话，则调用 readyCbs 的钩子，也就是 onReady 的回调内容。错误的回调函数则比较简单，如果需要取消，那么则调用 onAbort 方法取消路由的跳转，最后同样调用 onReady 回调。

那么接下来我们看看 confirmTransition 方法：

```
JavaScript
// src/history/base.js -- 100
confirmTransition (route: Route, onComplete: Function, onAbort?: Function) {
    const current = this.current
    const abort = err =>{
        // 省略了
    }
        // 省略
    const { updated, deactivated, activated } = resolveQueue(
        this.current.matched,
        route.matched
    )

    const queue: Array<? NavigationGuard> = [].concat(
        // in-component leave guards
        extractLeaveGuards(deactivated),
        // global before hooks
        this.router.beforeHooks,
        // in-component update hooks
        extractUpdateHooks(updated),
        // in-config enter guards
        activated.map(m =>m.beforeEnter),
        // async components
        resolveAsyncComponents(activated)
    )
```

```
this.pending = route
const iterator = (hook: NavigationGuard, next) =>{
    if (this.pending !== route) {
        return abort()
    }
    try {
        hook(route, current, (to: any) =>{
        if (to === false || isError(to)) {
        // next(false) ->abort navigation, ensure current URL
        this.ensureURL(true)
        abort(to)
    } else if (
        typeof to === 'string' ||
        (typeof to === 'object' &&
            (typeof to.path === 'string' || typeof to.name === 'string'))
        ) {
            // next('/') or next({ path: '/' }) ->redirect
            abort()
            if (typeof to === 'object' && to.replace) {
                this.replace(to)
            } else {
                this.push(to)
            }
        } else {
            // confirm transition and pass on the value
            next(to)
        }
        })
    } catch (e) {
        abort(e)
    }
}

runQueue(queue, iterator, () =>{
    const postEnterCbs = []
    const isValid = () =>this.current === route
    // wait until async components are resolved before
    // extracting in-component enter guards
    const enterGuards = extractEnterGuards(activated, postEnterCbs, isValid)
    const queue = enterGuards.concat(this.router.resolveHooks)
    runQueue(queue, iterator, () =>{
        if (this.pending !== route) {
            return abort()
        }
        this.pending = null
        onComplete(route)
        if (this.router.app) {
```

```
                this.router.app.$nextTick(() => {
                    postEnterCbs.forEach(cb => {
                        cb()
                    })
                })
            }
        })
    })
}
```

上面的代码省略掉了一部分，核心的内容，也就是其实整个 confirmTransition 方法可以用一句话来概括，就是整合路由钩子和相关方法，然后执行 runQueue 统一执行。

所以其实核心来到了 runQueue 方法：

```
JavaScript
/* @flow */
// src/util/async.js
export function runQueue (queue: Array<?NavigationGuard>, fn: Function, cb: Function) {
    const step = index => {
        if (index >= queue.length) {
            cb()
        } else {
            if (queue[index]) {
                fn(queue[index], () => {
                    step(index + 1)
                })
            } else {
                step(index + 1)
            }
        }
    }
    step(0)
}
```

我们看它做了什么，就是一步一步执行 queue 中的方法，看到这里，我们才知道 confirmTransition 是怎么执行每一个钩子和回调的。传入的 queue 会一遍又一遍执行，直到 index 超过了 queue 的长度，才会执行最后传入的回调。传入的回调则会最后执行一次 runQueue。这样就形成了完整的执行链。每一次 popstate 事件被触发，都会运行一个这样完整的流程。

9.4 路由组件

当我们完成了路由数据的处理、路由系统的生成，最后，就是去处理组件。router-link 组件让我们可以通过点击 DOM 触发更新，router - view 则会帮我们渲染完整的视图。那么我们先来看看 router - link 组件是如何实现的，整个 router - link 的代码还是不少的，我们分块看：

```
JavaScript
// src/components/link.js
export default {
    name: 'RouterLink',
    props: {
        to: {
            type: toTypes,
            required: true
        },
        tag: {
            type: String,
            default: 'a'
        },
        exact: Boolean,
        append: Boolean,
        replace: Boolean,
        activeClass: String,
        exactActiveClass: String,
        ariaCurrentValue: {
            type: String,
            default: 'page'
        },
        event: {
            type: eventTypes,
            default: 'click'
        }
    },
    render (h: Function) {
        // 省略了

        return h(this.tag, data, this.$slots.default)
    }
}
```

我们看，其实它的 props 还是挺多的，是不是第一次发现原来 router - link 可以传这么多 props。最后的 render 返回的内容跟我们写的一样，只不过它 render 函数的部分处理了很多内容：

```
JavaScript
render (h: Function) {
    const router = this.$router
    const current = this.$route
```

```
const { location, route, href } = router.resolve(
  this.to,
  current,
  this.append
)

const classes = {}
const globalActiveClass = router.options.linkActiveClass
const globalExactActiveClass = router.options.linkExactActiveClass
// Support global empty active class
const activeClassFallback =
  globalActiveClass == null ? 'router-link-active' : globalActiveClass
const exactActiveClassFallback =
  globalExactActiveClass == null
    ? 'router-link-exact-active'
    : globalExactActiveClass
const activeClass =
  this.activeClass == null ? activeClassFallback : this.activeClass
const exactActiveClass =
  this.exactActiveClass == null
    ? exactActiveClassFallback
    : this.exactActiveClass

const compareTarget = route.redirectedFrom
  ? createRoute(null, normalizeLocation(route.redirectedFrom), null, router)
  : route

classes[exactActiveClass] = isSameRoute(current, compareTarget)
classes[activeClass] = this.exact
  ? classes[exactActiveClass]
  : isIncludedRoute(current, compareTarget)

const ariaCurrentValue = classes[exactActiveClass] ? this.ariaCurrentValue : null

const handler = e => {
  if (guardEvent(e)) {
    if (this.replace) {
      router.replace(location, noop)
    } else {
      router.push(location, noop)
    }
  }
}

const on = { click: guardEvent }
```

```
        if (Array.isArray(this.event)) {
            this.event.forEach(e => {
                on[e] = handler
            })
        } else {
            on[this.event] = handler
        }

        const data: any = { class: classes }

        const scopedSlot =
            !this.$scopedSlots.$hasNormal &&
            this.$scopedSlots.default &&
            this.$scopedSlots.default({
                href,
                route,
                navigate: handler,
                isActive: classes[activeClass],
                isExactActive: classes[exactActiveClass]
            })

        if (scopedSlot) {
            if (scopedSlot.length === 1) {
                return scopedSlot[0]
            } else if (scopedSlot.length > 1 || !scopedSlot.length) {
                if (process.env.NODE_ENV !== 'production') {
                warn(
                    false,
                    'RouterLink with to = "${
                        this.to
                    }" is trying to use a scoped slot but it didn't provide exactly one child. Wrap-
ping the content with a span element.'
                )
            }
            return scopedSlot.length === 0 ? h() : h('span', {}, scopedSlot)
            }
        }

        if (this.tag === 'a') {
            data.on = on
            data.attrs = { href, 'aria-current': ariaCurrentValue }
        } else {
            // find the first <a> child and apply listener and href
            const a = findAnchor(this.$slots.default)
        if (a) {
```

```
        // in case the <a> is a static node
        a.isStatic = false
        const aData = (a.data = extend({}, a.data))
        aData.on = aData.on || {}
        // transform existing events in both objects into arrays so we can push later
        for (const event in aData.on) {
            const handler = aData.on[event]
            if (event in on) {
                aData.on[event] = Array.isArray(handler) ? handler : [handler]
            }
        }
            // append new listeners for router-link
            for (const event in on) {
                if (event in aData.on) {
                    // on[event] is always a function
                    aData.on[event].push(on[event])
                } else {
                    aData.on[event] = handler
                }
            }

            const aAttrs = (a.data.attrs = extend({}, a.data.attrs))
            aAttrs.href = href
            aAttrs['aria-current'] = ariaCurrentValue
        } else {
            // doesn't have <a> child, apply listener to self
            data.on = on
        }
    }

    return h(this.tag, data, this.$slots.default)
}
```

整个 render 部分的代码还是很多的，有 120 多行，但是其实不用担心，我们来梳理下，最开始通过我们在初始化的时候就已经绑定到 Vue 实例上的 $ router 和 $ route，获取了一些比如 location、route 等数据。

接下来就要处理 classes，也就是我们可能会传入自定义的激活状态的 class 名。判断匹配条件，并且触发激活的 class。

再往后就是触发事件的逻辑，当我们点击的时候，其实就更新了 location，但是由于我们监听了路由变化，所以这里触发的事件仅更新了路由，传入的事件是个 noop。再往后会处理插槽。

最后，就是处理 router - link 的标签，如果是 a 标签，则比较简单，绑定我们之前处理好的事件和属性即可。如果不是 a 标签，则会递归查找子节点有没有 a 标签，如果有，则给该 a 标签绑定对应的事件及属性，如果确定当前节点及子节点都不是 a 标签，则直接绑定事件就可以了，所以，其实建议大家使用 a 标签做路由跳转，因为其更具语义化和丰富完善的属性。

好，简单带大家过了一遍 router - link，如果抛去复杂的额外的功能性内容，核心点其实就是 a 标签触发了点击事件，点击事件，则会调用 router 的 push 方法。

那么继续，我们来看看 router - view 组件，它的代码要少一些：

```
JavaScript
export default {
    name: 'RouterView',
    functional: true,
    props: {
        name: {
            type: String,
            default: 'default'
        }
    },
    render (_, { props, children, parent, data }) {
        // used by devtools to display a router - view badge
        data.routerView = true

        // directly use parent context's createElement() function
        // so that components rendered by router - view can resolve named slots
        const h = parent.$createElement
        const name = props.name
        const route = parent.$route
        const cache = parent._routerViewCache || (parent._routerViewCache = {})

        // determine current view depth, also check to see if the tree
        // has been toggled inactive but kept-alive.
        let depth = 0
        let inactive = false
        while (parent && parent._routerRoot !== parent) {
            const vnodeData = parent.$vnode ? parent.$vnode.data : {}
            if (vnodeData.routerView) {
                depth++
            }
            if (vnodeData.keepAlive && parent._directInactive && parent._inactive) {
                inactive = true
            }
            parent = parent.$parent
        }
        data.routerViewDepth = depth

        // render previous view if the tree is inactive and kept-alive
        if (inactive) {
            const cachedData = cache[name]
            const cachedComponent = cachedData && cachedData.component
            if (cachedComponent) {
```

```
                // #2301
                // pass props
                if (cachedData.configProps) {
                    fillPropsinData(cachedComponent, data, cachedData.route, cachedData.con-
figProps)
                }
                return h(cachedComponent, data, children)
            } else {
                // render previous empty view
                return h()
            }
        }

        const matched = route.matched[depth]
        const component = matched && matched.components[name]

        // render empty node if no matched route or no config component
        if (! matched || ! component) {
            cache[name] = null
            return h()
        }

        // cache component
        cache[name] = { component }

        // attach instance registration hook
        // this will be called in the instance's injected lifecycle hooks
        data.registerRouteInstance = (vm, val) => {
            // val could be undefined for unregistration
            const current = matched.instances[name]
            if (
                    (val && current !== vm) ||
                    (! val && current === vm)
                ) {
                    matched.instances[name] = val
            }
        }

        // also register instance in prepatch hook
        // in case the same component instance is reused across different routes
        ;(data.hook || (data.hook = {})).prepatch = (_, vnode) => {
            matched.instances[name] = vnode.componentInstance
        }

        // register instance in init hook
        // in case kept-alive component be actived when routes changed
        data.hook.init = (vnode) => {
```

```
          if (vnode.data.keepAlive &&
          vnode.componentInstance &&
          vnode.componentInstance !== matched.instances[name]
          ) {
          matched.instances[name] = vnode.componentInstance
          }
      }

      const configProps = matched.props && matched.props[name]
      // save route and configProps in cachce
      if (configProps) {
          extend(cache[name], {
              route,
              configProps
          })
          fillPropsinData(component, data, route, configProps)
      }

      return h(component, data, children)
    }
  }
```

我们把完整的代码附上，一起来看下，首先，router-view 是一个函数式组件，所以它没有 this，我们需要通过 render 方法的第二个参数来获取相关的上下文。

router-view 的 props 就很少，只有一个 name，也就是命名视图。

有时候想同时（同级）展示多个视图，而不是嵌套展示，例如，创建一个布局，有 sidebar（侧导航）和 main（主内容）两个视图，这个时候命名视图就派上用场了。您可以在界面中拥有多个单独命名的视图，而不是只有一个单独的出口。如果 router-view 没有设置名字，那么默认为 default。

这个就不多说了，大家可以自己查阅文档。我们继续看实现。它首先会从父节点去取一些内容，比如 h、route 信息都是从父节点取到的。然后就会递归递归父节点，判断该父节点有没有 routerView 属性，注意，我们最开始给每个 routerView 组件的 data 都绑定了一个 routerView 属性用来判断该节点是否存在 routerView，按照这样的依据，我们就可以递归 routerView 的深度，获取对应的路由。

再后面就是处理 keep-alive 组件相关的内容。然后我们会根据深度，获取对应的路径和组件。最后会执行一些 keep-alive 相关的钩子，返回该深度组件的 render。

所以我们稍微回顾一下，router-view 组件会计算深度，获取对应深度的路径和组件，然后处理 keep-alive 相关的内容，再返回对应组件的 render。

那么源码部分就到此结束了，我们简单分析了基本的核心内容，其中还有很多这里并没有逐一去讲解，比如 keep-alive 相关、路由守卫相关的内容。只是带大家梳理了核心的思路，这些看懂了，剩下的无非就是数据的流转和事件触发的时机知识，大家可以在学完后，再自己深入了解。

第 10 章　手写 Vuex 源码

这一章，我们来手写 Vuex 源码，有了手写 VueRouter 的基础，基本项目结构和项目生成就不说了，唯一的区别就是 vue create 的时候出现的命令行选择部分要选择 vuex 不选 vue-router。

那么按照惯例，我们得先了解下，Vuex 做了一件什么事情，以及它是怎么使用的，以及一些常用的 API 是什么样的。

对了，这次手写 Vuex 的源码，参照的版本是 3.6.2。

10.1　Vuex 使用简介

Vuex 是一个专为 Vue.js 应用程序开发的状态管理模式。它采用集中式存储管理应用所有组件的状态，并以相应的规则保证状态以一种可预测的方式发生变化。

一开始我们就抄了文档中的一句话。嗯，Vuex 是一个状态管理模式，重复了一遍。另外，Vuex 让我们可以使用统一的手段更新状态，并且它是响应式的，也就是说，有五个组件依赖于 Vuex 中的某一个状态，一旦我们在一个组件中提交了更改，那么依赖于该状态的五个组件也都被修改了。

另外，还有一个核心的概念就是“单项数据流”，通过 Actions 修改 state 以触发 view 的更新，就是，在页面上的某一个动作会触发 state 变化，从而更新页面视图。当然，单项数据流永远都只是理想中的概念，一旦有多个视图依赖同一个状态，情况则会变得不那么容易受到控制。

所以，基于此，Vuex 会把组件的共享状态抽取出来，以一个全局单例模式管理。

图 10-1 是官方文档极其重要的一张图示，我们针对此图，展开后续有关 Vuex 的讲解。

在使用 Vuex 的时候，可以在组件内部的代码中(比如某一个 method)通过调用 Vuex 的 Dispatch 提交一个 Action，一个 Action 中往往是一个异步的逻辑，那么当异步的处理结果返回后，就可以再 Commit 触发 Mutation，Mutation 会触发 State 的变化，从而更新视图。

那么要注意，Mutation 是唯一可以改变 State 变化的入口，非它不可。当然 Action 并不一定是一个异步的动作，也可能是点击事件，响应式触发点等，都是可以的，Actions 的意图是去提交一个 Mutation。

额外还有一个 Getters 和 Modules，其中 Getters 就像计算属性一样，getter 的返回值会根据它的依赖被缓存起来，且只有当它的依赖值发生了改变才会被重新计算。

而 Modules 其实就是分割庞大 Vuex 代码的，以用来更好地解耦。由于使用单一状态树，应用的所有状态会集中到一个比较大的对象。当应用变得非常复杂时，store 对象就有可能变得相当不合适。为了解决以上问题，Vuex 允许我们将 store 分割成模块(module)。每个模块

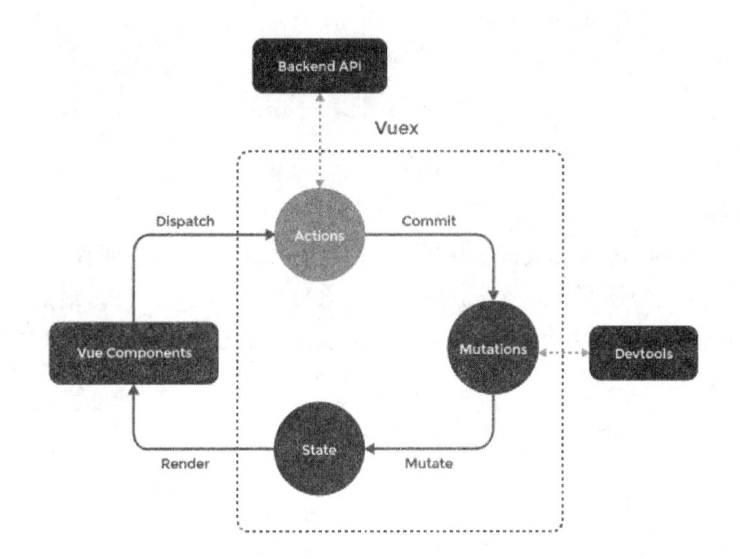

图 10-1 vuex 官方示例图

拥有自己的 state、mutation、action、getter 甚至是嵌套子模块——从上至下进行同样方式的分割。

好，我们大概了解了什么是 Vuex，下面我们看一个小小的例子。

```
JavaScript
// src/store/index.js
import Vue from "vue";
import Vuex from "vuex";

Vue.use(Vuex);

export default new Vuex.Store({
    state: {
        name: "zaking",
    },
    getters: {
        introduce(state) {
            return "hello,I'am" + state.name;
        },
    },
    mutations: {
        changeName(state, payload) {
            state.name = payload;
        },
    },
    actions: {
        changeName({ commit }) {
            setTimeout(() =>{
```

```
                commit("changeName", "zakingwong");
            }, 1000);
        },
    },
    modules: {},
});
```

这是直接在生成的 store/index.js 中写的，我们添加了一个状态叫作 name。然后写了一个 getter 介绍我们自己，还写了一个 mutation 用来修改 name 的状态，最后还有一个异步的 action，在其内部异步提交了一个 mutation。写完了 Vuex 的小代码，我们来试一下：

```
HTMLBars
<template>
    <div id="app">
        <li>{{ $store.state.name}}</li>
        <li>{{ $store.getters.introduce}}</li>
        <button @click="handleMutationClick">改名换姓 mutation</button>
        <button @click="handleActionClick">改名换姓 action</button>
        </div>
</template>

<script>
export default {
    name: 'App',
    methods:{
        handleMutationClick(){
            this.$store.commit('changeName','小王吧')
        },
        handleActionClick(){
            this.$store.dispatch('changeName')
        }
    }
}
</script>
```

大家可以用这个代码来测试一下，当点击 mutation 的时候，就会把 commit 的内容提交后修改 state 的状态，那么在触发 action 的时候，action 的内部在处理完逻辑后，就会提交一个 commit，从而触发 state 的变化。

那么，问题来了，这样写行不行：

```
JavaScript
handleMutationClick(){
    this.$store.state.name = 3;
}
```

答案是，可以的。但是不规范，不推荐，也不应该被应用在生产中。至于为什么这样写是可以的，相信看完后面的内容您就明白了。

10.2 似曾相识的基本实现

因为我们之前已经手写过 VueRouter 了，在基本的框架大致相似的前提下，其实 Vuex 和 VueRouter 的基本代码十分类似，这里也不多说，直接看代码：

```
JavaScript
// src/vuex/index.js
export let Vue;

class Store {
    constructor() {}
}

const install = (_Vue) =>{
    Vue = _Vue;
    Vue.mixin({
        beforeCreate() {
            if (this.$options.store) {
                this.$store = this.$options.store;
            } else if (this.$parent && this.$parent.$store) {
                this.$store = this.$parent.$store;
            }
        },
    });
};

export default {
    Store,
    install,
};
```

大家看是不是跟 VueRouter 基本上一模一样，这里要额外说明一下有区别的地方，VueRouter 把整个根实例绑定到了每一个组件的 this 上，即通过 DefineProperty 获取对应的 $route 和 $router。而 Vuex 这里更简单，直接绑一个 $store 就可以了，没有别的。

然后，我们继续，在 new Vuex 的时候传入了 options，没错，就是那些 mutation、action：

```
JavaScript
class Store {
    constructor(options) {
        let state = options.state;
        let getters = options.getters;
        let mutations = options.mutations;
```

```
        let actions = options.actions;
    }
}
```

对吗？没错。

```
JavaScript
class Store {
    constructor(options) {
    let state = options.state;
    let getters = options.getters;
    let mutations = options.mutations;
    let actions = options.actions;
    this._vm = new Vue({
        data: {
            $ $state: state,
        },
    });
    }
    get state() {
        return this._vm._data.$ $state;
    }
}
```

我们来看这段代码，这段代码所包含的内容不少。首先，我们通过 Vue 中的响应式系统，给当前的 Store 实例绑定了一个_vm 实例，这个_vm 中把 state 传给了 Vue 的 data 选项，并命名为 $ $ state，为什么是 $ $？因为普通的 data 选项中的属性，会被 Vue 代理到 vm 上，记不记得我们在讲 Vue，initData 的阶段，只做了两件事，一是代理 proxy，二是 new Observer，但当我们的命名是 $ $ 开头时，Vue 就不会把它代理到 vm 上，而是只能通过 vm._data.xxx 来获取，换句话说，就是增加一点私密性，不会让我们在 Vue 项目的开发中直接通过 this.获取，另外一方面也避免了命名的冲突。

虽然，$ $ 开头的 data 属性不会被代理，但是它仍旧是响应式的，我们看一下图 10-2：

```
▼_data:
  ▶$$state: Object
  ▶__ob__: Observer {value: {…}, shallow: false, mock: false
  ▶get $$state: ƒ reactiveGetter()
  ▶set $$state: ƒ reactiveSetter(newVal)
  ▶[[Prototype]]: Object
```

图 10-2　$ $ 示例图

于是，通过这样的方式解决了响应式的问题。Vuex 几乎是完全依赖于 Vue 的，没有 Vue，Vuex 什么也做不了。

之后，获取 state 时，通过 Class 类的取值函数，返回 this._vm._data.$ $ state，其实 Class 类的取值函数，就是 Object.defineProperty 中的 get，那么 state 其实我们就搞定了。

接下来，我们要学习这个 computed，是 getters：

```
JavaScript
```

```
constructor(options) {
    let state = options.state;
    let getters = options.getters;
    let mutations = options.mutations;
    let actions = options.actions;

    this.getters = {};
    const computed = {};
    Object.keys(getters).forEach((getterKey) =>{
        computed[getterKey] = () =>{
            return getters[getterKey](this.state);
        };
        Object.defineProperty(this.getters, getterKey, {
            get: () =>{
                return this._vm[getterKey];
            },
        });
    });
    this._vm = new Vue({
        data: {
            $$state: state,
        },
        computed,
    });
}
```

其实，上面说是 computed 没说错。我们看上面的代码，遍历 getters 做了两件事，一件事是把每一个 getterKey 代理到了 this.getters 上，然后当我们取某个 getter 的时候，就从 vm 上取。

给每一个 getterKey 都赋值到了 computed 对象上，返回的就是传入的对应的 getterKey 的那个方法，并且把 this.state 作为回调传了进去，然后，重点来了，我们把 computed 对象传给了 Vue，当我们去取 getters 的时候，实际上取的是 vm 上的计算属性。所以说，getters 就是 computed。

不信？可以试一下：

```
JavaScript
// src/store/index.js
getters: {
    introduce(state) {
        console.log("1");
        return "hello,I'am" + state.name;
    },
},
```

稍稍修改这个 getters，就是加了个 console，然后：

```
HTMLBars
// src/App.vue
<template>
    <div id="app">
        <li>{{ $store.state.name}}</li>
        <li>{{ $store.getters.introduce}}</li>
        <li>{{ $store.getters.introduce}}</li>
        <li>{{ $store.getters.introduce}}</li>
        <li>{{ $store.getters.introduce}}</li>
        <li>{{ $store.getters.introduce}}</li>
        <button @click="handleMutationClick">改名换姓 mutation</button>
        <button @click="handleActionClick">改名换姓 action</button>
    </div>
</template>
```

我们多加几次取值操作,会发现控制台只打印了一次,说明我们写的没问题。

那么,我们把后面两个方法 mutations 和 actions 也写一下：

```
TypeScript
// src/vuex/index.js
class Store {
    constructor(options) {
        let state = options.state;
        let getters = options.getters;
        let mutations = options.mutations;
        let actions = options.actions;

        this.getters = {};
        const computed = {};
        Object.keys(getters).forEach((getterKey) => {
            computed[getterKey] = () => {
                return getters[getterKey](this.state);
            };
            Object.defineProperty(this.getters, getterKey, {
                get: () => {
                    return this._vm[getterKey];
                },
            });
        });
        this._vm = new Vue({
            data: {
                $$state: state,
            },
            computed,
        });
```

```
        this.mutations = mutations;
        this.actions = actions;
    }
    get state() {
        return this._vm._data.$$state;
    }
    commit = (type, payload) =>{
        this.mutations[type](this.state, payload);
    };
    dispatch = (type, payload) =>{
        this.actions[type](this, payload);
    };
}
```

上面是这一阶段是 Store 类的完整代码，我们看新增的那部分，其实 commit 和 dispatch 就很简单。就是调用对应 mutations 和 actions 的方法，并且传入两个参数就完成了。mutations 传入的是当前的 state 和 payload 参数，dispatch 则稍微有些不同，暂时为了方便把 this 传过去了。大家可以用现在的代码试一试之前的例子。

10.3 实现模块收集

我们之前说过，Vuex 使用单一状态树，应用的所有状态会集中到一个比较大的对象中。当应用变得非常复杂时，store 对象就有可能变得相当不合适。所以，Vuex 允许我们将 store 分割成模块(module)，每一个模块都可以有自己的 state、mutations 以及 actions。

那么我们先看一个例子：

```
JavaScript
// src/store/index.js
export default new Vuex.Store({
    //...
    modules: {
        a: {
            state: {
                name: "zakingA",
            },
            mutations: {
                changeName(state, payload) {
                    state.name = payload;
                },
            },
        },
        c: {
            state: {
```

```
                name: "zakingC",
            },
            mutations: {
                changeName(state, payload) {
                    state.name = payload;
                },
            },
        },
    },
});
```

我们在原来的基础上，即在 modules 的配置里，新加了两个模块，一个 a 和一个 c，然后从之前的代码复制了过来，改了一下名字，没问题。

那么我们继续看下要怎么应用，对，我们还没开始写呢，所以引用的 vuex 先切回原来的内容：

```
HTMLBars
// src/App.vue
<br>
<p>a 模块</p>
<p>{{ $store.state.a.name}}</p>
<br>
<p>c 模块</p>
<p>{{ $store.state.c.name}}</p>
```

我们在按钮下面增加一点代码，获取 a 模块和 c 模块中的 name，现在我们的页面是这个样子的，如图 10-3 所示：

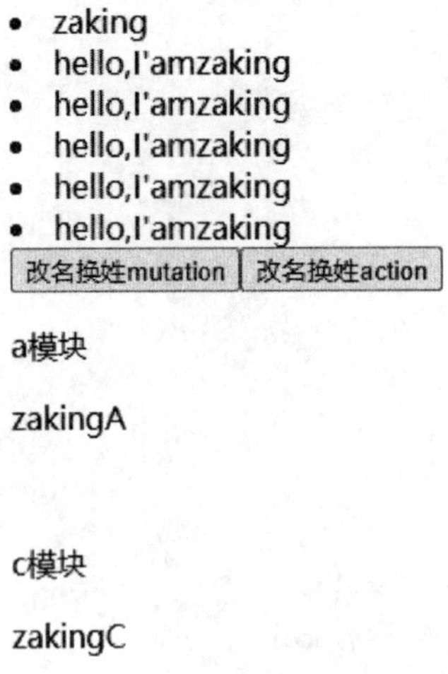

- zaking
- hello,I'amzaking
- hello,I'amzaking
- hello,I'amzaking
- hello,I'amzaking
- hello,I'amzaking

改名换姓mutation 改名换姓action

a模块

zakingA

c模块

zakingC

图 10-3 结果示例图

很好看，那问题来了，现在点击这两个按钮，a 模块和 c 模块的 name 会变化吗？答案是会变化。因为：

在默认情况下，模块内部的 action、mutation 和 getter 是注册在全局命名空间的——这样使得多个模块能够对同一 mutation 或 action 作出响应。

但其实在正常的开发中，我们几乎很少这样使用，因为我们拆分模块的目的就是隔离和解耦，所以 vuex 提供了命名空间的能力：

```
YAML
c: {
    namespaced: true,
    state: {
        name: "zakingC",
    },
    mutations: {
        changeName(state, payload) {
            state.name = payload;
        },
    },
},
```

我们可以通过 namespaced 字段来开启命名空间的能力。增加了 namespaced 字段后，我们再点击按钮试一试？那怎么提交 mutations 呢？

```
HTML
<button @click = " $ store.commit('a/changeName','小王吧 - A')">改名换姓 mutation - A </button>
```

我们在 commit 的第一个参数中，加一个路径就可以实现了。c 模块大家可以自己写了。那么我们再把计算属性也加上，现在 a 模块是这样的：

```
JavaScript
a: {
    namespaced: true,
    state: {
        name: "zakingA",
    },
    getters: {
        introduce(state) {
            return "hello,I'am" + state.name;
        },
    },
    mutations: {
        changeName(state, payload) {
            state.name = payload;
        },
    },
},
```

那么，我们该怎么取这个 getters 呢？

```
HTMLBars
```

```
<p>{{ $store.getters['a/introduce']}}</p>
```

感觉就是有点奇怪。那么问题又来了，假设去掉了模块中的命名空间字段，怎么取全局的和模块内的 getters？注意它们是同名的。换句话说，非命名空间模块内的 getters 会被提升到全局，并且不允许全局与非命名空间模块下的 getters 重名。

OK，我们总结一下，在非命名空间的情况下，模块内 state 会被定义到全局的 state 下，getters 则会提升到根实例且不能重复命名，而同名的 mutations 和 actions 则会一起触发。如有命名空间，state 还是会被定义到全局，getters、mutations、actions 则需要通过命名空间来访问。

又有问题了，我们在取命名空间的 state 的时候是这样取的：

```
HTMLBars
<p>{{ $store.state.a.name}}</p>
```

那我，如果在全局下写这样的 state：

```
JavaScript
export default new Vuex.Store({
    state: {
        name: "zaking",
        a: {
            name: "我故意的",
        },
    },
    // ...
}
```

那这怎么处理？取的时候算谁的？刷新一下页面：

如图 10-4 所示，出现了一个 warning，但是不是报错，那说明这样写也可以，就是不太规范，那您猜，结果是什么？结果就是 modules 中会覆盖掉全局定义的。

```
⚠ ▸[vuex] state field "a" was overridden by    vuex.esm.js?e4c8:725
  a module with the same name at "a"
```

图 10-4　warning 示例

好了，我没问题了。

下面我们切回自己的 vuex，实现下这些功能。首先，我们要做一件前功尽弃的事情，就是把 Store 类中的代码删掉，之前写得太随意了。然后，我们把 install 方法也拿出去，跟 VueRouter 一样：

```
JavaScript
// src/vuex/install.js
export let Vue;

const install = (_Vue) =>{
    Vue = _Vue;
```

```
        Vue.mixin({
            beforeCreate() {
                if (this.$options.store) {
                    this.$store = this.$options.store;
                } else if (this.$parent && this.$parent.$store) {
                    this.$store = this.$parent.$store;
                }
            },
        });
    };

    export default install;
```

然后 index.js 中就是这样的：

```JavaScript
import install, { Vue } from "./install";
class Store {
    constructor(options) {}
}

export default {
    Store,
    install,
};
```

很干净，什么也没有，我们把代码还原了。

那么现在，我们加入了 modules，一切就变得不那么简单了，我们首先就要把传入的可能有 modules 的选项 options 进行格式化。先别管怎么格式化，我们先把代码写上：

```JavaScript
class Store {
    constructor(options) {
        this._modules = new ModuleCollection(options);
    }
}
```

我们先获取格式化的 ModuleCollection 类，接下来，我们要确定我们要做什么，才能知道具体怎么做，希望我们传入的参数 options 最终可以变成这样：

```JavaScript
{
    _raw: 传入的 options,
    _children: 传入的 options 中的子模块,
    state: 传入的 options 的 state
}
```

那么基于此，其实大家都知道该做什么了，就是递归传入的 options：

```JavaScript
function forEachValue(obj, cb) {
    Object.keys(obj).forEach((key) =>{
        cb(key, obj[key]);
    });
}

class ModuleCollection {
    constructor(options) {
        this.root = null;
        this.register([], options);
    }
    register(path, rootModule) {
        let newModule = {
            _raw: rootModule,
            _children: [],
            state: rootModule.state,
        };
        if (this.root == null) {
            this.root = newModule;
        } else {
            this.root._children[path[path.length - 1]] = newModule;
        }
        if (rootModule.modules) {
            forEachValue(rootModule.modules, (moduleName, moduleValue) =>{
                this.register(path.concat(moduleName), moduleValue);
            });
        }
    }
}
```

我们来看下这段有问题但并不复杂的代码，首先，我们封装了一个 forEachValue 方法，就是 Object.keys 而已了。

然后，我们在 ModuleCollection 这个类的构造函数中做了两件事，一是声明一个 root 对象，另一是调用了 register 方法。注意，这个方法接收了两个参数，一个是个空数组，另一个就是我们传入的 options，这个空数组很重要，要留意一下。

再来看下 register 方法，在方法内，我们声明了一个 newModule 对象，这个对象的结构就是我们之前说的要实现的那种结构，然后，我们判断 this.root 是否为空，如果是空的，那么说明是第一次，直接把 newModule 赋值给 this.root，否则，我们取 path 中的最后一项作为当前 root 的 children 的值，这块可能不太好理解，但是注意，第一次我们不会运行这个逻辑，第二次如果存在 modules 才会运行，我们继续往下看。

来到最后的逻辑，如果 rootModule 存在子模块，那么我们就把子模块的 key 作为数组中的元素，也就是说，如果存在子模块，那么 path 就是这样的一个数组：

```JavaScript
['a','b'] // 仅作为举例
```

那么以我们之前的例子来说明，我们有 a 和 c 两个子模块，于是这里会单独运行两遍第二次 children 的 this.register。那么分别对应的第二次调用 register 的 path 参数就是：

```JavaScript
['a']
// 和
['c']
```

于是第二次就会运行 else 的逻辑，给 root 的_children 赋值对应的 a 和 c 子模块。很完美。

但是，我们最开始的时候就说了，这样是有问题的。为什么呢？因为我们的子模块不一定只有两层，可能有 2 层、3 层、4 层、5 层、6 层、7 层、8 层、9 层、10 层，都是可以的，那么我们加一层，看看结果是什么样的：

```JavaScript
// src/store/index.js
a: {
    namespaced: true,
    state: {
        name: "zakingA",
    },
    getters: {
        introduce(state) {
            return "hello,I'am" + state.name;
        },
    },
    mutations: {
        changeName(state, payload) {
            state.name = payload;
        },
    },
    modules: {
        b: {
            state: {
                name: "zakingB",
            },
            getters: {
                introduce(state) {
                    return "hello,I'am" + state.name;
                },
            },
        },
    },
```

```
},
```

我们在 a 子模块下，再加一个 b 子模块，然后不改之前写好的 ModuleCollection 类，在 Store 类中打印一下：

```
JavaScript
class Store {
    constructor(options) {
        this._modules = new ModuleCollection(options);
        console.log(this._modules, "_modules");
    }
}
```

如果别看答案，先猜会是什么结果？我们来捋一下，当运行递归第一次，也就是第二次运行 register 的时候，此时 path 是['a']，但是 a 下面还有 b，运行完了 if…else…的逻辑之后，又运行了 forEachValue 方法，那么第三次 register 的 path 参数就变成了['a','b']，于是运行了 register 的 else 逻辑，取了数组的最后一项，也就是 b，加到了_root._children 下，所以最后就变成了这样，如图 10-5 所示：

```
▼root:
  ▶state: {name: 'zaking', a: {…}}
  ▶_children: [a: {…}, b: {…}, c: {…}]
  ▶_raw: {state: {…}, getters: {…}, mutations: {…}, actions:
  ▶[[Prototype]]: Object
 ▶[[Prototype]]: Object
'_modules'
```

图 10-5 _children 内容示例

这不对，肯定不对！想要的肯定是存在嵌套关系的，b 应该在 a 的_children 下面。没错，我们得改代码。

```
JavaScript
if (this.root == null) {
    this.root = newModule;
} else {
    let parent = path.slice(0, -1).reduce((start, current) =>{
        return start._children[current];
    }, this.root);
    parent._children[path[path.length - 1]] = newModule;
}
```

我们修改一下 else 逻辑的代码，其实并不复杂，我们来看下什么意思，path.slice(0,-1)什么意思呢，就是删除 path 数组的最后一项，为什么要删除最后一项？然后我们通过 reduce，迭代到数组的最后一个元素，返回当前元素得到 parent，然后给 parent 的_children 赋值，用 path 的最后一项作为 key 就可以了。

这段代码可能稍微让人疑惑的就是 reduce 的部分了，如果不熟悉 reduce 的用法，可以自己去学习一下。简而言之，假设我们的 path 是这样的['a', 'b', 'c', 'd']，那么第一个 start 就是我们传入的 this.root，current 就是 a，然后返回的就是 this.root._current['a']，然后下一次迭代时 this. root. _current['a']作为 start，b 作为 current，懂了吧？

大家可以再写深一点，再看下打印结果是否符合预期。

那么这一小节的最后，我们需要优化一下代码。

我们新增加一个 Module 类，这个类就是用来添加模块信息的：

```
JavaScript
class Module {
    constructor(module) {
        this._raw = module;
        this._children = {};
        this.state = module.state;
    }
}
```

那么，当然，我们需要修改一下 register 的代码：

```
JavaScript
register(path, rootModule) {
    let newModule = new Module(rootModule);
    // ...
}
```

这还没完事，我们后面还有获取和添加的逻辑，所以我们还要给 Module 类加点东西：

```
JavaScript
class Module {
    constructor(module) {
        this._raw = module;
        this._children = {};
        this.state = module.state;
    }
    addChild(key, module) {
        this._children[key] = module;
    }
    getChild(key) {
        return this._children[key];
    }
}
```

上面内容就很简单，获取子元素和添加子元素。没什么说的。所以既然如此改了 Module 类，我们还需要修改 ModuleCollection 类以适合 Module 的类：

```
JavaScript
register(path, rootModule) {
    let newModule = new Module(rootModule);
    if (this.root == null) {
        this.root = newModule;
    } else {
```

```
        let parent = path.slice(0, -1).reduce((start, current) => {
            // return start._children[current];
            return start.getChild(current);
        }, this.root);
        // parent._children[path[path.length - 1]] = newModule;
        parent.addChild(path[path.length - 1], newModule);
    }
    if (rootModule.modules) {
        forEachValue(rootModule.modules, (moduleName, moduleValue) => {
            this.register(path.concat(moduleName), moduleValue);
        });
    }
}
```

贴了这么多感觉有点浪费，但是为了大家看得清楚，也无伤大雅。其实逻辑一样的，一点没变，没什么好说的。

我们确实优化了代码，但是都写在这一个文件夹里，拆分一下吧，首先，我们把 forEachValue 放到新建的 src/vuex/util.js 里，别忘了 export，也别忘了在使用的地方导入。

我们在 vuex 文件夹下新建个 module 文件夹，然后在 module 文件夹下创建一个 module-collection.js 文件。然后把整个 ModuleCollection 类放过去，并且 export default 出去。别忘了在 index 里引入，后面就不多说这些了。

最后，我们在 module 文件夹下新建一个 module.js 文件，把 Module 类也放进来，并 export default 出去，最后在 module-collection.js 中引入即可。

那么到此，我们的代码是这样的：

```
JavaScript
// src/vuex/index.js
import install, { Vue } from "./install";
import ModuleCollection from "./module/module-collection";

class Store {
    constructor(options) {
        this._modules = new ModuleCollection(options);
        console.log(this._modules, "_modules");
    }
}

export default {
    Store,
    install,
};
```

然后是 install.js：

```
JavaScript
// src/vuex/install.js
```

```
export let Vue;

const install = (_Vue) =>{
    Vue = _Vue;
    Vue.mixin({
        beforeCreate() {
            if (this.$options.store) {
                this.$store = this.$options.store;
            } else if (this.$parent && this.$parent.$store) {
                this.$store = this.$parent.$store;
            }
        },
    });
};

export default install;
```

之后是 util.js：

```
JavaScript
// src/vuex/util.js
export function forEachValue(obj, cb) {
    Object.keys(obj).forEach((key) =>{
        cb(key, obj[key]);
    });
}
```

再后面就是 module.js 和 module-collection.js：

```
JavaScript
// src/vuex/module/module-collection.js
import { forEachValue } from "../util";
import Module from "./module";

export default class ModuleCollection {
    constructor(options) {
        this.root = null;
        this.register([], options);
    }
    register(path, rootModule) {
        let newModule = new Module(rootModule);
        if (this.root == null) {
            this.root = newModule;
        } else {
            let parent = path.slice(0, -1).reduce((start, current) =>{
            // return start._children[current];
            return start.getChild(current);
```

```
        }, this.root);
        // parent._children[path[path.length - 1]] = newModule;
        parent.addChild(path[path.length - 1], newModule);
      }
      if (rootModule.modules) {
        forEachValue(rootModule.modules, (moduleName, moduleValue) =>{
          this.register(path.concat(moduleName), moduleValue);
        });
      }
    }
  }
```

接着是：

```
JavaScript
// src/vuex/module/module.js
export default class Module {
  constructor(module) {
    this._raw = module;
    this._children = {};
    this.state = module.state;
  }
  addChild(key, module) {
    this._children[key] = module;
  }
  getChild(key) {
    return this._children[key];
  }
}
```

那么，我们继续下一小节。

10.4 实现模块安装

上一小节，我们实现了参数的转换，说得高大上一点叫作模块的收集，转换完了就收集了。既然已经转换了数据，现在转换后的数据就是我们依赖的基本数据，那接下来要做什么呢？想一下我们第二小节做了什么，是不是还有 mutations、actions？我们得把这些东西写出来才能更改状态。

```
JavaScript
// src/vuex/index.js
class Store {
  constructor(options) {
    this._modules = new ModuleCollection(options);
    this._mutations = Object.create(null);
```

```
        this._actions = Object.create(null);
        this._wrapperGetters = Object.create(null);
    }
}
```

我们先初始化一下。

```
Kotlin
class Store {
    constructor(options) {
        this._modules = new ModuleCollection(options);
        this._mutations = Object.create(null);
        this._actions = Object.create(null);
        this._wrapperGetters = Object.create(null);

        const state = this._modules.root.state;
        installModule(this, state, [], this._modules.root);
    }
}
```

我们需要通过调用 installModule 方法安装这些模块。在这之前，我们先来扩展一下 Module 类，给它增加几个遍历方法：

```
JavaScript
// src/vuex/module/module.js
import { forEachValue } from "../util";
export default class Module {
    constructor(module) {
        this._raw = module;
        this._children = {};
        this.state = module.state;
    }
    addChild(key, module) {
        this._children[key] = module;
    }
    getChild(key) {
        return this._children[key];
    }
    forEachMutation(cb) {
        if (this._raw.mutations) {
            forEachValue(this._raw.mutations, cb);
        }
    }
    forEachAction(cb) {
        if (this._raw.actions) {
            forEachValue(this._raw.actions, cb);
        }
```

```
    }
    forEachGetter(cb) {
        if (this._raw.getters) {
            forEachValue(this._raw.getters, cb);
        }
    }
    forEachModule(cb) {
        forEachValue(this._children, cb);
    }
}
```

我们给 Module 类增加了三个方法，判断有没有 mutations、actions 等，如有就遍历它，并且执行 cb 回调，很简单，很好理解。既然我们定义好了方法，就去用它：

```
JavaScript
function installModule(store, rootState, path, rootModule) {
    rootModule.for EachMutation((mutationKey, mutationValue) => {
        store._mutations[mutationKey] = store._mutations[mutationKey] || [];
        store._mutations[mutationKey].push((payload) => {
            mutationValue(rootModule.state, payload);
        });
    });
    rootModule.forEachAction((actionKey, actionValue) => {
        store._actions[actionKey] = store._actions[actionKey] || [];
        store._actions[actionKey].push((payload) => {
            actionValue(store, payload);
        });
    });
    rootModule.forEachGetter((getterKey, getterValue) => {
        if (store._wrapperGetters[getterKey]) {
            return console.warn("duplicate key in getters");
        }
        store._wrapperGetters[getterKey] = () => {
            return getterValue(rootModule.state);
        };
        });
    rootModule.forEachModule((moduleKey, module) => {
        installModule(store, rootState, path.concat(moduleKey), module);
    });
    // console.log(store, "this");
}
```

我们来看这块的代码，简单来说，就是循环 mutations、actions、getters 以及 modules，并且给对应的 key 绑定对应的方法，如果重名，就放到一个对应的数组里。

getters 有点特别，直接返回对应的 key 的取值方法即可，modules 也有点特别，modules 要递归去调用 installModule 方法。

是不是缺了点什么？state 还没处理？没错，下面再把 state 也注册上。

```
JavaScript
function installModule(store, rootState, path, rootModule) {
    if (path.length > 0) {
        let parent = path.slice(0, -1).reduce((start, current) => {
            return start[current];
        }, rootState);
        parent[path[path.length - 1]] = rootModule.state;
    }

    // ...
}
```

其实，就是运行了一遍我们之前写过的逻辑，因为嵌套的缘故，要取到对应的 state，递归绑定到对应的层次下。这里就不多说了。

我们看上面所做的是什么，就是给 Store 的实例上绑定了我们传入的 options。但是还没完，在本章第二小节时，state 是响应式的，getters 是 computed 计算属性，我们是怎么做的？直接给 Store 实例绑定了一个 Vue 实例，并且把 state 和 getters 传给了大 Vue，对吧？还记得吧？我们看看这块是怎么写的。

```
JavaScript
function resetStoreVM(store, state) {
    store._vm = new Vue({
        data: {
            $$state: state,
        },
    });
}
```

这代码是不是有点熟悉，我们先调用 resetStoreVM 方法，这个方法既可以初始化，又可以重置，所以我们在 Store 类的 constructor 中调用一下，并传入参数：

```
JavaScript
class Store {
    constructor(options) {
        // ...
        resetStoreVM(this, state);
    }
    get state() {
        return this._vm._data.$$state;
    }
}
```

那么我们还得在类中声明一个读取器方法，用来获取到 state，跟我们第二节写的一样，不多说了。

下一步就是 getters 了，也跟我们之前写的一样的：

```
JavaScript
function resetStoreVM(store, state) {
    store.getters = {};
    const computed = {};
    const wrapperGetters = store._wrapperGetters;

    forEachValue(wrapperGetters, (getterKey, getterValue) =>{
        computed[getterKey] = getterValue;
        Object.defineProperty(store.getters, getterKey, {
            get: () =>{
                return store._vm[getterKey];
            },
        });
    });

    store._vm = new Vue({
        data: {
            $$state: state,
        },
        computed,
    });
}
```

computed 这块，跟我们第二小节写的一模一样，就不多说了。那么，现在刷新下页面，应该可以看到渲染的数据了，当然还点不了按钮，知道为什么吗？因为还没实现 commit 和 dispatch 方法。继续。

```
TypeScript
class Store {
    constructor(options) {
        this._modules = new ModuleCollection(options);
        this._mutations = Object.create(null);
        this._actions = Object.create(null);
        this._wrapperGetters = Object.create(null);

        const state = this._modules.root.state;
        installModule(this, state, [], this._modules.root);

        resetStoreVM(this, state);
    }
    commit = (type, payload) =>{
        if (this._mutations[type]) {
            this._mutations[type].forEach((fn) =>fn.call(this, payload));
        }
    };
    dispatch = (type, payload) =>{
```

```
        if (this._actions[type]) {
            this._actions[type].forEach((fn) =>fn.call(this, payload));
        }
    };
    get state() {
        return this._vm._data.$$state;
    }
}
```

还是那句话,跟我们之前写的一样。唯独就是改变了一下我们调用时候的 this 指向。然后,我们就可以开开心心点击按钮试一下了,怎么好像没效果呢?

猜是为什么呢?我们下一小节要实现命名空间的部分,还记不记得我们之前测试命名空间的时候改过按钮的方法?我们把提交命名空间的部分删掉,再试一下?

10.5 实现模块的命名空间

这一小节,就来看看怎么实现模块的命名空间。首先,要考虑的是,要解析 path,然后按照 path 的顺序拼接字符串,最后这个字符串会加到对应的 mutations 或者 actions 的名字上,因为提交的时候就是"a/b/c/add"这种方式,所以这肯定是拼接后的名字。那么按照这样的思路,就来写一下它们:

```
CoffeeScript
function installModule(store, rootState, path, rootModule) {
    if (path.length > 0) {
        let parent = path.slice(0, -1).reduce((start, current) =>{
            return start[current];
        }, rootState);
        parent[path[path.length - 1]] = rootModule.state;
    }
    let namespaced = store._modules.getNameSpace(path);
    rootModule.forEachMutation((mutationKey, mutationValue) =>{
        store._mutations[namespaced + mutationKey] =
            store._mutations[namespaced + mutationKey] || [];
        store._mutations[namespaced + mutationKey].push((payload) =>{
            mutationValue(rootModule.state, payload);
        });
    });
    rootModule.forEachAction((actionKey, actionValue) =>{
        store._actions[namespaced + actionKey] =
            store._actions[namespaced + actionKey] || [];
        store._actions[namespaced + actionKey].push((payload) =>{
            actionValue(store, payload);
        });
```

```
    });
    rootModule.forEachGetter((getterKey, getterValue) =>{
        if (store._wrapperGetters[namespaced + getterKey]) {
            return console.warn("duplicate key in getters");
        }
        store._wrapperGetters[namespaced + getterKey] = () =>{
            return getterValue(rootModule.state);
        };
    });
    rootModule.forEachModule((moduleKey, module) =>{
        installModule(store, rootState, path.concat(moduleKey), module);
    });
}
```

看上面的代码，其实我们就是获取 namespaced 这个路径，然后再 mutations、actions、getters 循环的时候，把对应的路径名称拼上去就可以了。

获取路径的方法是在 store._modules 上的 getNameSpace 方法，这是什么？store._modules 就是 new ModuleCollection(options)，所以我们给 ModuleCollection 上加上 getNameSpace 方法即可：

```
JavaScript
export default class ModuleCollection {
    constructor(options) {
        // ...
    }
    getNameSpace(path) {
        let module = this.root;
        return path.reduce((str, key) =>{
            module = module.getChild(key);
            return str + (module.namespaced ? '${key}/' : "");
        }, "");
    }
    register(path, rootModule) {
        // ...
    }
}
```

这个方法一点都不复杂，就是有 namespaced 字段的，我们就把对应的 key 拼接成字符串。很好理解吧？之前也解释过 reduce 大概的用法了。

然后，成功就是来的这么突然，在猝不及防之时就结束了。

10.6 实现模块的动态注册

动态注册指的是 store 的 registerModule 方法：

```JavaScript
import Vuex from 'vuex'

const store = new Vuex.Store({ /* 选项 */ })

// 注册模块 'myModule'
store.registerModule('myModule', {
    // ...
})
// 注册嵌套模块 'nested/myModule'
store.registerModule(['nested', 'myModule'], {
    // ...
})
```

之后就可以通过 store.state.myModule 和 store.state.nested.myModule 访问模块的状态。看起来好像并不复杂。我们先写个小例子试试，这个时候别忘了还没实现，所以这个例子要依赖官方的 Vuex。

```JavaScript
// src/store/index.js
import Vue from "vue";
import Vuex from "vuex";
// import Vuex from "@/vuex";

Vue.use(Vuex);

const store = new Vuex.Store({
    // ...
});

store.registerModule(["a", "e"], {
    namespaced: true,
        state: {
            name: "zakingE",
    },
    mutations: {
        changeName(state, payload) {
            state.name = payload;
        },
    },
});

export default store;
```

我们稍微修改下注册这块的代码，然后让 store 调用 registerModule 在 a 下注册一个 e 模块，那么我们去 App.vue 中取一下值：

```
HTMLBars
<br>
<p>e 模块</p>
<p>{{ $store.state.a.e.name}}</p>
<button @click=" $store.commit('a/e/changeName','小王吧-E')">改名换姓 mutation-E</button
>
```

点击按钮试一下？感觉还不错，我们来写一下，切回我们自己的 Vuex，我们就给 Store 类上加一个方法：

```
JavaScript
class Store {
    //...
    registerModule(path, module) {
        this._modules.register(path, module);
    }
    //...
}
```

简单吧，我们有注册方法，直接调用一下就可以了，但是，这只是收集了我们传入的模块，还得去安装模块，那怎么办？不是有个 installModule 方法，可以直接来用：

```
JavaScript
registerModule(path, module) {
    this._modules.register(path, module);
    installModule(this, this.state, path, module);
}
```

好像挺不错的，this 就是 this，state 也是 state，path 就用我们传进来的 path，也没问题，但是 module 可以这样传吗？肯定不行，我们之前传的 this._modules.root，是我们包装后的 module，里面的属性都是_raw，_children，没包装的 module，我们并没有处理。

好像不对，我们注册的时候不就是包装完了吗？没错，但是怎么取到呢？所以，我们要稍微修改一下 register 方法：

```
JavaScript
// src/vuex/module/module-collection.js
register(path, rootModule) {
    let newModule = new Module(rootModule);
    rootModule.newModule = newModule;
    // ...
}
```

我们把包装后的 newModule 挂载到 rootModule 上作为它的属性，那么就可以在需要的时候获取了：

```
JavaScript
registerModule(path, module) {
    this._modules.register(path, module);
```

```
    installModule(this, this.state, path, module.newModule);
}
```

那么，现在可以了吗？点击按钮会有效果吗？大家如果跟着手写完了，这里可以暂停，试一下，答案是不行，那为什么不行？

首先，想到的原因肯定跟 Vue 的响应式系统有关系，既然我们点击按钮没效果，那肯定是我们写的那个地方没 Observer。我们回忆下，首先给 Vue 的 data 选项中加了这样的参数：

```
JavaScript
const vm = new Vue({
    data(){
        return {
            a:1,
            b:2,
        }
    }
})
```

这里的 a 和 b 肯定是响应式的，但假如后面我们想要 vm.c = 3。这个 c 是响应式的吗？肯定不是，对吧，要想响应式得用 vm.$set，而且还不能给 vm 上加。前面讲 Vue 时这块都说过了，所以知道为什么我们现在响应不了了？

那大家知道怎么办了：

```
JavaScript
// src/vuex/index.js
function installModule(store, rootState, path, rootModule) {
    if (path.length >0) {
        let parent = path.slice(0, -1).reduce((start, current) =>{
            return start[current];
        }, rootState);
        Vue.set(parent, path[path.length - 1], rootModule.state);
        // parent[path[path.length - 1]] = rootModule.state;
    }
    // ...
}
```

So easy！那完成了吗？我们看一个小例子：

```
JavaScript
store.registerModule(["a", "e"], {
    namespaced: true,
    state: {
        name: "zakingE",
    },
    getters: {
        introduce(state) {
            return "hello,I'am register" + state.name;
```

```
            },
        },
        mutations: {
            changeName(state, payload) {
                state.name = payload;
            },
        },
    });
```

我们给动态注册的模块加个 getters，然后我们获取一下这个 getters：

```
HTMLBars
<br>
<p>e 模块</p>
<p>{{ $store.state.a.e.name}}</p>
<p>e 模块的 getters</p>
<p>{{ $store.getters['a/e/introduce']}}</p>
<button @click="$store.commit('a/e/changeName','小王吧-E')">改名换姓 mutation-E</button
>
```

大家看下页面，会发现根本就没有 getters 这又是为什么呢，因为您没有动态加到 computed 里，按照我们之前的写法，它只是加到了_wrapperGetters 里，但我们后续还调用了一个 resetStoreVM 方法，把 state 和 getters 放到对应的 data 和 computed 里，state 是用 $set 解决了，但 computed 可没解决。所以我们要再调用一下 resetStoreVM 方法：

```
JavaScript
registerModule(path, module) {
    this._modules.register(path, module);
    installModule(this, this.state, path, module.newModule);
    resetStoreVM(this, this.state);
}
```

这样就重新生成了一个实例，那旧的实例，我们就可以销毁：

```
JavaScript
function resetStoreVM(store, state) {
    let oldVm = store._vm;
    store.getters = {};
    const computed = {};
    const wrapperGetters = store._wrapperGetters;

    forEachValue(wrapperGetters, (getterKey, getterValue) =>{
        computed[getterKey] = getterValue;
        Object.defineProperty(store.getters, getterKey, {
            get: () =>{
                return store._vm[getterKey];
            },
```

```
        });
    });

    store._vm = new Vue({
        data: {
            $$state: state,
        },
        computed,
    });
    if (oldVm) {
        Vue.nextTick(() =>{
            oldVm.$destroy();
        });
    }
}
```

代码不多,这里就都贴上来了,改动很简单,我们在每次调用的时候,把旧的 vm 存起来,等下一个 tick 就把它删掉。

既然重新运行了一遍 resetStoreVM,data 中的 state 也是动态添加之后的新的了,那之前写的 Vue. set 方法是不是可以不用了,用回之前的就可以了。不行!因为第一遍加入 data 的时候,会绑定 Observer,这没问题,但是第二次的时候,给某个对象增加属性的时候,由于对象的引用地址是没变的,所以 data 还是之前的那个 state 的引用地址,没变!

那么到此,动态注册这个方法我们也搞定了。

10.7 实现插件机制

关于模块相关手写的部分我们就完成了,我们来看看这一小节是如何实现 Vuex 的插件机制的,按照惯例,我们先来看看这个插件怎么使用。

我们知道 Vuex 是无法做到持久存储的,每当我们刷新页面的时候,我们提交的数据都会恢复到初始状态,那么通常我们想要保持持久存储有两种方式,一种是从接口获取数据,一种是通过浏览器本地存储数据,很多时候我们都是直接在获取或者提交的时候挨个运行一遍本地存储,这样实在是不那么优雅。所以在这样的情况下,我们就可以使用 Vuex 的插件机制实现我们本地存储的需求。

切换回官方的 vuex,我们写点 demo 代码:

```
JavaScript
// src/store/index.js
const persitsPlugin = function (store) {
    console.log(store, "store");
};

const store = new Vuex.Store({
```

```
    plugins：[persitsPlugin],
    // ...
})
```

我们声明一个 persitsPlugin，官方表明：

Vuex 的 store 接受 plugins 选项，这个选项暴露出每次 mutation 的钩子。Vuex 插件就是一个函数，它接收 store 作为唯一参数。

那么此时，我们可以先看下控制台是否打印出 store 参数，如图 10-6 所示：

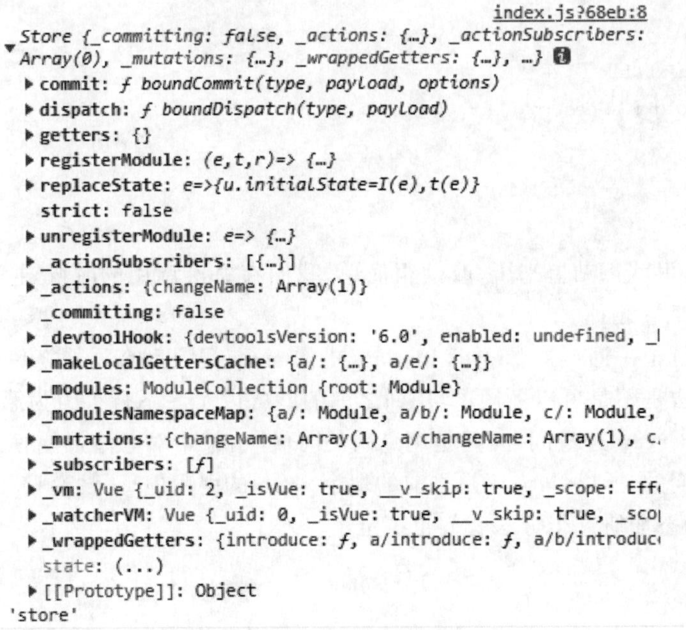

```
                                                    index.js?68eb:8
▼Store {_committing: false, _actions: {…}, _actionSubscribers:
 Array(0), _mutations: {…}, _wrappedGetters: {…}, …}
  ▶commit: ƒ boundCommit(type, payload, options)
  ▶dispatch: ƒ boundDispatch(type, payload)
  ▶getters: {}
  ▶registerModule: (e,t,r)=> {…}
  ▶replaceState: e=>{u.initialState=I(e),t(e)}
   strict: false
  ▶unregisterModule: e=> {…}
  ▶_actionSubscribers: [{…}]
  ▶_actions: {changeName: Array(1)}
   _committing: false
  ▶_devtoolHook: {devtoolsVersion: '6.0', enabled: undefined, _
  ▶_makeLocalGettersCache: {a/: {…}, a/e/: {…}}
  ▶_modules: ModuleCollection {root: Module}
  ▶_modulesNamespaceMap: {a/: Module, a/b/: Module, c/: Module,
  ▶_mutations: {changeName: Array(1), a/changeName: Array(1), c
  ▶_subscribers: [ƒ]
  ▶_vm: Vue {_uid: 2, _isVue: true, __v_skip: true, _scope: Eff
  ▶_watcherVM: Vue {_uid: 0, _isVue: true, __v_skip: true, _sco
  ▶_wrappedGetters: {introduce: ƒ, a/introduce: ƒ, a/b/introduc
   state: (...)
  ▶[[Prototype]]: Object
'store'
```

图 10-6　store 参数示例

如图 10-6 所示，一点问题没有，那么我们完善一下这个缓存插件：

```
JavaScript
const persitsPlugin = function (store) {
    let state = localStorage.getItem("VUEX");
    if (state) {
        store.replaceState(JSON.parse(state));
    }
    store.subscribe((mutation, state) =>{
        localStorage.setItem("VUEX", JSON.stringify(state));
    });
};
```

就这样，我们从本地中获取 VUEX 字符串，如果存在就用 replaceState 方法替换我们的 state，最后在每次提交 mutations 的时候都会触发 subscribe，这样就把当前的 state 存到了本地，以供获取。

下面我们就来实现这个插件机制，切回我们自己的 vuex，然后给 store 上加一个 subscribe

方法：

```
JavaScript
class Store {
    constructor(options) {
        this._modules = new ModuleCollection(options);
        this._mutations = Object.create(null);
        this._actions = Object.create(null);
        this._wrapperGetters = Object.create(null);
        this.plugins = options.plugins || [];
        this.subscribes = [];
        const state = this._modules.root.state;
        installModule(this, state, [], this._modules.root);
        resetStoreVM(this, state);
        this.plugins.forEach((plugin) => plugin(this));
    }
    // ...
    subscribe(fn) {
        this.subscribes.push(fn);
    }
}
```

这个订阅方法很简单，就是存到数组里。然后，我们还需要在 constructor 中获取 plugins，并且立即执行一下这些 plugins。

但是还没完，当触发 mutations 的时候，就会触发 subscribe 方法，所以还要在 installModule 里遍历 mutations 的时候，做一下处理：

```
JavaScript
rootModule.forEachMutation((mutationKey, mutationValue) => {
    store._mutations[namespaced + mutationKey] =
        store._mutations[namespaced + mutationKey] || [];
    store._mutations[namespaced + mutationKey].push((payload) => {
        mutationValue(rootModule.state, payload);
        store.subscribes.forEach((fn) =>
            fn({ type: mutationKey, payload }, rootState)
        );
    });
});
```

我们需要在 mutations 的方法里，加上遍历执行 subscribes 的代码，它的参数就是对应的 type，payload 以及根 state。

这样就实现了插件和 subscribe 方法，但是注意，此时页面一定是会报错的，因为还没有 replaceState 方法：

```
JavaScript
class Store {
    // ...
```

```
    subscribe(fn) {
        this.subscribes.push(fn);
    }
    replaceState(state) {
        this._vm._data.$$state = state;
    }
}
```

这样就完成了，很简单，但是还有问题，点击“改名换姓 mutation－C”这个按钮，我们发现 localStorage 对应的 state 是变了，但是页面上却没有变？刷新一下页面，会发现变化回来了。这是为什么？其实前面的章节讲过，大家回忆一下，这里不多说了。

我们新增一个 getState 方法解决这个更新 state 但未及时绑定响应的问题：

```
JavaScript
function getState(store, path) {
    return path.reduce((start, current) => {
        return start[current];
    }, store.state);
}
```

这个套路我们用了好多遍了。其实就是取一下最新的值。那么就要在需要的地方使用下面这个方法：

```
JavaScript
    rootModule.forEachMutation((mutationKey, mutationValue) => {
        store._mutations[namespaced + mutationKey] =
            store._mutations[namespaced + mutationKey] || [];
        store._mutations[namespaced + mutationKey].push((payload) => {
            mutationValue(getState(store, path), payload);
            store.subscribes.forEach((fn) =>
                fn({ type: mutationKey, payload }, store.state)
            );
        });
    });
```

注意这里，我们不仅修改了 mutationValue 回调方法里的 state，同时还修改了 subscribe 回调里的 rootState，让它保持是我们替换后最新的。既然 mutations 里需要 getValue，那么 getters 里也肯定需要：

```
JavaScript
rootModule.forEachGetter((getterKey, getterValue) => {
    if (store._wrapperGetters[namespaced + getterKey]) {
        return console.warn("duplicate key in getters");
    }
    store._wrapperGetters[namespaced + getterKey] = () => {
        return getterValue(getState(store, path));
    };
});
```

10.8 实现其他细节

10.8.1 异步的 actions

之前我们所写的 actions 不支持 Promise，所以先把 actions 的逻辑补全一下。同样，我们先看个例子，改造一下 App. vue 中的 handleActionClick 方法：

```
JavaScript
handleActionClick(){
    this.$store.dispatch('changeName').then(() => {
        console.log('finished')
    })
},
```

我们还需要改一下配置中最外层的根 actions：

```
JavaScript
actions: {
    changeName({ commit }) {
        return new Promise((resolve, reject) => {
            setTimeout(() => {
                commit("changeName", "zakingwong");
                resolve();
            }, 1000);
        });
    },
},
```

让 actions 的方法返回一个 Promise，这样就可以了。那接下来，就要改造我们自己的 dispatch 方法了：

```
TypeScript
dispatch = (type, payload) => {
    if (this._actions[type]) {
        return Promise.all(
            this._actions[type].map((fn) => fn.call(this, payload))
        );
    }
};
```

不复杂，之前是这样的：

```
TypeScript
dispatch = (type, payload) => {
    if (this._actions[type]) {
```

```
        this._actions[type].forEach((fn) =>{
            return fn.call(this, payload);
        });
    }
};
```

区别就是我们用 Promise.all 包裹了一下所有的 actions 方法,然后,还需要改一点:

```
CoffeeScript
rootModule.forEachAction((actionKey, actionValue) =>{
    store._actions[namespaced + actionKey] =
        store._actions[namespaced + actionKey] || [];
    store._actions[namespaced + actionKey].push((payload) =>{
        let result = actionValue(store, payload);
        return result;
    });
});
```

我们需要在对应的 actions 方法里,把结果返回出去,不然 Promise 是获取不到结果的。这样就可以了,不信点击按钮试试。

10.8.2 严格模式

什么是严格模式?

在严格模式下,无论何时发生了状态变更且不是由 mutation 函数引起的,都将会抛出错误。这能保证所有的状态变更都能被调试工具跟踪到。

另外,请不要在生产模式使用严格模式。

那问题来了,我们怎么知道一个 state 是否是在 mutations 中更改的呢?我们来看代码:

```
JavaScript
// src/vuex/index.js
class Store {
    constructor(options) {
        this._modules = new ModuleCollection(options);
        this._mutations = Object.create(null);
        this._actions = Object.create(null);
        this._wrapperGetters = Object.create(null);
        this.strict = options.strict;
        this._commiting = false;
        this.plugins = options.plugins || [];
        this.subscribes = [];
        const state = this._modules.root.state;
        installModule(this, state, [], this._modules.root);
        resetStoreVM(this, state);
        this.plugins.forEach((plugin) =>plugin(this));
    }
    _withCommiting(fn) {
```

```
        this._commiting = true;
        fn();
        this._commiting = false;
    }
    // ...
}
```

首先,我们在 constructor 中声明一个 strict,就是传入的 options 中的 strict,然后我们还声明了一个_commiting,在_withCommiting 方法里,当执行 fn 的时候,_commiting 一定是 true,执行完了就是 false,所以,是不是恍然大悟了?就是个 flag。

然后,需要修改下 mutation 的代码:

```
CoffeeScript
rootModule.forEachMutation((mutationKey, mutationValue) =>{
    store._mutations[namespaced + mutationKey] =
        store._mutations[namespaced + mutationKey] || [];
    store._mutations[namespaced + mutationKey].push((payload) =>{
        store._withCommiting(() =>{
            mutationValue(getState(store, path), payload);
        });
        store.subscribes.forEach((fn) =>
            fn({ type: mutationKey, payload }, store.state)
        );
    });
});
```

这个回调,我们就用_withCommiting 方法包裹一下。但是,不仅是这里,还有几个地方也要包裹一下:

```
JavaScript
replaceState(state) {
    this._withCommiting(() =>{
        this._vm._data.$$state = state;
    });
}
```

一个是 replaceState 方法中,一个是 installModule 中 path 大于 0 那块:

```
JavaScript
function installModule(store, rootState, path, rootModule) {
    if (path.length >0) {
        let parent = path.slice(0, -1).reduce((start, current) =>{
            return start[current];
        }, rootState);
        store._withCommiting(() =>{
            Vue.set(parent, path[path.length - 1], rootModule.state);
            // parent[path[path.length - 1]] = rootModule.state;
```

```
    });
  }
  // ...
}
```

最后还差一点，strict 还没用到呢，在 resetStoreVM 方法中也加点代码：

```
CoffeeScript
function resetStoreVM(store, state) {
  // ...
  if (store.strict) {
    store._vm.$watch(
      () => store._vm._data.$$state,
      () => {
        console.assert(store._commiting, "un please outside mutation");
      },
      {
        sync: true,
        deep: true,
      }
    );
  }
  if (oldVm) {
    Vue.nextTick(() => {
      oldVm.$destroy();
    });
  }
}
```

这样就可以监测到 state 的变化，从而触发打印。

10.8.3 辅助函数

最后，我们看看辅助函数是如何实现的，当然，我们先来看个例子：

```
JavaScript
import { mapState } from 'vuex'
export default {
  name: 'App',
  computed: {
    ...mapState([
      // 映射 this.name 为 store.state.name
      'name'
    ]),
  },
}
```

这样，就可以直接在 Vue 组件中使用 this.name 替代 store.state.name 了，写起来就舒服

了好多,不像之前那样要调用一大堆,很麻烦。

然后,直接在页面里这样用就可以了:

```
HTML
<br>
<p>mapState:</p>
<p>{{name}}</p>
```

很好,那 mapState 怎么实现的呢,最后我们看一看:

```
JavaScript
// import { mapState } from 'vuex'
function mapState(stateList){
    let obj = {};
    for (let i = 0; i <stateList.length; i++) {
        let stateKey = stateList[i];
        obj[stateKey] = function (){
            return this.$store.state[stateKey];
        }
    }
    return obj;
}
```

就这么简单,去 state 上取,取完了就返回。那我们再来写一个 mapActions:

```
JavaScript
function mapActions(actionList){
    let obj = {};
        for (let i = 0; i <actionList.length; i++) {
        let actionKey = actionList[i];
        obj[actionKey] = function (payload){
            return this.$store.dispatch(actionKey,payload)
        }
    }
    return obj;
}
```

就这么简单。

那么到此,手写 Vuex 的部分也完成了,下一章我们一起看看源码到底是什么样的。

第 11 章　Vuex 源码分析

Vuex 整体来说要比 VueRouter 容易很多，我们经历了 Vue、VueRouter 之后，对于 Vue 本身以及依赖于 Vue 的插件是如何开发以及使用的都有了一定的概念。所以 Vuex 的源码部分就不再过多介绍目录结构、安装依赖、启动这些大家都很熟悉的内容了。

再者，有了我们之前手写的基础，对 Vuex 本身的核心内容都有了一定的了解，所以我们就直接进入源码分析的阶段，带大家过一遍源码的实现过程。

本章所分析的 Vuex 源码的版本是 3.6.2。暂不多说，我们继续。

11.1　打包入口及结构

Vuex 和 VueRouter 有些不同，VueRouter 的能力更加集中，而 Vuex 除了本身提供的 Store，还实现了 devtool 和 logger 插件，以及根据不同的模块规范，也集成了区分模块规范的入口。

```
JavaScript
// src/index.js
import { Store, install } from './store'
import { mapState, mapMutations, mapGetters, mapActions, createNamespacedHelpers } from
'./helpers'
import createLogger from './plugins/logger'

export default {
    Store,
    install,
    version: '__VERSION__',
    mapState,
    mapMutations,
    mapGetters,
    mapActions,
    createNamespacedHelpers,
    createLogger
}

export {
    Store,
    install,
    mapState,
```

```
    mapMutations,
    mapGetters,
    mapActions,
    createNamespacedHelpers,
    createLogger
}
```

这块代码就是 Vuex 的入口文件，我们可以看到它引入了 store 文件夹的 Store 类和 install 方法。其中 install 方法是这样的：

```
JavaScript
// src/store.js
export function install (_Vue) {
if (Vue && _Vue === Vue) {
    if (__DEV__) {
        console.error(
            '[vuex] already installed. Vue.use(Vuex) should be called only once.'
        )
        }
        return
    }
    Vue = _Vue
    applyMixin(Vue)
}
```

这里就是调用了一下 applyMixin，并且传入了当前环境的 Vue：

```
JavaScript
// src/mixin.js
export default function (Vue) {
    const version = Number(Vue.version.split('.')[0])

    if (version >= 2) {
        Vue.mixin({ beforeCreate: vuexInit })
    } else {
        // override init and inject vuex init procedure
        // for 1.x backwards compatibility.
        const _init = Vue.prototype._init
        Vue.prototype._init = function (options = {}) {
            options.init = options.init
            ? [vuexInit].concat(options.init)
            : vuexInit
            _init.call(this, options)
        }
    }
```

```
  /**
  * Vuex init hook, injected into each instances init hooks list.
  */

   function vuexInit () {
      const options = this.$options
      // store injection
      if (options.store) {
         this.$store = typeof options.store === 'function'
            ? options.store()
            : options.store
      } else if (options.parent && options.parent.$store) {
         this.$store = options.parent.$store
      }
   }
}
```

applyMixin 方法稍微有点意思，它能判断 Vue 的版本是否是大于等于 2 的，如果是就直接混合了 beforeCreate 钩子，执行 vuexInit 方法，如果是低于 2.0 版本的，则会获取 Vue 的_init 方法，把 vuexInit 合并到_init 中去执行。

而 vuexInit 的代码看起来是不是很熟悉，就是获取我们传给 Vue 的 Store 实例，判断 options 上是否存在，如果存在就执行 options.store，否则就去父节点上找。

继续，我们来看看 Store 类的实现：

```
JavaScript
// src/store.js -- 8
export class Store {
   constructor (options = {}) {}

   get state () {}

   set state (v) {}

   commit (_type, _payload, _options) {}

   dispatch (_type, _payload) {}

   subscribe (fn, options) {}

   subscribeAction (fn, options) {}

   watch (getter, cb, options) {}

   replaceState (state) {}
```

```
  registerModule (path, rawModule, options = {}) {}

  unregisterModule (path) {}

  hasModule (path) {}

  hotUpdate (newOptions) {}

  _withCommit (fn) {}
}
```

整个 Store 类是这样的，其中有我们所熟悉的 commit、dispatch 等方法，还有 replaceState 这个我们实现过的方法。整个基本的入口和结构差不多了解了。那么我们继续。

```
JavaScript
constructor (options = {}) {
    // Auto install if it is not done yet and 'window' has 'Vue'.
    // To allow users to avoid auto - installation in some cases,
    // this code should be placed here. See #731
    if (! Vue && typeof window ! == 'undefined' && window.Vue) {
        install(window.Vue)
    }

    if (__DEV__) {
        assert(Vue, 'must call Vue.use(Vuex) before creating a store instance.')
        assert(typeof Promise ! == 'undefined', 'vuex requires a Promise polyfill in this brow-
ser.')
        assert(this instanceof Store, 'store must be called with the new operator.')
    }

    const {
        plugins = [],
        strict = false
    } = options

    // store internal state
    this._committing = false
    this._actions = Object.create(null)
    this._actionSubscribers = []
    this._mutations = Object.create(null)
    this._wrappedGetters = Object.create(null)
    this._modules = new ModuleCollection(options)
    this._modulesNamespaceMap = Object.create(null)
    this._subscribers = []
    this._watcherVM = new Vue()
    this._makeLocalGettersCache = Object.create(null)
```

```
    // bind commit and dispatch to self
    const store = this
    const { dispatch, commit } = this
    this.dispatch = function boundDispatch (type, payload) {
        return dispatch.call(store, type, payload)
    }
    this.commit = function boundCommit (type, payload, options) {
        return commit.call(store, type, payload, options)
    }

    // strict mode
    this.strict = strict

    const state = this._modules.root.state

    // init root module.
    // this also recursively registers all sub-modules
    // and collects all module getters inside this._wrappedGetters
    installModule(this, state, [], this._modules.root)

    // initialize the store vm, which is responsible for the reactivity
    // (also registers _wrappedGetters as computed properties)
    resetStoreVM(this, state)

    // apply plugins
    plugins.forEach(plugin =>plugin(this))

    const useDevtools = options.devtools !== undefined ? options.devtools : Vue.config.dev-
tools
    if (useDevtools) {
        devtoolPlugin(this)
    }
}
```

这是完整的 constructor 的代码，虽然不少，但是并不复杂，我们来看下它都做了什么。最开始的部分，比较简单，判断一下是不是 script 标签引入的，如是就自动 install。

再判断是不是 DEV 环境，处理报错，assert 方法就是个简单的报错方法：

```JavaScript
// src/util.js --64
export function assert (condition, msg) {
    if (! condition) throw new Error(`[vuex] ${msg}`)
}
```

再往后，就是从 options 中获取插件配置，如果没有，就是空数组，此时获取 strict 是否严格模式。接下来就是初始化各种变量，这个不多解释。

但是后面的代码要稍微注意一下，我们从 this 上获取了 dispatch 和 commit 方法，并且重新用 call 包裹了一下，这样做的目的是为了确定我们声明方法的内部的 this 指向是 store。

后面事情就比较简单易理解了，从 this._modules 上获取 state，这个_modules 从哪来的？

```
JavaScript
this._modules = new ModuleCollection(options)
```

从这来的，对吧？我们手写的时候也是这样做的。继续，后面就是 installModule、resetStoreVM、执行 plugins、运行 devtool 插件。

11.2 模块的收集

上一小节，我们单纯介绍了一遍基本的逻辑，了解一下我们熟悉的 install 方法以及 Store 类的基本结构。但是实际上还没涉及真正的 Vuex 的核心逻辑。

那想问下大家，Vuex 的核心逻辑是什么？它的核心点在哪儿？是模块？是绑定 state？我觉得是模块，根据上一小节的 Store 类，我们依稀记得这样的代码：

```
JavaScript
this._modules = new ModuleCollection(options)
```

其实我们把 options 传给了 ModuleCollection 类内部，ModuleCollection 类内部就是根据我们所写的 Vuex 配置 options，生成在 Store 类内部可以进行数据处理和流转的 modules。

```
JavaScript
// src/module/module-collection.js --4
export default class ModuleCollection {
    constructor (rawRootModule) {
        // register root module (Vuex.Store options)
        this.register([], rawRootModule, false)
    }

    get (path) {}

    getNamespace (path) {}

    update (rawRootModule) {}

    register (path, rawModule, runtime = true) {}

    unregister (path) {}

    isRegistered (path) {}
}
```

这是完整的 ModuleCollection 类，它的构造函数中调用了 register 方法，rawRootModule 就是我们传入的 options：

```
JavaScript
register (path, rawModule, runtime = true) {
    if (__DEV__) {
        assertRawModule(path, rawModule)
    }

    const newModule = new Module(rawModule, runtime)
    if (path.length === 0) {
        this.root = newModule
    } else {
        const parent = this.get(path.slice(0, -1))
        parent.addChild(path[path.length - 1], newModule)
    }

    // register nested modules
    if (rawModule.modules) {
        forEachValue(rawModule.modules, (rawChildModule, key) => {
            this.register(path.concat(key), rawChildModule, runtime)
        })
    }
}
```

register 方法先通过 Module 类生成了一个 newModule，接下来判断 path 是否是空数组，是空的，则会直接把 newModule 赋值给 root，如果存在数据，则添加子模块。如果传入的 options 还有 modules，则会递归 modules 执行 register，于是，就运行到上面 path.length ！== 0 的逻辑里了。

其实在 Store 中的那个 this._modules 就是这个 Module 类生成的，不过经过 moduleCollection 递归了一下，当然这里只是针对模块的生成是这样。

```
JavaScript
// src/module/module.js
export default class Module {
    constructor (rawModule, runtime) {
        this.runtime = runtime
        // Store some children item
        this._children = Object.create(null)
        // Store the origin module object which passed by programmer
        this._rawModule = rawModule
        const rawState = rawModule.state

        // Store the origin module's state
        this.state = (typeof rawState === 'function' ? rawState() : rawState) || {}
    }
```

```
get namespaced () {
    return !! this._rawModule.namespaced
}

addChild (key, module) {
    this._children[key] = module
}

removeChild (key) {
    delete this._children[key]
}

getChild (key) {
    return this._children[key]
}

hasChild (key) {
    return key in this._children
}

update (rawModule) {
    this._rawModule.namespaced = rawModule.namespaced
    if (rawModule.actions) {
        this._rawModule.actions = rawModule.actions
    }
    if (rawModule.mutations) {
        this._rawModule.mutations = rawModule.mutations
    }
    if (rawModule.getters) {
        this._rawModule.getters = rawModule.getters
    }
}

forEachChild (fn) {
    forEachValue(this._children, fn)
}

forEachGetter (fn) {
    if (this._rawModule.getters) {
        forEachValue(this._rawModule.getters, fn)
    }
}

forEachAction (fn) {
```

```
        if (this._rawModule.actions) {
            forEachValue(this._rawModule.actions, fn)
        }
    }

    forEachMutation (fn) {
        if (this._rawModule.mutations) {
            forEachValue(this._rawModule.mutations, fn)
        }
    }
}
```

我们看，在 Module 类中，其实处理的核心逻辑跟我们手写的几乎一致，首先存储了传入的 state，并且给 Module 的实例绑定了转换后的 state，因为 state 可以是个函数，也可以是个对象，就像 Vue 的 data 选项一样。

然后就是提供了一系列的方法，比如针对 child 的增删改查，以及根 module 的更新方法 update，最后就是遍历方法，比如 forEachGetter、forEachAction 等，这些没什么好说的，我们知道怎么做的即可。

那么，现在我们所有数据的初始化其实就搞定了。我们简单回顾下，数据的收集实际上经历了两个类 ModuleCollection 和 Module，Module 类提供了更接近数据源的操作方法，比如添加，获取，更新等，而 ModuleCollection 则会通过一些 Module 提供的实例方法，来实现最终_modules 的拼接及整合操作，比如把转换后的 modules 绑定到 Store 实例上。

11.3 模块的安装

说到模块的安装，大家都能想到是 installModule 这个方法了，我们来看一下：

```
JavaScript
// src/store.js -- 331
function installModule (store, rootState, path, module, hot) {
    const isRoot = !path.length
    const namespace = store._modules.getNamespace(path)

    // register in namespace map
    if (module.namespaced) {
        if (store._modulesNamespaceMap[namespace] && __DEV__) {
            console.error(`[vuex] duplicate namespace ${namespace} for the namespaced module
${path.join('/')}`)
        }
        store._modulesNamespaceMap[namespace] = module
    }

    // set state
```

```
    if (! isRoot && ! hot) {
        const parentState = getNestedState(rootState, path.slice(0, -1))
        const moduleName = path[path.length - 1]
        store._withCommit(() => {
            if (__DEV__) {
            if (moduleName in parentState) {
                console.warn(
                    `[vuex] state field "${moduleName}" was overridden by a module with the
same name at "${path.join('.')}"`
                )
            }
        }
        Vue.set(parentState, moduleName, module.state)
    })
    }

    const local = module.context = makeLocalContext(store, namespace, path)

    module.forEachMutation((mutation, key) => {
        const namespacedType = namespace + key
        registerMutation(store, namespacedType, mutation, local)
    })

    module.forEachAction((action, key) => {
        const type = action.root ? key : namespace + key
        const handler = action.handler || action
        registerAction(store, type, handler, local)
    })

    module.forEachGetter((getter, key) => {
        const namespacedType = namespace + key
        registerGetter(store, namespacedType, getter, local)
    })

    module.forEachChild((child, key) => {
        installModule(store, rootState, path.concat(key), child, hot)
    })
}
```

我们贴上了完整的代码，我们一点一点来分析，要完整阅读理解这 50 行代码，就涉及我们之前所涉及但却没详细说的一部分内容。

首先，进入到 installModule 方法内部会先存储一个是否是根节点的变量以供后面使用，然后，会通过 store 实例上绑定的_modules 实例上的 getNamespace 方法，获取拼接后的模块路径，要注意_modules 是 ModuleCollection 的实例而_modules.root 才是 Module 类的实例，要额外注意这个逻辑。

```JavaScript
JavaScript
getNamespace (path) {
    let module = this.root
        return path.reduce((namespace, key) =>{
            module = module.getChild(key)
            return namespace + (module.namespaced ? key + '/' : '')
        }, '')
}
```

getNamespace 就是拼接字符串,递归获取子模块然后有 namespaced 字段就拼上,完成了。再往后,如果存在 namespanced,就会在 store 的_modulesNamespaceMap 上绑定对应的路径和模块。

继续,我们来到了非根和非 hot 的判断条件,hot 做什么的? Vuex 支持在开发过程中重载 mutation、module、action 和 getter,有兴趣可以去阅读文档深入理解。

如果进入逻辑,则会调用 getNestedState 获取 parentState:

```JavaScript
JavaScript
function getNestedState (state, path) {
    return path.reduce((state, key) =>state[key], state)
}
```

这里就是通过 reduce 合并了一下。

继续,Vuex 会通过 store 上的_withCommit 方法执行 Vue.set 操作,给模块名称和对应的 state 绑定响应式。

最后一步我们就比较熟悉了,会循环遍历模块中的每一项内容,并且递归安装了子模块。

下一步就是去执行 resetStoreVM,把 state、getters 绑定到 Vue 上:

```JavaScript
JavaScript
// src/store.js -- 281
function resetStoreVM (store, state, hot) {
    const oldVm = store._vm

    // bind store public getters
    store.getters = {}
    // reset local getters cache
    store._makeLocalGettersCache = Object.create(null)
    const wrappedGetters = store._wrappedGetters
    const computed = {}
    forEachValue(wrappedGetters, (fn, key) =>{
        // use computed to leverage its lazy-caching mechanism
        // direct inline function use will lead to closure preserving oldVm.
        // using partial to return function with only arguments preserved in closure environment.
        computed[key] = partial(fn, store)
        Object.defineProperty(store.getters, key, {
            get: () =>store._vm[key],
            enumerable: true                    // for local getters
```

```
        })
    })

    // use a Vue instance to store the state tree
    // suppress warnings just in case the user has added
    // some funky global mixins
    const silent = Vue.config.silent
    Vue.config.silent = true
    store._vm = new Vue({
        data: {
            $$state: state
        },
        computed
    })
    Vue.config.silent = silent

    // enable strict mode for new vm
    if (store.strict) {
        enableStrictMode(store)
    }

    if (oldVm) {
        if (hot) {
            // dispatch changes in all subscribed watchers
            // to force getter re-evaluation for hot reloading.
            store._withCommit(() =>{
                oldVm._data.$$state = null
            })
        }
        Vue.nextTick(() =>oldVm.$destroy())
    }
}
```

这块代码的核心思路其实并不复杂，就是手写的那些，遍历 getters 绑定到 computed 对象上，然后传给 new Vue，利用 Vue 的 data 和 computed 存储对应的 state 和 getters。最后，每一次销毁都会销毁掉旧的 vm 实例。

有些手写的部分我们并没有一一对照讲，因为其中有些内容完全不需要讲了，比如 registerModule 动态注册的 API，再比如一些 hotUpdate，watch 等 API，其实了解了核心的流程，这些东西完全可以在用到的时候再去看源码，或者直接根据主流程，辅助以 API 的阅读，也是完全没问题的。

好了，到此 Vuex 的简单源码分析也结束了。我们捋了一遍整个 Vuex 的核心流程，并没有遍历式讲解每一个 API 是如何实现的，主要是我觉得过多的分析显得鸡肋，相信其实到了这里，如果大家仔细阅读了之前的代码，其他的实现其实是能看懂的。

第 12 章　Vue2 中的 SSR

既然我们要手写 SSR，首先要做的一件事就是了解到底什么是 SSR。SSR？是阴阳师里的 SSR？是不是还有 SR？但是在前端技术里的 SSR 是指服务器端渲染。SSR 的英文全称是 Server－Side Render，那么问题来了，服务器端渲染是怎么渲染的？真正的渲染不是在浏览器吗？要解析 DOM 树，解析 CSS 然后才能渲染，服务器端也没有浏览器，怎么能够渲染呢？

还记不记得我们在没有单页应用之前是怎么开发前端应用或者页面的？那时候，前后端还没有分离，前端写完静态的 HTML 页面，交给后端 JAVA 或者 PHP，然后，后端会用他们的技术绑定数据。所以此时的开发方式，甚至可以说没有前端的概念，前端只是给服务器提供静态 HTML 片段。当后端绑定数据后，会生成 JSP 或者其他类型的文件，放在服务器，等待浏览器的访问，其实这种场景的实现就是 SSR。

那么在 Vue 框架，在单页应用，以及在前后端分离的背景下的 SSR，实际上是单页应用与服务器渲染的结合。单页应用，意味着只有 index. html 页面，所有的页面 DOM 渲染都是通过在浏览器端执行 Javascript 生成的，没有任何的 HTML 标签，这也意味着单页应用几乎无法 SEO。

那么说到这里，不知道大家发现没有，第一，服务器端渲染并不是新鲜的概念，而是一直都存在，甚至可以说，浏览器的渲染本来就是服务器端渲染。第二，随着单页应用普及与前后端分离的兴起，导致本身服务器端渲染的优势荡然无存，为了弥补单页应用本身带来的问题，才出现了单页应用的服务器端渲染。

现在，我解释一下服务器端渲染到底渲染的是什么？其实服务器端渲染，只是帮我们把 HTML 的结构返回给浏览器，然后再通过正常加载的 css 和 js，形成最终可交互的页面。而客户端渲染，则是由客户端的渲染框架，比如 Vue、React，通过 JavaScript 拼装成 HTML 片段，再去渲染。看到区别了吗？服务器端渲染只是在服务器端拼接 HTML 字符串并返回给浏览器，这里的渲染，其实指的就是拼接 HTML 字符串的过程，与浏览器的渲染流程无关。

那么服务器端渲染的好处就是首屏加载速度变快，SEO 更加友好，因为这样省去了浏览器的渲染引擎读取 js 拼接字符串的过程，这个过程在服务器做就可以了。

大家尤其要注意的一点，就是单页应用与服务器端渲染的结合实际上并不是所有的页面都是由服务器端渲染的，如果所有的页面都是服务器端渲染，那意味着变成了咱们传统的多页应用，而单页应用下的服务器端渲染，其实只是部分需要 SEO 或者对渲染时间有一定要求的页面才会由服务器端负责渲染，通常这样的页面都是首页，文章、新闻的主页等，其他页面仍旧是前端路由的单页应用。

那么，在大家了解了什么是单页应用下的服务器端渲染后，还可以跟大家多说两句，有一个概念叫作“同构”，什么意思呢？同构其实就是指同一份代码，既可以在客户端渲染，也可以服务器端渲染，比如我们的 Nuxt 框架。这个就是提一下，给大家留个念想，如果对同构有兴趣，大家可以自行查找资料。

说了这么多服务器端渲染的优点，为什么不全都用服务器端渲染呢？因为服务器顶不住啊，我想说的是，服务器端渲染也并不是没有缺点，它最大的缺点就是会增加服务器的内存压力，一些不需要 SEO 和首屏加载速度的应用，如 SPA 是你最好的选择。

本章内容就是带大家简单实现一下服务器端渲染的核心代码，让大家了解服务器端渲染都做了哪些事情。

12.1 项目搭建

单页应用的服务器端渲染只能依赖于 node，因为我们所使用的框架都是前端框架，也就是基于前端框架的服务器端渲染，当然，如果就是想用 Java、PHP 可以吗？这是不是又绕回去了？又是 JSP 了？当然，就是想用 JAVA 也不是不可以，写个 JS 转 JAVA 的编译器就可以了，也不算很复杂。

当我们在本地使用基于某些服务器端渲染的框架开发项目的时候，比如 Nuxt.js，通常都会在本地预览，比如通过我们最常用的 npm run dev 命令启动项目。那么类似的框架往往需要提供两个入口，一个入口是给客户端使用的，另一个入口是给服务器端使用的，最终经过构建工具打包，生成不同端的打包后代码，那么最终客户端的包可以交给浏览器渲染，而服务器端的包则通过框架的服务器端渲染能力，拼接 HTML 字符串，传输给浏览器，最终渲染页面。

其实，说的简单点，就是通过一份代码可以打包出两份代码，一份是打包出来的 js，用来给客户端渲染使用，另外一份，包含静态的 HTML 字符串以及其所依赖的 js 逻辑，供服务器端传给浏览器渲染。

那么我们接下来就来写一下这些逻辑，首先我们创建一个空白项目，一点点来。然后执行 npm init -y 命令，初始化这个项目，注意，要在您所创建的对应项目的根目录下执行命令。

然后，我们的开发需要依赖几个包，那么我们执行下面的命令来安装这些包：

```
Plaintext
yarn add vue vue-server-renderer koa @koa/router -D
// 或者
npm install vue vue-server-renderer koa @koa/router -D
```

vue 是什么包不用说了。对于 vue-server-renderer，见名知意，它就是用来在服务器端渲染 vue 的。koa 是一个基于 Node.js 的 Web 开发框架，Koa 和 Node.js 之间的关系就类似于 js 和 vue.js，当然他们完全不相同，这里只是举个例子，那@koa/router 就是基于 koa 的路由框架，用来写服务器端路由的。注意，vue 和 vue-server-renderer 要保持同样的版本，如果是按照上面的方式安装默认版本，它们两个的版本很有可能不同，手动修改后再 npm install 或者 yarn 一下即可。

好了，我们知道这些都是什么了，再来安装个有用的工具：

```
Plaintext
yarn add nodemon -g
// 或者
npm install nodemon -g
```

如果是 mac 客户端，别忘了加上 sudo。

nodemon 其实就是 node monitor 的意思，就是指 node 的监测器，当我们通过 nodemon 启动 node 代码的时候，可以监测代码变化并及时更新，无须我们每次手动重启了。好了，准备工作我们差不多都做完了，下面我们就来写代码。

我们先在根目录下创建一个 server.js：

```
JavaScript
// server.js
const Vue = require("vue");
const VueServerRenderer = require("vue-server-renderer");
const Koa = require("koa");
const Router = require("@koa/router");
let app = new Koa();
let router = new Router();
const vm = new Vue({
    template: '<div>I'm {{name}},{{age}} years old now,I like {{favorite}}</div>',
    data() {
        return {
            name: "zaking",
            age: 18,
            favorite: "coding",
        };
    },
});
const render = VueServerRenderer.createRenderer();
router.get("/", async (ctx) =>{
    ctx.body = await render.renderToString(vm);
});

app.use(router.routes());
app.listen(3000);
```

我们来看下代码，其实一点都不复杂，首先我们获取到各个包的实例，供后面使用，然后我们通过 Vue 来构建一个 Vue 实例 vm，注意，因为是服务器端渲染，这里没有什么 $mount 方法，所以我们需要传入模板才行。之后我们通过 VueServerRenderer 获取到 createRenderer 方法，这些都是 VueServerRenderer 包提供的解析方法。

下一步，我们通过@koa/router 这个包创建一个 get 方法的服务器路由，然后 ctx 就是指上下文，ctx.body 即我们返回给客户端的响应体内容，它返回的内容就是我们通过 render 对象调用 renderToString 方法使得 vm 实例会生成最终的字符串。

生成的字符串其实就是这样的：

```
HTML
<div data-server-rendered="true">I'm zaking,18 years old now,I like coding</div>
```

最后，我们使用通过 koa 的实例 app 对象来使用路由，并监听 3000 端口，那么接下来，大家可以通过 nodemon 执行 server.js 文件即可：

```
JavaScript
nodemon server.js
```

然后，可以在浏览器中打开 localhost:3000，看看能否渲染出我们想要的结构。我们打开浏览器的开发者工具审查一下元素，发现渲染结果是这样的：

```
HTML
<html>
    <head></head>
    <body>
        <div data-server-rendered="true">
            I'm zaking,18 years old now,I like coding
        </div>
    </body>
</html>
```

渲染的结果没错，但是这 html 的结构是不是少了点东西，看起来光秃秃的，那么我们还可以给它添加一个模板，我们在根目录下创建一个 index.html 文件：

```
HTML
<!DOCTYPE html>
<html lang="en">
    <head>
        <meta charset="UTF-8" />
        <meta http-equiv="X-UA-Compatible" content="IE=edge" />
        <meta name="viewport" content="width=device-width, initial-scale=1.0" />
        <title>Document</title>
    </head>
    <body>
        <!--vue-ssr-outlet-->
    </body>
</html>
```

注意，body 中的那行注释是告诉 VueServerRenderer 要把生成的结果放在模板的哪个地方。然后，我们还需要修改一点代码：

```
JavaScript
// ...
const fs = require("fs");
const path = require("path");
// ...
const templateContent = fs.readFileSync(
    path.resolve(__dirname, "index.html"),
    "utf-8"
);
```

```
const render = VueServerRenderer.createRenderer({
    template: templateContent,
});
// ...
```

首先,我们需要引入 node 的 fs 和 path 模块,一个读取文件,另一个用来获取路径。我们通过读取 index.html 的路径获取对应文件的内容,传给 createRenderer 的 template 即可。看下页面,渲染得好像还不错。

12.2 打包客户端代码

我们现在直接把 vue 代码写到了 server.js 里,显然这样是不合理的,那么我们重新创建下目录结构,如图 12-1 所示:

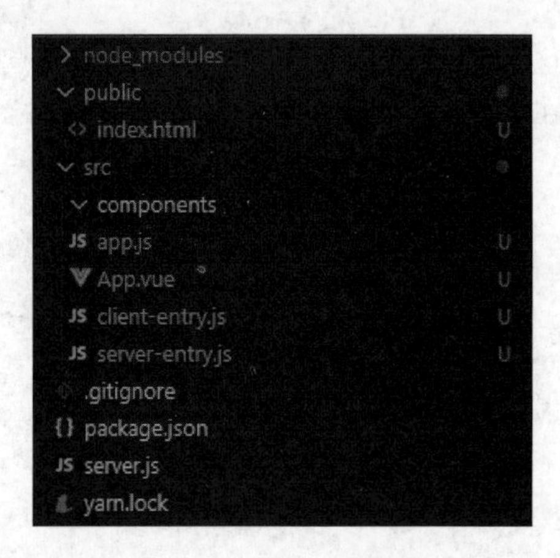

图 12-1 SSR 文件示例

这个目录结构是不是有点熟悉了,我们把刚才根目录的 html 文件放到新建的 public 文件夹下。那么,我们需要先来实现客户端代码的打包,修改下 html 文件:

```
HTML
<!DOCTYPE html>
<html lang="en">
    <head>
        <meta charset="UTF-8" />
        <meta http-equiv="X-UA-Compatible" content="IE=edge" />
        <meta name="viewport" content="width=device-width, initial-scale=1.0" />
        <title>Document</title>
    </head>
    <body>
        <div id="app"></div>
    </body>
```

```
</html>
```

跟我们用 vue - cli 创建的代码好像一样，对，就是一样的。然后，我们完成 app.js 的代码：

```
JavaScript
import Vue from "vue";
import App from "./App.vue";
const vm = new Vue({
    el: "#app",
    render: (h) => h(App),
});
```

很简单，就跟我们平常写代码一样。我们再在 components 文件夹下创建两个组件 Foo.vue，Bar.vue，其内代码如下：

```
JavaScript
// src/components/Bar.vue
<template>
    <div class = "bar">
        <h2>Bar</h2>
        <button @click = "handlerClick">Click Bar</button>
    </div>
</template>
<script>
export default {
    methods: {
        handlerClick() {
            console.log("I am Bar");
        },
    },
};
</script>
<style>
.bar h2 {
    color: red;
}
</style>
```

下面是 Foo.vue 的代码：

```
JavaScript
// src/components/Foo.vue
<template>
    <div class = "foo">
        <h2>Foo</h2>
        <button @click = "handlerClick">Click Foo</button>
```

```
    </div>
</template>
<script>
export default {
    methods: {
        handlerClick() {
            console.log("I am Foo");
        },
    },
};
</script>
<style>
.foo h2 {
    color: blue;
}
</style>
```

然后,我们要在 App.vue 中引入代码,并使用这两个组件:

```
JavaScript
<template>
    <div>
        <Foo></Foo>
        <Bar></Bar>
    </div>
</template>
<script>
import Foo from "./components/Foo";
import Bar from "./components/Bar";

export default {
    components: {
        Foo,
        Bar,
    },
};
</script>
```

这样就可以了,我们继续,现在只是有了内容,但我们还需要 webpack 帮助我们把写好的内容代码打包,那么我们先在根目录下创建一个 webpack.config.js,先不写代码,我们要先安装一些依赖包:

```
Plain Text
yarn add webpack webpack-cli webpack-dev-server vue-loader vue-style-loader css-loader vue-template-compiler @babel/core @babel/preset-env babel-loader html-webpack-plugin -D
```

然后,这是安装完成后的 package.json:

```JSON
JSON
{
    "name": "zaking-vue2-ssr",
    "version": "1.0.0",
    "description": "",
    "main": "index.js",
    "scripts": {
        "client:dev": "webpack-dev-server",
        "client:build": "webpack"
    },
    "repository": {
        "type": "git",
        "url": "git+https://github.com/zakingwong/zaking-vue2.git"
    },
    "keywords": [],
    "author": "",
    "license": "ISC",
    "bugs": {
        "url": "https://github.com/zakingwong/zaking-vue2/issues"
    },
    "homepage": "https://github.com/zakingwong/zaking-vue2#readme",
    "devDependencies": {
        "@babel/core": "^7.18.10",
        "@babel/preset-env": "^7.18.10",
        "@koa/router": "^12.0.0",
        "babel-loader": "^8.2.5",
        "css-loader": "^6.7.1",
        "html-webpack-plugin": "^5.5.0",
        "koa": "^2.13.4",
        "vue": "^2.7.8",
        "vue-loader": "^15.9.3",
        "vue-server-renderer": "^2.7.8",
        "vue-style-loader": "^4.1.3",
        "vue-template-compiler": "^2.7.8",
        "webpack": "^5.74.0",
        "webpack-cli": "^4.10.0",
        "webpack-dev-server": "^4.9.3"
    },
    "dependencies": {
        "nodemon": "^2.0.19"
    }
}
```

其中加了两条 scripts 脚本，一个用来调用 webpack-dev-server 启动本地开发环境的预览，另外一个就是调用 webpack 执行 webpack.config.js 文件。那么下面我们来看一下完整的 webpack. config. js 是什么样的：

```
JSON
const path = require("path");
const HtmlWebpackPlugin = require("html-webpack-plugin");
const { VueLoaderPlugin } = require("vue-loader");
const resolve = (dir) =>{
    return path.resolve(__dirname, dir);
};
module.exports = {
    mode: "development",
    entry: resolve("./src/app.js"),
    output: {
        filename: "bundle.js",
        path: resolve("dist"),
    },
    resolve: {
        extensions: [".js", ".vue", ".css"],
    },
    module: {
        rules: [
            {
                test: /\.vue$/,
                use: "vue-loader",
            },
            {
                test: /\.css$/,
                use: ["vue-style-loader", "css-loader"],
            },
            {
                test: /\.js$/,
                use: {
                    options: {
                        presets: ["@babel/preset-env"],
                    },
                    loader: "babel-loader",
                },
                exclude: /node_modules/,
            },
        ],
    },
    plugins: [
        new VueLoaderPlugin(),
        new HtmlWebpackPlugin({
            template: resolve("./public/index.html"),
        }),
    ],
};
```

这是完整的代码，简单解释一下，首先我们引入了 HtmlWebpackPlugin 以及 VueLoaderPlugin，待稍后使用，然后我们通过 node 的 path 模块，封装了一个 resolve 方法解析绝对路径。

entry 字段是用来读取 webpack 需要打包的入口文件的，output 就是打包结果的出口。resolve 下配置的 extensions 则是在我们写代码的时候无须配置后缀，会按照配置的顺序查找。module 下则配置了各文件所需的 loader，plugins 则是引入的插件。

其实这个配置很简单，如果对上面的代码有所疑惑，建议看下 webpack 官方文档。

然后，我们直接"跑"起来这样的命令：

```
JSON
yarn client:dev
```

即可在浏览器中打开命令行工具中所提示的地址看看页面。

12.3 打包服务器端代码

上一小节，我们写了简单的 webpack 配置代码，依赖了很多额外的 loader 和 plugins，让我们的 Vue 代码在客户端运行了起来，那么这一小节，我们仍旧使用之前的 Vue 代码，看看如何让它们在服务器端运行起来。

我们考虑一个问题，当代码在客户端跑起来的时候，每一个人的终端电脑，在获取代码 new Vue 的时候，都会生成一个 Vue 实例，这个实例在不同的客户端电脑上，肯定无法互相影响。

但是，当服务器端渲染的时候，不同终端所获取到的都是同一份 new Vue 后的实例，这样不就乱套了吗？所以，当服务器端渲染的时候，每个客户端都要生成一个新的实例。

所以，我们要先修改一下 app.js 中的代码：

```
JavaScript
// src/app.js
import Vue from "vue";
import App from "./App.vue";


export default () => {
    const app = new Vue({
        render: (h) => h(App),
    });
    return { app };
};
```

这里使用一个函数包裹一下，最后返回这个 app，为什么最后返回个对象呢？因为后面我们可能还需要导出 router、vuex 等。这里把 el 选项去掉了，因为这段代码是要通用的，服务器端用不了 el 选项。

接下来，我们就写一下 client - entry 中的代码：

```
JavaScript
// src/client-entry.js
import createApp from "./app";
const { app } = createApp();
app.$mount("#app");
```

客户端的就十分简单，之后运行一下 $mount 挂载就可以了。

```
JavaScript
// src/server-entry.js
import createApp from "./app";

export default () => {
    const { app } = createApp();
    return app;
};
```

而服务器端则稍有些不同，只是返回了这个 app，这样每次调用导出的方法时，都会重新创建一个 app 实例，也就不会存在互相影响的问题了。

那么，接下来，要根据不同的入口打包代码，我们先在根目录下创建个 build 文件夹，然后在该文件夹下创建三个 js 文件：webpack.client.js 以及 webpack.server.js，还有 webpack.base.js。

然后，我们把之前 webpack.config.js 中通用的代码放到 webpack.base.js 中，并删除 webpack.config.js，最终通用的代码如下所述：

```
JavaScript
// build/webpack.base.js
const path = require("path");
const { VueLoaderPlugin } = require("vue-loader");
const resolve = (dir) => {
    return path.resolve(__dirname, dir);
};
module.exports = {
    mode: "development",
    output: {
        filename: "[name].bundle.js",
        path: resolve("../dist"),
    },
    resolve: {
        extensions: [".js", ".vue", ".css"],
    },
    module: {
        rules: [
            {
                test: /\.vue$/,
```

```
                use: "vue-loader",
            },
            {
                test: /\.css$/,
                use: ["vue-style-loader", "css-loader"],
            },
            {
                test: /\.js$/,
                use: {
                    options: {
                        presets: ["@babel/preset-env"],
                    },
                    loader: "babel-loader",
                },
                exclude: /node_modules/,
            },
        ],
    },
    plugins: [new VueLoaderPlugin()],
};
```

简单说下改了什么，首先因为入口不同，模板也不同，所以删掉了 webpack 的 entry 选项，也删掉了 HtmlWebpackPlugin，最后，修改了 output 的文件名配置，因为生成的文件可能有多个。

接下来，我们先安装下 webpack-merge 这个依赖包，因为我们要在 client 中使用 base 的配置，就需要类似 merge 的操作，我们用这个包来实现 webpack 配置的合并：

```JavaScript
yarn add webpack-merge -D
// 或者
npm install webpack-merge -D
```

这里稍微多说一句，如果您用的是 yarn 请一直用 yarn，如果用的是 npm，就一直用 npm。然后，我们来写一下 webpack.client.js 的代码，是这样的：

```JavaScript
const base = require("./webpack.base");
const { merge } = require("webpack-merge");
const HtmlWebpackPlugin = require("html-webpack-plugin");
const path = require("path");
const resolve = (dir) => {
    return path.resolve(__dirname, dir);
};
module.exports = merge(base, {
    entry: {
```

```
        client: resolve("../src/client-entry.js"),
    },
    plugins: [
        new HtmlWebpackPlugin({
            template: resolve("../public/index.html"),
        }),
    ],
});
```

其实大家看,就是把我们刚才删除的内容加上了,没什么好说的。然后,我们还需要修改下 scripts 脚本:

```
JSON
"scripts": {
    "client:dev": "webpack-dev-server --config ./build/webpack.client.js",
    "client:build": "webpack --config ./build/webpack.client.js"
},
```

那我们跑一下,试一下。完美,那么我们继续服务端打包。

```
JavaScript
// build/webpack.server.js
const base = require("./webpack.base");
const { merge } = require("webpack-merge");
const HtmlWebpackPlugin = require("html-webpack-plugin");
const path = require("path");
const resolve = (dir) =>{
    return path.resolve(__dirname, dir);
};
module.exports = merge(base, {
    entry: {
        server: resolve("../src/server-entry.js"),
    },
    target: "node",
    output: {
        libraryTarget: "commonjs2",
    },
    plugins: [
        new HtmlWebpackPlugin({
            filename: "index.ssr.html",
            template: resolve("../public/index.ssr.html"),
            minify: false,
            excludeChunks: ["server"], // 排除引入文件
        }),
    ],
});
```

我们看看都改了什么，首先改了 entry 的名字，变成了 server，然后重新加了 target 和 output，target 的目的是告诉 webpack，打包后的代码是要在 node 环境中执行的，output 中的 libraryTarget 则是告知 webpack 我们打包结果的代码使用的模块化规范是哪种。

针对 HtmlWebpackPlugin，则是增加了几个字段，filename 即生成 html 文件的名字，minify 生成的 html 不用压缩，excludeChunks 是我们生成的 server 文件不需要引入。那么问题来了，为什么我们生成的打包后的文件不需要引入？因为服务器端渲染，我们所需要的只是返回给前端的字符串，由于我们使用的是“同构”代码，所以我们引入客户端打包的 js 逻辑就可以了。

那么按照上面的 server 端的打包代码，我们还需要在 public 下创建一个 index. ssr. html，这和 client 的模板有些不同：

```
HTML
<!DOCTYPE html>
<html lang="en">
    <head>
        <meta charset="UTF-8" />
        <meta http-equiv="X-UA-Compatible" content="IE=edge" />
        <meta name="viewport" content="width=device-width, initial-scale=1.0" />
        <title>Document</title>
    </head>
    <body>
        <!--vue-ssr-outlet-->
    </body>
</html>
```

与客户端模板不同的地方在于 body 中不是一个 id 为 app 的 div，而是一个注释占位符。

那么问题来了，在服务器端渲染的情况下，既需要服务器端的字符串，还需要客户端的 js 逻辑，那怎么处理？是不是要同时开两个不同的命令行窗口，然后分别运行两边不同端的打包命令？这样有点麻烦，所以我们安装一个包辅助我们处理：

```
HTML
yarn add concurrently -D
```

这个包可以同时运行不同的命令，我们稍稍修改下 scripts 脚本：

```
HTML
"build-all": "concurrently \"yarn client:build\" \"yarn server:build\""
```

那么最后，我们来修改下我们在第一节写好的 server. js：

```
JavaScript
const VueServerRenderer = require("vue-server-renderer");
const Koa = require("koa");
const Router = require("@koa/router");
const fs = require("fs");
```

```
const path = require("path");
let app = new Koa();
let router = new Router();

const templateContent = fs.readFileSync(
    path.resolve(__dirname, "./dist/index.ssr.html"),
    "utf-8"
);
const bundle = fs.readFileSync(
    path.resolve(__dirname, "./dist/server.bundle.js"),
    "utf-8"
);
const render = VueServerRenderer.createBundleRenderer(bundle, {
    template: templateContent,
});
router.get("/", async (ctx) =>{
    ctx.body = await render.renderToString();
});

app.use(router.routes());
app.listen(3000);
```

注意,看我们改了什么,首先,我们引入了打包后的服务器端代码 server. bundle. js,然后通过 createBundleRenderer 方法生成 render,后面就都一样了,只不过把 renderToString 中的参数去掉了,我们用不到。

然后,可以打开页面,看下效果,我们发现页面缺了两个东西,没有 css,按钮点了也不好使,因为我们还没引入打包后的脚本代码,这里我们就简单手动引入一下:

```
JavaScript
// dist/index.ssr.html
<!DOCTYPE html>
<html lang="en">
    <head>
        <meta charset="UTF-8" />
        <meta http-equiv="X-UA-Compatible" content="IE=edge" />
        <meta name="viewport" content="width=device-width, initial-scale=1.0" />
        <title>Document</title>
    </head>
    <body>
        <!--vue-ssr-outlet-->
        <script src="/dist/client.bundle.js"></script>
    </body>
</html>
```

我们发现还是不行，请求的文件报错了，如图 12－2 所示：

Request URL: http://localhost:3000/dist/client.bundle.js
Request Method: GET
Status Code: 404 Not Found
Remote Address: [::1]:3000
Referrer Policy: strict-origin-when-cross-origin

图 12－2 请求文件报错示例

因为我们配置的 Node 服务没有这个文件，那么我们还需要借助 Koa 的静态服务插件，它可以帮助我们返回静态文件：

```
Plain Text
yarn add koa - static - D
```

然后，我们稍稍修改 server.js 的代码：

```
JavaScript
// ...
const KoaStatic = require("koa - static");
// ... 省略了
app.use(router.routes());
app.use(KoaStatic(__dirname));
app.listen(3000);
```

很简单，传入的__dirname 会让静态服务访问到所有的文件。然后，我们再打开页面，发现样式有了，但是报错了，错误如 12－3 所示：

[Vue warn]: Cannot find element: #app

图 12－3 warning 示例 2

为什么会这样？服务器端的模板没有＃app 这个 DOM 节点，客户端要去找＃app 挂载，那肯定挂载不到，对吧？所以我们还需要处理下。大家猜该怎么处理？外层没有，我们写到里面？这个方式有个高级的名字，称作客户端激活：

```
HTMLBars
// src/App.vue
<template>
    <div id = "app">
        <Foo></Foo>
        <Bar></Bar>
    </div>
</template>
<script>
import Foo from "./components/Foo";
import Bar from "./components/Bar";
```

```
export default {
    components: {
        Foo,
        Bar,
    },
};
</script>
```

那我们重新打包一下，再启动这个 server.js 试一下。启动成功后，会发现页面好像很完美。

但是，在启动成功之前，还有个小问题，就是在 html 模板中，实际上是手动添加的打包后 dist 中的结果，在实际应用中，这样做实在是有点不那么让人舒服。所以，我们可以用 webpack 插件解决这个问题，而实际上 vue-server-renderer 提供了让我们实现这个需求能力的插件，我们继续。

解决这个问题需要我们引入两个 vue-server-renderer 提供的插件：

```
JavaScript
// build/webpack.client.js
// ...
const VueSSRClientPlugin = require("vue-server-renderer/client-plugin");
// ...
module.exports = merge(base, {
    // ...
    plugins: [
        new VueSSRClientPlugin(),
        new HtmlWebpackPlugin({
            template: resolve("../public/index.html"),
        }),
    ],
});
```

首先，我们引入了 vue-server-renderer 下的 client-plugin，然后在 plugins 选项中使用它，服务器端的配置代码也是如此：

```
JavaScript
// build/webpack.server.js
// ...
const VueSSRServerPlugin = require("vue-server-renderer/server-plugin");

// ...
module.exports = merge(base, {
    // ...
    plugins: [
        new VueSSRServerPlugin(),
        new HtmlWebpackPlugin({
```

```
            filename: "index.ssr.html",
            template: resolve("../public/index.ssr.html"),
            minify: false,
            excludeChunks: ["server"],   // 排除引入文件
        }),
    ],
});
```

然后，我们就可以通过 yarn build-all 命令打包客户端和服务器端的代码，会发现它多生成了两个文件：

（1）vue-ssr-client-manifest.json

（2）vue-ssr-server-bundle.json

没错，这两个文件就是我们分别在客户端配置代码和服务器端配置代码中引入的 webpack 插件生成的，它们可以说是我们要引入的文件的映射表，我们可以据此把 js 依赖融合进 index.ssr.html 中，当然，我们需要稍稍修改下 server.js 的代码：

```
JavaScript
const VueServerRenderer = require("vue-server-renderer");
const Koa = require("koa");
const Router = require("@koa/router");
const fs = require("fs");
const path = require("path");
const KoaStatic = require("koa-static");
const serverBundle = require("./dist/vue-ssr-server-bundle.json");
const clientManifest = require("./dist/vue-ssr-client-manifest.json");

let app = new Koa();
let router = new Router();


const templateContent = fs.readFileSync(
    path.resolve(__dirname, "./dist/index.ssr.html"),
    "utf-8"
);
const render = VueServerRenderer.createBundleRenderer(serverBundle, {
    template: templateContent,
    clientManifest,
});
router.get("/", async (ctx) => {
    ctx.body = await render.renderToString();
});

app.use(router.routes());
app.use(KoaStatic(path.resolve(__dirname, "dist")));
app.listen(3000);
```

我们把新生成的两个文件都引进来了，并且把服务器端生成的文件作为 createBundleRenderer 方法的第一个参数，并且在其 options 配置中传入了客户端的依赖，那么 createBundleRenderer 就可以根据这两个文件，自动给模板注入 script 引用。最后，我们稍稍修改静态服务的文件读取地址，读取我们 dist 下的文件即可。

注意，由于我们没有在每次生成 dist 之前删除旧的 dist，所以每次打包的时候，可以手动删除，或者引入插件解决，这个就不多说了。

到现在为止，其实我们整个的大致流程就很完成了，但是还有些遗留的小问题我们需要处理下，可能您现在 nodemon server.js，就已经发现问题了，或者您按照上面说的，把 dist 删了再 yarn build-all 会发现 index.ssr.html 没有创建。

那么我们首先要解决的就是 html 文件的问题，坦白说查了查资料，没有发现为什么引入了 VueSSRServerPlugin 后 HtmlWebpackPlugin 就失效的原因，但是我们这里，其实只需要一个 index.html 即可，之前的两个 html 是为了分别演示客户端和服务器端的效果才创建的。那么我们可以删除 index.ssr.html，只留下 index.html 即可，所以现在的 index.html 就是之前的 index.ssr.html：

```
HTML
<!DOCTYPE html>
<html lang="en">
    <head>
        <meta charset="UTF-8" />
        <meta http-equiv="X-UA-Compatible" content="IE=edge" />
        <meta name="viewport" content="width=device-width, initial-scale=1.0" />
        <title>Document</title>
    </head>
    <body>
        <!--vue-ssr-outlet-->
    </body>
</html>
```

当然，我们还需要修改一下 webpack.client.js：

```
JavaScript
// ...
module.exports = merge(base, {
    // ...
    plugins: [
        new VueSSRClientPlugin(),
        new HtmlWebpackPlugin({
            filename: "index.html",
            template: resolve("../public/index.html"),
            minify: false,
            excludeChunks: ["server"],    // 排除引入文件
        }),
```

```
    ],
});
```

其实就是把 webpack. server. js 中的 HtmlWebpackPlugin 的配置取了过来，改了下引入文件的地址。最后，我们还需要修改下 server. js 原来使用的 index. ssr. html 的模板：

```
JavaScript
const templateContent = fs.readFileSync(
    path.resolve(__dirname, "./dist/index.html"),
    "utf-8"
);
```

OK，我们还有最后一个小问题，当我们打开 localhost:3000 时，发现引入的地址多了一个 auto，如图 12-4 所示：

Request URL: http://localhost:3000/auto/client.bundle.js

图 12-4　请求文件 http 示例

您猜这是为什么？我们这样修改一下就可以：

```
JavaScript
//build/webpack.base.js
// ...
module.exports = {
    mode: "development",
    output: {
        filename: "[name].bundle.js",
        path: resolve("../dist"),
        publicPath: "/",
    },
    // ...
};
```

这是因为客户端插件读取了 webpack 的 output 配置，或者说使用了 output 配置，因为对于 webpack 的 publicPath 如果不写默认就是 auto，我们这么改完了之后再打包，再启动一下 server. js。

完美。

12.4　服务器渲染路由

上一小节，我们完成了整个服务器端和客户端打包的代码，并且成功通过配置 server. js 启动一个服务读取我们打包后的结果，从而开启了一个 SSR 页面。并且在最后修改了一些小小的细节，让我们的代码和目录结构更加清晰、完善。

之前我们说过，只有首屏加载的时候，才是服务器端渲染，后续的代码逻辑都是通过客户端单页应用来处理的，只不过我们之前的代码，处理的首屏刚好是引入的两个组件，假设我们此时加载的首屏跳转到其他的路由页面，其实就是单纯的前端路由跳转，与服务器无关了。那么接下来我们就来看看如何做到这样逻辑下的路由跳转。

我们在 src 目录下创建个 create - router.js 文件，这里面就是用来放我们创建路由的代码：

```
JavaScript
// src/create-router.js
import Vue from "vue";
import VueRouter from "vue-router";

Vue.use(VueRouter);

const Foo = () => import("./components/Foo");
const Bar = () => import("./components/Bar");

export default () => {
    const router = new VueRouter({
        mode: "history",
        routes: [
            { path: "/foo", component: Foo },
            { path: "/bar", component: Bar },
        ],
    });
    return router;
};
```

其实很简单，这个代码没什么好说的，动态导入组件生成 router 配置，同样因为是服务器端渲染，所以我们导出的是一个函数。对，忘了安装 vue - router，怎么安装，我们安了好多了，自己试试？注意，vue - router 应该是 3.x 的版本！

然后，需要修改我们的 app.js，这是我们核心的源入口：

```
JavaScript
// src/app.js
import Vue from "vue";
import App from "./App.vue";
import createRouter from "./create-router";
export default () => {
    const router = createRouter();
    const app = new Vue({
        router,
        render: (h) => h(App),
    });
```

```
    return { app, router };
};
```

加进来，添加到 Vue 的选项中，导出去，很好理解，继续，我们还需要修改一下 App. vue，就用我们之前写好的两个组件就可以了，我们加点路由配置：

```
JavaScript
// src/App.vue
<template>
    <div id="app">
        <router-link to="/foo">to Foo</router-link>
        <router-link to="/bar">to Bar</router-link>
        <router-view></router-view>
    </div>
</template>
```

这样我们的代码就修改完了，然后，我们可以重新打包，启动服务。好像看起来很不错，但是有个很核心的问题没有解决。

当我们在某一个路由下刷新页面的时候，会发现结果是 404，这是因为在服务器端根本就找不到这个路径，别忘了我们的路由模式是 history，再者，还记得我们之前说过的，强调好几遍的，服务器端渲染的只是首屏，其他后续的路由仍旧是客户端渲染。所以，这里就需要处理下额外的路由逻辑，让服务器根据当前路径渲染对应的路由：

```
JavaScript
// server.js
// ...
router.get("/(.*)", async (ctx) => {
    ctx.body = await render.renderToString({ url: ctx.url });
});

// ...
```

我们首先修改下 server. js 中这段路由代码，把这个方法的 ctx 上下文中的 url 作为参数传给 renderToString 方法，这样就可以在服务器端打包的入口获取到这个 url 参数，当然我们还修改了路由匹配的路径，这样可以让我们匹配任意路由。

```
JavaScript
// src/server-entry.js
import createApp from "./app";

export default (context) => {
    return new Promise((resolve, reject) => {
        const { app, router } = createApp();
        router.push(context.url);
        router.onReady(() => {
            resolve(app);
```

```
        }, reject);
    });
};
```

这段代码其实很容易理解，我们包裹了一层 Promise，从 renderToString 方法中获取上下文的路由参数，然后在渲染之前切换到对应路由即可，最后我们通过 onReady 的路由钩子来确定成功和失败的回调即可。

12.5 在服务器渲染中应用 Vuex

上一小节我们实现了如何在服务器端配置路由，那么一个正常的前后端分离的项目中必然会存在 Ajax 请求数据的场景，那么对于数据的获取我们可以用 axios，想必大家都很熟悉了，但是我们希望共享数据，就不得不提到 vuex。

那么我们新建一个 create - store.js 文件：

```
JavaScript
// src/create-store.js
import Vue from "vue";
import Vuex from "vuex";

Vue.use(Vuex);


export default () => {
    let store = new Vuex.Store({
        state: {
            name: "zaking",
        },
        mutations: {
            changeName(state, payload) {
                state.name = payload;
            },
        },
        actions: {
            changeName({ commit }, payload) {
                setTimeout(() => {
                    commit("changeName", payload);
                }, 1000);
            },
        },
    });
    return store;
};
```

其实这跟我们客户端使用没什么区别，就是导出一个函数包，并且返回了对应 store 实例，跟 router 和 Vue 实例的思路是一样的，那么创建完了，我们还需要使用：

```
JavaScript
import Vue from "vue";
import App from "./App.vue";
import createRouter from "./create-router";
import createStore from "./create-store";
export default () => {
    const router = createRouter();
    const store = createStore();
    const app = new Vue({
        router,
        store,
    render: (h) => h(App),
    });
    return { app, router, store };
};
```

已经配置好了，我们还得使用它。

```
JavaScript
// src/components/Bar.vue
<template>
    <div class="bar">
        <h2>Bar</h2>
        <button @click="handlerClick">Click Bar</button>
        <p>store:{{ $store.state.name }}</p>
    </div>
</template>
<script>
export default {
    asyncData(store) {
        return store.dispatch("changeName", "wong");
    },
    methods: {
        handlerClick() {
            console.log("I am Bar");
        },
    },
};
</script>
<style>
.bar h2 {
    color: red;
}
```

```
</style>
```

我们就在 Bar 组件中增加一个 asyncData 方法，注意这个方法只有服务器端渲染的页面级组件才可以使用，而 asyncData 中所接受的参数，则在这里：

```
JavaScript
// src/server-entry.js
import createApp from "./app";

export default (context) =>{
    return new Promise((resolve, reject) =>{
        const { app, router, store } = createApp();
        router.push(context.url);
        router.onReady(() =>{
            const matchComponents = router.getMatchedComponents();
            if (matchComponents.length > 0) {
                Promise.all(
                    matchComponents.map((component) =>{
                        if (component.asyncData) {
                            return component.asyncData(store);
                        }
                    })
                ).then(() =>{
                    context.state = store.state;
                    resolve(app);
                }, reject);
            } else {
            reject({ code: 404, msg: "No Components Matched" });
            }
        }, reject);
    });
};
```

我们几乎修改了整个 server-entry 的代码，首先在路由的 onReady 钩子中通过 getMatchedComponents 方法获取页面级组件，然后通过所有匹配到的组件内容，调用组件的 asyncData 方法，并传递 store 参数，对，这个 store 就是这么来的。

在成功的回调中，让上下文的 state 更新为 store 的 state。但只是这样还不行，我们在服务器端已经渲染好了，还需要让客户端可以获取对应的数据，所以需要做一下额外的处理：

```
JavaScript
// src/create-store.js
import Vue from "vue";
import Vuex from "vuex";

Vue.use(Vuex);
```

```
export default () =>{
    let store = new Vuex.Store({
        // ...
    });
    if (typeof window !== "undefined" && window.__INITIAL_STATE__) {
        store.replaceState(window.__INITIAL_STATE__);
    }
    return store;
};
```

这个是什么意思呢，服务器渲染的 state 数据，会生成后绑定到 window 的__INITIAL_STATE__属性上。所以，在这里，我们通过 vuex 的 replaceState 方法替换旧的客户端的 state。

这样就实现了我们 vuex 的需求。

还有最后一点小的细节，即在 server - entry 中如果没有获取对应的路由的页面级组件，说明这个路由没有注册，所以我们返回了一个 404 状态码。那么我们可以在 server.js 中对此进行细微的处理：

```
JavaScript
// server.js
// ...
router.get("/(.*)", async (ctx) =>{
    try {
        ctx.body = await render.renderToString({ url: ctx.url });
    } catch (error) {
        if (error.code === 404) {
            ctx.body = "page not found";
        }
    }
});
// ...
```

使用 try…catch 包裹下，如果匹配不到，那么说明就是没有了。OK，现在，我们重新打包后启动服务，完结。

最后，想说的是，由于这章算是实践性项目类型的内容，所以大家一定要跟着手写，收获会更多。

参考文献

[1] https://www.javascriptpeixun.cn/.

[2] https://developer.mozilla.org/zh-CN/.

[3] https://262.ecma-international.org/6.0/.

[4] https://github.com/zakingwong/zaking-vue2.

[5] https://cn.vuejs.org/.

[6] https://v2.ssr.vuejs.org/zh/.

[7] https://v3.router.vuejs.org/zh/.

[8] https://v3.vuex.vuejs.org/zh/.